Die Cellulosefabrikation.

Werke für die gesamte
Papier-Industrie

von MAX SCHUBERT, weil. Fabrikdirektor a. D.
Prof. a. d. Kgl. techn. Hochschule zu Dresden.

Drei Werke über das Gesamtgebiet der Papierfabrikation.

1. Die Cellulosefabrikation.
2. Die Holzstoff- oder Holzschliff-Fabrikation.
3. Die Praxis der Papierfabrikation.

Zwei Werke über die Papierverarbeitung.

1. Die Kartonnagen-Industrie.
2. Die Buntpapier-, Tapeten-, Briefumschlag-, Düten- oder Papiersack-, Papierwäsche- und photographische Papier-Fabrikation.

BERLIN W.
Verlag von M. KRAYN.

Die

Cellulosefabrikation

(Zellstofffabrikation).

Praktisches Handbuch

für

Papier- und Cellulosetechniker, Kaufmännische Direktoren, Werkführer, sowie zum Unterricht in Fachschulen.

Mit 135 Illustrationen

von

Max Schubert

weil. Fabrikdirektor a. D.

Professor a. d. K. Techn. Hochschule zu Dresden.

Dritte umgearbeitete und vervollständigte Auflage

von **Th. Knösel,**

Chemiker und Zivilingenieur f. Zellstofffabrikation usw.

Fabrikdirektor a. D.

BERLIN W

Verlag von M. KRAYN.

1906.

Vorwort zur ersten Auflage.

Ehe ich der Anregung, ein Werk über „Cellulosefabrikation“ zu schreiben, Folge leistete, habe ich erst erwogen, ob ein Bedürfnis hierzu überhaupt vorlag. Trotzdem schon verschiedene kleinere Abhandlungen über den verhältnismäſsig neuen Industriezweig „Cellulosefabrikation“ erschienen sind und hauptsächlich verschiedene Jahrgänge der „Papierzeitung“ sowie anderer Fachschriften eine gröſsere Anzahl von Aufsätzen über einzelne Teile der Fabrikation und dahin einschlagende Fragen enthalten, so sind die erst erwähnten Broschüren doch so allgemein und kurz bearbeitet, gelten nur als Kapitel von gröſseren Werken über Papierfabrikation, und die einzelnen Aufsätze in den Zeitungen sind so zwischen anderem verstreut, auch teilweise mit persönlichen Streitfragen und Ansichten verknüpft, daſs ich zu der Überzeugung kam, es läge ein Bedürfnis vor, und es wäre sogar ein verdienstliches Werk, dieses verhältnismäſsig wertvolle Material zu sichten, zu ordnen, durch die eigenen Erfahrungen zu vervollständigen und durch Hinzufügung von praktischen Ratschlägen ein Buch zu schaffen, wie es in dieser Vollständigkeit wenigstens bis jetzt noch nicht über den Begriff „Cellulose“ geschrieben wurde. Ich ergriff deshalb mit Eifer die mir gestellte Aufgabe, setzte mich auch mit einigen Herren in Verbindung, welche mitten in der Cellulosefabrikation stehen und verdanke diesen wertvolle Einzelheiten, muſste aber auch erfahren, daſs es unmöglich sei, ein völlig erschöpfendes Bild der Branche zu geben, weil die vielen verschiedenen Systeme, nach denen Cellulose hergestellt wird, nicht nur patentiert sind, sondern fast jeder Fabrikant sein Verfahren auch in möglichst geheimnisvolles Dunkel einzuhüllen bestrebt ist. Ich habe daher nur eines der weitverbreitesten Verfahren ausführlich behandelt, und die anderen nur gestreift, in den hauptsächlichsten Grundzügen dargestellt, und bin bei der Einteilung des Buches von dem Grundsatze ausgegangen, die Fabrikation in der Reihenfolge der einzelnen Phasen zu besprechen, und bei jedem Kapitel die Verschiedenheiten der einzelnen Systeme nach einander auszuführen. Auf diese Weise vermied ich Wiederholungen, da manche Arbeiten der Zellstoffgewinnung bei allen Verfahren dieselben sind, was hauptsächlich für den Anfang, Holz- und Holzbearbeitung, sowie für die Fertigstellung der gewonnenen Cellulose für den Versandt, gilt.

Das Buch enthält zunächst eine ausführliche Besprechung des Rohstoffes, des Holzes, nebst einer Tabelle über den Holzbestand ganz Deutschlands, die Beschreibung der Holzbearbeitung unter Erwähnung der dazu notwendigen Maschinen und geht dann auf die Laugenbereitung über, dort zunächst das Natronverfahren nebst Sodawiedergewinnung behandelnd, und hiernach das Sulfitverfahren in seinen verschiedenen Abzweigungen und neuesten Verbesserungen in Wort und Zeichnungen vorführend. Den Beschreibungen der Kochprozesse der verschiedenen Systeme geht die Anführung der nach Gröfse, Gestalt, Material und Auskleidung von einander abweichenden Kochkessel voran und es folgt die Erwähnung der Methoden zur Fertigstellung des Fabrikates.

Einen gröfseren Wert jedoch, als auf die Beschreibung der eigentlichen Fabrikation und der dazu nötigen Apparate und Maschinen lege ich auf die in den letzten Kapiteln enthaltene offene Besprechung der Schwierigkeiten, welche sich der Cellulosefabrikation in der Beseitigung und Unschädlichmachung der Abwässer und lästigen Gase entgegenstellen, sowie auf die praktischen Ratschläge, die im Hinblick hierauf bezüglich der Anlage neuer Fabriken eben dort zu finden sind, besonders da auch behördliche Vorschriften mit aufgenommen wurden. Da die reichliche Verwendung von Cellulose schon jetzt in der weitverbreiteten Papierfabrikation eine grofse Umwälzung erzeugt hat, die sich bei neuen Fabrikanlagen schon in dem äufseren Bau kund gibt, da es nicht mehr notwendig ist, absolut auf das Vorhandensein grofser Wasserkräfte zu sehen, oder bedeutende Räumlichkeiten für Haderböden usw. einzurichten, da bei immer fortschreitender Vervollkommnung der Cellulose auch ihre Verwendung noch wachsen wird, also auch der Kreis aller Derjenigen sich erweitern mufs, welche ein Interesse daran haben, Näheres über die Gewinnung der Cellulose und ihre Eigenschaften zu erfahren, so hoffe ich, daſs auch dies Büchlein seine Existenzberechtigung dadurch dokumentieren wird, daſs es Eingang findet bei möglichst Vielen, welche mit Papier, Papierfabrikation und Cellulose zu tun haben!

Treuenbrietzen, im Januar 1892.

Max Schubert, Direktor.

Vorwort zur dritten Auflage.

Dem Herausgeber des Werkes, Herrn Prof. Max Schubert, war es leider nicht beschieden, es zu erleben, daſs auch die 2. Auflage nach wenigen Jahren wieder vollständig vergriffen wurde, da er infolge von Überarbeitung von schwerem Leiden befallen wurde und 1901 schon starb.

Der Herr Verlagsbuchhändler M. Krayn wandte sich daher an mich und übertrug mir die Bearbeitung der 3. Auflage. Bei dieser ist der ganze Charakter des Werkes im Allgemeinen beibehalten, und nur einige Teile wurden einer gründlichen Ergänzung resp. Überarbeitung unterzogen, namentlich da, wo mir langjährige Erfahrungen zur Seite stehen, wie dies besonders bei der Natron- resp. Sulfatzellstofffabrikation der Fall ist, der man in Deutschland ja leider nicht mehr dieselbe Aufmerksamkeit schenkt, wie im Auslande, namentlich in Schweden und Norwegen; es wird aber wieder die Zeit kommen, vielleicht schneller als man denkt, in der man einsieht, daſs es am besten ist, beide, sowohl das Sulfit- als auch das Sulfatverfahren zur Anwendung zu bringen und immer weiter zu vervollkommnen, eventl. sogar neben einander in einer Anlage.

Es war naturgemäſs nicht möglich, hier alle Verbesserungen in den Einrichtungen und Betriebsweisen, welche seit Bearbeitung der 2. Auflage aufgetaucht sind, zu besprechen, wenn der Umfang des Buches nicht zu sehr zunehmen sollte; aufserdem war dies von Haus aus auch gar nicht beabsichtigt, — siehe Vorwort zur 1. Auflage.

Es ist ja nicht möglich, ein vollständiges Lehrbuch für Fachleute zu schreiben, welches alles Studium, alle Erfahrungen ganz ersetzt; es kann sich hier immer nur um ein nützliches Hilfsbuch handeln. Die Hauptsache für die Fachleute ist immer nach gründlichem Studium auf einer technischen Hochschule, bei welchem der Chemie besondere Aufmerksamkeit zu schenken ist, die Praxis, in der man durch gewissenhaftes Arbeiten und genaue Beobachtungen immer mehr dahin kommt, die Qualität der erzeugten Produkte noch weiter zu vervollkommnen und deren Herstellungskosten immer mehr herabzudrücken, den Gewinn also zu erhöhen.

Man hat es an so manchen Mifserfolgen von älteren und neueren Anlagen ja gesehen, wie selbst bei sonst günstigen Grundbedingungen schlechte Resultate erzielt werden, wenn Leute ohne, oder nur mit geringen Kenntnissen und Erfahrungen mehr oder minder grofse Fehler in den Einrichtungen und Betriebsweisen begehen; hier wird oft ganz falsche Sparsamkeit getrieben, welche später um so gröfsere Summen kostet und nicht selten ein Unternehmen dem Untergange entgegenführt.

Dafs das Buch von Schubert sich als ein bewährter Ratgeber erprobt und viele Freunde gewonnen hat, wird ja dadurch bewiesen, dafs auch die 2. Auflage wieder vergriffen ist. Möge ein Gleiches auch der dritten beschieden sein und sie sich zu den alten noch recht viel neue Freunde dazu gewinnen und ihnen allen dann von immer gröfseren Nutzen sein!

Neustadt (Westpr.), im Dezember 1905.

Th. Knösel,
Chemiker und Zivilingenieur f. Zellstofffabrikation.

Inhalt.

VIII. Kapitel.
Anlage von Cellulosefabriken.

IX. Kapitel.
Vergleichung der verschiedenen Cellulosesorten untereinander und mit Lumpenfasern.

I. Cellulose.

Die Cellulose oder der Zellstoff ist einer der wichtigsten und in der Natur weitverbreitetsten Körper, der seit Jahrtausenden durch die Tätigkeit der Pflanzen erzeugt, durch Erdrevolutionen in Gestalt von Kohle, allerdings verändert, aufbewahrt und durch die jetzige Pflanzenwelt fortgesetzt erneuert wird. Im Hinblick auf die unendliche Verschiedenartigkeit dieser Erzeuger ist es erklärlich; daſs auch der Zellstoff in mechanischer und chemischer Hinsicht groſse Unterschiede zeigt, daſs also der Name „Zellstoff“ eigentlich nur ein Gattungsbegriff ist, und man zur näheren Bezeichnung jedesmal den Ursprung beizufügen hätte, wie schon früher von verschiedenen Seiten vorgeschlagen wurde. Da aber für die Praxis nur wenige Arten von Zellstoff in Frage kommen, und zwar hauptsächlich Holz-, Stroh-, Esparto-, auſserdem speziell dies Buch nur den wichtigsten, den Holzzellstoff behandeln soll, so wird die Bezeichnung Zellstoff hier genügen und keine Zweifel entstehen, wenn in der Folge der gleichbedeutende, fast noch mehr eingeführte Ausdruck „Cellulose“ gebraucht wird; es ist stets Holzzellstoff darunter zu verstehen. Der Ausdruck „Cellulose“ wurde zuerst von Tessié du Motay gebraucht.

Bekanntlich ist die Pflanzenfaser in der Natur aber mit Ausnahme der Baumwolle fast nie freiliegend zu finden, sondern von den verschiedensten, leichter oder schwerer löslichen inkrustierenden Bestandteilen umgeben. Eine mechanische Zerkleinerung des Holzes beseitigt dieselben nicht, liefert im „Holzschliff“ wohl ein Fabrikat, welches seiner Billigkeit wegen der Papierfabrikation groſsen Nutzen gebracht hat, da es die Massenerzeugung der geringwertigen Zeitungspapiere erst ermöglichte, aber die kurze Beschaffenheit des geschliffenen Holzstoffes, seine Steifheit, schwere Verfilzungsfähigkeit und der Widerstand gegen das Bleichen, konnten ihn zu keinem Ersatz für die Lumpenfaser machen. Erst nachdem es gelungen ist, die Holzfaser auf chemischem Wege und zwar im Groſsen verhältnismäſsig billig von ihrer Umhüllung zu befreien, hat man ein Surrogat erhalten, welches imstande war, die in dem Vorwort erwähnte Umwälzung in der Papierfabrikation herbeizuführen, da es eine aufserordentlich mannigfaltige Verwendung zuläfst und die Lumpenfaser in der Tat in vielen Fällen zu ersetzen vermag. Wie bei allen wichtigen Erfindungen, hat es eine geraume Zeit gewährt, ehe die seit dem Jahre 1840 datierenden Versuche, die Pflanzenfaser freizulegen, zu den praktischen Resultaten führten, welche sich jetzt die Neuzeit in grofsartigem Mafsstabe zu Nutzen gemacht hat. Auf verschiedenen Wegen gelangten nach und nach, die Methode des Vorgängers wiederholt verbessernd eine gröfsere Anzahl von Männern dazu, die Cellulose herzustellen und zwar haben sich schliefslich, je nach der Herstellungsmethode, einige gröfsere Gruppen herausgebildet, welche nach Faserstärke, Festigkeit, Reinheit, Biegsamkeit und Bleichfähigkeit verschiedene Cellulosen gewinnen, was aber für den Papierfabrikanten nur von Vorteil ist, da die Ansprüche an das Papier unendlich variieren und der Fabrikant sich die einzelnen passenden Sorten wählen oder auch mehrere gleichzeitig verarbeiten kann.

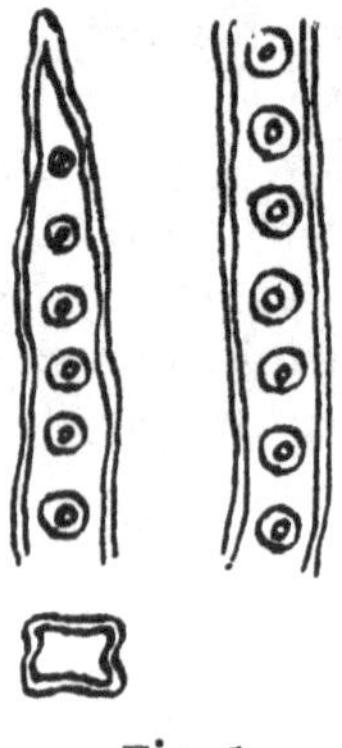

Fig. 1

Es ist nun nicht blofs lehrreich, sondern auch eine Notwendigkeit, diese verschiedenen Fasern unter dem Mikroskop erkennen und unterscheiden zu können. Holzzellstoff aus Nadelholz zeigt immer „Hoftüpfel ⊙“, eigenartige Ringe auf der ganzenLänge; man sieht sie sogar beim geschliffenen Holz. Um aufserdem die verschiedenen Fasern noch besser unterscheiden zu können, färbt man nach „O. Winkler, Papieruntersuchung“ mit Lösungen von

1. Jod-Jodkalium; Holzschliff und andere verholzte Fasern werden gelb.
2. Chlorzinkjod; Holzzellstoff, Esparto, Strohstoff, Jute werden blau bis grau; verholzte Fasern gelb.
3. Chlormagnesium, Strohstoff, Esparto blauviolett. Holzzellstoff hellbraun bis schwachrötlich, Holzschliff gelb,

während man nach „Selleger, Augustheft des Papierfabrikant 1903“, die Fasern noch besser mit einer Lösung von Calciumnitratjod unterscheiden kann; damit wird: Holzschliff gelb, Strohstoff dunkelblau, Laubholzcellulose etwas heller blau, ungebleichte Nadelholzcellulose schwach hell zitronengelb, gebleichte rosa mit schwach violettem Stich, Baumwolle rot.

Trotz der verschiedenen Methoden und Abzweigungen in den Einzelnheiten der Darstellung ist jedoch bis heute die Cellulosefabrikation noch nicht bis zu einem Abschlusse des Entwickelungsstadiums gekommen, denn ganz neuerdings tritt die Elektrizität, die man das Signum unseres letzten Jahrhunderts nennen könnte, mit in die Schranken, um durch ihre zersetzende Kraft manchen Chemikalien gegenüber, an der Auflösung der inkrustierenden Faserbestandteile mitzuhelfen.

Inwieweit sich diese Methode in der Praxis bewähren, und ob sie vielleicht sogar eine Umwälzung herbeiführen wird, läſst sich heute noch nicht beurteilen.

Ein Bild von dem Entwickelungsgange der für die Papierfabrikation so wichtigen Erfindung der Cellulosegewinnung erhält man am besten durch nachstehende chronologische Aufzählung derjenigen Männer, welche teils Entdecker neuer Methoden sind, oder sich durch Verbesserungen und Einführung von praktischen Apparaten usw. verdient gemacht haben. In der Tabelle ist neben jeden Namen ganz kurz, soweit dies dem Verfasser möglich war, festzustellen, das Aufschlieſsungsmittel angegeben, wodurch sich das Verfahren kennzeichnet:

Jahr	Name	Aufschlieſsungsmittel	Verfahren
1840	Payen	Salpetersäure	Säureverfahren
1852	Coupier & Mellier	Natron	Natronverfahren
1853	Watt & Burgess	Alkalien	-
1855	Juillon	Alkalische Basen	-
1857	Houghton	Alkalien	-
1861	Barre & Blondel	Wässrige Säuren	Säureverfahren
1864	Bachet & Machard	Chlorwasserstoffsäure	-
1866	Tilghmann	Schwefligs. Kalk gelöst in SO_2	Sulfitverfahren
1866	Ekman	Magnesiumsulfit	-
1867	Fry	Wasser von hoher Temperatur	
1870	Dresel	Natron	Natronverfahren
1871	R. Mitscherlich	Schweflige Säure	Sulfitverfahren
1872	Ungerer	Natron	Natronverfahren
1872	Ritter-Kellner	Schweflige Säure	Sulfitverfahren
1873	Römer in Nettingsdorf	Salpetersäure auf kaltem Wege	Säureverfahren
?	Orioli	Königswasser	-
1880	Cross	Wasser mit neutralen Sulfiten	Sulfitverfahren
1881	Francke	Schweflige Säure	-

Jahr	Name	Aufschliefsungsmittel	Verfahren
1882	Pictet	Wässrige Lösung von SO_2	Sulfitverfahren
1882	Graham	Schweflige Säure	-
?	Flodquist	- -	-
1883	Blitz	Alkalien und Sulfite (Ammonium-Vanadinat)	
1883	Dahl	Sulfat	Natronverfahren
1885	Kellner	Elektrizität	Elektrisches Verf.
1890	Lifschütz	Salpeterschwefelsäure	Säureverfahren

Aus der letzten Rubrik dieser Tabelle ist nun ersichtlich, dafs sich vier Hauptmethoden unterscheiden lassen, nach denen die inkrustierenden Bestandteile aufgelöst werden können, nämlich

1. das Säureverfahren,
2. - Natronverfahren,
3. - Sulfitverfahren,
4. - elektrische Verfahren.

Hiervon kommt das erste, das Säureverfahren, für die Praxis nicht mehr in Betracht, da es jetzt nur theoretischen und historischen Wert hat. Aufser der oben erwähnten Salpetersäure wurden noch Salpetersalzsäure, Salzsäure und Schwefelsäure von verschiedenen zum Zwecke der Cellulosefabrikation benutzt, wegen mancherlei Übelständen aber aufgegeben, nachdem die anderen Methoden sich als praktischer erwiesen hatten.

Diese drei anderen Verfahren haben, von allgemeinem Standpunkte aus betrachtet, jedoch alle das gemein, dafs zerkleinertes Holz in einem Kocher mit einer Lauge unter Dampfdruck und durch Auswaschen und Zerkleinern die Cellulose gewonnen wird. Die Details sind natürlich sehr verschieden, manche Arbeiten aber, besonders die Anfangs- und Endmanipulationen, bei sämtlichen Verfahren gleich. Daher sollen in dieser Abhandlung, die hauptsächlich der Praxis zu dienen bestimmt ist, die Verfahren nicht einzeln durchgenommen werden, da dann vieles wiederholt werden müfste; sondern es soll die ganze Cellulosefabrikation nach der Reihenfolge der einzelnen Phasen beschrieben werden, wobei selbstredend die Abzweigungen, welche die erwähnten Systeme ergeben, zu berücksichtigen sind.

II. Holz und Holzbearbeitung.

Es ist jedenfalls schon versucht worden, Cellulose aus allen möglichen, billig zu erlangenden Holzarten herzustellen, aus Laub- sowie aus Nadelholz; aber im allgemeinen hat sich doch das Holz der Fichten, Tannen und Kiefern als dasjenige erwiesen, welches die längste und schönste Cellulosefaser ergibt, obgleich auch diese Hölzer je nach ihrem früheren Standort, schnellerem oder langsamerem Wachstum wieder Unterschiede in der Qualität der daraus gewonnenen Faser erkennen lassen. Fichtenholzzellen haben eine Länge bis zu 9 mm, während die Laubhölzer eine viel kürzere Faser ergeben, z. B. Pappelholz nur 0,4 mm. Die Menge der aus verschiedenen Holzarten zu gewinnenden Cellulose läſst sich aus folgender Tabelle nach R. B. Griffin und A. D. Little erkennen:

Holzarten	Zucker, Gummi usw. in Wasser löslich	Fette, Harze usw. in Äther und Alkohol lösl.	Zellstoff	Inkrusten und zusammenklebende Stoffe	Ergebnisse von ungebleichtem Faserstoff durch das Sulfitverfahren
Tanne	2,81	2,73	66,32	28,14	50,75
Pappel	4,80	1,85	80,35	13,00	55,80
Birke	2,14	0,93	82,99	13,94	42,18
Gelbe Birke	1,88	0,97	82,36	14,79	53,80

Für die Natron-Cellulose ist die nachstehende Tabelle sehr interessant, welche die Ausbeute von je einem Raummeter der verschiedensten Holzsorten an Cellulose ergibt; man sieht daraus zugleich den Verlust durch Schälen und Putzen:

Frisch gefällte Holzart	1 Raummeter wiegt	Verlust durch Schälen und Putzen	Verlust durch Trocknen bei 100° C.	1 R-M. geschält und getrocknet wiegt	Ausbeute an Cellulose	Ausbeute an Cellulose
	Kilo	Kilo	Kilo	Kilo	Kilo	%
Fichte (pinus Picea)	617,5	80	230	307,5	108,2	35
Tanne (pinus abies)	566	136	191,7	238,3	88,2	37
Weifsföhre (pinus Silvestris)	697,5	170	252,2	275,3	105,7	38
Schwarzföhre (pin. Austriaca)	707,5	147	285,6	274,9	89	34
Lärche (pin. larix.)	597,5	90	160,37	347,13	116,8	33
Legföhre (p. pumilio)	449,3	55,1	124,8	269,4	99,81	37
Rotbuche (Tagus silvatica)	865	70	327,54	467,46	139,8	30
Weifsbirke (Bet. Alba)	623,5	111,5	215,04	296,96	85,6	29
Aspe (Populus tremula)	695	135	227,36	332,64	108,42	32
Pappel populus alba)	650	175	226,5	248,5	88,14	35
Vogelbeere (Sorb. auc.)	725,5	131,5	269,67	324,33	100,6	31
Elsbeere (Sorbus Tominalis)	756,5	166,5	224,2	365,8	103,96	28
Sahlweide (Salix capre)	572,5	80,5	241	251	85,7	34
Bruchweide (Sal. frag.)	583,5	111	181,4	291,1	104,8	36
Esche (Traxin. excels.)	593,5	91	100,1	402,4	103,95	26
Erle (Almes glutinosa)	516,5	97,5	181	238	81,3	34

Das Endergebnis vorstehender Untersuchungen zeigt, dafs die Ausbeute an Cellulose in Prozenten ausgedrückt bei den verschiedensten Pflanzenarten eigentlich gar nicht sehr verschieden ist, nur dafs im allgemeinen die Nadelhölzer einen etwas gröfseren Ertrag an Cellulose ergeben. Da aufserdem auch die Qualität der Cellulose aus Nadelhölzern eine bessere und das Auftreten derselben massenhafter ist, auch der Preis sich billiger stellt, so kommen für die Praxis hauptsächlich nur diese Arten in Frage.

Die Kiefer ist am meisten verbreitet und durchschnittlich in den schwächeren Hölzern auch billiger, als Fichte und Tanne; gleichwohl eignet sie sich nicht im gleichen Mafse zur Erzeugung von Zellstoff, da sie sehr harzhaltig ist und einen festeren, dunklen Kern enthält; infolgedessen kann man sie im Ganzen nur nach dem Natron- resp. Sulfat-, dagegen nach dem Sulfitverfahren nur den Splint davon verarbeiten. Während Fichte und Tanne eine längere, weichere, mehr gelblich gefärbte Faser liefern, ist die von Kiefer schwach silbergrau, etwas kürzer und dicker in der Wandung, und daher härter und fester; es gibt einige Sulfatzellstofffabriken, welche nur Kiefernholz verarbeiten;

es liegt aber nach oben Gesagtem auf der Hand, dafs sich dasselbe etwas schwerer kocht, als Tanne und Fichte. Während in Deutschland neue Sulfatzellstofffabriken seit Jahren nicht mehr errichtet werden, alte, lang bestanden habende sogar nach und nach eingegangen sind, gibt es deren in Skandinavien nicht blofs viel mehr und gröfsere, sondern auch solche, welche beide Sorten, Sulfat- und Sulfitzellstoff erzeugen; und es dürfte wohl auch für Deutschland dazu kommen, da die Beschaffenheit der für die Sulfitstofffabriken erforderlichen Mengen an Fichten- und Tannenholz durch den stetig steigenden Verbrauch immer schwieriger wird; man wird dann an gewissen Stellen, wo es nur Kiefern gibt, dazu übergehen müssen, den Splint derselben nach dem Sulfit-, den Kern nach dem Sulfatverfahren zu verarbeiten; man wird dann auch die Abfälle des einen mit bei dem andern verwenden können, so die Holzabfälle des Sulfit- beim Sulfat-, und andererseits Kalkrückstände und die aus den Sodaöfen entweichende schweflige Säure wohl beim Sulfitverfahren.

Nachdem die Cellulosefabrikation eine so grofse, unerwartete Ausdehnung gewonnen hat, liegt besonders auch im Hinblick auf die Herstellung der grofsen Mengen Holzschliff der Gedanke nahe, ob nicht unsere Wälder durch diese Industrie bald erschöpft sein, und dann die Übelstände eintreten werden, welche bekanntlich die unvermeidlichen Folgen der unrationellen Abforstung sind. Hierauf geben folgende Zahlen und Darlegungen eine, glücklicherweise beruhigende Antwort, welche einem Vortrag des Dr. Frank entnommen sind, der in der „Papier-Zeitung“, Jahrgang 1888 Nr. 27 abgedruckt ist:

„In Deutschland bestehen jetzt circa 60 Cellulosefabriken, welche täglich etwa 2000 Festmeter, entsprechend 3000 Raummeter Holz zu Zellstoff verarbeiten und damit einen Jahresumsatz von etwa 30 Millionen Mark bewirken, von dem ungefähr 10 Millionen der Forstkasse zufliefsen. Das obige Tagesquantum von 2000 Festmetern erfordert die Abholzung einer Waldfläche von 6—8 ha. Nach dem von kompetenter Seite gegebenen Auskünften kann man für Deutschland bei 60jährigem Umtriebe die mittlere Jahresausnutzung an Derbholz bei Kiefern auf 3,1 fm, bei Fichten auf 4,9 fm annehmen, so dafs für den 600000 fm betragenden Jahresbedarf unseren Zellstofffabriken der regelmäfsige Ertrag einer Waldfläche von 150000 bis 160000 ha voll in Anspruch genommen wird. Da für Zellstoff Fichtenholz besonders geeignet ist, so sind die Preise dieses Holzes, welches früher wegen seiner geringen Qualifikation für

Nutzholz hinter denen des Kiefernholzes zurückstanden, rasch gestiegen und die umsichtige preufsische Forstverwaltung hat diesem Umstande bereits durch vermehrte Anpflanzung der schnellwüchsigen Fichte derart Rechnung getragen, dafs zur Zeit von dem im Staatsbezirk befindlichen 274416 ha Fichtenwald

auf	100jährige	Bestände	8308	ha
-	81—100	-	17727	-
-	61— 80	-	30752	-
-	41— 60	-	48413	-
-	21— 40	-	65616	-
und -	1— 20	-	92675	-

enthalten. Die so erhöhte Kultur der Fichte, welcher auch die im Privatbesitz stehenden Forsten folgen werden, ist um so wichtiger, als wir bei der Zellstofffabrikation mit der Konkurrenz anderer Länder rechnen müssen, welche das Holzmaterial bedeutend billiger haben, als wir; in Europa sind dies namentlich Schweden und die russischen Ostseeprovinzen, beide für Export sehr günstig gelegene Länder, und in Amerika tritt Kanada mit gleichen Vorzügen jetzt in Mitbewerb. — Deutschland ist jetzt schon ein ziemlich waldreiches Land, da von seiner etwa 54 Millionen ha betragenden Gesamtfläche etwa 13900000 ha = 25,7 % Forst sind. Von der geographischen Verteilung des Waldes gibt die kürzlich erschienene Forstkarte in Preufsen, welche das vom Ministerium für Landwirtschaft ressortierende Forsteinrichtungsbureau mit grofser Sorgfalt bearbeitet hat, ein Bild, welches auch für das gesamte Deutsche Reich typisch ist, obwohl im Königreich Preufsen nur 23,39 % der Gesamtbodenfläche bewaldet sind.

Das Verhältnis hat sich inzwischen nun wesentlich anders gestaltet; es sind in Deutschland 1904

7 Fabriken nach dem Sulfatverfahren, von denen eigentlich nur 4 noch zu rechnen sind,

63 Fabriken nach dem Sulfitverfahren im Betriebe.

Der Fabriken sind nicht viel mehr geworden; im Gegenteil sind solche nach dem Sulfatverfahren sogar mehrfach eingegangen; die andern haben aber meist ihre Produktion wesentlich gesteigert.

Nach den statistischen Erhebungen des Vereins deutscher Zellstofffabrikanten, welche mir auf meine Bitte bereitwillig zugängig gemacht wurden, haben dessen Mitglieder im Jahre

1903 1562772 Festmeter Holz verbraucht und 341000 tons Zellstoff daraus hergestellt.

Das sind 5209 Festmeter Holz verbraucht und 1137 tons Zellstoff pro Tag Produktion.

Rechnet man die Fabriken, welche dem Vereine noch nicht angehören mit dazu, so kommt man mindestens auf einen Verbrauch von 1 700 000 Festmetern Holz und 370 000 tons Zellstoff im Jahre im Werte von 70 000 000 Mk. etwa, wenn man nur ungebleichten Stoff rechnet; das macht:
pro Tag rund 5670 fm. Holz u. 1235 tons Stoff.
25373 - - - 5523 - - pro Fabrik im Jahre.

Es wird demnach der Ertrag einer Waldfläche von 425000 bis 455000 ha voll in Anspruch genommen, und es ist da nicht zu verwundern, wenn immer mehr Zellstoffholz aus dem Auslande eingeführt wird; denn es wird aufserdem noch viel Holz zu Grubenhölzern, in Schleifereien, Sägemühlen, Holzbearbeitungsfabriken, zum Heizen etc. verbraucht.

Wie aus nachstehender Tabelle ersichtlich, sind von der rund 13900000 ha betragenden Waldfläche Deutschlands etwa $^2/_3$, d. h. über 9 Millionen ha mit Nadelhölzern bestanden, welche sich wieder mit etwa 6 Millionen ha auf Kiefern und 3 Millionen ha auf Fichten verteilen. Die hervorragende Verwendbarkeit der Nadelhölzer für die Zellstofffabrikation gewinnt aber noch durch den Umstand einen besonderen Wert, dafs dieselben zu dem in Bezug auf Boden und Klima bescheidensten Bäumen gehören. In erster Linie ist die Kiefer der Baum unseres armen, norddeutschen Sandbodens; die Fichte ist schon etwas anspruchsvoller; sie verlangt bei ihrer flachen Bewurzelung einen etwas reicheren Boden und namentlich günstige klimatische Verhältnisse in Bezug auf Feuchtigkeit und Temperatur; aber sie krönt doch einen grofsen Teil unserer deutschen Gebirge und zieht bis in die nördlichen preufsischen Provinzen in dichten Beständen hinauf. Entsprechend ihrer höheren Anforderungen an den Boden ist die Fichte aber auch schnellwüchsiger als die Kiefer, d. h. sie produziert in dem gleichen Zeitraum eine gröfsere Menge von Holz. Kann die Kiefer auf Boden mittlerer Klasse bei 60jährigem Umtrieb und Vollbestand einen jährlichen Ertrag von 4,4 Festmetern und bei 80jährigem Umtrieb von 4,64 Festmetern Derbholz pro ha liefern, so stellt sich dagegen der Ertrag der Fichte in Mittel der II. und III. Klasse und Vollbestand bei nur 60jährigem Umtriebe auf 7 Festmetern Derbholz pro ha und Jahr. Da nun ein Festmeter Fichtenholz ungefähr 450 Kilo wiegt, so entsprechen obige 7 Festmeter 3150 Kilo reiner Holzmasse und da 6 Festmeter Fichtenholz zirka 1000 Kilo reinen Zellstoff ergeben, so würde der Jahresertrag der Fichte pro ha 1166 Kilo daraus zu gewinnender Cellulose entsprechen.

Statistik der Forsten und Holzungen des Deutschen Reichs.

Bearbeitet vom Kaiserlichen Statistischen Amt 1883.

Staaten und Landesteile	Im Jahre 1883 waren bestanden mit					Von je 100 ha der gesamten Forstfläche entfielen auf				
	Laubholz überhaupt	darunter Buchen	Nadelholz überhaupt	darunter Kiefern (Föhren)	darunter Fichten und Tannen	Laubholz überhaupt	Buchen	Nadelholz überhaupt	Kiefern	Fichten und Tannen
	Hektar	Hektar	Hektar	Hektar	Hektar					
Prov. Ostpreufsen . . .	135333	26083	526734	305822	220499	20,4	3,9	7,96	46,2	33,3
- Westpreufsen . .	73022	39113	461826	444489	17246	13,7	7,3	86,3	83,1	3,2
- Brandenburg-Berlin	96866	29354	1197828	1172656	25107	7,5	2,3	92,5	90,6	1,9
- Pommern	165528	73706	429301	397162	31913	27,8	12,4	72,2	66,8	5,4
- Posen	72099	6327	511810	500687	10634	12,3	1,1	87,7	85,8	1,8
- Schlesien	156332	14945	1000509	810944	187114	13,5	1,3	86,5	70,8	16,2
- Sachsen	156748	58681	539702	294880	62453	30,4	11,4	69,6	57,1	12,1
- Schleswig-Holstein	87379	53105	32315	15539	16441	73,0	44,4	27,0	13,0	13,7
- Hannover	256452	131288	363709	257225	104376	41,4	21,2	58,6	41,5	16,8
- Westfalen	416107	157268	150037	70014	77047	73,5	27,8	26,5	12,4	13,6
- Hessen-Nassau . .	454932	304406	172592	97472	71592	72,5	48,5	27,5	15,5	11,4
- Rheinland . . .	657156	212362	173700	93427	76255	79,1	25,6	20,9	11,2	9,2
- Hohenzollern . .	16870	14169	21263	3459	17507	44,2	37,2	55,8	9,2	45,9
Königreich **Preufsen** . .	**2744824**	**1120807**	**5401336**	**4463812**	**918184**	**33,7**	**31,8**	**66,3**	**54,8**	**11,3**

Staaten und Landesteile	Im Jahre 1883 waren bestanden mit					Von je 100 ha der gesamten Forstfläche entfielen daher auf				
	Laubholz überhaupt	darunter Buchen	Nadelholz überhaupt	darunter Kiefern (Föhren)	darunter Fichten und Tannen	Laubholz überhaupt	Buchen	Nadelholz überhaupt	Kiefern	Fichten und Tannen
	Hektar	Hektar	Hektar	Hektar	Hektar					
Die drei Regierungs-Bezirke Franken	287892	119662	517299	302952	210353	35,8	14,9	64,2	37,6	26,1
Übriges Bayern rechts vom Rhein	170471	51411	1297648	340522	946784	11,6	3,5	88,4	23,2	64,4
Bayern links vom Rhein	128210	70458	103212	91176	10432	55,4	30,4	44,6	39,4	4,5
Königreich **Bayern**	**586573**	**241531**	**1918159**	**734650**	**1166969**	**23,4**	**9,6**	**76,6**	**29,3**	**46,6**
Königreich Sachsen	59887	9760	349133	127435	220620	14,7	2,4	85,2	31,1	53,9
Königreich Württemberg	250694	134631	349282	53992	295168	41,8	22,5	58,3	9,0	49,2
Baden	300644	133424	252122	70053	180235	54,4	24,1	45,6	12,7	32,6
Hessen	145759	98162	94915	82469	11601	60,6	40,8	39,4	34,3	4,8
Mecklenburg-Schwerin	86233	40455	140330	123215	15606	38,1	17,9	61,0	54,4	6,9
Sachsen-Weimar	35853	18024	57335	33719	23392	38,5	19,3	61,5	36,2	25,1
Mecklenburg-Strelitz	21597	11610	39514	38055	1126	35,3	19,0	64,3	62,3	1,8
Oldenburg	35029	11290	23872	21007	2564	59,5	19,2	40,5	35,7	4,3
Braunschweig	70303	53214	39592	7825	31548	64,0	48,4	36,0	7,1	28,7
Sachsen-Meiningen	25273	11580	78079	29263	48267	24,5	11,2	75,5	28,3	46,7
Sachsen-Altenburg	6050	921	30602	21199	9386	16,5	2,5	83,5	57,8	25,6

Staaten und Landesteile	Im Jahre 1883 waren bestanden mit					Von je 100 ha der gesamten Forstfläche entfielen daher auf				
	Laubholz überhaupt	darunter Buchen	Nadelholz überhaupt	darunter Kiefern (Föhren)	darunter Fichten und Tannen	Laubholz überhaupt	Buchen	Nadelholz überhaupt	Kiefern	Fichten und Tannen
	Hektar	Hektar	Hektar	Hektar	Hektar					
Sachsen-Koburg-Gotha .	16026	7490	42707	8490	32379	27,3	12,7	72,7	14,5	55,1
Anhalt	17342	3644	37649	31879	5689	31,5	6,6	68,5	58,0	10,3
Schwarzbg.-Sondershaus.	17711	7987	14267	3454	10802	45,1	30,8	54,9	13,3	41,6
Schwarzburg-Rudolstadt	7240	2773	34107	10725	23193	17,5	6,7	82,5	25,9	56,1
Waldeck	2951	28021	9780	3228	5965	77,1	65,6	22,9	7,5	14,0
Reuſs ältere Linie . .	189	42	11214	5016	6198	1,7	0,4	98,3	44,0	54,3
Reuſs jüngere Linie . .	1354	382	29744	4251	25449	4,4	1,2	95,6	13,7	81,8
Schaumburg-Lippe . .	6277	2216	1414	431	924	81,6	28,8	18,4	5,6	12,0
Lippe	27587	20331	6483	2360	3880	81,0	59,7	19,0	6,9	11,4
Lübeck	2877	48	1057	800	251	73,1	26,7	26,9	20,3	6,4
Bremen	228	30	—	—	—	100,0	13,1	—	—	—
Hamburg	834	250	619	420	198	57,4	17,2	42,6	28,9	13,6
Elsaſs-Lothringen . . .	306620	83507	137225	43764	93391	69,1	18,8	30,9	9,9	21,0
Deutsches Reich . . .	**4800055**	**2043132**	**9100557**	**5921516**	**3132985**	**34,5**	**14,7**	**65,5**	**42,6**	**22,6**

Gesamtfläche des Deutschen Reiches 54052184 ha: davon Wald 13908398 ha = 25,7 %; Acker 26312000 = 48,7 %.

Aus diesen Darstellungen ist nun deutlich ersichtlich, dafs bei rationeller Forstwirtschaft, wie sie in Deutschland überall zu finden, die lebenspendende Sonne durch ihre Licht- und Wärmestrahlung imstande ist, den Pflanzen- resp. Baumwuchs so zu fördern, dafs ein grofser Teil davon ohne Nachteil zu Cellulose und später zu Papier verarbeitet werden kann, welches dann wieder dazu bestimmt ist, das Licht des Geistes und der Bildung in alle Volksschichten zu tragen.

Jede einzelne Cellulosefabrik wird nun darauf zu sehen haben, dafs sie das ihr am besten zusagende, am leichtesten, ohne zu grofse Fracht zu erlangende und infolgedessen billigste Holz sich verschafft.

Während man nun zum Sulfitstoff möglichst frisches Holz verarbeitet, weil sich dies am leichtesten kocht, nimmt man umgekehrt für die Natron- resp. Sulfatzellstoffe am besten kein frisch geschlagenes, sondern möglichst ausgetrocknetes; sehr vorteilhaft ist es hier, das Holz bald nach seiner Ankunft zu schälen und dann gründlich austrocknen zu lassen. Die Säfte des Holzes verändern sich, das Holz wird trocken und lockerer, nimmt dann später die Kochlauge leichter auf, welche so nicht unnötig verdünnt wird; man bekommt auch mehr Holz in jeden Kocher hinein und spart bei der Wiedergewinnung die Verdampfung des ganzen Wassers aus dem Holze; dies haben Sonne und Wind schon besorgt. Weil man diesem Umstand in manchen Fabriken keine Rechnung trug, führten viele Mifserfolge zu den verkehrten Annahmen, dafs trockenes Holz sich schwerer kochte und schlechteren Stoff lieferte, als frisches; man half sich denn oft törichter Weise damit, das alte Holz tüchtig nafs zu machen. Es liegt auf der Hand, dafs man einen Kocher nur zum Teil mit Lauge füllt, wenn man trocknem Holze dieselbe Laugenmenge zugibt, wie nassem; beim trocknen geht doch ein grofser Teil der Lauge auch in das Holz selbst hinein; sie füllt nicht blofs die Räume zwischen dem Holz aus, wie bei nassem. Am schlimmsten ist natürlich der Unterschied, wenn man gar frisch geflöfstes Holz aus dem Flusse oder der See nimmt und sofort verarbeitet.

Liegt ungeschältes Holz längere Zeit, so wird die Gerbsäure aus der Rinde mehr in das Innere dringen und dort die bekannte Tintenfärbung hervorbringen, welche dann beim Kochen nicht verschwindet, sondern erst beim Bleichen; der ungebleichte Zellstoff wird also dann nicht so schön in der Färbung ausfallen.

Kernfaule Stellen im Holze müssen vor dem Kochen entfernt werden, wenn man Sulfitstoff kocht, wie man hierbei überhaupt weit sorgsamer bei dem Reinigen und Aussortieren des Holzes verfahren mufs, als bei dem Natronverfahren, bei welchem

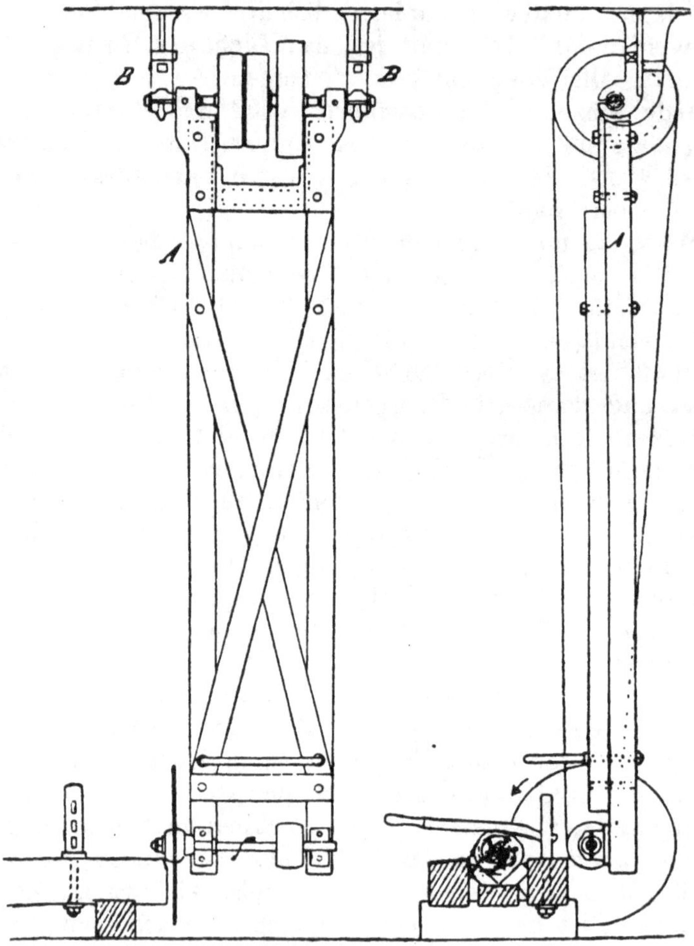

Fig. 2 u. 3. Blocksäge.

verdorbnes Holz einfach aufgelöst wird, ebenso wie die Äste zum gröfsten Teil.

Holzbearbeitung. — Das Holz zur Cellulosefabrikation mufs zunäshst geschält werden und zwar geschieht dies entweder durch Handarbeit, mit Hilfe des Schnitzmessers, oder durch eine Rindenschälmaschine, oder auch auf beide Arten nacheinander.

Verarbeitet man stärkeres Holz, und soll durch die Maschine die Entrindung vorgenommen werden, ist es nötig die Stämme zunächst durch eine, wie ein Pendel schwingende

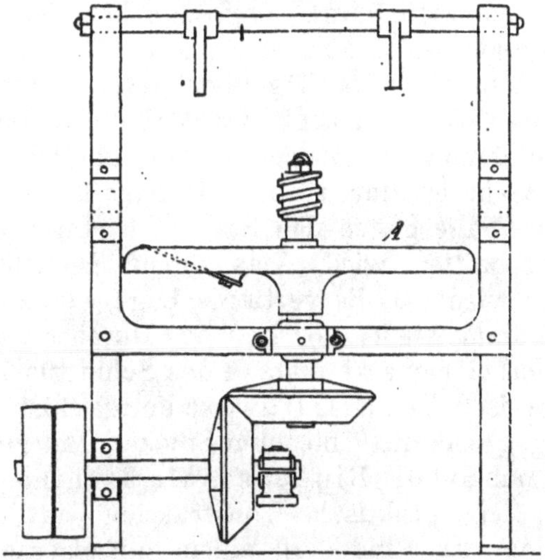

Fig. 4.

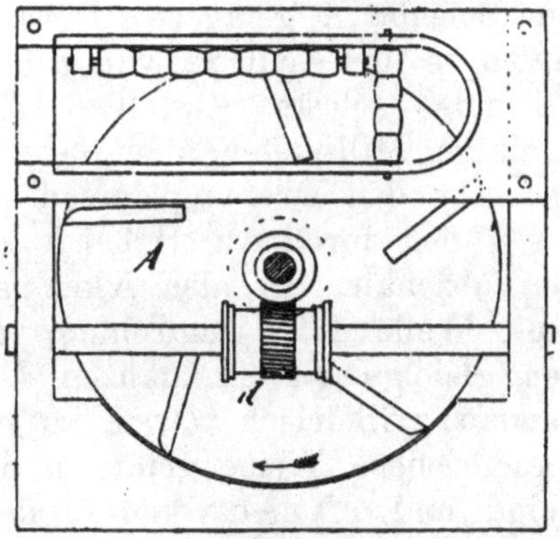

Fig. 5.
Rindenschälmaschine.

B l o c k s ä g e in Stücken von circa 60 Centimeten Länge zu zerschneiden. In Figur 2 und 3 ist eine derartige praktische Säge abgebildet: Ein Holzrahmen *A*, dessen Länge sich nach der Höhe des Lokales richtet, hat am oberen Ende zwei Zapfen, welche in zwei Hängelagern *B B* ruhen. Im unteren Ende des schwingenden Rahmens ist eine kurze Welle gelagert, auf welcher an der linken Seite das circa 860 mm im Durchmesser habende Kreis-Sägeblatt sitzt, das durch Übersetzung eine Geschwindigkeit von ungefähr 900 Umdrehungen pro Minute erhält. Vor und seitlich der Kreissäge befindet sich ein mit Gleitrollen versehenes Holzgestell, auf welches der Stamm gelegt und leicht vor das Sägeblatt geschoben werden kann. Mit der rechten Hand drückt der Arbeiter einen gezähnten Hebel auf den Stamm, um denselben festzuhalten, und mit der linken Hand zieht er durch einen Handgriff den Rahmen mit der rotierenden Säge gegen den Stamm, wodurch derselbe sehr schnell durchschnitten wird. Das eigene Gewicht bringt den Rahmen sofort wieder in die vertikale Lage, der zweite Arbeiter schiebt den Stamm wieder vor und das Durchschneiden wiederholt sich. Hierbei bemerkt man an den Schnittflächen leicht, ob das Holz teilweise frisch oder teilweise kernfaul ist und beseitigt, wie früher angegeben, die schlechten Stücke. Mit großer Schnelligkeit erfolgt nun auf der Rindenschälmaschine, von welcher Fig. 4, 5 und 6 eine praktische Konstruktion zeigt, die Befreiung der Hölzer von der Rinde: In einem gußeisernen Gestell ist der Hauptteil, eine 830 mm im Durchmesser habende, auf einer vertikalen Welle sitzende und sich 330 mal in der Minute horizontal drehende Scheibe *A* gelagert. Diese Scheibe hat in der Nähe des Umpfanges fünf Schlitze, wie in Fig. 5 ersichtlich, durch welche von unten schräg verstellbare Messer gesteckt werden, die nur einige Millimeter über der Scheibe hervorstehen und bei der schnellen Drehung derselben die Rinde des aufgelegten Klotzes *c*, der durch den Hebel *b* angedrückt wird, in langen Spähnen abschält. Da der Klotz außerdem noch durch eine gezähnte Welle d in Umdrehung versetzt wird, so erfolgt das Schälen gleichmäßig am ganzen Umfange. Wenn nun alle Klötze genau zylindrisch wären, so würde die Bearbeitung auf die beschriebene Weise genügen, da aber manche Stücken krumm sind und oft Auswüchse oder Vertiefungen haben, es auch notwendig ist, daß nicht nur die braune Rinde, sondern auch der darunter liegende weiße Bast entfernt wird, so ist es zur Gewinnung einer guten Cellulose auch notwendig, daß ein Nachputzen mit dem Beil oder Schnitzmesser auf einer gewöhnlichen Schnitzbank erfolgt. Genaue Versuche des ersten Verfassers mit abgewogenem und möglichst gleichstarkem Holze haben folgende Endresultate ergeben: Wird das Holz auf der Maschine geschält und mit der Hand nachgeputzt, kosten zehn

Festmtr. ungefähr 5,5 Mark Arbeitslohn, während 10 Mark auszugeben sind, wenn es nur mit der Hand geschält wird. In letzterem Falle ist zwar der Schälverlust um 1,4% geringer, aber trotzdem empfiehlt es sich noch sehr, die Maschine zu benutzen, da dadurch viel Zeit und Geld gespart wird.

Ob hierbei beim Natronverfahren überhaupt von einer Ersparnis die Rede sein kann, erscheint mehr als zweifelhaft; denn aus dem früher Gesagten geht hervor, daſs man hier möglichst auf groſsen Vorrat an geschältem Holz halten soll; man müſste

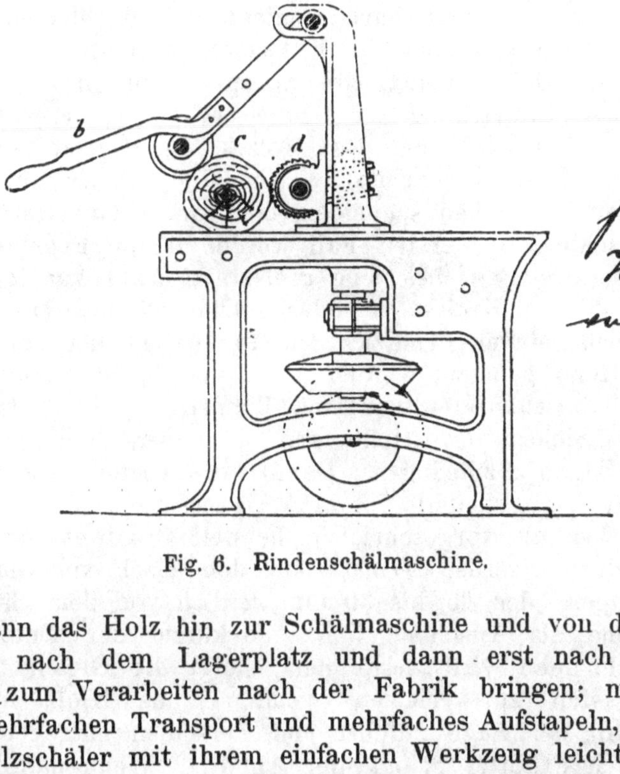

Fig. 6. Rindenschälmaschine.

also dann das Holz hin zur Schälmaschine und von da wieder zurück nach dem Lagerplatz und dann erst nach Monaten wieder zum Verarbeiten nach der Fabrik bringen; man hätte also mehrfachen Transport und mehrfaches Aufstapeln, während die Holzschäler mit ihrem einfachen Werkzeug leicht auf dem Lagerplatz von Stapel zu Stapel ziehen und dann das geschälte Holz gleich wieder richtig aufstapeln können. Zudem ist Kiefernholz, was hier ja vielfach verwendet wird, nicht so gerade und glatt gewachsen, viel ästiger und muſs daher, selbst wenn man Schälmaschinen hat, weit mehr mit der Hand vor- und nachbearbeitet werden. Anders liegt ja die Sache beim Sulfitstoff, wo das geschälte Holz direkt nach der Haumaschine kommt und weiter verarbeitet wird.

An Stelle der vorhin beschriebenen Schälmaschine kann auch eine sogenannte doppelte benutzt werden, auf der man gleichzeitig zwei Klötze bearbeiten kann, oder auch eine solche mit vertikal rotierender Scheibe. Der Schälraum befindet sich in der Regel in einem Parterrelokal der Fabrik. Durch einen Aufzug oder Elevator werden nun die geschälten Klötze zur weiteren Zerkleinerung nach einem höher gelegenen Raum befördert. Manche Fabrikanten lassen nun zunächst die Äste ausbohren, da dieselben beim Kochen nicht weich werden, keine Cellulose ergeben und auch die den Ästen zunächst liegenden Faserteile in der Regel hart, wenigstens gelb bleiben: Vollständig sind sie aber auch durch Ausbohren nicht zu beseitigen. so dafs es sich empfiehlt, sie erst später zu entfernen. Die zur besseren Einwirkung der Lauge bei dem späteren Kochen notwendige Zerkleinerung des Holzes kann jetzt entweder durch Kreissägen geschehen, welche die Klötzer in 25 bis 30 mm starke Scheiben schneiden, oder durch eine Hack- oder Schlagmaschine. Im ersten Fall werden in der Regel je nach der Gröfse des Betriebes eine gröfsere Anzahl von gewöhnlichen, einfachen Kreissägen oder solche mit mehreren Sägeblättern nebeneinder benutzt. Da die Arbeit der Zuführung mit der Hand gemacht werden mufs, und leicht Verletzungen der dabei Beschäftigten eintreten können, ist es notwendig, möglichst Sicherheitsvorrichtungen, besonders auch Hauben über den Sägen anzubringen. Damit die Arbeiter, welche das Zerschneiden gröfstenteils im Akkord besorgen, die Scheiben nicht stärker als vorgeschrieben herstellen, ist es vorteilhaft, einen kleinen eisernen Winkel auf den Tisch vor der Säge zu befestigen, der 25 bis 30 mm seitlich von dem Sägeblatt absteht und als Anschlag dient. Je kürzer der Klotz durch das Abschneiden wird, desto mehr steigt die Gefahr für den Arbeiter, sich zu verletzen, wenn er den Klotz mit der Hand allein der Säge zuführt und derselben entgegendrückt. Ein einfaches Mittel bringt hier Abhülfe: Wenn nämlich der Mann ein kurzes Holz mit einem Handgriff, an dessen einem Ende sich mehrere Stahlspitzen befinden, benutzt, die Spitzen jedesmal in die Stirnseite des zu schneidenden Holzklotzes schlägt, so kann er den Klotz leicht führen und die Gefahr einer Verletzung ist fast ausgeschlossen. Figur 7 (Seite 19) zeigt die Anwendung dieses einfachen Mittels. — Sehr wichtig ist es, bei der Benutzung von Kreissägen darauf zu sehen, dafs die Sägeblätter möglichst dünn und die Schränkung (seitliche

Ausbiegung der einzelnen Zähne nach rechts und links) nur so grofs ist, dafs die Säge sich beim Schneiden nicht klemmt. Der Abfall von Sägespähnen ist nämlich auch bei Beobachtung der angegebenen Vorsicht schon verhältnismäfsig sehr grofs, und kann sonst leicht noch bedeutend wachsen. Wenn nämlich Scheiben von 25 bis 30 mm Stärke geschnitten werden sollen, so sind in jedem Stamm von 1 m Länge wenigstens 33 Schnitte zu machen und wenn für jeden derselben nur 4 mm Verlust angenommen wird, ergibt dies pr. 1 m = 132 mm oder 13 %. Obgleich diese Spähne sehr rein aussehen, so enthalten sie doch viele kleine, mit zerschnittene Astteile, die braune Punkte in der Cellulose ergeben, wenn die Spähne mitverarbeitet werden sollen. Werden keine zu hohe Anforderungen an das Fabrikat gestellt, so kann man die Sägespähne ganz oder wenigstens teilweise mit den Scheiben vermischt, zugleich in den Kocher füllen, mufs aber dann darauf achten, dafs sie ungefähr in die Mitte der ganzen Kocherfüllung plaziert werden, damit sie beim Ablassen der Lauge nicht die Ventile verstopfen, oder etwa oben aufschwimmen und dann das Gelingen der ganzen Kochung in Frage stellen würden. —

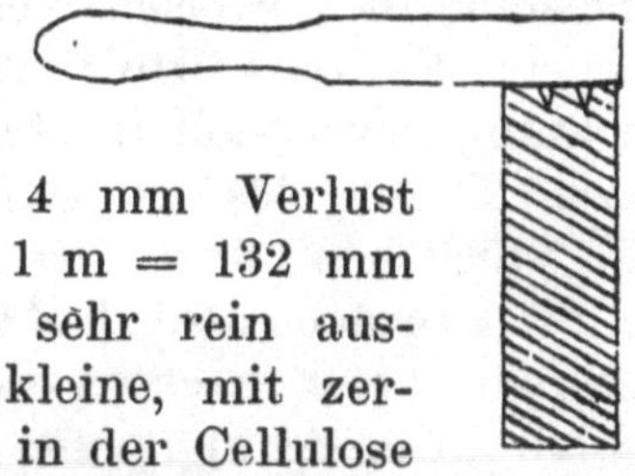

Fig. 7.

Besser ist es freilich, die Spähne ganz wegzulassen oder sie wenigstens mit etwas geringwertigem Holze zu einer billigeren Sorte zu verwenden. An dieser Stelle sei erwähnt, dafs neuerdings auch die Schälspähne, besonders solche, welche nicht mit brauner Rinde behaftet sind, von manchen Fabriken zu einer geringwertigeren Cellulose verkocht werden. Da dieselben sehr sperrig sind und deshalb dem Gewicht nach nicht viel in den Kocher hineingefüllt werden kann, so schneidet man dieselben auf einer Häkselmaschine in kurze Stücke, welche nach dem Einfüllen durch Arbeiter möglichst fest in den Kocher eingetreten werden, so dafs die Ausbeute an Cellulose bei jeder Kochung nur 10—15 % geringer ist, als bei einer Kochung mit gutem Holz. Dadurch lohnt sich die Verarbeitung der Schälspähne, welche früher meist verbrannt wurden. Auch kann man sie mit Sägespähnen oder Schleifholzabfällen vermischt zu einer geringeren Sorte Zellstoff verarbeiten. An dieser Stelle sei gleichzeitig erwähnt, dafs bei den oben beschriebenen Zerkleinerungsarten des Holzes, die in den einzelnen Scheiben sitzenden Äste in der Regel nicht vor dem Kochen beseitigt werden, weil die kleineren doch nicht alle zu entfernen sind, und deshalb ein Sortieren nach dem Kochen doch notwendig wäre. Ist das Holz gekocht, also weich, so kann jeder Ast mit den Fingern gefühlt und leicht entfernt werden.

Bei der Anwendung einer Hack- oder Schlagmaschine behufs der Zerkleinerung des zu kochenden Holzes fällt der Übelstand des grofsen Verlustes an Sägespähnen weg, da das vorher geschälte Holz von der Stirnseite aus in schräger Richtung gewaltsam in etwa 30 mm dicken Scheiben abgehackt wird. Durch das gewaltsame, plötzliche Loslösen bekommen die Stückchen auch noch Risse nach den verschiedensten Seiten, werden also locker und sind dadurch um so besser geeignet, beim nachfolgenden Kochen die Lauge leichter ins Innere dringen zu lassen. Der Hauptteil einer solchen Hackmaschine ist die auf einer kräftigen horizontalen Welle sitzende starke Scheibe aus Gufseisen von 1400 mm Durchmesser und 90 mm Breite, um welche warm ein 50 mm starker schmiedeeiserner Ring zur gröfseren Sicherung gegen Zerspringen gelegt worden ist. In der Nähe der Peripherie sind durch je 9 Schrauben 1 oder 2 starke Messer befestigt, die circa 5 mm von der Scheibe abstehen und sich ziemlich dicht an einem festen Stützpunkt schnell vorüberbewegen, über welchen das zu hackende Holz eingeführt wird. Wenn man schwächeres Holz verarbeitet, wird die vorher mit der Hand geschälte Stange durch zwei Männer der Maschine zugeführt, wobei sie nach jedem Schnitte etwas gedreht werden mufs: ein anderer Arbeiter schaufelt das zerkleinerte Holz auf einen Elevator, der es in die höheren Räume führt. Die Maschine braucht natürlich ziemlich viel Kraft und da sie fortgesetzt starke Stösse erleidet, ist es praktisch, sie im Parterre aufzustellen und, wie angegeben, das kleine Holz nach oben zu befördern. Sie ist im Stande, in 12 Stunden circa 35 Kubikmeter Holz von der Stirnseite der ungefähr $2\frac{1}{2}$ Meter langen zugeführten Stangen abzuhacken. In manchen Fabriken ist aber auch die Maschine in oberen Räumen aufgestellt, das Holz wird in kürzeren Stücken auf der Schälmaschine entrindet, diese Klötze auf ein endloses Gurtband gelegt und der Hackmaschine selbsttätig zugeführt. — Das wie vorbeschrieben zerkleinerte Holz wird nun, wenn die Fabrik nicht gerade Prima-Cellulose arbeitet, direkt in die Kocher gefüllt meist aber vorher durch eine gröfsere Anzahl Mädchen oder Knaben genau sortiert. Es wird zu diesem Zweck auf Siebtische geschüttet, wobei Schmutz und ganz kleine Spähne durchfallen und mit den Händen jedes Stückchen, welches einen Astteil enthält, heraussortiert. Es ist dieses Verfahren allerdings ziemlich kostspielig und mufs in jedem einzelnen Falle kalkuliert werden, ob die Kosten des Sortierlohns durch die Erzielung einer höherwertigen, reineren Cellulose wieder herauskommen.

Beim Natronstoff erspart man also das Ausbohren der Äste, Ausfräsen eventuellen Kernes, das Auslesen der Aststücke etc. aus dem gemahlenen Holze.

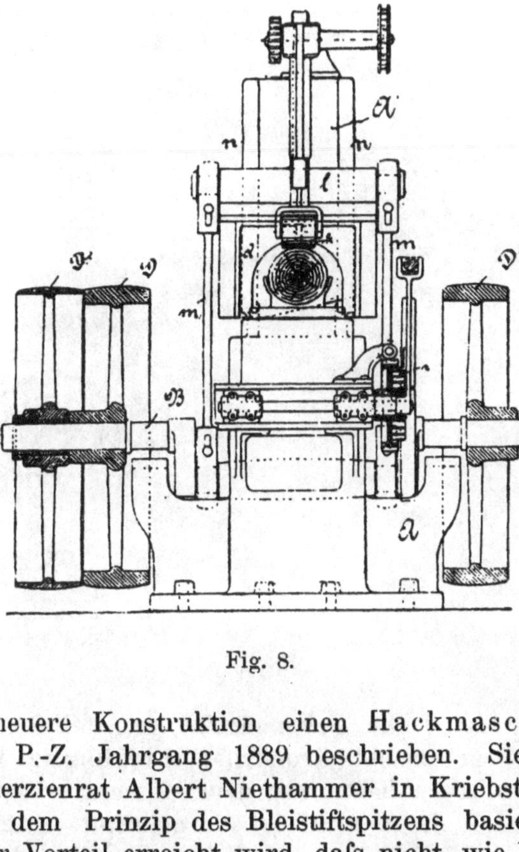

Fig. 8.

Eine neuere Konstruktion einen Hackmaschine ist in Nr. 68 der P.-Z. Jahrgang 1889 beschrieben. Sie rührt vom Geh. Kommerzienrat Albert Niethammer in Kriebstein her und scheint auf dem Prinzip des Bleistiftspitzens basiert zu sein, wodurch der Vorteil erreicht wird, dafs nicht, wie bei manchen Maschinen, das Hirnholz direkt abzuschlagen ist, sondern das Langholz mehr in Spähnen abgetrennt wird. Die Maschine braucht dadurch weniger Kraft und hat auch weniger heftige Stöfse auszuhalten. Es sei hier erwähnt, dafs das nahezu senkrechte Abhacken auf die Längsachse des Holzes nicht vorteilhaft ist wegen des zu grofsen Kraftverbrauchs. In der Regel wird ein Winkel von 45° angenommen, wodurch noch immer das Hirnholz soviel abgehackt wird, dafs sich dadurch die Zellen öffnen und das Holz innerlich soweit zerschmettert und gelockert wird, dafs die Lauge leichter und schneller eindringen kann. Ob das die Hauptarbeit verrichtende Messer, welches bei dieser Maschine dünn angenommen werden mufste, sich in der Praxis bewährt hat, ist dem Verfasser unbekannt. Die ganze Konstruktion ist aus den Figuren 8, 9, 10 und 11, sowie aus nachfolgender Beschreibung ersichtlich: Fig. 8 zeigt die vordere

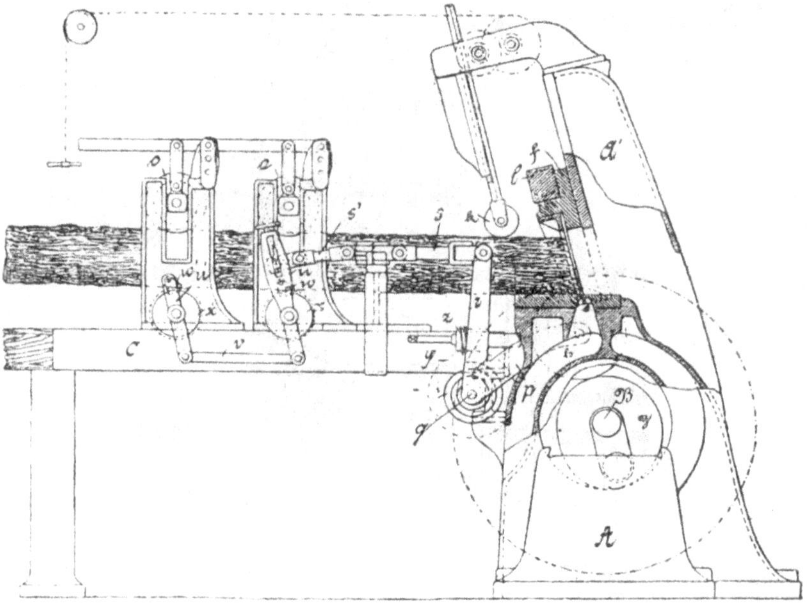

Fig. 9.

Endansicht, Fig. 9 die Seitenansicht mit teilweisem Schnitt, Fig. 11 die obere Ansicht (Grundrifs). Fig. 10 zeigt in gröfserem Mafsstabe den Messerhalter mit dem Messer.

Das Gestell *A*, in welchem die gekröpfte Antriebswelle *B* gelagert ist, geht nach oben zu in einen Ständer *A*' über, dessen vordere Fläche eine geneigte Lage hat. In dieser geneigten Lage sind an dem Ständer *A*' verstellbare Führungsleisten *n* befestigt, an welchen ein Schlitten *f* auf- und abbewegt werden kann. Letzterer trägt das Messer *a*, mit dem dasselbe am Rande überdeckenden Rahmen *d* (Fig. 10). Mit dem Messerschlitten *f* ist ein Querbalken *l* verbunden, an welchen die beiden an der Kröpfung der Welle *B* sitzenden Pleüelsstangen *m* angreifen. Auf der Welle sitzt rechts und links aufserhalb der Lager je ein kräftiges Schwungrad *D*, D^1, von denen eines die Antriebsriemenscheibe bildet. Neben dieser sitzt die Leerscheibe D^2. Es leuchtet ohne weiteres ein, dafs der Schlitten *f* mit Messer und dem Deckrahmen bei der Drehung der Welle *B* einen der doppelten Länge der Exzentrizität des gekröpften Wellenteils entsprechenden Hub längs der geneigten Fläche des Ständers A^1 macht, Hierbei wird durch Anwendung zweier Pleuelstangen jedes Ecken des Messerschlittens *f* an den nachstellbaren Führungen *n* verhütet und durch Anordnung zweier

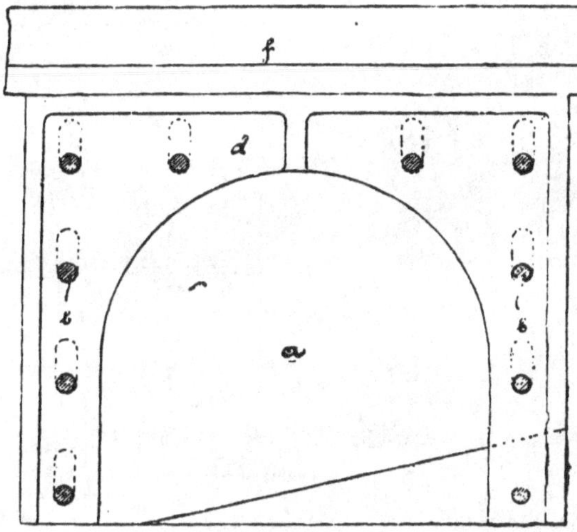

Fig. 10.

Schwungräder eine günstige Beanspruchung der gekröpften Welle im Augenblick des Aufstofsens der Schneidekante auf den Stamm erzielt. Letzterer wird auf einem Gestell *C* in einer zur Achse der Welle *B* schrägen Richtung, jedoch in horizontaler Lage zugeführt, so dafs die Schnittfläche also sowohl zur Längsrichtung der Faser, als auch zur senkrechten darauf geneigt ist, und die Fasern somit in doppelt schräger Richtung durchschnitten werden.

Behufs Erzielung unversehrter Scheiben mufs das Messer so dünn als eben zulässig genommen werden. Um dem dünnen Messer *a* (Fig. 10) hinreichende Widerstandsfähigkeit und Steifigkeit zu geben, ist dasselbe nicht nur an seinem oberen Rande, sondern auch an beiden Seiten durch Schrauben *b* an dem

Messerträger *f* befestigt, und letzterer sowohl als auch der das Messer auf der Oberseite deckende Rahmen *d* sind zu diesem Zwecke halbkreisförmig ausgespart.

Das Messer, dessen Schneide um ein Geringes schräg liegt, schneidet nicht gegen ein feststehendes sogenanntes Stockmesser, sondern tritt an der untersten Stellung in einen entsprechend breiten Spalt des Stammauflegers. Der selbsttätige Vorschub des Stammes erfolgt mittelst zweier Walzenpaare, auf deren einem der Stamm ruht, während das zweite Walzenpaar *o* den Stamm von oben in der richtigen Lage festhält, und zwar so

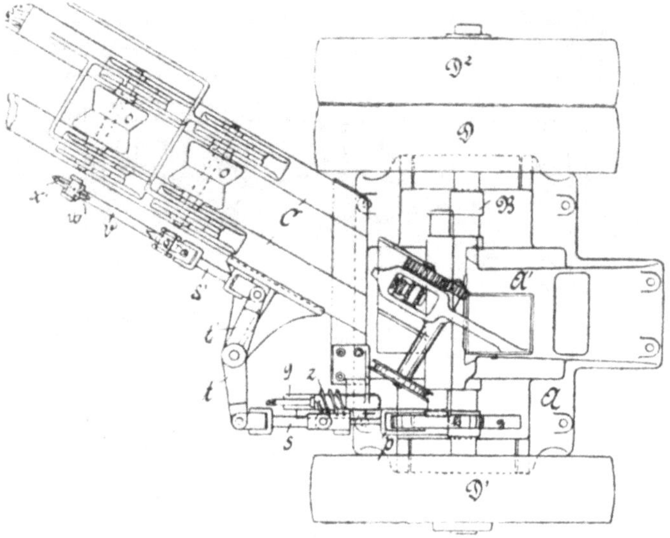

Fig. 11.

lange, als das Messer beim Niedergang schneidet, bezw. beim Hochgang sich noch in der Bahn des Stammes befindet. Der Vorschub ist daher ein unterbrochener und findet nur statt, wenn das Messer den obersten Teil seiner Bahn zurücklegte, d. h. nur ungefähr während einer Viertelumdrehung der Kurbelwelle. Auf diese Weise ist es ermöglicht, noch Stämme von einem Durchmesser gleich etwa $^3/_4$ des Messerhubes zu schneiden. Veranlafst wird dieser periodische Vorschub durch das auf der Welle *B* sitzende Schubexzenter *g*, auf welchem eine Rolle *h* läuft, die in dem einen Schenkel *p* eines um den Zapfen *q* drehbaren Winkelhebels *p r* gelagert ist. Der zweite Schenkel *r* dieses Wirkelhebels steht durch die mit Universalgelenken versehene Stange *s* mit dem einen Arm *t* des Winkelhebels *t t'* in Verbindung, dessen zweiter Schenkel *t'* durch eine ebenfalls mit Universalgelenken versehene Schubstange *s'* mit dem einen Hebel *u* des Schaltwerks verbunden ist.

Wird die Rolle *h* durch das Schubexzenter *g* angehoben, so verschiebt sich das Gestänge *s'* (Fig. 9 und 10) nach rechts, und hierbei schlagen die beiden Schalthebel *u u'*, welche durch eine Schubstange *v* mit einander verbunden sind, mit den oberen Enden ebenfalls nach rechts aus. In den oberen Enden dieser Hebel sind mit Rollen versehene Reibungsklinken *w w'* gelagert, welche derart auf mit schneidenförmigem Rande versehenen Scheiben *x x'* schleifen, dafs bei vorerwähnter Rechtsschwingung der oberen Hebelenden die Scheiben *x x'* mitgenommen werden, beim Linksschwingen der Hebelenden die Klinken *w w'* dagegen frei auf den stehenbleibenden Rollen zurückgleiten. Die Schalthebel *u u'* drehen sich lose auf den Achsen der Scheiben *x x'*. Auf diesen Achsen sitzen die den Stamm von unten stützenden Rollen, so dafs also bei der jedesmaligen Drehung der Scheiben *x x'* auch dieses Rollenpaar mitgedreht und somit der Stamm ein entsprechendes Stück vorgeschoben wird. Der Angriffspunkt des Gestänges *s'* am Schalthebel *u* ist in einer Kulisse verschiebbar, wodurch die Gröfse des Vorschubs geregelt werden kann. — Die auf dem Schubexzenter *g* laufende Rolle *h* folgt bei geringer Umdrehungszahl dem ersteren ohne Stofs nach, bei 80 bis 90 Umdrehungen per Minute treten dagegen die Massenwirkungen störend auf, die Rolle folgt dem Abfall der Exzenterkurve nicht rasch genug und es würden Stöfse entstehen. Um dies zu vermeiden, ist eine Spiralfeder *i* angeordnet, welche mit einem Ende an den Winkelhebel *p r*, mit dem andern an einem Schneckenrade *y* befestigt ist, welches mit einer mittelst Schlüssels in Drehung zu setzenden Schnecke 2 in Eingriff steht, sodafs die Spiralfeder geeignet gespannt werden kann um der Rolle die nötige Beschleunigung zu geben. Eine kleine Rolle *r*, welche am Ende einer Zahnstange gelagert ist, dient zum Niederhalten des Stammes vor dem Messer. —

Schliefslich sei noch eine Tabelle (S. 26) gegeben, welche der 1. Verfasser Prof. Schubert aus praktischen Beobachtungen zusammenstellte, um zu ermitteln, ob es vorteilhafter sei, schwache oder starke Holzstämme zur Cellulosefabrikation zu verwenden. Diese Werte gelten für den zuerst erwähnten Fall, wo das Holz durch Kreissägen in Scheiben geschnitten wird.

Stärke in Centimeter	Meter Länge per 1 Raummeter Holz	Umfang in Centimeter	Schälfläche pro Raummeter	Anzahl Schnitte auf der Blocksäge	Anzahl der Schnitte bei 30 mm starken Scheiben	Querschnitt in □ Centimeter	Schnittfläche pro 1 Raummeter	Zeit p. 1 Schnitt durchschnittlich in Sekunden	Zeit pro 1 Kubikmeter und 1 Säge	Zeit pro 100 Kubikmeter und 2 Sägen
										Schichten à 10 Stdn.
9	121	28,26	34,2 □ m	242	3936	63,6	25,00 □ m	1,5 Sek.	98 Min.	8,17 -
10	100	31,4	31,4 -	200	3200	78,5	25,12 -	1,85 -	59 -	4,91 -
15	44	47,1	20,7 -	88	1408	176,5	24,85 -	2,2 -	51,6 -	4,3 -
20	25	62,8	15,7 -	50	800	314,0	25,12 -	3,6 -	48 -	4 -
25	16	78,5	12,5 -	32	512	489,8	25,07 -	8,8 -	75 -	6,25 -
28	14	87,9	12,3 -	28	470	615,4	28,9 -	13,6 -	94 -	7,8 -
30	11	94,2	10,4 -	22	352	706,5	24,86 -	18,5 -	112 -	9,3 -
34	9	106,7	9,6 -	18	269	907,4	22,4 -	34,0 -	152 -	12,7 -

Bei dieser Berechnung ist angenommen, dafs, wie es in der Praxis zwar nicht ganz richtig ist, z. B. bei Hölzern von 10 Centimeter Stärke 10 × 10 = 100 Stück in einem □-Meter eingesetzt werden. Aus der Tabelle sieht man bei näherer Betrachtung, dafs bei dünnen Hölzern die Schälfläche, also auch der Abfall am gröfsten ist, es also vorteilhafter wäre, bei gleichen Preisen recht dicke Stämme zu verarbeiten. Der eigentlich zu schneidende Querschnitt bei einem Raummeter Holz ist nahezu gleich bei dickem und dünnem Holz, nämlich circa 25 □-Meter. Dahingegen ist die Arbeitszeit ungeheuer verschieden, welche gebraucht wird, um einen Raummeter Holz von schwacher, mittlerer oder starker Beschaffenheit in Scheiben von 30 mm Dicke zu schneiden. Bei dünnem Holz ist es die grofse Anzahl der notwendigen Schnitte, und der Zeitverlust zwischen jedem einzelnen Schnitt, welche die Verwendung desselben ungünstig erscheinen läfst, und bei sehr starkem Holz wieder bekommt die Säge zu grofsen Widerstand, wird gebremst, geht langsamer und kann die gleiche Arbeit nur in verhältnismäfsig längerer Zeit verrichten. Da aber Zeit Geld ist, die sehr starken Stämme auch in der Regel einen höheren Nutzwert haben, so empfiehlt es sich nicht, solche zu benutzen. Die Tabelle zeigt deutlich an, dafs es am vorteilhaftesten ist, mittelstarkes Holz von ungefähr 20 Centimeter Durchmesser zu kaufen! Durch die immer mehr wachsende Konkurrenz und durch die vermehrten Ansprüche der Zellstoff-Abnehmer hat sich in den letzten Jahren auch manche Veränderung in der Holzbearbeitung bemerkbar gemacht, die ohne Rücksicht auf die verschiedenen patentierten Herstellungsverfahren von Zellstoff gleichmäfsig Eingang in den Fabriken der verschiedensten Systeme fanden. Bei der gesunkenen Rentabilität der Zellstofffabriken im allgemeinen kommt es jetzt darauf an, möglichst an Kraft und Arbeitslohn zu sparen, andernfalls aber ein möglichst reines Fabrikat herzustellen. Diesen Bedingungen entspricht eine Anlage, wie sie von der Eisengiefserei und Maschinenfabrik (vormals Goetjes & Schulze) in Bautzen bereits in einer grofsen Anzahl von Fabriken eingeführt wurde, und in welchem schon Bekanntes und bereits in einzelnen Fabriken Vorhandenes mit Neuerem verbunden zu einem praktischen Ganzen gestaltet ist. Hiernach würden, wie schon geschrieben, die Holzstämme durch eine Blocksäge in 1 m lange oder kürzere Stücken geschnitten, diese auf einfachen oder doppelten Schälmaschinen entrindet und dann bei

Anwendung von starken Holzstämmen auch noch auf einer Spaltmaschine gespalten, wie solche in den meisten Holzschleifereien gebräuchlich ist. Dieses vorherige Spalten hat den Zweck, die Arbeit der Hackmaschine zu erleichtern, da das Losschlagen der Spähne an einem dicken Stamm entschieden mehr Kraft erfordert als an einem dünnen. Die Hackmaschine selbst baut man, wie bereits auf Seite 17 beschrieben, jetzt meist mit zwei Messern und beobachtet dabei, dafs die Zu-

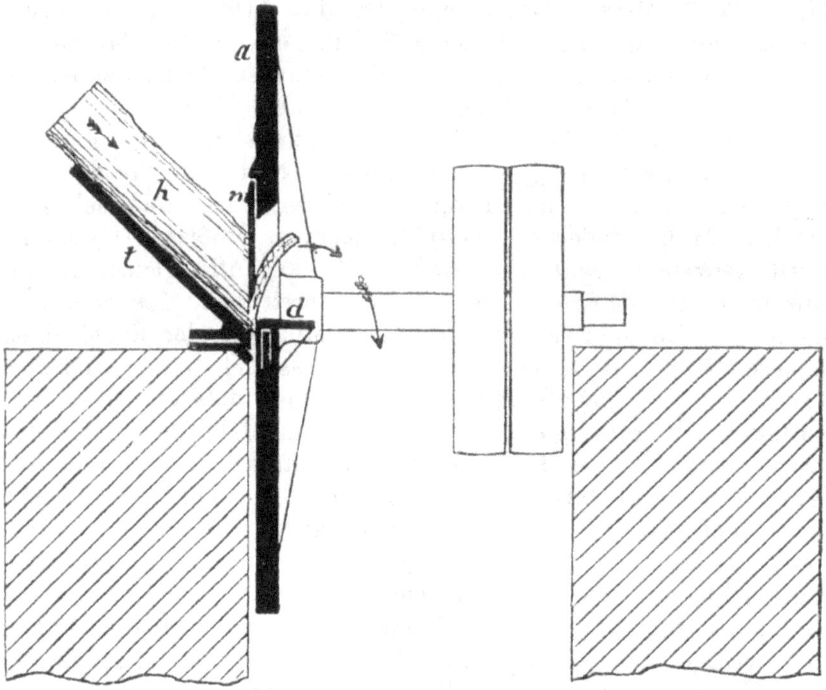

Fig. 12.

führung des Holzes nicht, wie ursprunglich angenommen, wohl schräg zur Horizontalen, aber senkrecht zu dem Grundrifs der Messerscheibe liegt, sondern vielmehr schräg zu beiden Richtungen, wie die Figuren 12 und 13 zeigen. Dadurch erfolgt die Lostrennung der Spähne etwas in der Längsrichtung des Holzes, was naturgemäfs leichter vor sich geht, als ein Abschlagen von Stirnholz. Diese Schubrichtung ist durch eine halbrunde Rinne gegeben, welche an das Gestell angegossen ist und in welche die Stammstücke eingelegt und durch ihr eigenes Gewicht den Messern zugeführt werden. Da die Messer 500 mm lang und 150 mm breit sind, sind in der Regel zwei Führungsrinnen nebeneinanger angebracht, sodafs gleichzeitig zwei Stämme zerhackt werden können. Wenn man dafür sorgt, dafs die Messer stets scharf sind, d. h. wenn man sie circa alle zwei Stunden auswechselt, so kann eine solche Hackmaschine in zwölf Stunden soviel Holz zerschlagen, wie zu einer Tagesproduktion von 6500 kg trockener Cellulose notwendig ist. Diese öftere Erneuerung der Messer ist übrigens

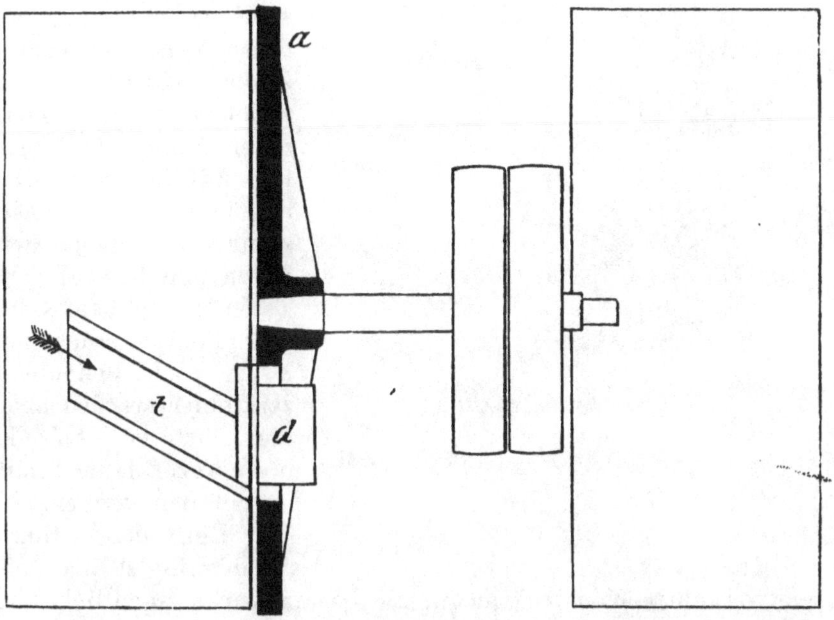

Fig. 13.

auch deshalb zu empfehlen, weil sie durch die gewaltsame Arbeit warm werden. Die abgehackten Holzstückchen fallen nun direkt unter der Maschine auf einen breiten Gurt, der sich langsam fortbewegt und das Holz nach der sogenannten Brechmaschine führt. Durch einige Leute werden auf dem Wege dahin schon die hauptsächlichsten und gröfsten Äste heraussortiert. Im Gegensatz zu Professor Mitscherlich, der das Schneiden in Scheiben empfahl, erkannte Dr. Karl Kellner von Anfang an, dafs eine möglichst weitgehende Zerkleinerung der Holzstücke dem leichten Eindringen der Kocherlauge nur förderlich sein müfste und begnügte sich daher nicht einmal mit der Wirkung der Hackmaschine, sondern wendete noch die Brechmaschine an, welche der Wirkung der gewöhnlichen Kaffeemühle nachgebildet ist, wie Fig. 14 zeigt. Das durch den Elevator dem Trichter zugeführte, bereits zerkleinerte Holz, welches durch die gewaltsame Lostrennung schon mannigfach durch Sprünge gelockert ist, fällt in das nach unten sich erweiternde konische Gehäuse *g*, an dessen Wandung scharfe Zinken sitzen und in welchem sich ein kleinerer Konus *K*, ebenfalls mit Zinken besetzt, rasch umdreht. Der Abstand zwischen den festen und beweglichen Teilen ist so bemessen, dafs die Holzstückchen zwar noch bedeutend zerkleinert werden, aber die härteren Astteile noch unzerkleinert mit durchfallen können.

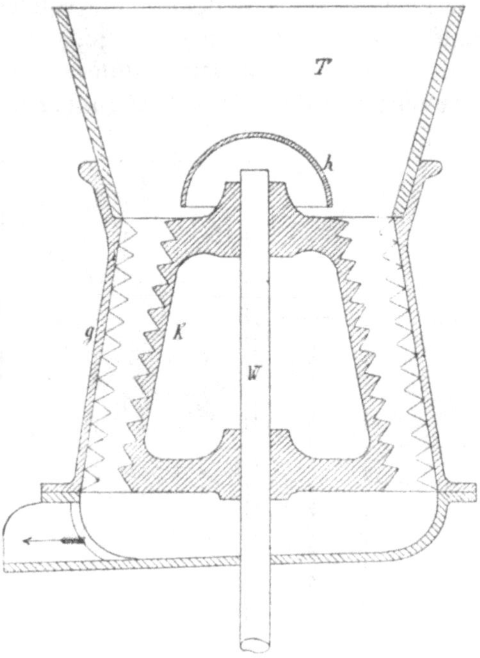

Fig. 14.

Bei den Holzmühlen findet man oft sehr verkehrte Konstruktionen; am besten wirkt eigentlich die, welche ganz genau der alten Kaffeemühle nachgebildet ist, wo der innere Mantel und der Mahlkonus mit etwas schräglaufenden Längsrippen versehen sind, welche nach unten immer enger werden. Die Rippen auf dem Mantel und dem innern Konus laufen selbstredend in entgegengesetzter Richtung; der Konus soll ziemlich schräg sein, um die Weiterbewegung des Holzes zu fördern. Während der Raum zwischen Mantel und Konus immer enger wird, wird der Umfang gröfser und gleicht so die Differenz aus; zudem wird die Umfangsgeschwindigkeit auch entsprechend gröfser; ich skizzire neben-

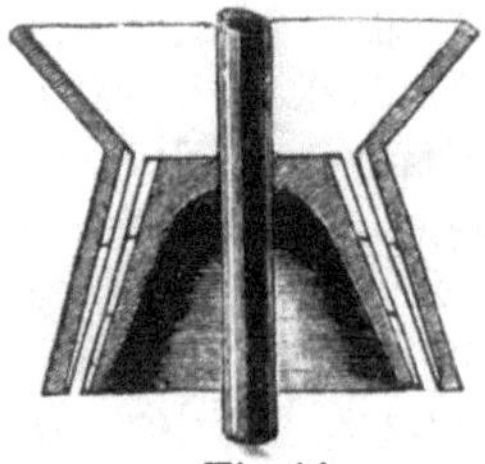

Fig. 14

bei eine richtige (Fig. 15) und eine ganz falsche Construktion (Fig. 16), wie sie mir leider auch in der Praxis vorgekommen ist.

In der zweiten mufs sich selbstredend in dem untern Teil das Holz bei verringertem Querschnitt, verringertem Umfang und verringerter Geschwindigkeit würgen, anstauen; die Mühle braucht viel Kraft, aber leistet wenig. Das Holz wird übertrieben heifs; bei der ersten Konstruktion kann man selbstredend, ganz wie bei der gewöhnlichen Kaffeemühle, den Konus heben und senken und so die Korngröfse des gebrochenen Holzes regulieren; namentlich ist dies nötig, wenn sich die Mahlrippen, welche man am besten aus Hartgufs macht, nach und nach etwas abgenutzt haben; sie halten im Allgemeinen ziemlich lange, besonders wenn keine harten Fremdkörper, etwa Schrauben, mit dem Holze in die Mühle kommen.

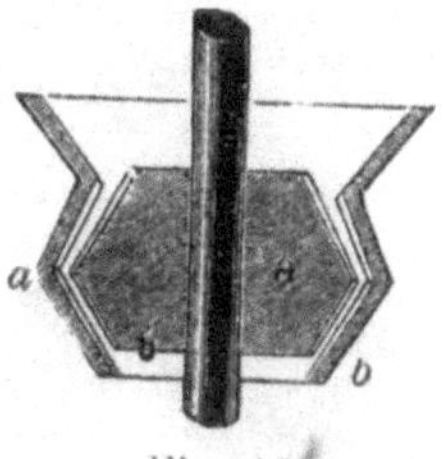

Fig. 16.

An Stelle dieser Brechmaschine wendet man neuerdings noch lieber die Schleudermaschine an, welche vorteilhafter arbeiten soll, da sie die Stücken nicht so zerreifst und besonders die Trennung der Äste und Astteile von dem weicheren Holz nur durch Anschleudern an feste Punkte leichter aber vollständig genügend bewirkt. Einen Durchschnitt des charakteristischen Teiles zeigt Figur 17 und Figur 18 die Vorderansicht:

In einem Gehäuse sitzen an der Vorderwand in zwei konzentrischen Kreisen, schmiedeeiserne runde Stifte, zwischen denen sich an einer vertikal auf einer horizontalen Welle aufgekeilten runden Scheibe befestigt, zwei etwas kleinere Stiftreihen schnell vorüberbewegen. Der Elevator schüttet die Holzstückchen in das an

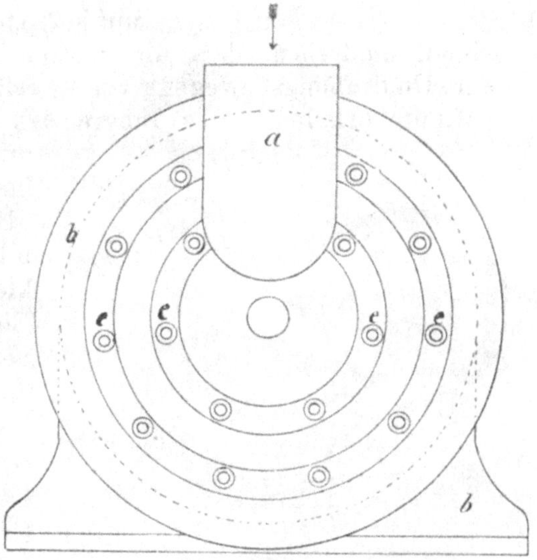

Fig. 17.

der Vorderfläche angegossene flache Rohr *a*, von wo aus sie unmittelbar über der Welle in den Mittelpunkt des Aparates gelangen, von den Stiften der schnell rotierenden Scheibe (circa 1000 Drehungen pro Minute) ergriffen, herumgeschleudert, zerkleinert und von den Ästen getrennt werden. Durch eine Öffnung im Gehäuse fallen sie dann unten heraus, wieder auf einen Elevatorgurt, der sie nach der Sortiervorrichtung weiter führt. Diese besteht, einen Betrieb von 6500 kg trockener Cellulose pro Tag vorausgesetzt, aus 2 konischen Trommeln von 6 bis 7 m Länge und cirka 2 m Durchmesser, deren Konstruktion die Fig. 19 u. 20 zeigen: Die Trommeln sind aus Holzringen hergestellt, ruhen vorn, hinten und eventuell in der Mitte auf je 2 Antriebsrollen, welche sich so schnell umdrehen, dafs die grofsen Trommeln vom Umfang aus eine Umdrehungsbewegung von ungefähr zwölf Umdrehungen pro Minute erhalten. Das Innere des hölzernen Gerippes ist mit durchlochtem Blech beschlagen, so dafs es einen glatten, grofsen Trichter bildet, in welchem das zerkleinerte Holz durch den Elevator von der engeren Seite aus eingeführt wird; durch die Drehung des Konus wird das Holz um einen Teil des Umfanges mit in die Höhe genommen, gleitet aber dabei an den glatten Wandungen immer mehr dem weiteren Ausgange des Trichters zu, oder fällt durch die zahlreichen Öffnungen unter die Trommel. Da dieselbe eine Reinigung, zugleich Sortierung der Stücken nach gleicher Gröfse und möglichst auch Absonderung der Äste

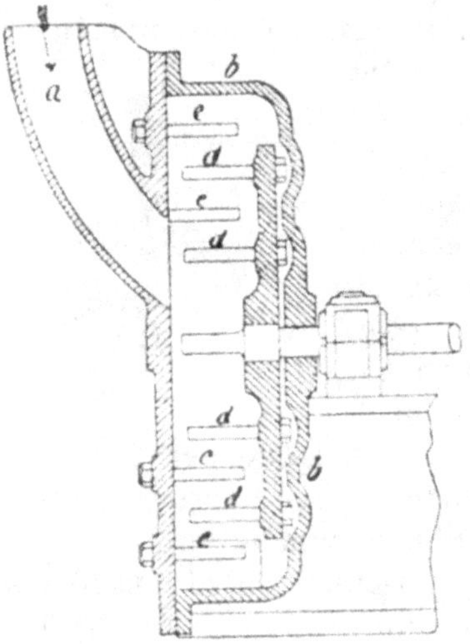

Fig. 18.

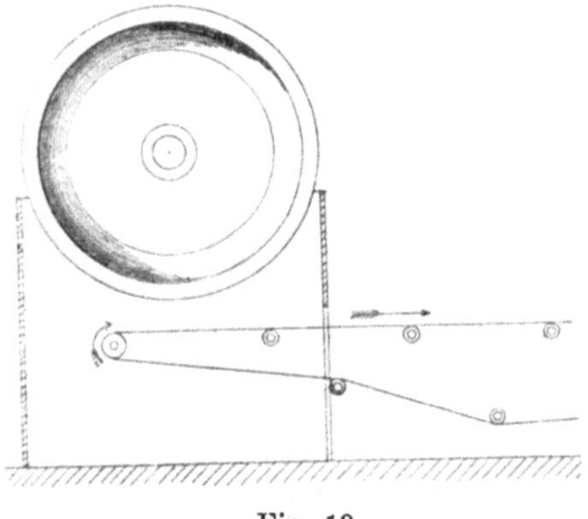
Fig. 19.

herbeiführen soll, so ist die Einrichtung getroffen, dafs der erstere, kleinere Teil des Trommelbleches mit nur feinen Löchern von nur circa 6 mm Weite versehen ist, ein zweiter Teil gröfsere Öffnungen hat und der dritte Teil am weiten Ende des Trichters

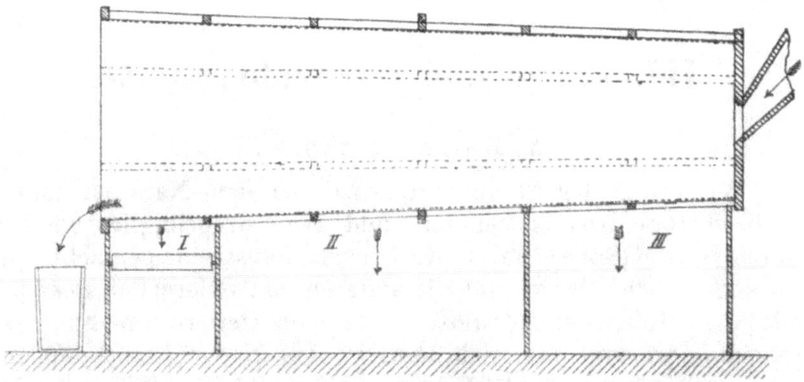

Fig. 20.

die normalen Öffnungen trägt, welche der Gröfse der zu verarbeitenden guten Holzstücke entspricht. Unter der ersten und zweiten Abteilung befinden sich durch Türen verschlossene Kästen, in welchen sich das durchgesiebte Material ansammelt: dieses besteht in Nr. III aus Staub, Splittern, Astteilen und feinen schwarzen Ästen und wird entweder in der Fabrik selbst verbrannt, oder zu anderen Zwecken verkauft. Nr. II enthält mittelgrofse Stücke, mit einigen Astteilen vermischt und wird, wenn sich genug angesammelt hat, getrennt zu Sekundaware verarbeitet. Nr. I, das gute Holz fällt auf einen, circa 1 m breiten Gurt, der rechtwinkelig zur Trommel ein Stück horizontal in langsamer Bewegung auf Rollen fortgeführt wird und so einen Tisch bildet, an dessen beiden Seiten Mädchen stehen, welche alle die Stücke heraussortieren, die etwa noch Äste enthalten. Der Hauptteil der Äste wird gröfser sein, als die Durchlafsöffnungen für das gute Holz und fällt am weiteren Ende des Trichters heraus und in einen Korb. Natürlich wird auch der Inhalt dieses Korbes nochmals durchgesehen und etwa hineingekommene gröfsere, aber reine Holzstücke zur weiteren Verwendung heraussortiert. — Da die Anwendung von Elevatoren bedeutende Handarbeit erspart, befördern schliefslich ein oder mehrere andere Elevatoren das sortierte

Holz in eine höhere Etage über den Kochern in grofse Kästen, deren Inhalt genau dem vor und unter ihnen befindlichen Kochern entspricht.

III. Lauge und Laugenbereitung.

A. Natronverfahren.

Wie schon der Name sagt, wird bei dem Natronverfahren als Kochlauge Natron benutzt, und zwar ursprünglich kohlensaures Natron (Soda), durch Kalkzusatz kaustisch gemacht, um das sogenannte Lignin und die anderen inkrustierenden Bestandteile der Holzfaser aufzulösen und von der reinen Faser zu trennen. An und für sich bewirkt das Natron die Auflösung nicht, wenigstens nicht allein, sondern es mufs Wasser dabei sein und eine hohe Temperatur zur Anwendung kommen. Schon durch den heifsen Wasserdampf allein werden manche der Umhüllungsbestandteile aufgelöst, es bilden sich dadurch wieder andere Produkte, auch Säuren, die, wie am Anfange des Buches erwähnt, auflösende Wirkung haben, deren schädlicher Einflufs auf die eigentliche Faser aber wieder dadurch aufgehoben wird, das die Gegenwart des Natrons dieselben noch während der Dauer des Kochprozesses neutralisiert. Es kommt also hauptsächlich darauf an, die richtige Stärke der Lauge und die notwendige Temperatur (entsprechend dem Dampfdruck in Atmosphären) sowie die Zeitdauer des Kochprozesses im Verhältnis zur Holzmenge und Qualität zu absolvieren. Ganz natürlich ist es, dafs besonders früher die von einander abweichendsten Angaben hierüber gemacht wurden, ehe im Laufe der Zeit die praktische Erfahrung gleichmäfsigere Werte feststellte. Professor Hoyer schreibt hierüber folgendes: „1869 wurde von Keegan eine Spannung von 4,5 Atmosphären (150° C.) für genügend erklärt, während Lee 1870 bis auf 11 Atmosphären (210° C.) stieg. — Ungerer stellte 1872 als zweckmäfsig fest: einen Druck von 3 bis 4 Atmosphären (134°—144°) für Laubholz und von 5 bis 6 Atmosphären (152°—159°) für Nadelholz, während Rosenhain 1878 wieder 10 Atmosphären (180°) angibt. Die Angaben von Ungerer erscheinen als die zweckmäfsigsten; nur mufs man dabei berücksichtigen, dafs das Holz hier nicht nur ein-, sondern vielmal gekocht, gleichsam unter Druck systematisch ausgelangt wird; deswegen kommt man hier mit viel geringerem Drucke aus und erzielt daher höhere Ausbeute und helleren, viel leichter bleichbaren Stoff.

Jedenfalls sollte man wegen der grofsen Gefahren, welche hohe Spannungen im Kocher von so bedeutenden Dimensionen darbieten, die Spannung von 10 Atmosphären (180° Kochtemperatur) nicht überschreiten. — In ähnlicher Weise wie die Temperaturen weichen auch die Mengen des verwendeten Ätznatrons und die Stärken der Laugen von einander ab. Nach dem Patent von Watt & Burgess gibt man der Lauge eine Stärke von 12° B. und nimmt davon soviel, dafs auf 100 Teile trocken gedachtes Holz 21 Teile Ätznatron von 60 % kommen. Sinclair gebraucht 25 Teile Natron auf 100 Teile Holz in einer Lösung von 14° B.

Hierbei mufs man selbstverständlich auch die Laugenmenge berücksichtigen, welche danach verschieden ist, ob man mit direktem Feuer oder mit direktem Dampf kocht. Auch kommt es auf die Art des Holzes — ob Kiefer, Fichte oder Tanne — und dann auf den Standort desselben an; Kiefer braucht wesentlich mehr Natron, als Fichte oder Tanne.

Nach Ungerer genügt bei Anwendung seines Systems eine Lauge, bei welcher 4—5 % kaustische Soda mit 60 % Gehalt auf Laubholz und 6—8 % auf Nadelholz kommen. — Viel weniger auseinandergehend sind die Angaben über die Zeit des Kochens, welche fast allgemein zu 5 bis 6 Stunden für eine Kochung angegeben wird.“ Diese Angaben des Professors Hoyer sind, nach dem Verfasser zugegangenen Mitteilungen, dahin zu berichtigen, dafs $4^1/_2$ Atmosphären Druck zur Herstellung von Natroncellulose entschieden ungenügend seien, andererseits, dafs Lee sich bis 1870 überhaupt nicht mit der Frage der Zellstoffbereitung beschäftigt habe und dafs auch Ungerer 1872 noch nicht Zellstoff gekocht hätte. — Schliefslich wird noch erwähnt, dafs sich das Ungerer'sche Verfahren in der Praxis nicht so bewährt habe, als erst angenommen wurde. Verfasser kann persönlich kein Urteil darüber fällen; theoretisch ist das Verfahren sehr gut durchgedacht; es eignet sich aber nicht so gut für den Grofsbetrieb, für die Massenproduktion; hier ist das beste das neuste System: grofser stehender Kocher mit Laugencirculation und später Ausblasen des ganzen Kocherinhaltes.

Derselbe Autor macht noch über die Art und Löslichkeit der organischen Bestandteile des Holzes Bemerkungen, welche sehr interessant sind und woraus die Reihenfolge der Arbeit der Lauge ersichtlich wird. Es heifst da: „Die organischen Bestandteile des Holzes gehören insofern mehreren Gruppen an, als einige derselben in Wasser löslich und demnach auch durch Behandlung mit Wasser aus dem Holze fortgeschafft werden können, während andere im Wasser unlöslich sind. Zu den ersteren gehören Gummi, Pflanzeneiweifs, Gerbsäure, Farbstoffe usw., zu den letzteren insbesondere die Harze, Balsame usw., sowie in letzter Linie die inkrustirende Materie oder das Lignin, welches in und auf der Zellen- und Gefäfsmembran sich abgegelagert hat und demnach am innigsten mit der Cellulose verbunden ist. Man kann sich daher eine Holzfaser aufgebaut vorstellen aus der Cellulose, als Grundstoff, durchsetzt mit Lignin, sodann aus einer hierüber befindlichen Schicht von in Wasser unlöslichem Harze usw. und endlich einer dritten Lage, die wesentlich wasserlösliche Substanzen enthält. Diese Zusammensetzung berechtigt zu dem Schlusse, dafs jede Lage die darunter liegende gegen die Einwirkung der Lösungsmittel mehr oder weniger schützt und eine Beseitigung der Lagen in der umgekehrten Reihenfolge die Cellulose bloslegen mufs. Da nun die äufsere Schicht im Wasser, beziehungsweise Dampf löslich ist, so genügt zu ihrer Entfernung die Behandlung des Holzes mit Wasser oder Wasserdampf von solcher Temperatur, dafs eine Änderung des Lignins, d. h. ein Braunwerden, nicht eintrit. Da die Harze sich schon in schwachen Laugen lösen, so wird durch Anwendung dieser eine Entfernung der zweiten Schicht herbeigeführt, der nun das Lignin durch Behandlung mit stärkeren Laugen bei höheren Temperaturen folgt. — Nach diesem Grundsatz ist von Ungerer in Wien ein Kochverfahren ausgebildet, welches als das vollkommenste hingestellt werden mufs, weil es das Holz der Reihe nach mit Dampf und Laugen behandelt, deren Konzentration und Temperatur allmählich wächst und es dadurch zugleich erreicht, die Lauge bis zur Erschöpfung auszunutzen und vorzügliche Fasern zu erzeugen.“ —

Dieses System selbst soll im nächsten Abschnitt näher beschrieben werden. Hier haben wir es zunächst mit der Lauge und Laugenbehandlung zu tun, welche letztere bei dem Natronverfahren sehr einfach ist, da die Soda und andere Chemikalien einfach in einem Bottich, in welchem durch ein Dampfrohr die Flüssigkeit erhitzt werden kann, aufzulösen und so zu verdünnen ist, dafs die der betreffenden Methode zu Grunde liegenden Konzentrationsgrade nach Beaumé erreicht werden.

Da nun aber die Soda ziemlich teuer ist, und es Verschwendung wäre, dieselbe mit der schon benutzten Kocherlauge fortzulassen, so kam man bald nach der Einführung der Natroncellulose-Fabrikation auf die Idee, die alle inkrustierenden Holzfaserbestandteile enthaltende Lauge abzudampfen und zu verbrennen und die Soda auf diese Weise wieder zu gewinnen, wobei gleichzeitig die sonst unvermeidliche Wasserverunreinigung vermieden wurde.

Ist die Soda richtig ausgebrannt, so hat man eine schwarze coke-ähnliche Masse, welche neben der Soda in der Hauptsache nur noch feine Kohle enthält; dieselbe ist um so reiner, je reiner die von Haus aus angewandte Soda ist, also bei der sogenannten Ammoniaksoda, welche 98–100 %ig geliefert wird. Bevor diese in so grofsen Mengen und so billig geliefert wurde, war man auf die Soda und das Ätznatron angewiesen, welche nach dem Leblanc'schen Verfahren hergestellt wurden und auch heute noch in geringeren Mengen werden. Diese waren resp. sind aber nicht so rein; sie enthalten namentlich etwas Schwefelnatrium und schwefelsaures Natron; letzteres wurde bei der Wiedergewinnug von selbst in Schwefelnatrium und dann in Soda umgewandelt, sodafs man damals unbewufst gleichsam schon zum kleinen Teil nach dem später erst von C. F. Dahl-Danzig erfundenen Sulfatverfahren arbeitete; erst als man dann nach diesem arbeitete, sah man den Grund ein, weswegen man ehedem mit Leblanc-Soda besseren, mehr und leichter bleichbaren Stoff erhalten hatte, als später mit der so reinen Ammoniaksoda.

Anfangs löste man die wiedergewonnene und neue Soda, welche den Fabrikationsverlust zu ersetzen hatte, direkt in demselben Gefäfse auf, in welchem man dann den Ätzkalk zufügte; während nun der dadurch gebildete kohlensaure Kalk die Hauptmenge der Kohle von der wiedergewonnenen Soda mit niederrifs, schwebten die feinsten Teilchen derselben suspendiert in der Lauge und konnten aus derselben nur durch sehr langes Stehenlassen oder durch Filter entfernt werden, welche man in besonderen Kästen aus Kies, Sand und Sägespähnen bildete; auch benutzte man mit grofsem Erfolge besondere Siebe, welche aus feinem Eisendraht gewebt und ganz dicht geschlagen wurden — sogen. Tressengewebe; — hatten diese sich etwas mit dem feinen

Kohlenschlamm zugesetzt, flofs die Lauge absolut klar hindurch; aber es ging nicht sehr schnell damit.

Es versuchten daher manche, diese lästige feine Kohle, welche sonst den ganzen Kocherinhalt verdarb, sowie sie mit der Lauge auf das Holz gepumpt wurde, auf andere Weise zu entfernen; Dahl schmolz zu diesem Zweck die ganze wiedergewonnene Soda in besonderen Öfen, wobei alle Kohle verbrannte, zu Kuchen, welche er dann auf Kollergängen mahlte, da sie sich sonst schwerer auflöste. Hierin lag unbewufst der erste Schritt schon zu dem später von ihm erfundenen Sulfatverfahren.

Verfasser dieses verschaffte sich auf andere Weise absolut klare Laugen, indem er die wiedergewonnene Soda in besonderen Kästen nach Shanks'schem Prinzip auflöste und nur die völlig klare Sodalösung nach den Causticirapparaten brachte; die gröbere Kohle selbst dient hier als Filtermaterial und hält den ganz feinen Kohlenschlamm zurück; man bekommt so auch eine sehr starke Sodalösung und kann daher die dünnen Waschlaugen sehr gut wieder mit verwenden. Die zurückbleibende lockere Masse ist fast reine Kohle, reiner Kohlenstoff und hinterläfst, da man sie aufs Vollkommendste auswaschen kann, beim Verbrennen fast gar keine Asche; trotzdem ist sie ein sehr gutes Düngemittel; sie lockert nicht blofs den Boden auf, sondern zieht auch Ammoniak und andere Stoffe aus der Luft an, hält sie fest und führt sie dann den Pflanzen zu.

Da das Shanks'sche Prinzip mehrfach in der Zellstofffabrikation zur Anwendung kommt, sei hier gleich auf dasselbe etwas näher eingegangen; es ist nicht blofs überaus einfach, sondern auch das beste und billigste, wenn man es nur richtig zur Ausführung bringt; aber daran hapert es noch vielfach, man übersieht namentlich den Grundgedanken, nach welchem sich die Laugen ganz von selbst aus einem Behälter nach dem andern fortbewegen und so immer mehr verstärken sollen, während umgekehrt dabei das betreffende Material aufs Vollkommendste ausgewaschen wird. Es ist ja ursprünglich von einem Deutschen erfunden worden, geht aber leider nirgends unter dessen Namen, sondern überall unter dem von Shanks.

Man macht nun ein System aus 3, 4, 6 und noch mehr einzelnen Kästen, welche man in einer Reihe neben einander oder auch in Gruppen aufstellen kann, wie nebenstehende Skizzen andeuten; man kann entweder lauter einzelne Kästen dazu nehmen oder einen grofsen durch Zwischenwände teilen; auf einem Winkeleisenkranz *a*, der im Innern jedes Kastens, jeder Abteilung 150 bis 250 mm über dem Boden hoch angenietet ist, liegen schmiedeeiserne Platten *b* von 5 mm Stärke, welche mit conischen Löchern versehen sind, welche sich von $1^1/_2$ bis 2 mm Durchm. auf 7 mm Durchm. etwa erweitern, selbstredend mit der grofsen Öffnung nach unten, damit sie sich nicht verstopfen können; diese Löcher werden nicht etwa gebohrt, sondern direkt gestanzt. Auf diesen Platten liegt nun das Material, welches ausgelaugt resp. ausgewaschen werden soll. In jedem Kasten ist nun ein Steigrohr *c*, welches durch die gelochten Platten

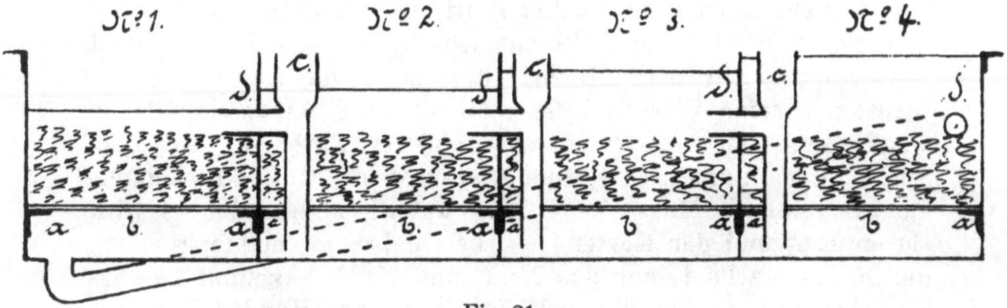

Fig. 21.

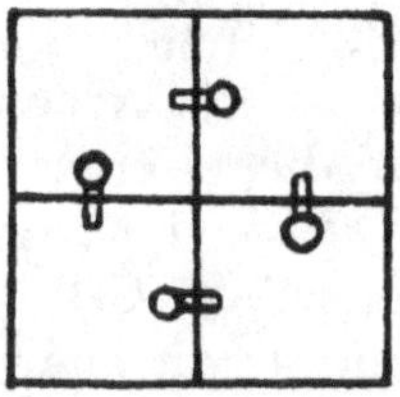

Fig. 22.

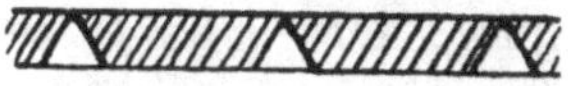

Fig. 23.

bis fast auf den Boden reicht; in ihnen steigt die Lauge, welche sich unter den Platten ansammelt, in die Höhe und tritt durch das Knie *d* in den nächsten Kasten über; der erste und letzte Kasten sind durch ein Rohr verbunden, welches aufsen an der ganzen Batterie entlang läuft, wenn es sich um solche handelt, welche in einer Reihe hinter einander aufgestellt sind; bei der zweiten Gruppirung ist dies nun nicht nötig, wie die Figur 22 zeigt. Das auszulaugende Material und die Laugen machen nun entgegengesetzten Weg gleichsam, d. h. neues Material kommt mit den stärksten Laugen aus dem vorhergehenden Kasten zusammen, und das schon so gut wie ganz ausgewaschene bekommt frisches Wasser; nehmen wir an, das ist in

Nr. 4 der Fall; dann bekommt Nr. 3 und 4 ganz schwache Lauge, 2 und 3 stärkere, und in 1 wird die Lauge auf dem frischen Material so stark, wie sie nur werden kann; sie wird dann zur weiteren Verwendung unten abgelassen, während das Übertrittsrohr d in 4 selbstredend geschlossen wird; man kann dazu Hähne oder Ventile nehmen, begnügt sich aber in den meisten Fällen mit einem gut passenden Holzstöpsel, um den man ein Stück Sackstoff herumgewickelt hat. Ist aus 1 nun die stärkeste Lauge abgeflossen und durch etwas schwächere verdrängt worden, — jeder Kasten hat selbstredend unten einen Ablafshahn, welche mit einer gemeinsamen Leitung verbunden sind, welche die Lauge dorthin führt, wo sie gebraucht werden soll, ev. auch nach einem Vorratsbehälter — wird Kasten Nr. 4 abgesperrt, indem man *d* in Nr. 3 abstöpselt; das in 4 befindliche sozusagen reine Wasser läfst man durch einen zweiten Hahn wegfliefsen oder verwendet es zu anderen Zwecken, etwa zum Speisen des Dampfkessels, zum Auswaschen der Kalkrückstände etc. Ist nun die Masse in Nr. 4 so gut wie abgelaufen, so wird sie entfernt und der Kasten neu beschickt; er empfängt dann die nächst starke Lauge aus Nr. 1, und Nr. 3 bekommt frisches Wasser, und so in dieser Weise geht der Rundlauf weiter. Früher belegte man die Kästen mit dicken Holzbohlen, in die grofse Löcher gebohrt waren und überdeckte diese mit Säcken; einmal halten diese nicht lange, und dann ist die Arbeit damit keine so gute; ich habe 1876 zuerst dafür die eisernen Platten mit den feinen, konischen Löchern zur Anwendung gebracht und diese in meinen ersten Mitteilungen über Cellulose in Dingler's polit. Journal Bd. 222 Heft 3 und 4 mit andern Verbesserungen beschrieben und empfohlen.

Je nach Erfordernis wird man jeden Kasten noch mit einem Dampfrohr versehen, um den Inhalt eventl. erwärmen zu können, namentlich ist das beim Auslaugen wiedergewonnener Soda zu empfehlen; selbstredend kocht man dann nicht den stärksten, sondern die vorhergehenden Kästen, weil man doch sonst die feine Kohle z. T. mit aufrühren und in die starke Lauge mit hinein bekommen würde; der letzte Kasten mufs unbedingt als Filter mit dienen.

Weswegen arbeiten nun so oft solche Anlagen nicht nach Wunsch? und mufs man dazu seine Zuflucht nehmen, die Laugen aus dem einen Kasten in den andern hinüber zu pumpen, sei es mit Handpumpen, welche man in die Rohre hineinstellt, sei es gar mit besonderen Rohranlagen, mit Dampfpumpe? Man übersieht vielfach, dafs man mit Wasser aus dem letzten Kasten starke Laugen bis in den ersten Kasten hinüberdrücken will resp. mufs. Nehmen wir einmal den Ruhestand, das Gleichgewicht an, so werden die Laugenstände, wie in der Figur angegeben, sich von selbst einstellen. Da man aber die Laugen doch noch mit einer gewissen Geschwindigkeit durch die ganzen Apparate hindurchdrücken will, mufs man die Übertrittsrohre *d* entsprechend tief legen; man mufs hierbei selbstredend die Höhe der Kästen, die gröfste Stärke der Lauge und das auszulaugende Material mit berücksichtigen, wenn man immer flott arbeiten will. Im letzten Kasten mufs man eine entsprechende Druckhöhe haben. Ich übernahm seinerzeit im Jahre 1876 eine Stofflaugerei, in der sämtliche Laugen aus einem Kasten in den andern mit Handpumpe hinübergepumpt werden mufsten; ich legte die Übertrittsrohre *d* tiefer und an Stelle der Bohlen und Säcke die eisernen Platten ein, und alles ging von da an wie am Schnürchen, ganz von selbst.

Nun ist die Lauge ätzend zu machen, was man am besten in senkrechten zylinderischen Gefäfsen mit Rührwerken vornimmt; horizontale Tröge von halbkreisförmigem Querschnitt, wie man sie sich früher aus alten Dampfkesseln durch Auftrennen derselben machte, sind so unpraktisch, wie nur möglich; denn das Rührwerk kann darin nicht rotiren, sondern nur in geringen Grenzen hin- und herpendeln, wodurch es so gut wie gar nicht wirkt.

Hat man die Sodalösung in den Mischer gepumpt, so setzt man das Rührwerk in Gang und tut nach und nach die erforderliche Menge gebrannten Kalkes in einen Lösekorb, der aus sehr starkem gelochten Blech, oder noch besser aus schwachem Schmiedeeisen rostartig zusammengesetzt ist; der Kalk löscht und löst sich schnell, die dabei sich entwickelnde Wärme kommt der Lauge zu gute, und die nicht ganz durchgebrannten Kalk- und anderen Steine bleiben in dem Korb zurück. Löscht man den Kalk besonders und fügt ihn als Brei hinzu, so hat man viel mehr Arbeit damit; die Wärme beim Löschen geht verloren; man verdünnt die Laugen mit dem Wasser des gelöschten Kalkes unnötigerweise und hat es auch lange nicht so gut in der Hand, immer die richtige Menge Kalk anzuwenden. Ist der ganze erforderliche Kalk gelöscht, so kocht man den ganzen Mischerinhalt tüchtig mit Dampf unter Umrühren einige Zeit und läfst dann den Kalk absetzen; die klare Lauge wird mit einem Heberohr, welches man nach und nach einsenken kann, abgezogen und nach den entsprechenden Bassins abgelassen; am besten ist es dann, an jedem Mischer einen Dreiweghahn anzubringen und diesen mit 2 Leitungen zu verbinden, sodafs man die Laugen nach dem „starken“ oder „schwachen“ Bassin hin ablassen kann; den Kalk wäscht man noch einige Male unter Umrühren und Erwärmen im Mischer direkt aus und zwar anfangs mit schwacher Lauge, später mit Wasser; selbstredend füllt man den Mischer nicht mehr voll, damit die Lauge nicht zu dünn wird und die erste, eventl. auch die zweite Waschung nach dem starken Bassin abgelassen werden kann.

Die Arme des Rührwerks macht man am besten aus starkem Schmiedeeisen und formt sie nach Art der Pflugschaaren oder Schiffsschrauben, damit sie in den sich oft recht fest absetzenden Kalkbrei einschneiden und ihn so wieder aufrühren können; andererseits kommt es nicht selten vor, dafs sie abbrechen oder sich ganz krumm zusammenbiegen; oder die Zahnräder des Vorgeleges zerbrechen. Eine empfehlenswerte Gröfse ist ein Cylinder von 2,85 mt. Durchm. und 2,25 mt. Höhe; man mufs nämlich dabei mit berücksichtigen, dafs sie mit dem Verstärkungsring aus Winkeleisen, den man am besten aufsen anbringt, noch per Bahn verladen werden können.

Ist nun der Kalk fast ganz ausgewaschen, so rührt man ihn nochmals mit wenig Wasser auf und läfst ihn durch ein grofses Bodenventil nach besonderen flachen Filtern ab, in denen ihm das letzte vom Ätznatron noch entzogen wird; als Filter benutzt man auch hier die konisch gelochten Eisenplatten; erst läfst man den Brei fest absetzen; dabei sinken die gröberen, schwereren Teile nach unten und dienen gewissermafsen als Filtermaterial; die sich über dem Kalk absetzende klare Lauge kann man direkt mit Senkrohren abziehen, und nur den Rest zieht man durch Öffnen der Hähne unter den Platten ab; dann gibt man obenauf ohne jedes Umrühren frisches Wasser und wäscht so den Kalk nach und nach ganz vollkommen aus; man kann es ja beschleunigen, wenn man noch mit Luftleere arbeitet; doch es geht auch ohne solche; nur mufs man die Filter flach und grofs genug nehmen und so eine grofse Filterfläche schaffen; dann wird der Kalkbrei so fest, dafs man ihn direkt mit Schaufeln abstechen und in Kipplowren verladen kann, in denen man ihn nach der Halde führt; dort wird er nach längerem Lagern dann so trocken, dafs man ihn mit bestem Erfolg als Mergel verwenden und verkaufen kann; gut ist es, ihn vorher noch durch eine Schleudermühle gehen zu lassen, damit er sich gut ausstreuen läfst; ebenso kann man ihn — wie schon bemerkt — bei Bereitung der Sulfitstofflauge mit verwenden; auch ist er ein vortreffliches Material zur Zementfabrikation, da er schon so fein verteilt, in der Hauptsache ja fast nur chemisch gefällter kohlensaurer Kalk ist.

Man mufs selbstredend auch auf die Zusammensetzung des Ätzkalkes sehen; er soll möglichst hochprozentig und rein und möglichst frei von Kieselsäure und Ton sein, da man sonst starke Verluste an Soda hat; um so besser klärt er sich dann auch im Mischer, und wäscht er sich endlich in den Kästen aus.

Man findet vielfach in den Mischern die Rührer bis ganz auf den Boden gehen, oder man hängt sogar unten Ketten an, welche auf dem Boden schleifen; dies zerstört aber sehr schnell diesen Boden; besser ist es, man rührt nicht bis auf den Boden, sondern läfst gleichsam immer einen kleinen eisernen Bestand an Kalkbrei in dem Mischer, der sich nach und nach ganz fest setzt und den Boden schützt; für jeden Mischer obiger Gröfse hat man 3×4 mt. Filterfläche etwa nötig, entweder nimmt man einen grofsen Kasten oder 2 kleine 3 × 2 mt. und macht sie im Ganzen 0,65 hoch; die Filterplatten liegen auch hier auf dünnem Winkeleisen und werden in der Mitte noch durch ein Kreuz von T Trägern unterstützt, welches natürlich nicht bis ganz an die Seitenwände herangehen darf, damit auch die durchfiltrirte Lauge aus allen Teilen des Filters nach dem einen Hahn hinfliefsen kann; also wie nebenstehend skizziert; zum Belegen hat man 12 Platten 1 × 0,5 mt. grofs, nötig.

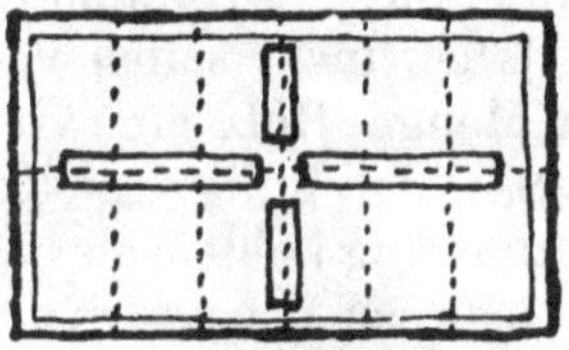
Fig. 24

Die klaren Kocherlaugen sammelt man in grofsen Bassins, in denen sich auch noch die letzten Mengen etwa doch noch mitfortgerissener feiner Kalkteilchen absetzen, und aus diesem kommen sie in ein besonderes Mefsgefäfs, aus welchem man nach vorheriger Untersuchung die danach genau berechnete Laugenmenge auf jeden einzelnen Kocher aufpumpt; an diesem Gefäfs hat man aufsen ein Laugestandsrohr mit Mafsstab daneben.

Es sind nun darüber die Ansichten sehr verschieden, wie stark man die Laugen causticiren soll; manche tun dies so stark wie möglich und legen dem Gehalt an Soda keine Wirkung, keinen Wert bei; damit sind sie aber im vollsten Irrtum; denn dafs das kohlensaure Natron auch direkt auflösende Wirkung hat, sieht man am besten ja daran, dafs man damit Harz auflöst und die soviel gebrauchte Harzseife in den Papierfabriken herstellt; andererseits handelt es sich ja auch darum, die aus dem Holz gebildeten neuen Stoffe in Lösung zu erhalten — so namentlich die verschiedenen Säuren, welche sich bilden — und dazu genügt kohlensaures Natron vollständig, während Ätznatron im Überschufs angewandt den Zellstoff selbst auflöst, wie man ja bei der Viscose-Herstellung am besten sieht.

Untersucht man die gebrauchten Kocherlaugen von guten Kochungen, so hat man in diesen etwa ebensoviel Natron an organische Stoffe, als an Kohlensäure (mit etwas Ätznatron) gebunden; auch von dieser bildet sich eine bedeutende Menge beim Kochprozefs. Das Ätznatron mufs das Lignin und ähnliche Stoffe lösen; hat man nun in der Kochlauge die dazu nötige Menge, wohl aber kein oder nicht genügend kohlensaures Natron, so wird man einen dunklen, harten Stoff erhalten, der sich kaum bleichen läfst; er ist aber für gewisse feste Papiere, Kraftmanila etc. sehr gut zu gebrauchen und wird daher nicht selten besonders hergestellt, zumal er aus derselben Menge Holz eine viel höhere Ausbeute liefert und somit sich wesentlich billiger stellt. Hat man eine zu stark kaustische Lauge mit zu wenig kohlensaurem Natron, so kann es leicht passieren, dafs man zu geringe Ausbeute und einen sehr kurzen, und trotzdem nicht hellen, schwer bleichbaren Stoff bekommt, der für das Papier wenig wert ist, da die Faser viel zu sehr angegriffen ist; ich kam seinerzeit in eine Fabrik, in der in Folge falscher Laugenzusammensetzung ein Kocher nur 500 bis 550 Kilo stark minderwertigen Stoff lieferte, während ich später 850 bis 900 Kilo sehr hellen und festen, oder bis 1050 dunklen und festen Stoff aus derselben Menge von Holz erzielte; dafs dies selbstredend auf die Herstellungskosten von riesigem Einflufs ist, liegt auf der Hand.

Dafs man mit gebrauchten Laugen noch Stoffe aus frischem Holze auflösen kann, ist ja richtig; dafür werden aber vielfach andere, schwerer lösliche Stoffe wieder ausgeschieden und diese können dann den ganzen Kocherinhalt verderben. Die deutlichsten Beweise hierfür fand ich, als ich Gelegenheit hatte, in einer Anlage nach Ungerer die Laugen aus den verschiedenen Kochern zu untersuchen; wegen Anwendung zu schwacher Laugen hatte man Fehlkochungen erhalten und daher den Betrieb einstweilen einstellen müssen; die Analysen ergaben folgende Resultate, wobei ich Ätznatron und Schwefelnatrium als gleichwertig zusammen gefafst habe; in einer bestimmten Menge von Lauge waren enthalten:

Im Kocher	Gesamt Na_2O	Davon an organ. Sbstz. geb.	als Ätznatron	als Soda.
2	874 gr.	251 gr.	298 gr.	325 gr.
3	729 -	543 -	31 -	155 -
4	657 -	579 -	22 -	56 -
5	611 -	552 -	9 -	50 -
6	605 -	558 -	3 -	44 -
7	598 -	582 -	0 -	16 -

Die Hauptauflösung war also schon im 2. und 3. Kocher vor sich gegangen und beendet; im 4. fing schon an, die Lauge sich zu trüben; es war fast sämtliches Natron schon an organische Substanzen gebunden und hätte eigentlich nichts mehr aufgelöst werden können, es geschah dies aber gleichwohl, aber unter gleichzeitiger Abscheidung schon früher gelöster Substanzen. Die braune Lauge wurde heller und gleichzeitig trübe; es setzte sich aus derselben ein feines gelbes Pulver ab, während sich in den Holzmassen der Kocher 4—7 eine schwarze, zähe Masse ausgeschieden hatte, welche sich weder in neuer Lauge löste, noch auf den stärksten Feuern verbrennen wollte; das sonst noch gar nicht angegriffene Holz war dadurch zu festen Klumpen zusammengeklebt worden, welche mit Brechstangen herausgebrochen werden mufsten; es waren dies wohl gummiartige Stoffe, welche sich aus den Laugen ausgeschieden hatten, möglicherweise auch in Verbindung mit Natron; eine genaue Untersuchung war dort nicht ausführbar; ähnliche Beobachtungen hatte man auch in andern Fabriken gemacht bei Einführung des Sulfatverfahrens, und immer hatten sich die Massen im Innern des Kessels ausgeschieden; jedenfalls war hier die unrichtige Umsetzung des Sulfates besonders mit daran Schuld, auf welche später noch zurückzukommen sein wird. Hier ist also die Ansicht Anderer bestätigt worden, dafs man in dem Ungerer'schen Verfahren höchstens mit 4 Kochern arbeiten soll; dann erscheint die Lauge so ausgenutzt, wie nur irgend möglich, selbst wenn sie von vornherein stark genug war; im obigen Falle war sie es schon im 3. Kessel.

Im Jahre 1882 erfand nun der vor etwa 10 Jahren verstorbene Ingenieur C. F. Dahl, damals Direktor der Danziger

Cellulosefabrik in Legan b. Danzig das sogenannte Sulfat-Verfahren, bei welchem der sich stets im Laufe der Fabrikation ergebende Verlust an Soda nicht mehr durch Soda, sondern durch das viel billigere Sulfat ersetzt wird. Er selbst war nicht Chemiker und hatte sich so von seinem Verfahren eine ganz falsche Vorstellung gemacht; er glaubte, das Sulfat durch Zusatz von Ätzkalk im Mischer direkt in Schwefelnatrium umzuwandeln; das ist aber ganz irrig; man bekommt höchstens ganz geringe Mengen von Ätznatron wohl dabei, aber so wenige, dafs sie wirklich nicht in Betracht kommen. Wohl schon jeder neu in die Sodaindustrie eintretende Chemiker denkt an diese Art der Herstellung von Ätznatron, macht in gröfster Heimlichkeit seine Versuche und sieht sich gründlich enttäuscht.

Beim Sulfatverfahren wirkt das Sulfat zum ersten Male als solches, wenn es auch vielfach bestritten wird, doch schon günstig auf den Zellstoff ein; macht es dann zum ersten Male die Wiedergewinnung durch, so wird es bei normalem Arbeiten in der Hauptsache ganz von selbst in Schwefelnatrium umgewandelt und wirkt als solches nun ganz besonders günstig: geht es nun zum zweiten Male durch die Wiedergewinnung, so wird es ganz von selbst wieder in der Hauptsache in Soda verwandelt, während der Schwefel zu schwefliger Säure verbrennt und entweicht. Man kocht also auch vor wie nach in der Hauptsache mit Ätznatron und Soda und hat Schwefelnatrium und Sulfat aufserdem noch mit in den Laugen, ganz also wie früher bei der Benutzung von Leblanc-Soda, nur in erheblich gröfseren Mengen.

Dahl wurde auf diese Sache durch die neben der Cellulosefabrik liegende Glasfabrik hingeführt, welche ja entweder Soda, oder Sulfat und Kohle verwenden. Nun kamen ihm noch ganz besondere günstige Umstände mit zu statten, wie sie in keiner anderen Fabrik vorhanden waren; sonst hätte er nicht so schnell und glatt sein neues Verfahren durchführen können. Einmal waren dort 5 Mischer vorhanden, und jeder von ihnen hatte sein ganz besonderes Laugenbassin; man konnte also ganz einzelne Kochungen mit ganz verschieden zusammengesetzten Laugen machen, während in den anderen Fabriken alle die Laugen in grofsen Bassins zusammenkommen; dann schmolz er schon so wie so seine wiedergewonnene Soda — wie früher erwähnt — in besonderen Schmelzöfen, um die Kohle zu verbrennen. Er hatte viel Soda- und Schmelzöfen zu seiner Verfügung und arbeitete mit diesen langsam bei geringem Feuer; dadurch hatte er die beste Garantie für die volle und gute Umsetzung des Sulfates in Schwefelnatrium; geht der Ofen zu heifs, so wird das selbe mehr oder weniger in unterschweflig- oder auch schweflig-, ja gar schwefelsaures Natron oxydiert, und dann hat man unbedingt schlechte Kochungen; die sonst auf dem Bruche rot gefärbte Schmelze wird dann gelb, ja fast weifs und verdirbt den Stoff sicher; man kann es beim Titrieren der Laugen sofort sehen; sowie sie nur etwas Schwefel ausscheiden und schweflige Säure entwickeln, mufs man aufpassen.

Sulfat hat nun ein wesentlich höheres Atomgewicht, wie Soda; das Verhältnis ist 53 : 71; da nun aber das Sulfat nie so rein ist, sondern überschüssige Säure, Kochsalz, Eisen, Gyps etc. enthält, kann man rund aus Vorsicht 50 : 75 beim Ersatz rechnen, man fügt dasselbe in den Mischer zu, sowie man die Lösung der wiedergewonnenen Soda eingepumpt hat; dann wird die Säure neutralisiert und das Eisen als Schwefeleisen gefällt. Das nun einmal gebildete Schwefelnatrium braucht ja nicht caustiriert zu werden, und somit spart man erhebliche Mengen an Ätzkalk gegen früher. Das Schwefelnatrium löst nun gern etwas Eisen auf; man sieht dies beim Auflösen der Schmelze; entweder ist die Lösung grün gefärbt und läfst erst nach längerem Stehen unter Entfärbung das Schwefeleisen als feine schwarze Flocken fallen, oder es bleibt gleich als schwarzer Schlamm zurück. Dahl hielt dies nicht dafür, sondern für „chemisch gebundenen Kohlenstoff“, wie im Eisen. Diese Idee ist ebenso irrig, als wenn man sagt, man hätte in der wiedergewonnenen Soda noch Ätznatron und zwar in erheblichen Mengen; bei den grofsen Mengen von Kohlensänre, welche aus der Soda selbst beim Brennen entwickelt werden, und aus dem Heizgasen stammen, ist es absolut unmöglich, Ätznatron in den Laugen zu haben; macht man, wie gewöhnlich die Bestimmung nach Fällung mit Chlorbarium, so hat man das Schwefelnatrium, welches man hier irrtümlicher Weise als Ätznatron noch einmal bestimmt. Würde man bei einem Gesamtverlust von 10 % Soda genau alles Sulfat umsetzen, so müfste die Schmelze etwa 16,5 % Schwefelnatrium, 83 % Soda, 0,5 % Schwefeleisen etc. haben; man wird aber immer mehr oder weniger unzersetztes Sulfat noch darin haben, was durchaus nichts schadet.

Den Vorgang beim Sulfatverfahren, die Wirkung des Schwefelnatriums besonders, habe ich mir wie folgt gedacht; ob ich damit recht habe, wird man wohl später noch feststellen können. Ein

Teil der in den Zellstoffkochern gebildeten organischen Säuren zersetzt einen Teil des Schwefelnatriums; der frei gewordene Schwefelwasserstoff bildet mit dem andern Schwefelnatrium die Doppelverbindung Schwefelnatrium — Schwefelwasserstoff, welche sich bei der Wiedergewinnung unter Verbrennung des Schwefelwasserstoffs zu schwefliger Säure in einfach Schwefelnatrium wieder verwandelt; unterstützt werde ich in meiner Annahme durch folgendes: Enthält die Lauge zuviel Schwefelnatrium, so wird mehr Schwefelwasserstoff ausgetrieben, als von dem zurückbleibenden Schwefelnatrium zurückgehalten werden kann; er mufs also mit den Kocherdämpfen entweichen, und es mufs entsetzlich stinken, ein Kochen mit reinem Schwefelnatrium ist daher ganz unmöglich; und zweitens:

Schmilzt man die wiedergewonnene Soda nicht richtig aus, so verbrennt der überschüssige Schwefelwasserstoff nicht; er entweicht, sowie man die Soda dann auflöst. Besonders schlechte Gerüche bilden sich auch bei unrichtiger Umsetzung des Sulfats im Ofen, wenn man es nicht mit reinem Schwefelnatrium zu tun hat; es gibt dann Verbindungen, welche man als Soda oder Schwefelnatrium titriert, die es aber nicht sind, und entweder garnicht oder im Gegenteil ungünstig sogar noch wirken. Es ist dann in mehreren Fabriken passiert, dafs der Stoff nicht hell wurde, sondern rötlich braun und absolut nicht zu bleichen war; es schien, als ob in der Lauge erst Eisen gelöst und dann daraus auf die Faser niedergeschlagen worden wäre, diese gleichsam umhüllend und gegen die Einwirkung von Lauge und Chlorkalk schützend.

Wie schon hervorgehoben, arbeiten die besonderen Schmelzöfen von Dahl gut, sobald sie langsam, bei niedriger Temperatur arbeiten können; mufs man sie aber stark betreiben, so leiden sie sehr und liefern schlechte Salze. Ich habe deshalb später von Schmelzöfen ganz Abstand genommen und die Umsetzung wieder auf dem Calcinirherd vorgenommen, wo man sie ganz sicher in der Hand hat; die Masse ist dann auch lockerer, da noch nicht alle Kohle verbrannt ist und laugt sich wieder in den Shanks'schen Kästen gut aus, während die dichten Schmelzen besondere Lösekessel und viel Dampf verlangen; auch weifs man dann nicht, wohin mit dem sich mehr und mehr ansammelnden Schlamm vom Schwefeleisen, in welchem event. noch viel Soda verloren gehen kann; er mufs besonders ausgewaschen werden.

In gut geleiteten Fabriken kommt man mit 8—10 % Gesamt-Verlust der Soda, bei der Laugenbereitung, Kochung und Wiedergewinnung, aus und mufs den durch 12—15 % Sulfat also ersetzen, es gibt aber auch solche, welche nur 55—60 % Soda wiedergewonnen haben und daher natürlich unmöglich rentieren konnten.

Die wiedergewonnene Soda — ob in Schmelzen oder lockeren Kuchen — soll nun baldigst wieder aufgelöst werden, da sie sich sonst an der Luft zersetzt; das Schwefelnatrium wird leicht mehr oder weniger oxydirt oder durch die Kohlensäure der Luft gar in Soda allmählich verwandelt, und so geht gerade der wertvollste Bestandteil verloren.

Man braucht nicht gerade das reinste und feinste Sulfat zu verwenden, es genügt ein gut gearbeitetes, welches man sogar ungemahlen und lose verladen beziehen kann, und ist dies am billigsten zu haben; es löfst sich ja doch leicht in den Mischern in der heifsen Sodalauge auf. Man hat nun vielfach versucht, es durch das viel billigere saure Sulfat — sogen. Salpeterkuchen — zu ersetzen, welche bei Dynamit- und anderen Fabriken in grofsen Mengen erhalten werden; es ist aber unrationell; denn einmal mufs man dann auf 53 Soda 120 saures Sulfat — in der Praxis auf 50 also 125 nehmen, und dann hat man die lästige Arbeit noch des vorherigen Abstumpfens der Säure durch Kalk; sonst würde sich mit der Säure zu viel Soda ja zersetzen und die Menge an Sulfat eine zu grofse werden; man lasse sich also nicht vom billigen Preise etwa verlocken, sondern bleibe bei dem gewöhnlichen einfachen Sulfat.

Dafs das Sulfat als solches ebenfalls wirkt, erkennt man am besten dann, wenn man in einer Fabrik, welche mit reinstem Ätznatron aus Ammoniaksoda arbeitet, zum Sulfatverfahren übergeht und dann das Sulfat in dem Mischer zugibt; man hat dann doch noch keine Spur von Schwefelnatrium in den Laugen und bekommt trotzdem schon einen viel besseren, helleren, festeren Stoff, dessen Fasern nicht mehr so gradlinig, sondern etwas gewunden erscheinen und sich so viel besser verfilzen. Ich denke mir, die Wirkung des Sulfates ist mehr eine mechanische, auf dem endosmotischen Prozefs beruhende; die unverkürzte Zellstofffaser zeigt sich ja als ein heller, geschlossener, an beiden Enden zugespitzter Schlauch, der mit einer gefärbten Flüssigkeit gefüllt ist; diese wird durch den Gehalt an Sulfat durch die Membran hindurch entfernt, ohne dafs die Faser dabei nur im Geringsten leidet; der Stoff mufs also wesentlich heller werden und sich viel leichter bleichen. Weiter machte ich dann wiederholt die eigentümliche Beobachtung, dafs der Stoff, wenn er wie sonst im Holländer zerschlagen wird, in diesem plötzlich bedeutend aufquillt, und zwar derart, dafs der Holländer überläuft und daher zum Teil wieder entleert werden mufs. Der Stoff fühlt sich auch ganz anders schon an; er ist viel fester im Griff, wenn man eine Hand voll davon aus dem Holländer entnimmt und ausdrückt; ob dieses Aufquellen gleichsam durch eine Ausdehnung des Zellstoffschlauches, gewissermafsen durch ein Aufblasen desselben, Anfüllen mit Luft hervorgerufen wird, weifs ich nicht und lasse es dahin gestellt sein; es würde dann die Faser zu leicht werden und sich mit den andern schwer vermischen und verfilzen, sondern im fertigen Papier gleichsam obenauf schwimmen und dieses dann beim Gebrauch stark fasern; es gibt nämlich zuweilen solchen leichten Zellstoff, der dann das Entsetzen der Papierfabrikanten ist; man kann ihn vom fertigen Papier dann — wie ein Fabrikant mir seinerzeit sehr drastisch bemerkte — „mit dem Ärmel abwischen!“ Dieses Aufquellen des Stoffes verschwindet aber, sodald dann in den Laugen Schwefelnatrium auftritt; will man dies von Haus aus gleich in den Laugen haben, so mufs man bei Einführung des Sulfatverfahrens das Sulfat nicht zuerst im Mischer, sondern gleich mit im Ofen zu setzen und aufserdem noch im Mischer, sodafs man sofort Schwefelnatrium in den Laugen hat.

Das Schwefelnatrium löst nun die Inkrusten besser, als das Ätznatron und schont dabei die Faser; zudem löst es das Eisen auf, welches sich im Holze findet, und macht so den Stoff heller und leichter bleichbar.

Wenngleich man also auch nach dem Sulfatverfahren in der Hauptsache vor wie nach mit Ätznatron kocht, ist es doch richtig, diesen Namen beizubehalten und den danach hergestellten Stoff als Sulfatzellstoff zu bezeichnen, weil eben durch die Ersetzung des Sodaverlustes durch Sulfat die wesentliche Umänderung im Betrieb bedingt und namentlich in der Qualität des fertigen Stoffes herbeigeführt wird.

Sulfatzellstoff unterscheidet sich ganz bedeutend von dem reinen Natronstoff; derselbe ist nicht blos viel heller und leichter bleichbar, — man spart rund bis 20 % des früheren Chlorkalkverbrauchs — sondern gleichzeitig auch noch viel fester; er liefert bedeutend höhere Ausbeute und ist daher viel niedriger in den Herstellungskosten; es wurden seinerzeit bei Einführung des neuen Verfahrens bis zu 20 % der gesamten Unkosten gespart!

Ebenso erfordert der Stoff eine andere, kräftigere Behandlung im Mahlholländer vor der Verarbeitung zu Papier; während Natronstoff eigentlich nur geschlagen, gequetscht zu werden braucht, mufs Sulfatstoff kräftig, wenn auch nur kurze Zeit gemahlen werden, damit er sich gut mit den andern Stoffen vermischt und verarbeitet; andernfalls bekommt man leicht ein etwas lappiges Papier, namentlich, wenn es dünn gearbeitet wird.

Um die Fabriken rentabel zu machen, ist man unbedingt darauf angewiesen, die Soda so gut wie irgend möglich wiederzugewinnen; in dieser Hinsicht liefsen die zuerst eingerichteten Fabriken nicht blofs viel, sondern fast alles zu wünschen übrig. Man begnügte sich anfangs mit Wiedergewinnung derjenigen Laugenmenge, die von selbst aus den Kochern nach beendigter Operation abflofs; was in dem gekochten Stoff zurückblieb, wurde dann ausgewaschen und fortlaufen gelassen; erst später ging man daran, auch diese Mengen wieder zu gewinnen und konnte so anstatt nur 50—55 % bis zu 90 und 92 % der angewandten Soda wieder in die Fabrikation zurückführen. Beinahe jede Fabrik machte sich nun besondere Einrichtungen, um die dem Stoff anhängende Lauge zu gewinnen; meist nahm man dazu mehr oder weniger gröfsere Kästen, in denen man den Stoff sofort mit Wasser behandelte, z. T. auch gleich mit zerschlug; man bekam dadurch selbstredend sehr schwache Laugen und auch nur einen Teil der Soda wieder; meines Wissens hat man zuerst in Altdamm dazu das Shanks'sche Prinzip benutzt, wenn auch, wie schon früher bemerkt, zuerst noch nicht richtig; für das Stoffauswaschen sind nun die gesamten Bedingungen besonders günstige; denn gegeben ist eine lockere Masse, gefüllt mit fertiger Lauge, welche also nur daraus verdrängt zu werden braucht; und in der Tat gibt es keinen besseren und einfacheren Weg dazu.

Aufser der Kocherlauge, welche direkt nach dem Ofen zum Eindampfen fliefst, läfst man aus den Auslaugkästen nur die stärkste dahin ab, während die andre wieder zum Verdrängen neuer Lauge benutzt wird. Hat man einen Kasten ganz ausgewaschen, so ist er eben voll frischen Wassers; in seinem untersten Teil ist dasselbe wohl noch ganz schwach gelb gefärbt; man läfst dies nun ohne Weiteres weglaufen, oder benutzt es zum Auswaschen der Kalkrückstände auf den Filtern, oder auch mit besonderem Vorteil zum Speisen der Dampfkessel, weil in diesen dann kein Kesselstein angesetzt wird; es sind gerade noch so geringe Mengen von freiem und gebundenem Natron in diesem letzten Wasser enthalten, dafs sie dazu ausreichen, allen

Kalk und andere Stoffe aus dem Speisewasser auszufällen, mögen sie nun als Gips oder doppelkohlensaurer Kalk oder in andrer Form darin enthalten sein; namentlich sind es die organischen Säuren, welche hier so sicher wirken; man hat daher in eingedickten Laugen auch das beste Mittel gegen Kesselstein, und habe ich seinerzeit bedeutende Mengen davon verkauft. Man hat keine Untersuchung des Speisewassers nötig und braucht die syrupdicke Lauge nicht abzumessen; man gibt davon soviel in dem Vorwärmer zu, dafs das Wasser schwach gelb gefärbt ist; im Vorwärmer scheidet sich dann schon ein Teil des Kalkes aus, der andre dann im Kessel in Form eines feinen, bräunlich gelb gefärbten Schlammes; ist das Wasser im Wasserstandszeiger über dem sich absetzenden Schlamme wieder farblos geworden, so gibt man wieder neue Lauge zu; ein geringer Überschufs davon schadet gar nichts; im Gegenteil reinigt derselbe den Kessel nach und nach ganz; sogar dicke, alte Krusten aus Galloway-Rohren und andern schwer zugänglichen Stellen kochen sich nach und nach ganz los; ich fand solche seinerzeit in Altdamm vor, trotzdem man dort nach De Haën mit Chlorbarium und Ätzkalk das Wasser reinigte. Ich hörte bald damit auf und nahm nur die schwächsten Wasser aus den Stoffkästen und hatte von da aus stets vollständig reine Kessel, eine Freude für die Revisionsbeamten, und daher in den ganzen 10 Jahren meiner Tätigkeit dort auch nicht einen Hammerschlag Reparatur an den Dampfkesseln.

Andre Fabriken haben umständliche und unpraktische Auslaugeinrichtungen, welche ihnen sehr viel und sehr schwache Laugen liefern, sodafs sie oft solche von 1° bis 2° Bé eindampfen mufsten; hierzu gehört auch der Apparat von Lespremont, der auch nach dem Gegenstromprinzip konstruirt ist, aber viel Platz und sehr viel Wasser braucht und so auch dünne Laugen liefert.

Die ersten von den Engländern gelieferten Sodaöfen waren nun äufserst primitiv gebaut, leisteten wenig und brauchten viel Kohlen; ich habe aber viel, viel später noch solche im In- und Auslande gefunden, die noch viel fehlerhafter konstruirt waren und daher noch weniger leisteten und noch mehr Kohlen verbrauchten. Es fehlte fast überall der praktische Chemiker, der in der chemischen Grofsindustrie doch mit Öfen aller Art genug zu tun hat und daher von Haus aus gleich hätte viel Besseres leisten können, wenn er mit zugezogen worden wäre.

Die ersten damals gebauten Öfen hatten nur einen sehr langen Herd mit stark geneigter Sohle; man hatte gedacht, wenn man hinten die Lauge einfliefsen liefs, würde sie beim Herunterrieseln schon so dick eingedampft werden, dafs sie, unten an der Feuerbrücke angekommen, schon dick genug sein würde, um herausgezogen werden zu können. Das war aber nun nicht im Geringsten der Fall; man mufste lange feuern, bis man so weit kam, und zog dann die Masse als schwarzen dicken Teer gleichsam aus dem Ofen heraus; sie qualmte dann enorm und

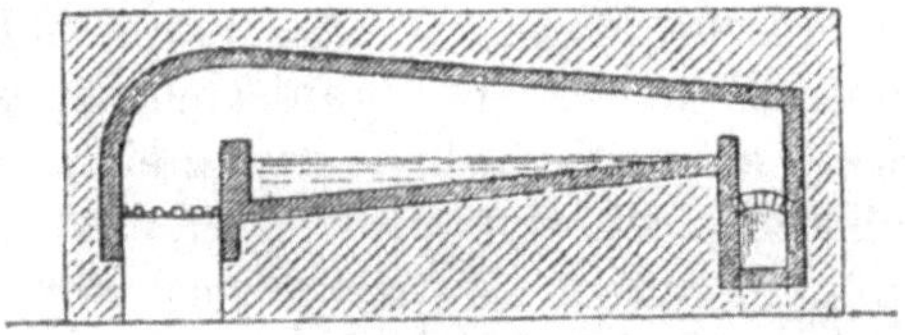

Fig 25.

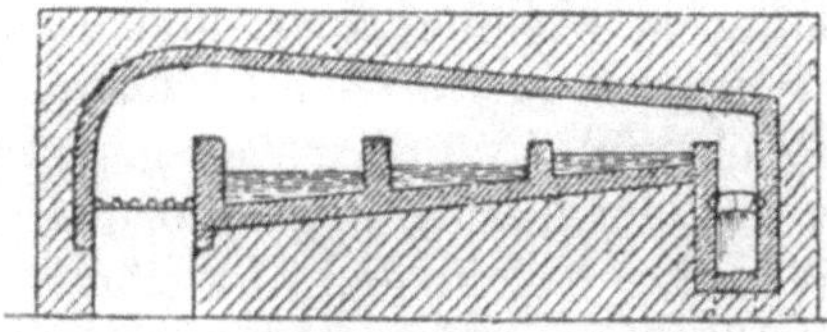

Fig. 26.

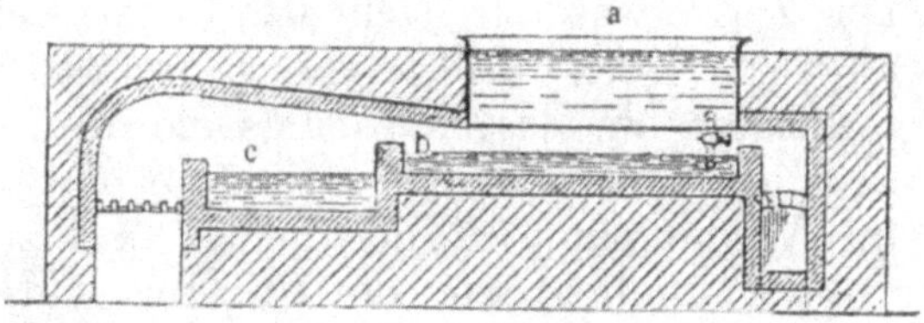

Fig. 27.

lieferte stinkende brenzliche Gase, mufste nach dem Erkalten zerhackt und dann in eine andere Abteilung gefüllt werden, in der sie ausbrannte.

Ich half mir nun damit, dafs ich den langen Herd durch Einbauen von zwei Feuerbrücken in drei Teile teilte und in der vordersten dann auch gleich die dick gewordene Masse ausbrennen liefs; die Laugen wurden so immer stärker, und da die hinteren Abteilungen höheres Niveau hatten, wurde die Flamme dort mehr auf die Oberfläche herabgedrückt und so besser ausgenutzt; ich sparte bedeutend an Kohlen und leistete mehr mit dem Ofen, und die Leute hatten bedeutend leichtere Arbeit, da das Ziehen und Zerhacken und Transportieren der theerigen, stark schwelenden Masse ganz wegfiel. Später habe ich die Öfen immer noch weiter verbessert, Pfannen aufgesetzt, Verdampfvorrichtungen eingebaut, sodafs sie die Heizgase noch besser ausnutzten.

Man hatte ja schon lange vorher in der Schlempe der Melassespiritusbrennereien ein der gebrauchten Sodalauge sehr ähnliches Produkt zu verdampfen; denn auch diese liefert eine schwarze, syrupähnliche Masse, welche dann lebhaft mitbrennt in Folge ihres hohen Gehaltes an organischen Substanzen; hätte man die Öfen, welche man dazu benutzte, gleich von Anfang an auch in der Zellstofffabrikation verwendet, so wäre man von Haus aus weit günstiger drangewesen. Der Porion-Ofen ist ja nun auch in einigen Zellstoff-Fabriken eingeführt worden; er hat nur zwei Abteilungen, den vorderen Kalzinirherd und die daran stofsende grofse Kammer, in der durch zwei kleine Flügelräder die einzudampfende Flüssigkeit umhergeschleudert wird und so mit den Heizgasen in innigste Berührung kommt; diese werden ja dadurch ebenfalls sehr gut ausgenutzt; aber einmal bilden sich dann oft in der Kammer förmliche Decken und Krusten an den Wänden, welche den Zug stören und dann durch Herunterfallen die Flüssigkeit zum Übertreten bringen, ja sogar Explosionen veranlassen können; auch wird von der zerstäubten Lauge durch den Zug etwas mit nach dem Schornstein entführt und beeinträchtigt so dessen Haltbarkeit; es ist also besser, die Rührer ruhig arbeiten zu lassen, sodafs sie die Bildung von Krusten auf der Oberfläche verhindern und so oder auf andere Weise noch die Verdampfung fördern; fügt man zuletzt noch einen Rieselturm an, ähnlich wie ihn Ungerer und Schneider konstruiert haben und ersetzt auf dem hinteren Teile des Ofens die Gewölbe durch Verdampfpfannen, so mufs ein solcher Ofen sehr gut arbeiten, sobald Längen- und Durchschnitt die richtigen Gröfsenverhältnisse haben und die Heizgase gut den einzudickenden Laugen entgegengeführt werden.

Es mögen hier nun noch einige andere Ofenkonstruktionen besprochen werden, und ebenso dann die Verdampfapparate, mögen sie nun mit oder ohne Luftleere arbeiten.

Einen andern Abdampfofen hat Roeckner in Newcastle konstruiert: Die Lauge fliefst bei demselben zuerst in einen wagrecht liegenden cylindrischen Kessel und wird hier durch Kochen konzentriert. Der darinnen entwickelte Dampf gelangt in einen Kondensator und fliefst als kochendes Wasser in einen Sammelbehälter. Die konzentrierte Lauge fliefst durch ein am

Boden des Kessels angebrachtes Rohr in eine tiefer liegende offene Pfanne, wo sie weiter verdickt wird und von da in den darunter befindlichen Kalzinirofen, wo die völlige Umwandlung in Soda erfolgt. Aus diesem wird die Masse mittelst Rechen in den unterhalb angeordneten Abkühlungsraum gezogen. Hier zieht ein Luftstrom durch die heifse Masse, befördert die Verbrennung, deren Gase in den für die andern Teile dienenden Feuerherd geleitet werden. Hierdurch werden die Gerüche vermieden, welche sich zeigen, wenn die Soda einfach aus dem Ofen genommen und nach einer andern Stelle zur Abkühlung gebracht wird.

Um die bei den bisherigen Abdampfungsapparaten bemerkbare bedeutende Abnutzung der teuren Pfannen zu umgehen, hat Richard Schneider, Dresden, einen „Abdampfturm mit beweglichen, beliebig verstellbaren Rieselflächen" (D. R.-P. Nr. 34392) konstruiert, der sich bei Öfen zur Wiedergewinnung der Soda mit Vorteil anwenden läfst. Dieser Ofen besteht, abgesehen von der Anlage des Gaserzeugers und des Schornsteins (es ist ein Regenerativofen) aus dem Feuerraum *H*, in welchem die Entzündung der Heizgase stattfindet und welcher je nach Konstruktion so gestaltet werden kann, dafs er hocherhitzte Feuergase oder hocherhitzte Luft von einander getrennt oder gleichzeitig abgeben kann; ferner aus dem an *H* anschliefsenden einfachen oder doppelten Kalzinierherde *C*. An dem anderen Ende desselben befindet sich ein kurzer, mit Chamottesteinen, gleich einem Regenerator ausgesetzter Raum *R*, welcher während des Kalzinierprozesses wesentlich dazu beiträgt, eine vollständige Verbrennung aller dem Kalzinierherde entweichenden Gase, und damit einen rauch- und geruchlosen Betrieb zu erzielen. Neben dem Raum *R* befindet sich, etwas höher gelegen, ein tieferen Behälter *D*, der als Eindickraum dient. Über *D* erhebt sich nun der Abdampfturm *E* mit seinen beweglichen Rieselflächen, die eine Neigung von weniger als 30° gegen den Horizont besitzen müssen. Die Anzahl der Rieselflächen richtet sich nach der in der Zeiteinheit aufzuarbeitenden Menge Lauge. Über *C* und *R* befindet sich zur Ausnutzung der strahlenden Wärme ein grofser Behälter *A*, von welchem aus der kleinere auf dem Turme *E* aufgestellte Behälter *B* durch einen Pulsometer gespeist wird. Unter *C* befindet sich der Ausglüh-, beziehentlich Auskühlraum *G*, in welchem aus *C* durch entsprechende Konstruktion der *C* armierenden Türen die glühenden, jedoch noch nicht totgeglühten Massen gezogen werden, ohne dafs dieselben erst vor den Ofen herausgekrückt zu werden brauchen.

Die Verbrennungsprodukte eines Teiles der nach *H* gelangenden Heizgase werden durch den Kanal *s* nach dem Schornstein *S* abgeführt. Der unter *G* liegende Teil des Kanals *s* ist schwach überwölbt oder besser noch mit zwei Schichten dünner Chamottplatten abgedeckt. Diese Anordnung und Konstruktion von *s* hat den Zweck, noch möglichst die Wärme der darin

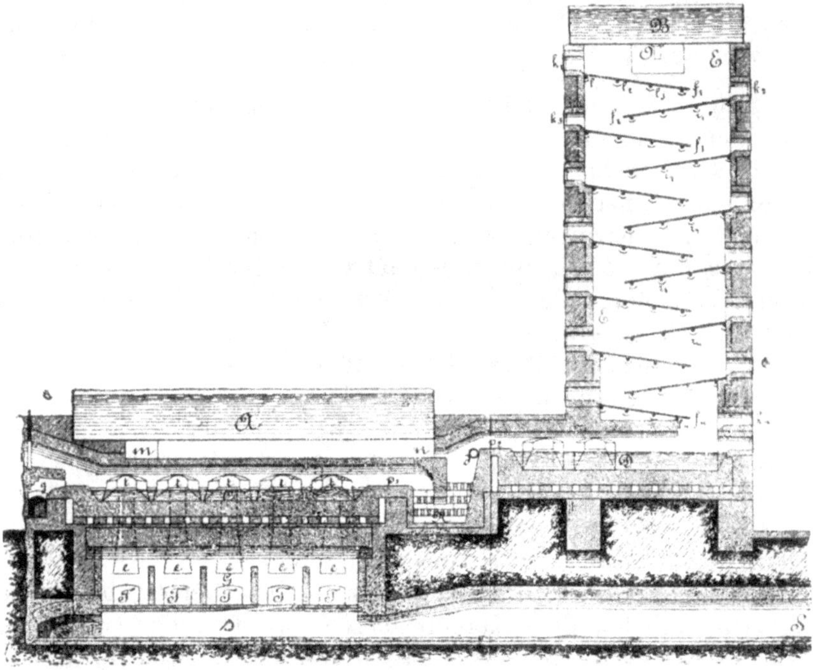

Fig. 28.

hinströmenden Verbrennungsprodukte auszunützen und den Ausglühprozefs der nach *G* hinabgefallenen Massen zu unterhalten und zu beschleunigen. Die sich hierbei noch entwickelnden Gase (empyreumatische Gase) werden nach dem Feuerraum durch besondere Kanäle abgeführt und dort verbrannt. Die vollständig ausgeglühten toten Massen werden dann in den einzelnen Chargen entsprechenden regelmäfsigen Zeitabschnitten aus den einzelnen Abteilungen von *G* durch die Türen *F* herausgenommen und der weiteren Verwendung übergeben. Ferner befinden sich bei *m* regulierbare Öffnungen zum Lufteinlaſs und bei *D* solche zu Gaseinlaſs. Die bei *m* eintretende Luft erwärmt sich an dem Gewölbe über *C* und gelangt durch Öffnungen *n* nach *p*, um entweder dort eine vollkommene Verbrennung der von *C* kommenden Gase zu bewirken, oder das durch *d* eintretende Gas zu verbrennen zur jeweiligen gröſseren Hitzeentwicklung in *D*.

Die aufzuarbeitende Lauge wird nun zunächst nach dem Behälter *A* geleitet, von hier nach *B* gehoben und gelangt, in dem Turm in vorbeschriebener Weise niederflieſsend und Wasserdampf abgebend, nach *D*, von wo sie in eingedicktem Zustande nach *C* übergeführt und dort vollständig aufgearbeitet wird. Die Feuergase gehen, von *H* kommend, wie bei den übrigen Abdampföfen, den entgegengesetzten Weg. Die Anordnung hat den Vorteil, daſs auſser dem Wegfall der Pfanne die ganze Anlage sich kompendiöser gestaltet, also viel weniger Flächenraum einnimmt.

Herr Carl Kellner hat bereits in den 70er Jahren einen Ofen zur Wiedergewinnung der Soda aus der Strohstofflauge gebaut, bei welchem die Feuergase mittelst eines überhitzten Dampfstrahles über die Etagenpfannen gedrückt wurden. Es arbeitete dabei die Feuerung und der Kalzinierherd unter Zug, während der rückwärtige und der Konzentration gewidmete Teil des Ofens unter einem schwachen Druck von beiläufig 2 mm Wassersäule arbeitete. Es wurde dadurch erreicht, daſs man die Feuergase langsam über jede beliebig groſse Verdampfungsfläche führen konnte, was durch den Zug eines Kamines wegen des bei der Verdampfung sich bildenden elastischen Wasserdampfes nur bis zu einem gewissen Grade möglich ist.

Der Vollständigkeit wegen sei noch erwähnt, daſs ein amerikanisches Patent Nr. 388284 von John F. Kennedy, die in den ausgeglühten Rückständen noch befindliche Hitze dadurch ausnutzen will, daſs ein gewöhnlicher Dampfkessel darüber gelegt, angenommen wird, der seine Dampfentwickelung durch diese ausstrahlende Hitze bewerkstelligen soll. Ob diese Einrichtung sich in der Praxis bewährt hat, ist dem Verfasser nicht bekannt.

Eine andere Einrichtung zur Sodagewinnung, die sich in der Praxis als gut bewährt haben soll, befindet sich in der Cellulosefabrik Ranheim in Norwegen und ist von Herrn Laur. W. Jensen in Nr. 11 der „Pap.-Zeit.“ 1889 folgendermaſsen beschrieben: Die Wiedergewinnung der in den Laugen enthaltenen Salze erfolgt damit in drei Stufen: 1. Verdampfung des Wassers bis zu einer Konzentration der Lauge von etwa 30° B. in Dampfkesseln, Röhrkesseln und Pfannen, wobei die Feuerluft im Gegenstrom der Lauge so entgegengeführt wird, dafs die in den Fuchs abziehenden Gase ihre Wärme bis auf 150 bis 200° C. abgeben.

2. Eindickung der konzentrierten Laugen bis zur Schlammdichte in einer feuerfesten Eindickwanne durch offenes Feuer. — 3. Vergasung der Inkrusten beim Niederschmelzen der Salze in einem retordenähnlichen Ofen, welcher mit der Eindickwanne so verbunden ist, dafs die Gase in das Hauptfeuer treten, dort verbrennen und so zur Eindickung der Lauge mit beitragen.

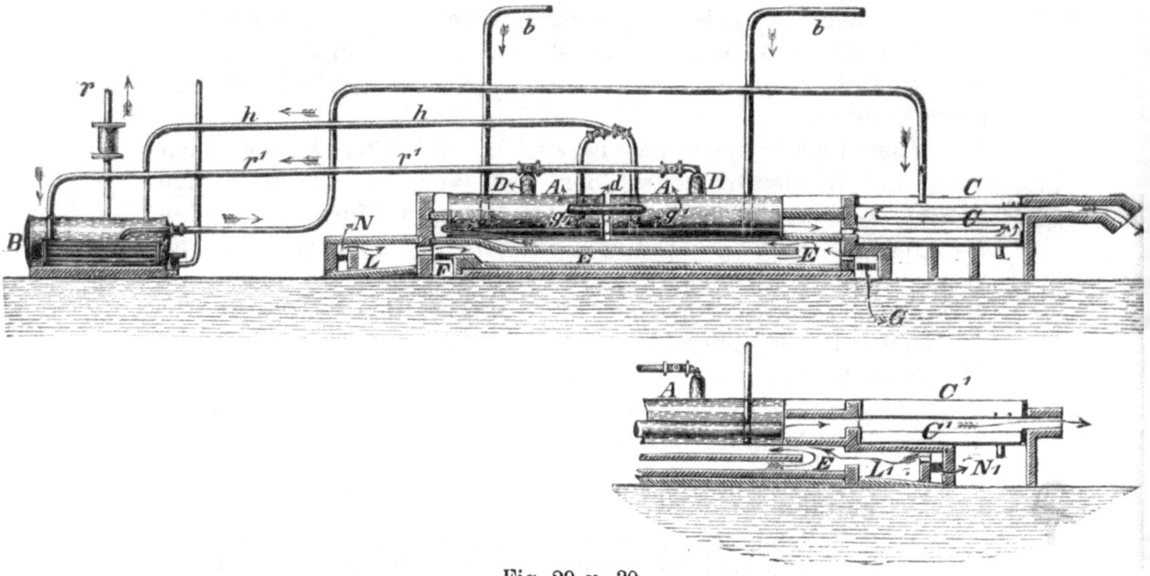

Fig. 29 u. 30

Die Verdampfung des Wassers beginnt in zwei Dampfkesseln *A*, welche durch ein Rohr *d* verbunden sind; die Lauge wird durch die Rohre *bb* in den Kessel gepumpt und bleibt da, bis sie eine bestimmte Dichte hat. Der in den Kesseln entwickelte Dampf wird in den Domen *D* dadurch von etwa anhaftender Lauge befreit, dafs in jedem ein Siebboden mit aufgelegten Eisenstücken angeordnet ist. Die in den Kesseln verdickte Lauge wird in bestimmten Zeitabschnitten mittelst der Ausblaserohre *g* abgedrückt und durch Rohrleitung *h* in den Röhrenkessel *B* geführt. Ein Abdampfrohr *r* führt den beim weiteren Abdampfen der Lauge entwickelten Dampf aus *B* zu den Trockenzylindern der Papiermaschine. (Der Dampf kann natürlich zu jedem anderen Zwecke verwendet werden!) Die Heizung des Röhrenkessels erfolgt durch den beim Abdampfen der Laugen in den Kesseln *A* entstandenen Dampf, welcher aus dem Dom *D* durch Rohr *R*' in die Heizrohre gelangt. Unter normalen Verhältnissen wird die 13 bis 21grädige Lauge im Röhrenkessel auf 21 bis 27° *B* eingedampft und dann in die oberste der vier Abdampfpfannen *C* abgelassen, welche ursprünglich, über und gegeneinander versetzt, so eingemauert waren, dafs die Feuergase, welche den Kessel *A* in der Richtung der Pfeile bestrichen hatten, nunmehr in der Pfeilrichtung über die unterste Pfanne und weiter auf ihrem Weg zum Schornstein über die drei anderen Pfannen hinzogen. Da aber dadurch, dafs die Gase zu stark abgekühlt wurden, schlechter Zug entstand und aufserdem der Raum unterhalb für einen Schmelzofen gebraucht wurde, nahm man den Etagenofen weg und liefs die Verbrennungsgase zwischen zwei mit Lauge gefüllten Pfannen hindurch direkt nach dem Schornsteine ziehen, wie Fig. 30 zeigt. Die Lauge wird hierdurch zu circa 30° B eingedickt und von der untersten Pfanne in die Eindickwanne *E* durch eine Rohrleitung abgelassen. — Die Eindickwanne *E* ist ein mit feuerfesten Steinen ausgelegter und überwölbter flacher Raum, in welchem die Lauge bis dicht an den oberen Rand der Feuerbrücke steht. — Die Planrostfeuerung *F* dient zur Erzeugung der Flamme, welche durch den natürlichen Zug in die Wanne hineinschlägt und durch das Deckgewölbe gezwungen wird, dicht über der Lauge hinzustreichen, wodurch das Wasser weiter verdampft wird. Durch Öffnungen in der Längswand der Wanne wird die Lauge während des Eindickens fortgesetzt umgerührt und damit deren Entwickelung befördert. Ist die Lauge so dicht wie zäher Schlamm geworden, so wird das Feuer in *F* gedämpft und durch die Öffnungen die theerartige Masse herausgezogen. Danach wird sie in den retordenähnlichen Schmelzofen *L* geworfen, wo durch Heizen in der Feuerung *N* die Verdampfung des Wasserrestes, fortgesetzte Verbrennung der Inkrusten und Niederschmelzen der Salze stattfinden. — Die Feuergase legen somit im Ofen folgenden Weg zurück: Die Gase von *L* (Fig. 29) mischen sich mit denen von *F*, streichen durch die Eindickwanne *E* und mischen sich mit den Flammen des Schmelzofen *L*' (Fig. 30). Die heifsen Feuergase ziehen nun unter den beiden Kesseln entlang, von hinten nach vorn, teilen sich dort, indem sie durch zwei Feuergänge zurückkehren und ziehen wieder gemeinschaftlich über die Pfanne *C*. Den Feuergasen wird auf ihrem Weg eine solche Wärmemenge entzogen, dafs sie mit keiner höheren Temperatur in den Schornstein entweichen, als zur Erhaltung des Zuges notwendig ist. Gegenüber den meisten in Europa bisher gebräuchlichen Einrichtungen bietet die vorstehend beschriebene erhebliche Brennstoffersparnis durch vollständige Ausnutzung der Feuergase."

Es sei möglich, mit 1 Kilo Kohlen 2,5 Kilo reines, geschmolzenes Salz wieder zu gewinnen und noch Dampf zum Trocknen von 1,5 Kilo Zellstoff übrig zu haben!

Derselbe Herr Jensen, welcher die oben beschriebene Einrichtung Jahre lang in der Praxis als sehr gut anerkannt hat, hält aber ein amerikanisches Patent, welches Homer T. Jargan (od. Yargan?) auf ein Soda-Wiedergewinnungs-Verfahren hat und das auch in Deutschland durch Patent No. 43592 geschützt ist, für noch besser. In Nr. 100, Jahrgang 1888 der „Pap.-Zeit." ist [dasselbe folgendermafsen beschrieben: Hierbei erfolgt das Eindicken nicht durch direkte Feuerung, sondern durch Dampf, wodurch ein geringerer Brennstoff-Aufwand erzielt werden soll. Figuren 31 und 32 zeigen die Einrichtung in der Seitenansicht und im Grundrifs.

Das Eindicken geschieht in drei nebeneinander liegenden Kesseln; die mittleren Teile derselben, *H''*, *H'''*, *H''''*, sind von den Endräumen *L*, *L'*, *L''* und *A*, *B*, *C* durch Scheidewände abgeschlossen. Die Endräume stehen durch eine gröfsere Anzahl enger Röhren, welche in den Scheidewänden endigen und die mittleren Räume durchdringen, mit einander in Verbindung. Die abzudickende Ablauge wird mittelst einer Pumpe durch ein Rohr *O'* in den Endraum *L* geleitet und durchfliefst die engeren Röhren nach dem anderen Endraum *A*. Durch das Rohr *K* wird in den mittleren Raum *H''* Dampf geleitet, welcher die Röhren umspült, und seine Wärme durch die Rohrwandungen an die Ablauge abgibt. Das Kondenzwasser wird durch Rohr *V* beständig abgeführt. Die erhitzte Lauge ergiefst sich in den Vorraum *A*, gibt eine erhebliche Menge Dampf ab und fliefst dann, um ein gewisses Mafs eingedickt in den unter *A* gelegenen Behälter *E*, um von hier durch Rohr *U* nach dem zweiten Endrohr *L'* (Fig. 32) befördert zu werden, von wo sie wieder, wie oben beschrieben, durch enge Rohre nach dem Endraum *B*, von diesem durch Rohr *U'* nach *L''* und von *L''* nach *C* fliefst. Der in dem Endraum *A* aus der Lauge entweichende Dampf tritt durch Rohr *H* nach dem zweiten mittleren Raum *H'''*, um hier ebenso wie in *H''* der frische Dampf, durch die Wandungen der engen Röhren auf die Ablauge zu wirken. Das Kondenzwasser wird wieder durch Rohr *V* abgeführt. Der in dem Endraum *B* aus der Ablauge ent-

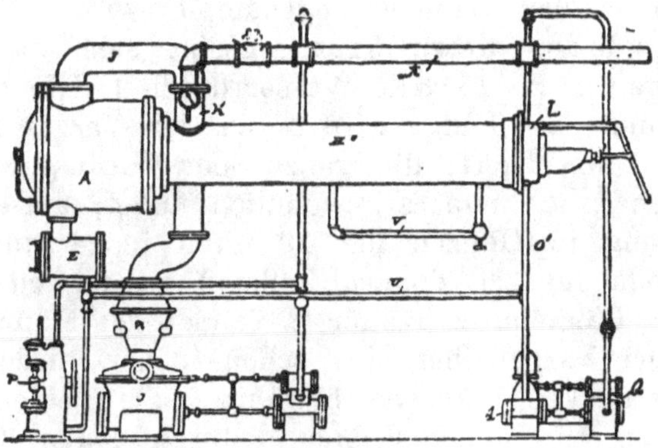

Fig. 31.

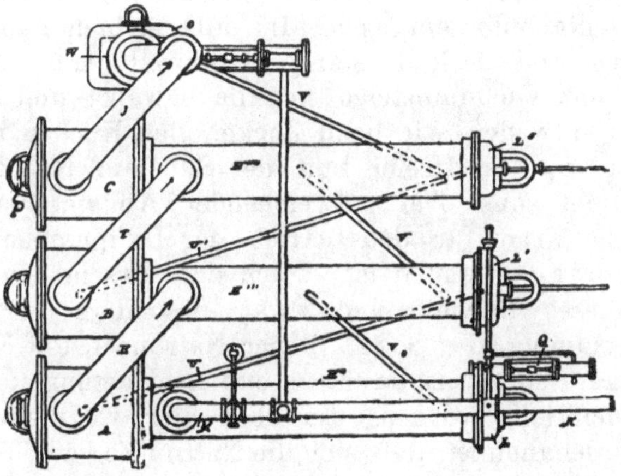

Fig. 32.

weichende Dampf tritt durch Rohr *J* in den dritten mittleren Raum *H''''*, um hier in derselben Weise zu wirken, wie vorhin angegeben. Der schliefslich in dem Endraum *C* aus der Ablauge noch entweichende Dampf wird durch Rohr *J* nach dem Kondensator *W* der Vakuumspumpe gesaugt, während die eingedickte Ablauge durch Pumpe *P* abgeführt wird. —

Das durch Pumpe *O* erzeugte Vacuum wirkt auf alle 3 Kessel in abnehmendem Grade, so dafs dasselbe in dem Raum *A* am geringsten, in dem Raume *C* am höchsten ist. —

Wie aus obigem ersichtlich, wird frischer Dampf nur in den ersten Kessel *H''* geleitet, während in den folgenden durch den Abdampf der Laugen abgedampft wird. Der Dampfverbrauch soll aus diesem Grunde gering sein, da ein Tripel-Effekt Yargan z. B. 15 Kilo Wasser durch 1 Kilo Kohlen verdampfen kann. Die Lauge wird durch den Yargan-Eindampfer auf 40° B. konzentriert; die ganze Soda-Wiedergewinnung ist weit reinlicher, als man es gewöhnlich findet; aufserdem sind zur Bedienung im Ganzen nur 10 Mann in 24 Stunden nötig, um die Soda für 20 Tonnen Zellstoff wieder zu gewinnen, während in Ranheim z. B. für 8 Tonnen 20 Mann gebraucht wurden. Der Yargan hat sich schon in verschiedenen amerikanischen Fabriken glänzend bewährt, da in einer derselben z. B. täglich 18 Tonnen Kohlen dadurch gegen das frühere Verfahren erspart werden. Der weiteren Einführung in Deutschland steht zunächst wenigstens noch der sehr hohe Preis der ganzen Einrichtung, besonders wegen der aufserordentlich hohen Patentgebühr entgegen. Im allgemeinen haben sich die sehr teuren und deshalb starke Abschreibungen bedingenden Apparate mit Vacuumbetrieb nur da bewährt und bezahlt gemacht, wo entweder, wie beim Zucker, das Kochen bei höherer Temperatur und an freier Luft der Substanz Nachteil bringt, oder wo viel sonst frei entweichender Abdampf und billige mechanische Kraft für den Betrieb der Luftpumpen respektive Kondensatoren vorhanden ist. Nach dem Erscheinen der ersten Auflage dieses Buches sind zwar besonders bezüglich der Wiedergewinnung der Soda, in der Natronzellstoff-Fabrikation, noch einige andere Änderungen und Einrichtungen entstanden und veröffentlicht worden, die aber hier wegdleiben können, da nicht zu leugnen ist, dafs sich die Natron-Zellstoff-Fabrikation, wenigstens in Deutschland nicht nur im Stillstand befindet, sondern im Niedergang begriffen ist, während sich die Sulfitverfahren immer mehr ausbreiten. Es sei deshalb nur darauf hingewiesen, dafs die „Papierzeitung“, Jahrgang 1892, Seite 2966 Abbildung und Beschreibung eines Dreh-Kalzinierofen bringt, während in 1893 Seite 264 ein Artikel über Filtration der Natronlaugen steht, Seite 4 ein feststehender Kalzinierofen mit Riesel- oder Einspritz-Eindampftürmen und auf Seite 290 ein Eindampfkessel für Natronlauge abgebildet ist.

Diese Verdampfapparate arbeiten nun meist sehr gut, so lange man es mit schwachen Laugen zu tun hat; je konzentrierter sie werden, um so schlechter leiten sie die Wärme, welche ihnen ja in allen diesen Fällen indirekt durch Dampf zugeführt wird; man rühmt sich der besten Resultate, sobald man genügend Abdampf zur Verfügung hat; nun dessen Wärme kann man anderweit doch auch sehr gut verwenden und verwerten, und deshalb darf man sie sich nicht umsonst rechnen; der Betrieb von den verschiedenen Laugen-, Wasser- und Luftpumpen erfordert auch Kraft, also meist Kohlen, und dann vor Allem sind diese Anlagen sehr kostspielig in der Anlage; sie erfordern mehr Bedienung, Reparaturen usw. Aus den Laugen scheiden sich oft Massen, dicke Krusten in den Verdampfkörpern ab und hindern dann die weitere Verdampfung ungemein, ja manchmal die ganze Weiterarbeit, indem die Röhren geradezu verstopft werden; dann hat man natürlich sehr unliebsamen, kostspieligen Stillstand. Ich habe mich nach den verschiedensten Seiten hin bemüht, einmal genaue, ausführliche Angaben über die Leistungen solcher Apparate und ihre Betriebskosten zu erhalten, aber leider vergeblich; die Maschinenfabriken, welche solche Apparate bauen, wufsten sie nicht und konnten sie auch von den von ihnen ausgeführten Anlagen nicht in Erfahrung bringen. Ehe man also eine solche kostspielige Anlage errichtet, soll man sich ja erst ganz genaue Zahlenunterlagen geben lassen, sodafs man weifs, wieviel kosten denn 100 Kilo wiedergewonnene Soda in Wirklichkeit an Kohlen ins Gesamt, an Löhnen, Reparaturen, Riemen, Schmiermaterial und vor allem auch an Zinsen und Abschreibungen der ganzen Vordampfungsanlage; selbstredend mufs auch die Leistung der Apparate mit angegeben werden, nämlich wieviel Liter Lauge von ? ° Bé werden in 24 Stunden auf wieviel Liter Lauge von ? ° Bé verdampft, und wieviel Kilo wiedergewonnene Soda von ? % erhält man daraus?

Vor einigen Jahren noch sah ich in Deutschland einen Ofen in Betrieb, bei dem sich auf eine äufserst sinnreiche Weise die Heizgase und die Lauge so lange aus dem Wege gingen, bis erstere ziemlich abgekühlt waren; er leistete daher auch nur reichlich 100 Kilo wiedergewonnene Soda in 24 Stunden und brauchte dazu ungefähr das Zehnfache an Kohlen! an Kohlen allein kostet also die wiedergewonnene Soda schon mehr als neue Ammoniaksoda! also war hier die ganze Wiedergewinnung durchaus unrentabel.

Während neuerdings in Amerika und Skandinavien sich mehr und mehr Drehöfen eingeführt haben, finden diese in Deutschland weniger Anklang. Der schwedische Zellstoff-Ingenieur G. F. Enderlein — sein Vater stammt aus Sachsen und leitete viele Jahre die groſse Papierfabrik in Norrköping mit bestem Erfolge — hat den alten Porion-Ofen dadurch bedeutend verbessert, daſs er an Stelle der zwei kleinen Flügelräder, welche die Lauge in der groſsen Kammer umherschleudern, 2 groſse, langsam drehende Eintauchtrommeln eingebaut hat, welche mit vielen nebeneinanderliegenden Blechscheiben ausgestattet sind, welche den durch sie hindurchstreichenden Heizgasen eine sehr groſse Oberfläche darbieten und diese daher aufs Beste ausnutzen; diese groſsen Trommeln dampfen die Laugen von 10° Bé sehr stark ein und geben sie dann an dem vorgelegten Drehofen ab, aus welchem sie als krümelige, noch feuchte und knetbare Masse herauskommen, um dann in zwei seitlich gelegenen Schmelzöfen fertig geschmolzen zu werden. Es soll dazu gar kein besonderes Brennmaterial erforderlich sein; alle nötige Wärme liefern die Laugen selbst, sobald sie mit 10° Bé in den Ofen kommen.

Es ist hier nun noch ein sehr wichtiger Punkt nicht zu vergessen, wenn man nach dem Sulfatverfahren arbeitet; während es leicht ist, mit gut gebauten Öfen durchaus geruchsfrei zu arbeiten — bis auf die wenige schweflige Säure, welche selbstredend mit durch den Schornstein entweicht — ist dies bei Benutzung von Apparaten sehr schwierig; es bilden sich dann ungeheuer flüchtige und sehr übelriechende Produkte, welche die gröſsten Unannehmlichkeiten hervorrufen können. Das klare Brüdenwasser stinkt geradezu und greift nicht selten die Metalle, sogar Eisen an. In einer norwegischen Fabrik wurde seinerzeit das stinkende Kondenzwasser tief in die See geleitet; dann stank diese aber meilenweit; es wurde nicht eher besser, als bis man nach und nach alle Verdampfapparate für gebrauchte Kocherlauge auſser Betrieb setzte und nur in den Öfen die Laugen eindampfte.

Ganz besonders sind dann auch hier unrichtig zusammengesetzte Laugen, namentlich schlechte Umsetzung des Sulfats mit von Nachteil; dann kann es kommen, daſs schon die Kocherdämpfe beim Abblasen übel riechen und erst recht dann die in den Verdampfapparaten.

Deswegen wundert es mich auch nicht im Geringsten, daſs das Verfahren von W. Schacht D. R. P. 122171 solche groſsen

Übelstände nach dieser Richtung hervorruft; es ist gleichsam ein kombinirtes Sulfat- und Sulfitverfahren, bei dem gerade diejenigen Verbindungen besonders erzeugt werden, welche nach den Erfahrungen Andrer nicht blofs Mifserfolge beim Kochen hervorrufen, sondern auch ganz besonders die Ursachen der üblen Gerüche sind.

Während beim Sulfatverfahren, wenn der Beharrungszustand eingetreten ist, um mich so auszudrücken, jedesmal ungefähr dieselbe Menge Schwefel verbrannt wird, die in dem neu zum Ersatz des Sodaverlustes zugegebenen Sulfat hinzukommt, müssen die Laugen nach dem Schacht'schen Verfahren immer reicher an Schwefelverbindungen aller Art werden; denn es wird nicht blofs Sulfat, sondern auch noch jedes mal viel mehr noch schweflige Säure den Laugen zugegeben; und wo geht all der Schwefel dann endlich hin? ein Beharrungszustand kann hier garnicht eintreten, es sei denn, dafs Schwefelverbindungen aller Art in Gasform schon aus den Kochern entweichen; und diese werden dann keinesfalls lieblich duften. In den Gerichtsverhandlungen in Weifsenfels ist ja auch zur Genüge festgestellt worden, dafs es dort entsetzlich riecht.

B. Sulfitverfahren.

Im Gegenteil zu dem eben beschriebenen Natronverfahren beruht das Sulfitverfahren auf der Behandlung des Holzes mit Säuren und zwar in letzter Zeit nur mit schwefliger Säure (SO_2), die, wie die Formel schon zeigt, aus der Verbindung von 1 Teil Schwefel und 2 Teilen Sauerstoff besteht. Dieselbe ist ein Gas von starkem, stechendem Geruch, das, der Luft beigemengt, die Atmung erschwert, aber dem menschlichen Körper nicht so absolut schädlich ist, als man denken sollte. Im Gegenteil ist in der neueren Zeit, natürlich unter Beobachtung der nötigen Vorsichtsmafsregeln, die Einatmung von schwefliger Säure als heilsam gegen Lungenschwindsucht empfohlen worden und wird z. B. im Augusta-Viktoria-Bad in Wiesbaden bereits zu diesem Zwecke praktisch ausgeführt.

Schon der Aufenthalt in Zellstofffabriken beider Art ist seit Jahren im Auslande, namentlich Skandinavien, Österreich, Japan etc. mit gröfstem Erfolge zur Bekämpfung der Lungenschwindsucht angewandt worden; in beiden hat man immer etwas schweflige Säure und Terpentinöldämpfe, aber so gering, dafs sie Niemanden belästigen, sodafs man sie um so tiefer einatmen kann; in der Papierzeitung ist darüber ja viel schon berichtet worden; neuerdings hat auch Herr Dr. R. Simon in einem öffentlichen Vortrag kund gegeben, dafs er mit Lignosulfit, das sind die Ablaugen der Sulfitstofffabriken, seit 3—4 Jahren so überaus günstige Erfolge erzielt durch Inhalieren.

Die SO_2 kann bei niedriger Temperatur oder hohem Druck in flüssigen Zustand übergeführt werden. Wasser verschluckt SO_2 in grofsen Mengen, wie umgekehrt von ihr auch aus der Luft Wasser angezogen wird. Auf dieser leichten Verbindung mit Wasser beruht nun auch ihre praktische Anwendung, da eine wässerige Lösung am bequemsten zu handhaben ist. Der Amerikaner Tilghman hat, wie aus der anfangs angeführten chronologischen Tabelle ersichtlich, 1866 zuerst die SO_2 zur Auflösung der Inkrusten vorgeschlagen, auch ein Patent darauf erhalten und zwar unter Nr. 2924 ein britisches, am 31. März 1867 auch ein preufsisches und am 26. Oktober 1867 sein amerikanisches. In der Patentschrift zu letzterem ist die ganze Fabrikationsmethode sehr genau und ausführlich beschrieben und in der P. Z. 1884 auch die weiteren, praktischen, gröfseren Versuche, ebenso in „Hofmanns Handbuch“, S. 1418. Trotzdem hat er seine Erfindung nicht so ausgenutzt, wie dies wünschenswert gewesen wäre; seine Arbeitskraft hat er anderen Ideen zugewandt, sodafs schliefslich die vielversprechende Herstellung von Zellstoff mittelst einer Sulfitlauge gar nicht zu allgemeiner Anwendung kam. Nach Tilghman fand Ekman in Bergvik in Schweden ebenfalls ein Verfahren, durch schweflige Säure Zellstoff darzustellen, und er war der Erste, der nach Beendigung seiner Versuche brauchbare Handelsware im Grofsen darstellte. Da er die Fabrikation anfangs geheim betrieb, nahm er erst später ein Patent und erhielt dies auch am 13. Juli 1881. Ihm zuvor kam jedoch damit in Deutschland Professor Alexander Mitscherlich, welcher Patente erhielt nicht nur auf das chemische Verfahren, durch Sulfitlauge aus Holz Zellstoff zu gewinnen, sondern auch auf einzelne Teile der dazu nötigen Einrichtungen. Hauptsächlich erfolgreich für ihn war es, dafs er eine grofse Anzahl von Verträgen schlofs mit denjenigen Papierfabrikanten, welche ihm sein Verfahren abkauften und als Gegenleistung aufserdem noch die Zusicherung erhielten, in bestimmt abgegrenzten Bezirken, den sogenannten „Sperrbezirken“, die Cellulosefabrikation allein ausüben zu dürfen. Durch eine Klage veranlafst, wurde vom Reichsgericht bereits 1884 der Hauptteil des Mitscherlichschen Patentes Nr. 4179 aufgehoben, da durch Bekanntwerden des viel älteren Tilghmanschen Patentes, diesem die Priorität zuerkannt werden mufste. Aufserdem entspann sich schon lange vor 1893, besonders 1882 und später in der „Papierzeitung„ eine heftige Polemik darüber,ob Mitscherlich oder C. D. Ekman zuerst verkäuflichen Zellstoff im Grofsen hergestellt habe, welche schliefslich zu Gunsten des Letzteren entschieden wurde.

Die in der ersten Auflage dieses Buches enthaltene Bemerkung, dafs Professor Alexander Mitscherlich der eigentliche Vater der praktischen Sulfit-Zellstoff-Fabrikation sei, läfst sich daher heute nicht mehr aufrecht erhalten, wenngleich ihm wegen der geschäftlichen Einführung des nach ihm benannten Verfahrens noch genügende Verdienste zukommen.

In den Verhandlungen vor dem Reichsgericht wies Herr Kommerzienrat Moritz Behrend-Varzin nach, dafs die Patentschrift von Tilghman zum gröfsten Teile wörtlich übersetzt worden war! Prof. Dr. M. hätte also sicher gar kein Patent in Deutschland erhalten, wenn er nicht in seiner Anmeldung als Hauptprodukt „Gerbsäure", und Zellstoff nur als Nebenprodukt angegeben hätte; so wurde sie zur Klasse „Gerberei" verwiesen, wo man selbstredend sich um ältere Zellstoffpatente kaum gekümmert haben wird; und Tilghman hat dieses sein Patent ganz vernachlässigt wegen seines andern auf das bekannte Sandstrahlgebläse"!

C. D. Ekman gab schon 1875 eine kleine Schrift in französischer Sprache darüber heraus, wie man seine gebleichte Cellulose behandeln soll, da sie unter den verschiedensten Einflüssen ihre Farbe änderte, wie ein Chamäleon. Er prefste damals nur den Stoff etwas aus und liefs die Laugen zum grofsen Teil darin; defswegen war er so schwer zu verarbeiten. Als Professor Mitscherlich aus seiner Fabrik in Hannov. Münden seinen Stoff lieferte, was ja viel, viel später geschah, als durch Ekman, prefste er ebenfalls den Stoff nur in einer Handpresse aus und lieferte ihn in feuchten Brocken, wenige Sack pro Tag! auch dieser war deshalb garnicht zu besseren Papieren zu verarbeiten, da er sich ebenso chamäleonartig veränderte, wie seinerzeit der erste von Ekman, und noch alle Splitter und anderen Unreinigkeiten enthielt, da er auch keinen Knoten- und Sandfang passirt hatte.

Die richtige Fabrikation führten aber erst seine Cessionare ein, welche die ersten Einrichtungen für den wirklichen Grofsbetrieb nach andern Mustern zur Anwendung brachten, während sie die von Professor Dr. M. als „vorsintflutlich" in der Fachpresse bezeichneten und daher baldigst verwarfen.

Alle Mühe, die sich Professor Fittica-Marburg sowohl in seiner Schrift „Geschichte der Sulfitzellstofffabrikation“ und neuerdings im „Papierfabrikant“ (Sept. Heft 1904) gegeben hat, Prof. Dr. M. als den Erfinder der Sulfitstoffindustrie hinzustellen, hätte er sich sparen können; sie ist vergeblich; denn all’ das tatsächliche Material, welches schon bald nach Beginn des Betriebes in Hannov. Münden in der Papier-Zeitung zusammengetragen worden ist, berücksichtigt Prof. Dr. F. nicht im Geringsten. Wo hat denn der Bruder von M. seine ersten Versuche in dessen Auftrag gemacht? in Hannov. Münden nicht, sondern in den Natronzellstofffabriken Kleinrückerswalde, Sinsleben etc., und nirgends ist etwas dabei herausgekommen, was zu verwenden war; viel Gestank nur wurde entwickelt. Die ersten kleinen Mengen Mündener Cellulose wurden meines Wissens in Wertheim bei Hameln und zwar im Sommer 1878 erst versucht, und da mufste nach Vorschrift von Prof. W. die Behandlung von Stoff und Holländer etc. eine so umständliche sein, damit er nicht mifsfarbig wurde, ganz wie ehedem der von Ekman! man sandte mir Muster davon und bat mich, eine einfachere Verarbeitung vorzuschlagen; ich fand, dafs es am besten ging, wenn man den Stoff erst mit Wasser im Holländer aufschlug und auswusch, dann mit Soda behandelte, wodurch er citronengelb wurde, ihn nochmals auswusch und dann endlich bleichte; da dies aber zu umständlich und zu teuer und der Stoff zudem voller Splitter und anderer Unreinigkeiten war, verzichtete man auf seine Verwendung; er ist dann meines Wissens später in einer anderen Papierfabrik zu gewöhnlichem Zeitungsdruck in geringen Mengen verwendet worden, wo man sich über die Verluste durch die beigemengte Lauge (etwa 20 % auf trockene Substanz berechnet) und die Unreinheit weiter keine Gedanken machte.

Der heute noch lebende Fachmann schrieb mir im Sommer 1878 wörtlich: „Beifolgend schicke ich Dir zwei Proben, die eine ist Cellulose von Nurmis, ungebleicht, sehr schön und splitterfrei, die andere helle ist in Deutschland gemacht, wo darf ich nicht sagen, da wir uns verbindlich gemacht haben; später teile ich es Dir einmal mit. Es ist das verrückteste Zeug, was ich je gesehen habe. Sie ist scheinbar gebleicht; der Fabrikant behauptet aber, sie sei in dieser Form aus dem Kocher gekommen; die Faser ist nicht übel, aber Splitter millionenweise. Sobald sie mit Chlorwasser in Berührung kommt, wird sie dunkelbraun. Der Holländer muß also erst mit gesäuertem

Wasser ausgespült werden; dann wird die Cellulose ausgewaschen ca. 3 Stunden, und dann werden ca. 20% Chlorkalk zugegeben; zuerst wird sie hellbraun; dann macht sie alle Regenbogenfarben durch und wird gelblich; darauf muß sie wieder ausgewaschen werden; denn sonst wird sie im Sickerkasten grün, rot, und blau. Nach dem Auswaschen kommen noch 12 bis 15% Chlorkalk hinzu, und nun endlich wird sie weiß. Ersparniß an Bleiche ist also gar nicht vorhanden, und schließlich läuft man immer noch Gefahr, verunglückten Stoff zu erhalten, also ganz närrisches Zeug. Vielleicht bist Du im Stande, zu finden, auf welche Weise und mit welchen Mitteln der Stoff hergestellt ist; uns Allen wäre damit sehr gedient; der betreffende Fabrikant macht ein großes Geheimniß daraus."

Damals also durfte noch nicht einmal verraten werden, wo dieser wunderbare Stoff hergestellt wurde, und von regelrechter Fabrikation war also keine Spur.

Weswegen berührt denn Prof. Fittica nicht die zwei Hauptpunkte: 1. Warum hat Prof. M. seinerzeit das Patent unter Gerbsäure angemeldet, die er meines Wissens niemals hergestellt hat? (hat er selbst die Cellulose für unbedeutend gehalten?) und 2; aus welchen Gründen hat das Reichsgericht das Patent gerade auf Cellulose für ungültig erklärt, ja erklären müssen, trotzdem eigentlich anfangs die Sache für die Gegner „aussichtslos" erschien, wie das Reichsgericht so gern sagt? Herr Kommerzienrat M. Behrend hatte die ausländischen Patente von Tilghman kommen lassen und diese übersetzt! Das genügte vollständig; auf andres ihm sogar angebotnes Beweismaterial hatte er verzichtet. Prof. Dr. M. hat immer die tatsächlichen Beweise dafür angekündigt, dafs er der erste Fabrikant und Lieferant gewesen sei; sie sollen aber heute noch kommen! Nachdem ihm das Patent entzogen worden war, legte er das Schwergewicht auf seine Geheimvorschriften, welche er an seine Cessionare verteilte; was steht aber in diesen denn drin? Absolut nichts Wesentliches und Neues, meist nur das, was die Cessionare auf Grund ihrer praktischen Kenntnisse und früheren und späteren Erfahrungen abgeändert und verbessert haben; diese haben nach und nach Musterfabriken daraus gemacht. Die Vorschriften über Anlage der Kies- und Schwefelöfen enthalten für denjenigen absolut nichts Neues, der nur im Geringsten mit der Herstellung von Schwefelsäure je zu tun gehabt hat.

Zunächst ist nun hier anzuführen, wie die Sulfitlauge nach Mitscherlich hergestellt wird. Die SO_2 entwickelt sich durch

Verbrennen von Schwefel oder schwefelhaltigen Verbindungen. Unter letzteren kommt der verhältnismäfsig billige Schwefelkies in Frage, der nahezu aus 1 Teil Schwefel und 1 Teil Eisen besteht; wenn der Schwefel billig zu beschaffen ist, d. h. billiger, als das Dreifache des zur Verfügung stehenden Schwefelkieses beträgt, so wird man sich für die Anwendung von Schwefel entscheiden, bei dessen Verbrennung kaum ein direkter Verlust vorkommen kann, während der Schwefelkies nach dem Verbrennen im Innern der einzelnen Stücke mindestens 4 % unverbrannten Schwefel zeigt, welcher Verlust manchmal bis 10 % geht. Der Ofen bei Anwendung von gediegenem Schwefel kann einfach sein: Es genügt eine gemauerte Kammer, deren Boden eine starke Eisenplatte bildet; einige niedrige, eiserne Wände teilen den Verbrennungsraum unten in mehrere Abteilungen, die von aufsen durch Türen einzeln zugängig sind, so dafs Füllung, Beschickung, Reinigung der Fächer während des Betriebes abwechselnd erfolgen kann. Der Ofen ist ebenfalls mit einer eisernen Platte abgedeckt, welche aber durch Wasser abgekühlt wird, damit sich beim Brennen kein Schwefel unverbrannt verflüchtigt. Die Beobachtung und Luftregulierung erfolgt durch kleine in den Türen angebrachte Schieber.

Sehr oft aber kann man nur mit Schwefelkies rechnen. Dieser mufs durch Hämmer mit der Hand in nufsgrofse, möglichst gleichmäfsige Stücken zerschlagen werden, welche nicht gerade leichte Arbeit im Akkord vorzunehmen ist. Es gibt zwar auch Steinbrechmaschinen dazu; doch geben diese zu viel klaren Abfall, und dieser mufs vermieden werden. — Hat sich nach und nach durch das Klopfen klarer Schwefelkies angesammelt, so kann man denselben dadurch verwerten, dafs man ihn mit Lehm vermischt und daraus kleine Klöschen knetet die, nachdem sie auf dem Ofen vollständig getrocknet sind, mit in den Ofen gegeben werden können, ohne eine Verstopfung des Rostes befürchten zu müssen. Es sei an dieser Stelle erwähnt, dafs ein Herr Maletra einen Plattenofen konstruiert hat, der hauptsächlich zum Abrösten von Feinkies, respektive Staubkies mit Vorteil Verwendung findet; auch Andre noch haben Öfen für Feinkies gebaut, welche mit gutem Erfolge betrieben werden.

Der geklopfte Kies mufs vor der Verwendung an einem möglichst trockenen und warmen Ort autbewahrt werden, am besten in dem Lokal, wo die Kiesöfen stehen. Einen solchen Kiesofen zeigen die Figuren 33, 34, 35 in 2 Durchschnitten und dem Grundrifs: der Ofen ist ziemlich quadratisch, im

Innern mit Chamottesteinen ausgelegt, circa 1,5 Meter im Lichten weit, mit einem flachen Chamottgewölbe überspannt, in dessen Scheitel sich eine Öffnung für den Abzug der Gase befindet, die zunächst in einen Zwischenraum treten, der durch ein zweites, über das erste Gewölbe gespanntes Gewölbe gebildet ist. Da in der Regel je nach der Gröfse des Betriebes 3, 4 oder mehr Kiesöfen neben einander, oder noch besser mit dem Rücken gegen einander stehen, von denen jedoch nicht alle

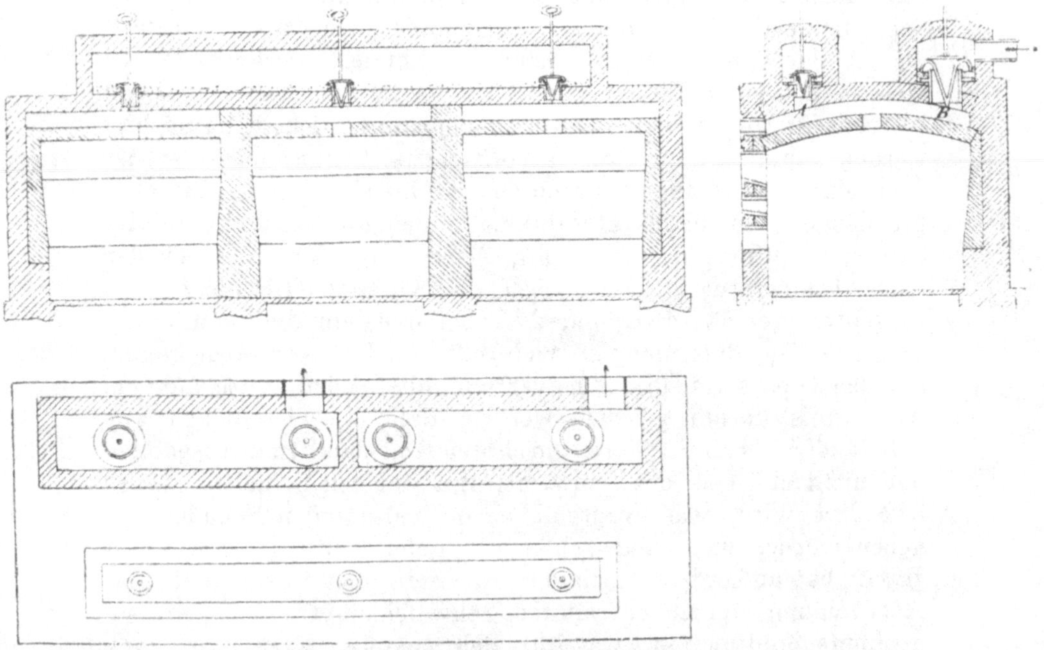

Fig. 33, 34 und 35.

immer gleichzeitig in Beschickung sind so müssen dieselben unter einander und mit den verschiedenen, später zu beschreibenden Türmen verbunden werden. Dies geschieht dadurch, dafs über die Öfen 2 Kanäle gelegt sind, von denen der eine durch die Öffnung *A*, der andere durch Öffnung B mit dem erwähnten Zwischenraum in Verbindung steht. Beide sind durch eigentümlich konstruierte Ventile geschlossen, ähnlich den Ventilen mit Wasserverschlufs, nur dafs wegen der Hitze hier nicht Wasser, sondern Sand oder klarer Schwefelkies als Abschlufsmittel angewendet wird. Das erwähnte zweite Gewölbe dient aufserdem dazu, das innere gegen Abkühlung zu schützen.

Ungefähr $^1/_2$ Meter vom Fufsboden liegt ein Rost, der aus starken, einzelnen, vierkantigen, ziemlich nahe an einander befindlichen Stäben besteht, welche sich durch einen, am vorderen Ende angesteckten Schlüssel drehen lassen und dadurch während des Röstprozesses ein Reinigen des Rostes, d. h. ein Durchfallen der Abbrände und der Schlacken ermöglichen. Diese Vorderöffnung, durch welche das Drehen der Roststäbe, sowie das Herausziehen des ausgeglühten Kieses geschieht und ebenso die eigentliche Feuerungsöffnung C, die zur Einführung des frischen Schwefelkieses dient, sind mit gutschliefsenden Türen versehen, die in der Regel noch mit Lehm verschmiert werden und ein kleines, mit einer Klappe oder Glasscheibe verschlossenes Loch besitzen, durch das der Verbrennungsprozefs jederzeit beobachtet werden kann. Dieser Prozefs vollzieht sich nun, nachdem der Ofen einmal in Gang gebracht ist, folgendermafsen: Zu dem brennenden, in heller Rotglühhitze befindlichen Schwefelkies tritt etwas atmosphärische Luft, deren Sauerstoff sich bei der hohen Temperatur mit dem Eisen des Kieses zu Eisenoxyd und zu schwefliger Säure verbindet. Dabei mufs nun die Regulierung so geschehen, dafs nicht zu viel Luft eintritt, aber doch genug, um den Ofen stets in intensiver Glühhitze erhalten zu können. Auch mufs darauf gesehen werden, dafs die Kiesstücken alle vollständig bis ins Innere durchbrennen, damit nur Eisenoxyd und nicht ein Teil des Schwefels mit auf den Schlackenhaufen befördert wird, was eventuell einen bedeutenden Schaden ergeben würde, wie oben schon angegeben. Zu geringer Luftzutritt hat aufserdem noch den Nachteil, dafs manchmal eine Abscheidung von unverbranntem Schwefeldampf eintritt, die sogenannte Sublimation, was für den späteren Kochprozefs von grofsem Nachteil sein kann. — Um eine möglichst konzentrierte Lösung von schwefliger Säure bei der weiteren Behandlung zu erhalten, müssen die Gasarten, die aus dem Kiesofen treten, möglichst viel SO_2 enthalten, und das geschieht nur, wenn der Luftzutritt auf das unumgänglich nötige Mafs beschränkt wird, andererseits aber die Gase selbst eine möglichst niedrige Temperatur besitzen. Deshalb führt man sie nicht direkt in den Turm, der zur Herstellung der Lauge nach Mitscherlichs System notwendig ist, sondern kühlt sie dadurch ab, dafs sie in starken Röhren bis zu $^2/_3$ oder $^3/_4$ der Höhe hinauf und dann wieder herab bis zum Fufs des Turmes geführt werden. Aus diesem Grunde entsteht in den Sommermonaten stets eine weniger starke Lösung als im Winter, was bezüglich des gleichmäſsigen Betriebes ein Nachteil genannt werden muſs. Man kann sich dadurch etwas helfen, daſs man an den erwähnten Röhren äuſserlich fortgesetzt Wasser zur Abkühlung herabrieseln läſst, kommt jedoch dadurch noch lange nicht dem günstigen Einfluſs der Winterkälte nahe.

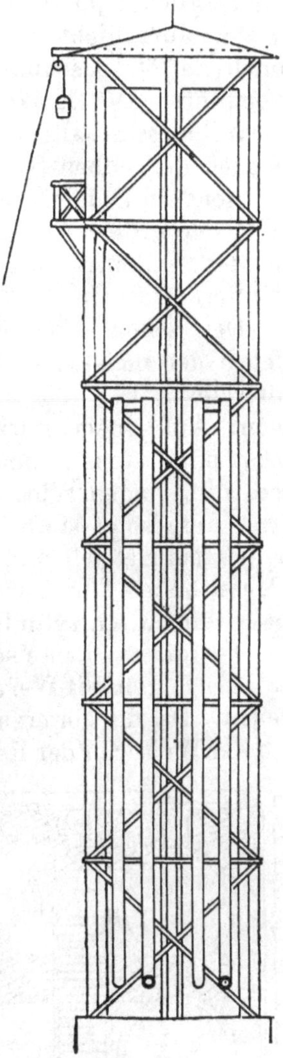

Fig. 36

Welchen Einfluſs die Temperatur auf die Darstellung der Lauge hat, kann man leicht aus folgender kleiner Tabelle sehen, welche die Absorptionsfähigkeit des Wassers bei verschiedenen Temperaturgraden zeigt:

Es verschluckt 1 Kbmtr. Wasser von:

2°	4°	6°	8°	10°	12°	14°	16°	18°	C.
75	70	65	61	57	53	49	45	42	

Kubikm. SO_2.

An dem oben erwähnten aufsteigenden Rohr bringt man mit Vorteil in der Nähe des Ofens zwei kleine Stutzen an, die, wie der Wasserstandzeiger am Dampfkessel, durch ein Glasrohr verbunden sind, so daſs man die Zirkulation der dem Kiesofen entweichenden Gase beobachten kann. Ist Sublimation eingetreten, also Schwefel in den Gasen enthalten, so zeigt sich am Glas eine gelbe Färbung, und es muſs dann sofort für besseren Zug gesorgt, also etwas mehr Luft zugelassen werden. Um die gasförmige schweflige Säure nun in die anfangs erwähnte wässerige Lösung überzuführen, ist es notwendig, das Gas einem feinen Wasserregen entgegenzuführen; die so gewonnene wässerige schweflige Säure ist aber sehr ungleichmäſsig zusammengesetzt und für den späteren Kochprozeſs daher wenig geeignet. Aus diesem Grunde zieht man es vor, Verbindungen mit Basen zu benützen, welche sich leichter aufbewahren lassen, und wählt aus praktischen Gründen den leicht zu beschaffenden, verhältnismäſsig billigen Kalkstein, zuweilen auch Magnesia. Mitscherlich schlägt Kalk vor und zwar möglichst porösen, damit eine grofse Oberfläche vorhanden ist, der aber nicht zu weich sein darf, damit er sich nicht zu schnell auflöfst, schmierig wird und Verstopfung des Turmes herbeiführt. Der Kalkstein wird zerschlagen, in zirka 100 mm im Durchmesser haltenden Stücken angewendet. Andere Fabriken, die nach demselben System arbeiten, verwenden aber nicht Tuffkalk, sondern Dolomit, Jurakalk und kommen, wie sie behaupten, wegen der gröfseren Härte weiter damit. Carl Kellner hat zuerst den Dolomit angewendet und hat sich das Verfahren patentieren lassen.

Der schon öfter erwähnte „Turm“, das charakteristische Zeichen der meisten Cellulosefabriken, ist nun folgendermafsen konstruiert: Fig. 36 und 37 zeigt eine oberflächliche Skizze davon: Auf einem starken, quadratischen Fundament sind zunächst mindestens 2, aber oft 4 und mehr gemauerte, oben offene Reservoirs angebracht, auf welche die aus Holz bestehenden Türme aufgesetzt sind; denn des Wechsels halber werden auch bei kleinem Betrieb mindestens 2 Türme gebraucht. Diese 30 bis 35 Meter hohen Türme werden dadurch gebildet, dafs man einzelne Fässer, eigentlich zylindrische Röhren aus bestem, fetten Kiefernholz, die mit starken eisernen Reifen gebunden sind, aufeinandersetzt, die Fugen mit Werg ausstopft und alles stark mit Teer überstreicht. Da die unteren Teile durch die Kalkfüllung, welche je nach der Weite (in der Regel 1 Mtr.) und Höhe des Turmes ein Gewicht von über 1000 Zentner repräsentiert, sehr starken Druck auszuhalten haben, müssen die unteren Wandstärken gröfser genommen, und auch die Reifenzahl erhöht werden. Direkt über das gemauerte Reservoir, in welches oben die abgekühlten Verbrennungsgase aus den Kiesöfen eintreten und an dessen Boden die fertige wässrige Lösung nach den Laugenreservoirs abgeführt wird, liegt ein starker Rost aus Eichenholz, dessen einzelne Balken wie Roststäbe unten schwächer werden. Damit das grofse Gewicht des Kalkes

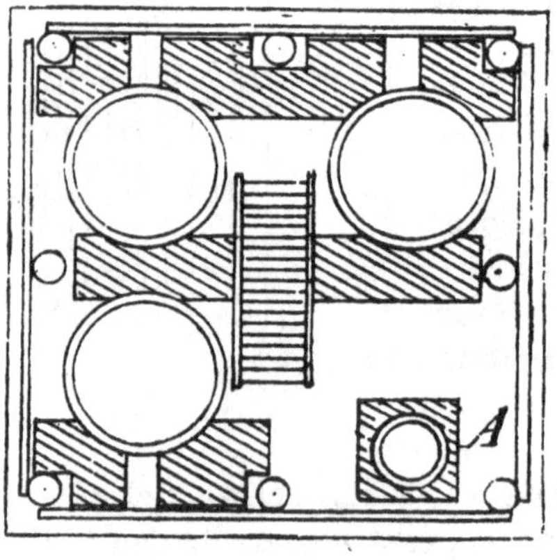

Fig. 37

nicht allein hierauf ruht, gehen noch 2 starke Balken quer durch den Turm, die von aufsen unterstützt sind. Den oberen Abschlufs jeden Turmes bildet ein Wasserreservoir, das von unten durch eine Pumpe gespeist wird, aus welchem, je nach Bedürfnis, durch einen Hahn regulierbar, ein Wasserstrahl auf den Kalk gelassen werden kann. Durch einen Stopfen oder durch ein Ventil mufs aber auch eine gröfsere Wassermenge, respektive der ganze Inhalt des Reservoirs plötzlich abgelassen werden können, wenn es sich notwendig macht, den Turm auszuspülen. Dicht unter dem Wasserfafs ist eine seitliche Öffnung, durch welche die Kalkfüllung erfolgt. Dieselbe mufs natürlich gut verschliefsbar sein, wie auch mehrere kleine Öffnungen, die sich in verschiedenen Höhen befinden. Die verschiedenen Türme sind umgeben und zusammengehalten durch ein starkes, etagenförmiges Gerüst, dessen einzelne Abteilungen durch Treppen mit einander verbunden sind, und das oben überdacht ist, so dafs das Ganze einen einzigen hohen Turm bildet, der natürlich, da er dem Wind eine grofse Oberfläche bietet, durch Drahtseile von allen Seiten mit dem Fufsboden gut verankert sein mufs. In der obersten Etage befindet sich in der Regel ein balkonartiger Austritt, von welchem aus der durch eine Winde in die Höhe gezogene Kalkkübel nach der Füllöffnung befördert wird. Befindet sich die Turmanlage in der Nähe einer Transmission, so ist es natürlich besser, das zeitraubende Kalkaufwinden durch einen mechanischen Aufzug bewirken zu lassen. Aus praktischen Gründen ist es nun gut, die erste Turmfüllung nicht erst nach Vollendung des Turmes vorzunehmen, da der Rost bei dem Herunterfallen der Kalkstücken aus so grofser Höhe leiden, der Kalk selbst zerbröckeln und dadurch gleich zu Anfang Anlafs zur Verstopfung geben könnte, sondern während des Aufbaues schon die einzelnen Abteilungen zu betragen. Zu erwähnen ist nur noch, dafs das aufsteigende eiserne Rohr am oberen Ende, wo es das Knie bildet, mit einem Deckel, der gut verschmiert sein mufs, versehen ist. Dieser Deckel wird geöffnet, wenn die Anwärmung eines neu in Betrieb zu stellenden Kiesofens geschieht, und kommt erst zum Verschlufs, wenn der Kies mit blauer Flamme brennt, also die Beschickung vollständig in Ordnung ist. Dann erst tritt die gasförmige schweflige Säure von unten in den Turm, zieht nach oben, dem über den Kalk hinwegfliefsenden Wasser entgegen.

Da voraussichtlich gerade an den Wandungen des Turmes sich die gröfsten, vom Kalk nicht ausgefüllten Hohlräume befinden werden andererseits das Wasser sie auch nicht überall gleichmäfsig bespülen wird, die hinaufsteigende, oder vielmehr durch den Zug heraufgesaugte schweflige Säure daher ungleichmäfsig absorbiert werden würde, so sind im Innern des Turmes verschiedene vorstehende Ringe an die Wandung angesetzt, woran sich die Gase stofsen, und ebenso das, vielleicht einseitig an den Wänden, herabfliefsende Wasser abgelenkt und dem Innern der Kalkfüllung zugeführt wird. Durch die auf dem langen Wege durch den Turm erfolgende Berührung der schwefligen Säure mit dem Kalk bildet sich zunächst schwefligsaurer Kalk, wobei die Kohlensäure des Kalkes frei wird. Durch das Wasser wird nun die schweflige Säure gelöst, und diese wieder hat die Fähigkeit, den im Wasser schwer löslichen schwefligsauren Kalk aufzulösen und „doppeltschwefligsauren Kalk" zu bilden. Wie schon erwähnt, ist bei diesem chemischen Vorgang die Temperatur von grofsem Einflufs und auch die Art der Luftzuführungen bei dem Verbrennungsprozefs; es ist also dies, sowie die Menge des herabfliefsenden Wassers immer zu beachten; denn auch davon hängt die Konzentration der Lauge ab. Wird zu viel Wasser zugelassen, so ist das Endprodukt, die Lauge, oder richtiger ausgedrückt die erhaltene wässrige Lösung von doppeltschwefligsaurem Kalk zu sehr verdünnt. Aus dem gemauerten Reservoir im Fundament des Turmes wird diese Lösung nun durch ein Bleirohr in grofse hölzerne Bottiche abgelassen, welche am besten so hoch stehen, dafs die Lauge später direkt durch eine Rohrleitung nach dem Kocher laufen kann. Wo dies die lokalen Verhältnisse nicht gestatten, ist es am besten, gemauerte und möglichst gut zugedeckte Reservoire zu benutzen, aus denen die Lauge im Bedarfsfalle durch eine Pumpe in den Kocher befördert werden kann. Dann ist es aber gut, die Lauge vorher in einem Fafs aufzufangen, da es notwendig ist, dafs die Konzentration der Lauge während des Betriebes durch den bei den Kiesöfen beschäftigten Mann und die technischen Beamten möglichst oft mit Hilfe eines Aräometers gemessen wird, damit, wenn die Lauge zu schwach werden sollte, sofort Abhilfe erfolgen kann. Die durchschnittliche Stärke beträgt im Sommer ungefähr $4^1/_2$ bis 5° B., dagegen im Winter 7° und mehr.

Wenn die Herstellung der Lauge ordnungsmäfsig verlaufen ist, so zeigt der Aräometer den richtigen Gehalt der Lauge an doppeltschwefligsaurem Kalk an; wenn aber Sublimation eingetreten war, so bildet sich im Turm Polythionsäure (nach Dr.

Frank soll dies unmöglich sein), deren Verbindungen dem Kochprozeſs schädlich sind, aber in der Lauge fälschlich als doppeltschwefligsaurer Kalk mitgewogen werden, also die Konzentration stärker angeben, als sie in Wirklichkeit ist.

Es ist schon öfter eine Verstopfung des Turmes erwähnt worden; dieselbe tritt ein nach 1 bis 2 Tagen, manchmal auch öfter, wenn der durch Säure teilweise aufgelöste und durch das Wasser zusammengeschwemmte Kalk sich unten am Rost oder einer anderen Stelle festgesetzt hat und den Gasen den Durchzug unmöglich macht. Dann fehlt der Zug, und die Öfen „dämpfen"; d. h. das Gas tritt zu den Fugen heraus. Dann muſs sofort der andere Turm angestellt werden. Das Hindernis wird gehoben, wenn man eine direkt über dem Rost angebrachte Klappe öffnet, die unterste Schicht Steine herauszieht, den Turm ein oder mehrere Male ausspült, zugleich auch die ganze Kalkschicht rutschen läſst, wodurch die Stücken in andere Lage kommen und die Arbeitsfähigkeit wieder hergestellt ist. Sobald sich die Kalkfüllung des Turmes einigermaſsen gesetzt hat, muſs neuer Kalk aufgegeben werden. Die bei dem Reinigen des Turmes herauskommenden Stücke können, wenn sie nicht zu klein sind und ein gutes Abspritzen derselben erfolgt ist, mit frischem Kalk vermischt, wieder aufgefüllt werden.

Für jeden Betrieb ist nun auſser den eben beschriebenen Türmen noch ein kleinerer, sogenannter „Übertreibeturm" nötig, der einen geringeren Durchmesser hat, nicht so hoch, wie die andern zu sein braucht, mit den Abfallkalkstücken gefüllt ist und oft nur aus übereinander gesetzten Petroleum- oder Ölfässern besteht. In der Skizze ist er in der Fig. 37 bei *A* angedeutet. Er ist mit Rost und Wasserrieselung, wie die anderen Türme, versehen, und wird nur gebraucht, wenn eine Kochung vollendet ist und die im Kocher unter Dampfdruck befindliche SO_2 entfernt „abgeblasen" wird. Der Kocher steht mit diesem Übertreibeturm durch ein Bleirohr in Verbindung. Sobald das Wasser in diesem Turm bis herunter gelaufen ist, wird das Kocher-Abblaseventil geöffnet, die dampfförmige SO_2 strömt dem Wasser entgegen und bildet, nahezu so lange das Abtreiben dauert, eine kräftige Lauge von ca. 12°, welche die Konzentration der schon gesammelten Lauge im Bassin oft sehr erwünscht erhöht.

An Stelle der durch Mitscherlich empfohlenen hohen Türme, die ja manche Unbequemlichkeiten haben, aber so hoch sein müssen, da die schweflige Säure ziemlich viel Zeit braucht, um die kohlensauren Verbindungen zu zersetzen und in Sulfit zu verwandeln, sind später niedrige Türme vorgeschlagen worden, die auch völlig genügen, wenn statt Kalkstein gebrannter Magnesit angewendet wird. Die Türme sind dann nur 5 bis 6 Meter hoch notwendig. Professor Hoyer schreibt hierüber in „Fabrikation des Papieres“ Seite 203 Folgendes: Die hohen Türme bieten eine Menge Betriebsunbequemlichkeiten und Unsicherheiten dar, nicht nur wegen Hinaufschaffung des Rohmaterials auf solche bedeutende Höhe, sondern namentlich auch deshalb, weil infolge des grofsen Gewichtes die unten liegenden und bereits locker gewordenen Teile zerkrümelt werden und dem Säuregase das Aufsteigen erschweren. Da aufserdem hohe Türme wegen der Fundamentierung usw. sehr teuer in der Herstellung werden, so ist in Vorschlag gebracht, statt eines hohen Turmes mehrere niedrige, z. B. 3 von 6—8 Meter Höhe, neben einander zu bauen und durch Rohrleitungen so in Verbindung zu bringen, dass die in einem Turme nicht verschluckte Säure dem nächststehenden zugeführt wird usw. Aber auch diese Teilung hat ihr Bedenken, indem auf solche Weise, wenn nicht eine höchst sorgfältige Wasseregulierung beobachtet wird, Sulfitlösungen von sehr verschiedener Grädigkeit entstehen, weil im letzten Turme ja nur noch wenig Säure zur Absorption übrig bleibt. Da man aber dem Gase auch in der Weise Zeit zur Einwirkung schaffen kann, dass man dem Turme grosse Querdimensionen gibt, so scheint es wohl geraten, statt der hohen engen Türme, niedrige weite Türme anzuwenden, deren Form sich als eine von der cylindrischen abweichenden ergibt, wenn man sich vergegenwärtigt, dass eine gesättigte Sulfitlösung am sichersten durch allmähliche Anreicherung und durch ein Zusammentreffen von ungeschwächtem Gase unmittelbar vor dem Austritt des Sulfits aus dem Turme erhalten wird. Zu dem Zwecke sollte der Turm an der Stelle, wo das Gas zuerst mit dem Material in Berührung tritt, nicht weit sein, sich dann erst allmählich erweitern, um dem Gase lange Zeit zur Einwirkung zu lassen und sich nach oben wieder verengen, um die Geschwindigkeit der Säure im Verhältnis zu ihrer Abnahme zu vergrössern. Der auf solche Weise entstehende, durch Fig. 38 im Vertikalschnitt vor Augen geführte, aus den 2 mit den Grundflächen zusammengesetzten Kegeln gebildete Turm bietet insbesondere noch den Vorteil, dafs bei geringerer Höhe ein bedeutender Fassungsraum und an den Flächen des unteren Kegels eine Stütze für das Rohmaterial gewonnen wird, welches sich nun im Verhältnis zu seiner Auflösung zusammenschiebt, ohne eine Gefahr für das Verstopfen der bei *b* angebrachten, nach unten sich erweiternden Sieblöcher herbeizuführen. Man gewinnt auf solche Weise bei einem Turm von nur etwa 7 Meter Gesamthöhe einen Arbeitsraum von 7,5 Kubikmeter, wenn die Dimensionen in dem Verhältnis gewählt werden, das durch die Zeichnung angegeben ist. Man erkennt aus letzterer ferner bei *a* das Gaseintrittsrohr, bei *b* das durchbrochene Gewölbe, bei *c* die gut mit einer asphaltierten oder emaillierten Eisenplatte verschliessbare Öffnung zum Aufgeben des Rohmaterials, bei *d* das Gasabzugsrohr und bei *e* die Wasserbrause mit der Zuleitung *r*. Der Behälter *A*, in den von dem Raume *O* aus die Sulfitlösung gelangt, liegt zweckmässig in dem Gewölbe *G* ausserhalb der Turmaxe, damit man denselben nach abgenommenem Deckel *D* bequem von den mitgerissenen, ungelösten erdigen Teilen reinigen kann, die sich darin ansammeln. Das Entleeren erfolgt entweder durch ein Bleirohr mit Hahn oder durch Heber aus Bleirohr. Es ist notwendig, dafür Sorge zu tragen, dass das Gas wegen seiner schädlichen Einwirkung auf die Vegetation vollständig absorbiert wird, und die aus dem Turme kommende Luft daher, bevor sie an die Atmosphäre tritt, durch eine Masse zu führen, welche den letzten Teil der schwefligen Säure aufnimmt. Man verwendet dazu entweder Kalkmilch oder Natronlösung, die zweckmässigerweise in ein bei *f* angebrachtes, vollständig verschliessbares Gefäss gegossen wird, in welches durch das Rohr *d* die Turmluft eintritt, um die Lösung zu durchstreichen, um dann durch das Rohr *g* abzuziehen. Bei Ergänzung von Kalksulfit kann man die gesättigte Lösung direkt nach der Sättigung durch das Rohr *r* in den Turm ablassen. Befindet sich in dem Gefäss *f* dagegen Natronlauge, so füllt man das enstandene schwefligsaure Natron in Gasballons, um es als Antichlor zu verwenden. Um die beim

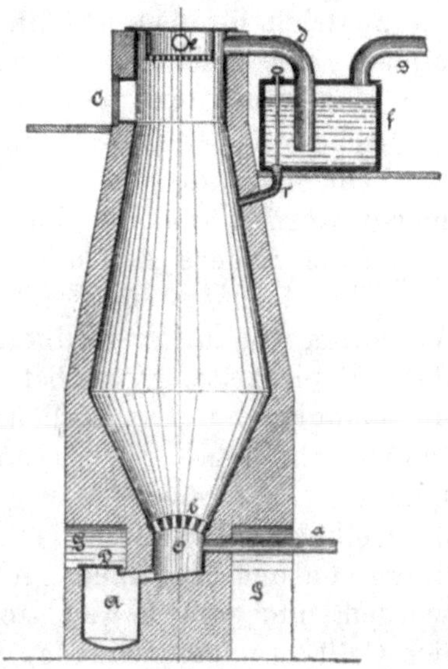

Fig. 38.

Einfüllen der Rohmaterialien in dem Turm leicht eintretende Beschädigung des inneren Bleimantels zu verhüten, ist es anzuraten, namentlich den unteren Kegel mit Holzlatten zu belegen, die zugleich für das Ablaufen der Sulfitlösung geeignete Rinnen bilden. Bei solchem Schutz genügt es übrigens vollkommen, das Mauerwerk des Turms durch einige Teer- oder Asphaltanstriche vor der Einwirkung der Säure zu bewahren.

Ob nach diesem Vorschlag praktische Ausführungen gemacht worden sind, ist dem Verfasser unbekannt.

Eine andere Art der Sulfitlaugenbereitung, bei der aber auch das Turmsystem zur Anwendung kommt, ist die nach dem Verfahren von Ritter-Kellner. Herr Kellner hat, wie er 1885 in der „Papierzeitung" selbst schreibt, allerdings zufällig, aber unabhängig von Mitscherlich, die vorteilhafteste Anwendung der schwefligen Säure zur Cellulosefabrikation, also das Sulfitverfahren entdeckt und so ausgebildet, dafs jetzt ein gröfserer Teil der Cellulosefabrikanten nach seinen Angaben arbeitet (die allerdings von den Einzelnen nach mancher Richtung hin abgeändert wurden) und eine in gewisser Beziehung zwar von der Mitscherlich-Cellulose abweichende, jedoch vorzügliche Ware herstellt.

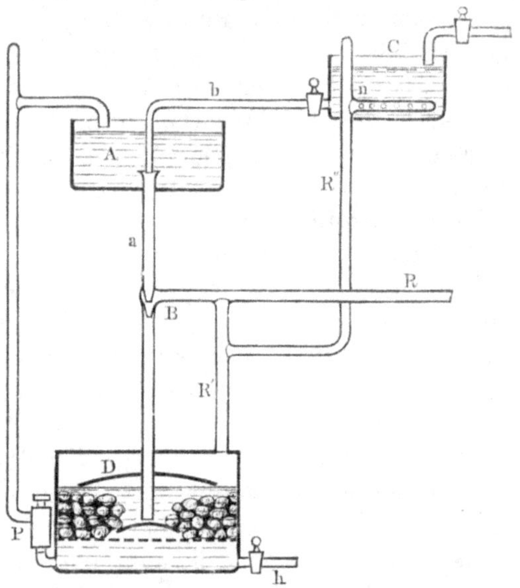

Fig. 39.

In Hoyers Werk Seite 214 ist die, dem französichen Patente No. 157754 entnommene schematische Zeichnung dieses Systems, soweit es die Laugenbereitung betrifft, abgebildet und nachfolgende Beschreibung gegeben: Die Ergänzung des Sulfits erfolgt durch einen Kreislauf, der damit beginnt, dafs aus dem Behälter *A* die darin befindliche Lösung von schwefligsaurem Kalk in Schwefligsäure von geringer Stärke durch das Rohr *a* in den Behälter *D* läuft und auf diesem Wege bei *B* einen Injektor passiert, um gereinigtes und gekühltes Schwefligsäuregas durch das mit dem Schwefelbrenner in Verbindung gesetzte

Rohr R mitzureifsen und so gesättigt in dem mit Kalkstein- beschickten Behälter D zu gelangen. In diesem Behälter befindet sich ein doppelter Boden, unter dem sich Sulfitlösung ansammelt, die so lange vermittelst einer Pumpe P nach dem Gefäfs A empor gedrückt und in Zirkulation gesetzt wird, bis sie die gehörige Stärke besitzt, um dann durch den Bleihahn h abgelassen zu werden. Die in D aus dem kohlensauren Kalk entweichende Kohlensäure und nicht aufgenommene schweflige Säure, sowie endlich die aus den Pyrit- oder Schwefelöfen kommende Luft gelangen zum Teil durch das Rohr R' und dessen Abzweigung R'' nach dem Wasserbehälter C, zum Teil treten sie, angesaugt von

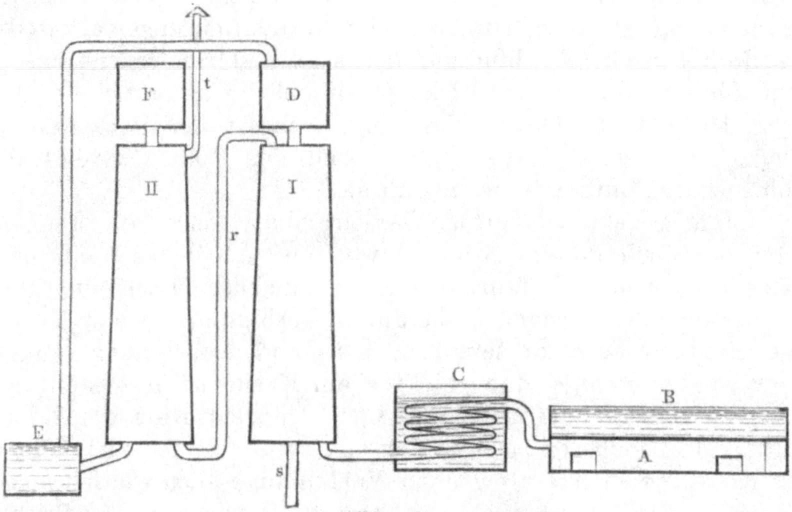

Fig. 40.

dem Injektor B, durch R wieder in den Kreislauf ein. Da das Ende n des Rohres R'' siebartig durchlöchert ist und im Wasser des Behälters C liegt, so wird von diesem Wasser der Rest der SO_2 aufgenommen, während Luft und Kohlensäure frei abziehen. Das in C vorhandene Wasser wird sodann durch das mit einem Regulierhahn versehene Rohr b und Injektorrohr a in den Absorptionsapparat geführt und zur Lösung des Sulfites verbraucht. — Nach einer anderen Anordnung (Fig. 40) werden auch Türme benutzt und zwar in der Weise, dafs das schwefligsaure Gas aus den Öfen durch Dampfinjektoren abgesaugt und erst in eine grofse flache horizontale Kammer A geleitet wird, um sich in dieser von mitgerissenem Staube zu befreien und abzukühlen, zu welchem Zwecke die Kammer mit eingesetzten Wänden versehen ist, die ein Labyrintweg bilden und von einem Behälter *B* bedeckt ist, in dem sich kaltes Wasser befindet. Darauf passiert das Gas noch ein Schlangenkühlrohr *C* und gelangt wie gewöhnlich in einfache, mit Kalksteinen gefüllte Türme I und II. Über dem ersten Turme I befindet sich nun ein Behälter *D*, in welchen die in dem Turm II gewonnene und in das Gefäfs *E* ablaufende schwache Sulfitlösung aus *E* hinaufgepumpt wird, um so wiederholt dem Gase dadurch ausgesetzt zu werden, dafs sie in diesem Turme statt des Wassers niederrieselt. Über dem zweiten Turme hingegen ist ein Wasserreservoir *F* angebracht, aus dem Wasser als Regen in den Turm II strömt. Um auch die in dem Turm I nicht absorbierte SO_2 von neuem in den Kreislauf zu bringen, ist noch zwischen den beiden Türmen vermittelst des Rohres *r* eine Verbindung hergestellt, durch welche das in dem oberen Raume von I angesammelte Gas unten in den Turm II gelangt. Durch das Rohr *s* fliesst die konzentrierte Lösung zu den Cisternen und durch das Rohr *t* strömt die Kohlensäure, Luft u. s. w. ins Freie.

Man ersieht aus dieser Beschreibung, dass die Laugenbereitung nach diesem System zwar viel Ähnlichkeit mit dem Mitscherlichschen Verfahren hat, in mancher Beziehung aber noch rationeller erscheint, da durch Verbindung zweier Türme (die nicht so hoch zu sein brauchen) und Anbringung einiger Rohre nebst Pumpe und Injektor ein Kreislauf hergestellt ist, mittels welchem eine gleichmässigere Konzentration der Lauge leichter und sicherer zu erreichen ist, was für den nachfolgenden Kochprozess nur als grosser Vorteil angesehen werden muss.

Seit dem Erscheinen der ersten Auflage dieses Buches hat Verfasser das Sulfitverfahren nach Ritter-Kellner durch eigene Anschauung in Fabriken Sachsens und Böhmens ausführlicher kennen lernen. Trotzdem setzte er sich bei Beginn der Neubearbeitung mit dem Herrn Erfinder in Verbindung und erhielt von demselben ausser der erbetenen Antwort auf eine Anfrage nicht nur die Bitte, sein Verfahren in der zweiten Auflage ausführlicher behandeln zu wollen, sondern auch das Versprechen baldiger Zusendung von genauen Unterlagen. Erst später fand Verfasser, dass von Herrn Dr. Kellner selbst geschrieben und im Jahrgang 1894 der „Papier-Zeitung“ veröffentlicht, verschiedene Aufsätze daselbst standen, deren Benutzung die versprochenen schriftlichen Unterlagen des Herrn Dr. Kellner überflüssig machten. Es wurde ihm in diesem Sinne geschrieben, für gezeigte Bereitwilligkeit gedankt und die erwähnten Artikel unter Quellenangabe benutzt. Später aber gingen die anfangs versprochenen Unterlagen nebst Zeichnungen im Original trotzdem ein, konnten aber wegen inzwischen eingetretener Erkrankung des Verfassers nicht so, wie gewünscht, benutzt werden. Es war dies auch nicht unbedingt nötig, da sich die verschiedenen Angaben meist mit den bereits niedergeschriebenen deckten.

Die Abbildung einer Kellnerschen Laugenanlage, wie sie in der Praxis ausgeführt ist, zeigen die umstehenden Figuren 40 und 41, wie sie die „Papier-Zeitung“ 1894, Seite 2683 bringt. Diese Einrichtung, in der Grösse 1 : 200 dargestellt, besteht aus zwei oder mehreren nebeneinander, senkrecht aufgebauten hölzernen Türmen oder Saturationsschläuchen I und II, welche durch das Steinzeugrohr *S* verbunden sind.

Das Füllungsmaterial ruht auf Rosten wie *A*, in Fig. 41, und muss nach der Natur der herzustellenden Verbindung gewählt werden.

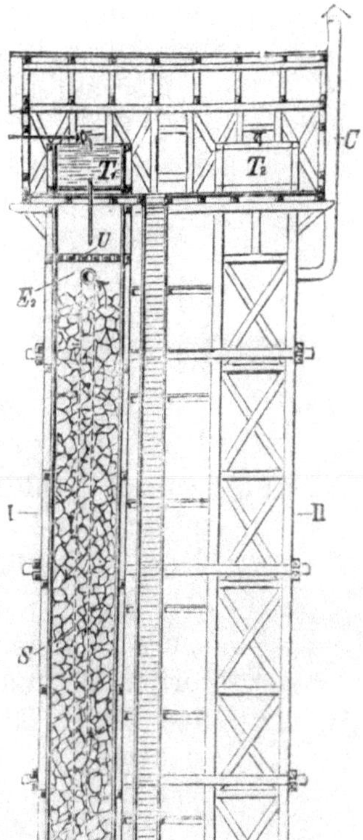

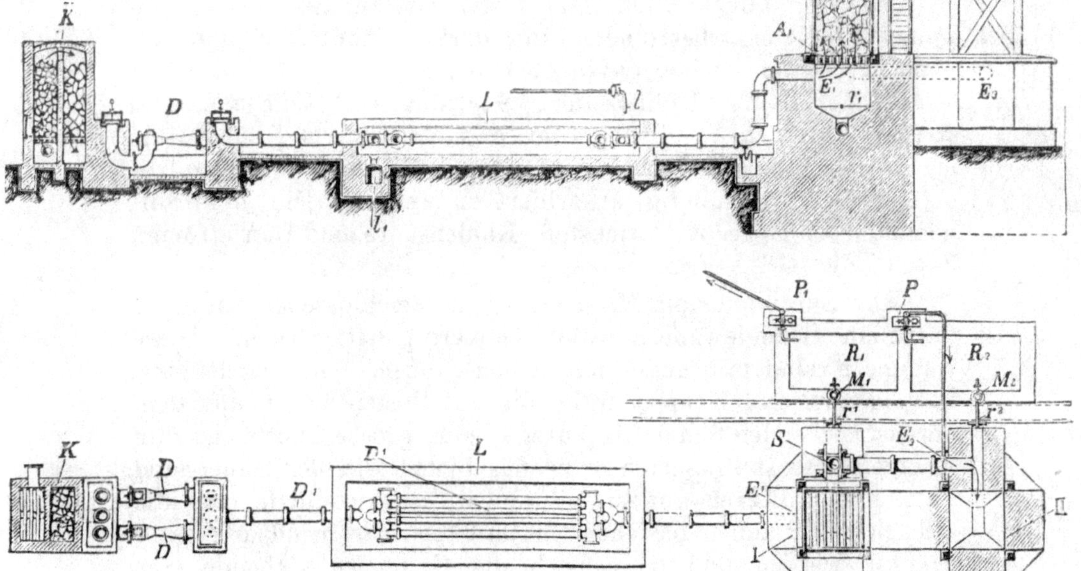

Fig. 42.

Es empfiehlt sich, für das Kellnersche Verfahren die Türme entweder mit Dolomit zu füllen zur Erzeugung eines Doppelsalzes von „saurer schwefligsaurer Kalkmagnesia“, oder mit kohlensaurem Kalk, um Calciumbisulfit darzustellen.

Über diesen Türmen befinden sich Behälter T^1 und T^2, wovon T^1 mit frischem Wasser und T^2 mit der Lösungsflüssigkeit gefüllt ist, die aus dem Turm I fliesst.

Der Abfluss aus diesen Behältern in die darunter angebrachten Überlaufnäpfe *U* wird durch eine von unten einstellbare Vorrichtung geregelt. Die Überlaufnäpfe haben ausserdem den Zweck, die Berieselung der Kalksteine gleichmässig zu verteilen, und bieten den Vorteil, dass sie sich nicht wie Brausen und Verteilungsrohre sehr leicht verstopfen.

M^1 und M^2 sind Messgefässe, in welchen das Aräometergewicht und die Menge der aus den Türmen I und II abfliessenden Lösungsflüssigkeit zu messen sind.

Das von den Schwefel- oder Kiesöfen kommende schwefligsaure Gas geht in der Richtung der Pfeile durch das Sublimatorium *K* und wird durch Dampfstrahlengebläse *D* weggesaugt und durch Kühlröhren D^1 geblasen. Diese liegen in einer gemauerten Grube, welcher aus Rohr *l* frisches Wasser zufliesst. Am anderen Ende fliesst ebensoviel Wasser durch Kanal l^1 ab.

Die gut abgekühlten Gase treten nun in den Turm I von unten bei E^1 ein, bestreichen die dariu befindlichen und von oben berieselten Steine, treten oben bei E^2 als ein Gemisch von schwefliger Säure, Kohlensäure, Stickstoff und Luft aus, und werden durch das Steinzeugrohr *S* nach abwärts geführt, bis sie bei E^3 in den Turm II münden, um darin wiederaufzusteigen und vollständig absorbiert zu werden. Die nicht aufgenommenen Gase, wie Stickstoff, Kohlensäure und Luft strömen durch Rohr *C* ins Freie.

Das Sublimatorium *K* ist ein dicht verschlossener, niederer, durch eine Scheidewand in zwei Kammern geteilter Turm. Diese Kammern sind mit unveränderlichen Stoffen, wie Ziegelstücke, Basaltsteine und Koks gefüllt, die auf Rosten liegen und dem durchstreichenden Schwefligsäuregas eine grosse Oberfläche zum Ablagern des sublimierten Schwefels bieten. In der Mauer sind Putz- und Falltüren angebracht und es ist vorteilhaft, dass die Decken aus Pfannen bestehen, die mit durchströmendem Wasser gekühlt werden und das durch die Kammern ziehende Gas abkühlen.

Während die Gase den beschriebenen Weg durchmachen, wird in den Turm II, also in den, dem Gaseintritt entgegengesetzten Turm, Wasser von oben geleitet. Dasselbe berieselt die Kalksteine, verlässt bei r^2 den Turm und fliesst als schwache

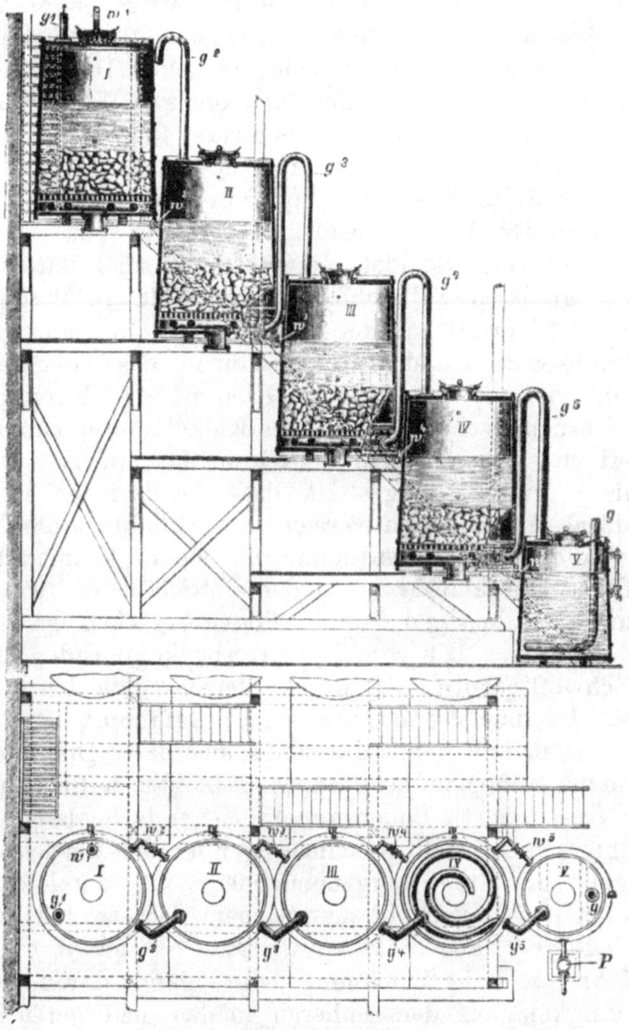

Fig. 43 und 44

Lösung durch Rohr r^2 und Messgefäss M^2 in den Behälter R^2. Aus diesem wird sie durch Pumpe P in den oberen Behälter T des Turmes I gepumpt, fliesst von hier in den Turm, berieselt dessen Inhalt und verlässt denselben, um als fertige Lauge durch Rohr r^1 und Messgefäss M^1 in den Behälter R abzufliessen.

Eine zweite Pumpe P^1 befördert die Lauge von hier zu den Kochern.

Später hat Herr Kellner noch verschiedene andere Laugenbereitungsverfahren angegeben und eingerichtet. In einer grossen deutschen Fabrik saugt er z. B. die schweflige Säure aus den Pyritöfen, drückt sie dann durch ein Waschgefäss hindurch und dann noch durch vier übereinander stehende Holzbottiche, in welchen sich Kalksteine befinden, und die mit Wasser angefüllt sind, welches dem Gesetz der Schwere folgend, von einem Bottiche in den anderen läuft und unten als fertige Lösung abfliesst. Auf Seite 2714 der „Papier-Zeitung“, Jahrgang 1894, ist von Herrn Dr. Kellner selbst beschrieben und vorstehend in Fig. 43 und 44 abgebildet, eine solche Bottich-Batterie, wie sie in der grössten Zellstofffabrik der Welt, in Waldhof bei Mannheim mit Vorteil arbeitet. Dieses Bottichverfahren beruht auf Massenabsorption und besteht darinnen, dass die gereinigten und gekühlten Gase mittels eines Kompressors durch Bottiche gedrückt werden, welche Wasser und Kalksteine enthalten. Die Flüssigkeit fliesst von einem Bottich in den andern. Die Bottiche I bis V sind so aufgestellt, dass die darinnen enthaltene Lösung durch mit Hähnen versehene Verbindungsrohre w^2 bis w^5 in den folgenden fliessen kann, bis sie in V anlangt. Das Wasser fliesst durch Rohr w^1 in den Bottich I, der wie II, III und IV mit durchlässigen inneren Boden versehen ist, auf dem Kalksteine liegen. Die vom Kompressor kommende, also gespannte Schwefligsäure tritt durch Bleirohr g in den untersten Bottich V, der nur die Lösung aus IV aufnimmt, aber keinen doppelten Boden und keine Kalkeinfüllung hat. Die von dieser Lösung nicht aufgenommene Säure geht durch Bleirohr g^5 in die unter den inneren Boden von IV liegende Schlange, durch deren Öffnungen sie sich gleichmässig über den Bottich verteilt. Ebenso geht die nicht aufgenommene Säure durch Rohre g^4, g^3, g^2 bis in den Bottich I, aus welchem der etwaige Rest von Gas durch Rohr g^1 abgeführt wird. Die Gasrohre g^5, g^4 sind so hoch geführt, wie die Zeichnung zeigt, damit durch dieselben keine Flüssigkeit aus dem höheren in den niedrigeren Bottich gelangen kann. Bei richtiger Leitung des Betriebes wird jedoch hier in der Hauptsache nur Luft aber keine Säure mehr abziehen, da diese von den durchzogenen Flüssigkeiten aufgenommen sein soll. Die in V angekommene Lösung nimmt hier nur noch Schwefligsäure aber keinen Kalk mehr auf und geht durch den Laugemesser P ab. Jeder Bottich ist mit einem Mannloch aus Hartblei und einem Wasserstandszeiger versehen. Treppen erleichtern den Zugang zu allen Teilen.

Ferner hat er in amerikanischen Fabriken ein Verfahren eingeführt, bei welchem zuerst wäfsrige, schweflige Säure in niederen, im Gegenstrom zu einander geschalteten Absorptionstürmen hergestellt wird, welche dann an methodisch hintereinander geschalteten und mit Kalksteinen gefüllten Kästen mit der gewünschten Quantität der Base gesättigt wird.

Welchen Wert Dr. Kellner gleich von Anfang an auf die richtige genügende Abkühlung der aus den Öfen kommenden schwefligsauren Gase legte, geht aus den Dimensionen hervor, welche er den betreffenden Kühlapparaten gab. Eine der ältesten, nach seinem System eingerichteten böhmischen Fabriken machte dem Verfasser darüber die Mitteilnng, dass Kellner ein Röhrensystem empfahl, welches 14 Meter lang und 3 Meter breit war und eine Kühlfläche von 55—60 qm darbot. Dadurch, dafs aufserdem diese abgekühlten Gase auch noch mittels einer Pumpe durch den oder die Türme hindurch gesaugt werden, die Sättigung des Wassers also von dem Zug des Turmes ganz unabhängig ist, wird die Laugenbildung viel gleichmässiger, als dies bei dem Mitscherlichschen Verfahren möglich ist.

Im Anschluss hieran sei noch erwähnt, dass manche Fabriken, und besonders auch Ritter-Kellnersche, der Bequemlichkeit und Gleichmässigkeit wegen entweder allein oder als Reserve, fertige käufliche „flüssige Schwefligsäure“ verwenden. Diese wird in einem starken Kessel, der mit Wasserstandsglas und Manometer versehen ist, aufbewahrt und kann jederzeit entweder direkt oder zur Verbesserung der vielleicht einmal zu schwachen Turmlauge verwendet werden. Meist jedoch ist die flüssige schweflige Säure etwas zu teuer, und ausserdem muss besonders beim Transport im Sommer grosse Vorsicht beobachtet werden, da die direkte Sonnenbeleuchtung eine solche Erwärmung und dadurch Verflüchtigung der SO_2 herbeiführen kann, dass Explosion der Transportgefässe nicht ausgeschlossen ist. Das Unglück in der Zellstofffabrik Ober-Leschen vor einigen Jahren möge zur Warnung dienen. Manchmal wird auch darüber geklagt, dass noch ziemlich viel Schwefelsäure in der flüssigen, schwefligen Säure vorhanden sei.

Neuerdings hat Dr. Kellner noch ein anderes Aufschliessungsverfahren empfohlen, nämlich an Stelle der flüssigen Laugen gasförmige Chemikalien anzuwenden. Im Jahrgang 1894 der „Papierzeitung“, S. 2952 ist darüber folgendes von ihm selbst angegeben: Bisher wurden die für die Gewinnung von Zellstoff verwendeten Pflanzenteile zum Zweck ihrer Aufschliessung und der Zersetzung ihrer inkrustierenden Substanzen bekanntlich mit Flüssigkeiten geeigneter Art behandelt. Dies hat den Nachteil, dass eine sehr grosse Menge der flüssigen Chemikalien, sowie die Anwendung derselben unter Druck oder Temperaturerhöhung notwendig ist.

Die vorliegende Erfindung betrifft ein Verfahren, durch welches die Zellstoffgewinnung mit einem viel geringeren Aufwand von Chemikalien und ohne Anwendung von Druck oder höherer Temperatur (ausgenommen in einzelnen Fällen bei besonders dichter Struktur der Pflanzenteile) erreicht werden kann, sodafs eine wesentliche Ersparnis und überdies ein besseres, weil weniger geschwächtes Endprodukt erzielt wird.

Dieses Verfahren kennzeichnet sich dadurch, dafs die Chemikalien, welche zersetzend auf die inkrustierenden Stoffe der Pflanzenteile einwirken sollen, in gas- oder dampfförmigem Zustande mit den Pflanzenteilen in Berührung gebracht werden. Hierzu eignen sich alle jene Stoffe, welche auf die inkrustierende Substanz eine hydrolitische oder oxydierende Wirkung ausüben, so namentlich Stickstoffoxyd, salpetrige Säure, Untersalpetersäure, chlorige Säure.

Bei Ausführung des Verfahrens werden die mehr oder weniger trockenen, erforderlichenfalls vorher gedämpften Pflanzenteile in Gefäfsen, welche gegen die Einwirkung der genannten Gase oder Dämpfe widerstandsfähig gemacht sind, der Einwirkung dieser Stoffe ausgesetzt.

Hierauf werden die derart behandelten Pflanzenteile je nach ihrer Art und Beschaffenheit mit kaltem oder heifsem Wasser behandelt oder gedämpft, oder aber einer mechanischen Bearbeitung (auf Kollergängen u. dergl.) unterzogen, worauf sie mit alkalischen Lösungen behandelt werden, um die durch die vorher genannten Gase oder Dämpfe zersetzten inkrustierenden Substanzen in den Alkalien zu lösen. Die so behandelten Pflanzenteile werden dann auf Maschinen, wie sie in der Papierindustrie bekannt sind, einer heftigen Bewegung ausgesetzt, um die durch das Verfahren gesonderten Zellen aus ihrer parallelen Lage zu bringen, worauf der erzeugte Zellstoff gewaschen und im Bedarfsfalle gebleicht wird.

Besonders vorteilhaft ist es, die mit dem gas- oder dampfförmigen Oxydationsmittel behandelten Pflanzenteile, nach dem Auslaugen mit Wasser, der Einwirkung von Ammoniakdämpfen auszusetzen, weil das Ammoniak durch Wärme leicht in reinem Zustande wiedergewonnen werden kann. Bei manchen Holzarten mufs zur Lösung der inkrustierenden Substanz kohlensauren Natron oder Ätznatron angewendet werden; in solchen Fälles wird die alkalische Lösung den Pflanzenteilen vorteilhaft bei gleichzeitiger Bearbeitung in einem Kollergang oder Stampfwerk zugesetzt, weil die Wirkung des letzteren die Anwendung einer nur geringen Menge der alkalischen Lösung erfordert, und diese letztere schnell in den Pflanzenteilen verteilt wird.

Um die wiederholt erwähnten Nachteile der Türme zu vermeiden und gebrannten Kalk bequemer anwenden zu können, der die Verbindung mit der SO_2 leichter ermöglicht, hat man eine Reihe von mit Kalkmilch gefüllten Gefäfsen genommen und so die sogenannten „Kammerapparate“ gebildet. Die gemauerten, oben abgeschlossenen Kammern sind bis $^3/_4$ der Höhe mit Kalkmilch gefüllt, durch welche das aus den Öfen kommende Gas hindurch mufs. Zu diesem Zwecke gehen von der Decke Scheidenwände bis nahe an den Boden der Kammern, so dafs die SO_2 genötigt ist, in jeder Abteilung die Kalkmilch nach unten zu durchstreichen und dann in denselben wieder aufzusteigen. Da das freiwillig nicht schnell genug erfolgen wird, so wendet man in der Regel einen Ventilator an, der hinter der letzten Kammer angebracht ist und ein Durchsaugen bewirkt. An derselben Stelle wird oft ein Injektor benutzt, oder ein Schornstein hat den nötigen Zug herzustellen. — Am meisten ist dieses Kammersystem durch W. Flodquist in Gothenburg ausgebildet worden, welcher 10 Kammern hintereinander aufstellte und so einrichtete, dafs die Lösung die Kammern so lange durchläuft, bis sie die entsprechende Stärke von 5° B. besitzt. —

Ein dem Kammersystem ganz ähnliches Verfahren ist dem Engländer Dougall patentiert worden. Das amerikanische Patent No. 311595 ist in der Papier-Zeitung 1885, Seite 801 beschrieben und zugleich eine Abbildung beigefügt, welche nebenstehender Fig. 47 entspricht. Der Vorgang besteht darin, dafs Schwefel oder Schwefelkies in starken Retorden verbrannt wird, in welche man, nachdem der Schwefel usw. in Brand geraten ist, mittelst starker Gebläse komprimierte Luft einführt. Die entwickelte schweflige Säure wird durch ein Rohrsystem nach einer Anzahl von Gefäfsen geleitet, welche mit Wasser oder alkalischen Lösungen gefüllt sind. Die Gase werden in den Gefäfsen mit der Flüssigkeit in Berührung gebracht, und damit ist das Lösen vollzogen. Anstatt die Luft mittelst Druck durch die Retorten zu treiben, läſst sich auch auf dem entgegengesetzten Ende ein Exhaustor benutzen, welcher die Luft durch die Retorden saugt. In allen Fällen wird die Temperatur der Retorden so niedrig als möglich gehalten, damit wenig Gase entweichen. Zu diesem Zweck sind die Retorden, in denen das Verbrennen des Schwefels vor sich geht, mit einem Wassermantel umgeben. Auch das Rohrsystem, welches das Gas nach den Lösegefäſsen führt, ist mit Wasserkühlung ausgestattet. Dies schwefligsaure Gas wird direkt in die mit Rührwerken versehenen Gefäſse unterhalb des Wasserspiegels eingeleitet. Nach diesen Andeutungen lassen sich die einzelnen Teile der Einrichtung in der Figur leicht finden: *A* ist die Gebläse-

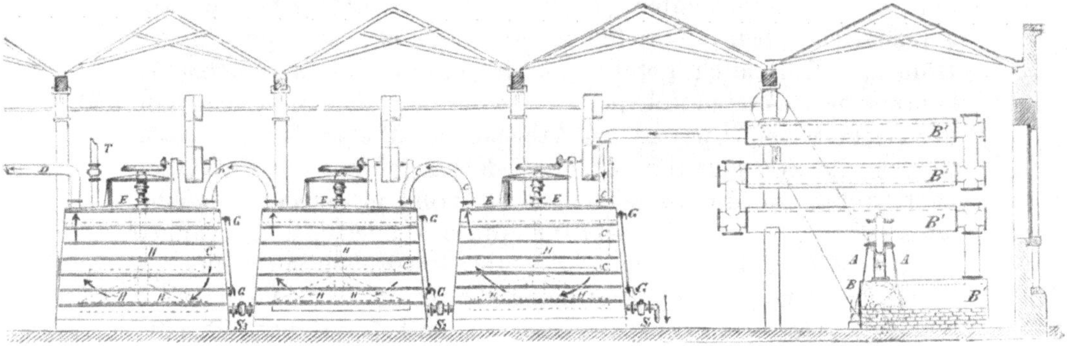

Fig. 47.

maschine, welche die Luft durch die Retorden *B* zu treiben hat. Ist der Schwefel im Innern der Retorde z. B. mittelst eines heiſsen Eisens entzündet, so erhält derselbe eine reichliche Luftzufuhr vom Gebläse, die Verbrennung geht ohne weiteres vor sich und bedarf keiner Unterstützung durch äuſsere Wärme. Im Gegenteil wird, wie schon gesagt, durch einen Wassermantel *B'* ein Überhitzen vermieden, welches den Prozeſs stören würde. Die sich zunächst an die Retorden *B* anschlieſsenden Röhren sind ebenfalls mit Wassermänteln *B'* versehen. Röhren *C* leiten nun das Gas nach Gefäſsen *E*, in denen sich Rührer *H* befinden, damit die Flüssigkeit mit dem Gas in möglichst innige Berührung gelange. Eine Anzahl solcher Gefäſse *E* stehen miteinander in Verbindung durch die Hähne S_1, S_2, S_3 usw. So lange das Durchblasen des Gases vor sich geht, sind diese Hähne geschlossen. Das Wasser oder die Lösungsflüssigkeit wird beim letzten Gefäſse mittelst eines Rohres *F* eingelassen. Bevor das

Einblasen des Gases geschieht, werden die Gefäſse mittelst der Hähne *S* so weit gefüllt, daſs die Röhren *C* ziemlich weit eintauchen und das Gas in die Flüssigkeit selbst hineintreiben. Das überflüssige Gas wird vom letzten Gefäſs mittelst des Rohres *D* abgeleitet. Um die Höhe der Flüssigkeit in jedem Gefäſs beobachten zu können, und zur Entnahme von Proben sind Glasröhren *GG* mit Ablaſshähnen angebracht. — Beim Gebrauch soll so verfahren werden, daſs man das Gas solange durch die Gefäſse treibt, bis die Lösung im ersten Gefäſse die gewünschte Sättigung erlangt hat. Sodann wird das Durchblasen unterbrochen, die Flüssigkeit aus dem ersten Gefäſs abgelassen, und durch Öffnung der Hähne S_2, S_3 und *F* der Flüssigkeitsstand wieder auf die vorige Höhe gebracht. Das Blasen beginnt nun wieder und wird solange fortgesetzt, bis im ersten Gefäſs wieder die Lösung von passender Stärke ist. Die Anzahl der Gefäſse ist so groſs zu wählen, daſs aus dem Rohr *D* nur ein geringer Überschuſs von schwefliger Säure entweicht. Noch vor Dougall hat bereits 1872 W. J. Turner ein amerikanisches Patent No. 123 789 darauf erhalten, die Luft durch geschlossene Schwefelöfen zu drücken.

Auf nahezu demselben Prinzip beruht nun ein Laugenapparat, welchen Dr. A. Frank in Charlottenburg herstellen läſst und welcher die Nachteile der bisher beschriebenen Methoden nicht hat. In einem Vortrag, welchen Dr. Frank in der Versammlung der Cellulosefabrikanten 1887 in Berlin hielt, werden die Vorteile dieser Einrichtung dargelegt und über die Übelstände der hauptsächlichsten früheren Laugenbereitungs-Verfahren unter anderem etwa folgendes gesagt: „Was zunächst die Türme anbetrifft, so muſs anerkannt werden, daſs sie im Prinzip die einfachste Anlage ergeben; in der Praxis tritt bei ihnen aber zunächst die Abhängigkeit des Zuges und damit des ganzen Betriebes von den äuſseren Witterungsverhältnissen sehr störend auf, und hat dies in vielen Fällen die Anschaffung maschinell betriebener Ventilationseinrichtungen (Bläser usw.) nötig gemacht. Nicht minder störend ist es, daſs nur wenige Kalksteine sich für Füllung der Türme vollständig eignen, da ein zu harter Stein sich in der schwachen Säure zu schwer löst, während weiche oder unreine Steine zusammensinken und den gleichmäſsigen Durchgang der Gase hindern. Ein anderer, mit dem Betrieb der Türme zusammenhängender, wesentlicher Mangel liegt aber noch darin, daſs bei ihrem Betrieb stets ein nicht unbedeutender Teil der sie durchströmenden schwefligen

Säure zu Schwefelsäure oxydiert wird und so nicht allein für die Fabrikation verloren geht, sondern auch den Kalkstein mit schwer löslichem Gips überzieht, welcher den weiteren Angriff der schwefligen Säure verhindert. Infolge aller dieser Umstände fallen die Lösungen ungleichmäſsig, und oft namentlich im Sommer, schwach aus, und da eine Korrektur des Betriebes im Gange nicht gut ausführbar ist, so muſs in solchen Fällen eine mühsame Aufräumung der Türme vorgenommen werden. Bei der zweiten, der auf Kalkstein basierten Methode: Batterie mit Kompressor fallen zwar die Schwierigkeiten, welche die Regulierung des Luftstroms in den Türmen verursacht, fort; die anderen erwähnten, namentlich öftere Vergipsung und Verschlammung, bleiben aber auch hier bestehen, und es treten dazu noch die Kosten für Betrieb und Erhaltung der zum Durchdrücken des Schwefligsäuregases dienenden Kompressionspumpe. Als weiterer, beiden Apparaten gemeinsamer Fehler muſs es angesehen werden, daſs sie, gerade infolge ihrer Einrichtung für kontinuierlichen Betrieb, stets einen Überschuſs von Kalkstein enthalten und daher, so lange sie in Ordnung, d. h. so lange ihre Kalksteinfüllungen nicht übermäſsig vergipst sind, an einfachschweflligsaurem Kalk sehr reiche, an freier, aktiver schwefliger Säure dagegen arme Lauge liefern, was sich durch hohe Spindelgrade bei verhältnismäſsig niedrigem Schwefligsäuregehalt dokumentiert. — Das Bestreben, diesem Mangel abzuhelfen, indem man die Türme nur teilweise mit Kalkstein, zum anderen Teil mit chemisch inaktiven porösen Körpern füllte, welche nur eine Verteilung der Laugen und weiterer Aufnahme von schwefliger Säure bewirken sollten, ist zwar nicht ganz ohne Erfolg gewesen, hat aber die Anlagen sehr kompliziert gemacht und die anderen vorhin erwähnten Fehler derselben (Schwefligsäureverluste durch Oxydation) eher vermehrt.

Wendet man nun an Stelle des festen kohlensauren Kalkes (Kalksteins) den gebrannten und zu Milch gelöschten Ätzkalk an, so kommt dadurch ein groſser Teil der erwähnten Schwierigkeiten in Fortfall. Die Aufnahme der schwefligen Säure durch den Ätzkalk geschieht energischer und vollständiger, als durch kohlensauren Kalk, weshalb erstens die Gelegenheit zur Oxydation vermindert und zweitens die Apparate kleiner und übersichtlicher werden. Da auſserdem bei Anwendung von Ätzkalk der Betrieb nicht ein kontinuierlicher ist, wie bei dem Kalksteinverfahren, so hat man es in der Hand, den Kalkgehalt der Laugen für jede Operation zu bestimmen und nach Bedarf zu regulieren. Wie schon vorhin erwähnt, bieten sich zum Einleiten der Gase durch die Kalkmilch zwei Verfahrungsweisen, nämlich das Durchsaugen und Durchdrücken der Gase. Von diesen beiden Methoden ist zuerst die scheinbar einfachste gewählt, indem man hinter dem letzten Absorptionsgefäſse durch Aufstellung eines Dampfstrahlgebläses (Injektors) ein Vakuum erzeugte, welches durch seine saugende Wirkung genügte, um den Schwefel in Brand zu erhalten und die gebildeten Gase, nachdem sie Kühler und Wäscher passiert hatten, durch die Kalkmilch zu holen. Eine nähere Prüfung dieses Verfahrens zeigt aber dabei auch noch mehrere bedeutende Mängel, und zwar als zunächst in die Augen fallenden, den ganz enormen Dampfverbrauch des benutzten Injektors; nach mäſsiger Schätzung ist bei einem Apparat, welcher pro Tag 25—30 Kubikmeter Lauge produziert, der Dampfkonsum gleich dem einer 30 pferdigen Dampfmaschine; ein zweiter noch wesentlicherer Fehler des Durchsaugens der Gase liegt aber darin, daſs dabei die Sättigung der Laugen mit schwefliger Säure nur in beschränkter Weise möglich ist. Da nämlich in den Apparaten stets ein Minderdruck herrschen muſs, so nimmt die darin enthaltene Flüssigkeit weniger freie schweflige Säure, als wenn sie unter vollem atmospärischen oder einem den letzteren übersteigenden Druck mit dem Gase gesättigt wird; gerade wie bei einem Glase Selterwasser die Kohlensäure in groſsen Blasen entweicht, wenn man es in einen Raum mit verdünnter Luft bringt. Namentlich in den heiſsen Sommermonaten fallen die nach obigem Verfahren dargestellten Laugen deshalb schwach aus. Eine volle Ausnutzung der Vorteile, welche die Arbeit mit Kalkmilch bietet, läſst sich dagegen erzielen, wenn man an Stelle des Durchsaugens der schwefligsauren Gase dieselben durch die Flüssigkeit drückt. — Dr. Frank nennt als Vorzüge seines Apparates folgende:

1. Der Apparat ermöglicht die von äuſseren Witterungsverhältnissen unabhängige stetige und gleichmäſsige Herstellung von Laugen, bei denen innerhalb gewisser Grenzen sowohl der Gehalt von Kalk, wie an schwefliger Säure vollkommen innegehalten werden kann. Der Gehalt kann bis auf 10° B. gebracht werden.

2. Der Betrieb kann jederzeit unterbrochen und wieder aufgenommen werden.

3. Die zum Betriebe nötige Maschinenkraft ist gering, nur 5 bis 6 Pferde, und ist bei einer Leistung von 30 Kbmt. in

24 Stunden per Schicht nur ein Arbeiter zur vollen Bedienung erforderlich.

4. Die Absorption der schwefligen Säure ist eine vollkommene, und findet eine Belästigung durch entweichende Gase absolut nicht statt, sodafs die wenig Raum erfordernde Anlage an jedem Ort plaziert werden kann, und spezielle Bauten nicht erfordert. Es ist nur ein Raum von 12 Meter Länge, 8 Meter Breite und 5—6 Meter Höhe erforderlich.

5. Als Folge der vollkommenen Absorption und der sicheren Regulierung der Schwefelverbrennung in den Öfen findet eine bessere Verwertung der benutzten Schwefelmaterialien statt, sodafs hierdurch, sowie durch die rationelle Darstellung und Zusammensetzung der Laugen sehr bedeutende Ersparnisse an den Rohmaterialien: Schwefel und Kalk erzielt werden. Bildung von Gipsansätzen und Schlamm findet in den Apparaten überhaupt nicht statt.

6. Der Apparat ist bei einfacher und solider Konstruktion in allen Teilen übersichtlich und bequem zugänglich, sowie von leicht zerstörbaren oder empfindlichen Teilen völlig frei.

7. Der Apparat ist, wenn auch zunächst für Benutzung von Schwefel konstruiert, doch auch in Verbindung mit Kiesöfen zu betreiben und endlich

8. Der Apparat ermöglicht ohne wesentliche Mehrkosten und ohne Verletzung bestehender Patentrechte, auch die aus Kochern abgeblasene schweflige Säure wieder aufzufangen und zu Nutze zu machen. —

9. Das für einen grofsen Apparat erforderliche Kühlwasser beträgt 200—300 Liter p. Minute.

10. Betriebsstörungen durch Sublimation von Schwefel, Verstopfung der Rohre sind völlig ausgeschlossen, und jede Belästigung der Arbeiter wie der Nachbarschaft durch Entweichen von schwefliger Säure ist absolut vermieden. —

Zu Punkt 7 ist zu erwähnen, dafs dem Verfasser von anderer Seite mitgeteilt wurde, der Franksche Apparat sei in Verbindung mit Kiesöfen nicht mit Vorteil zu verwenden, weil die aus den Kiesöfen kommenden Gase ärmer an schwefliger Säure und reicher an Sauerstoff sind, und weil in einer Lösung von Bisulfit eine Oxydation schneller eintritt, so bildet sich in dem Kalkmilchbottiche eine starke Ausscheidung von Calciumsulfat.

Durch direkte Unterstützung des Herrn Dr. Frank ist Verfasser in der Lage, folgende nähere Beschreibung des Apparates zu geben.

Die Einrichtung des Frankschen Laugenapparates ist aus den Figuren 48 und 49 zu ersehen. In den vollkommen geschlossenen Schwefelofen *A* wird durch die Luftpumpe *B*, welche mit Wasser- oder Dampfkraft betrieben werden kann und mit Windkessel *C* versehen ist, die zur Verbrennung des

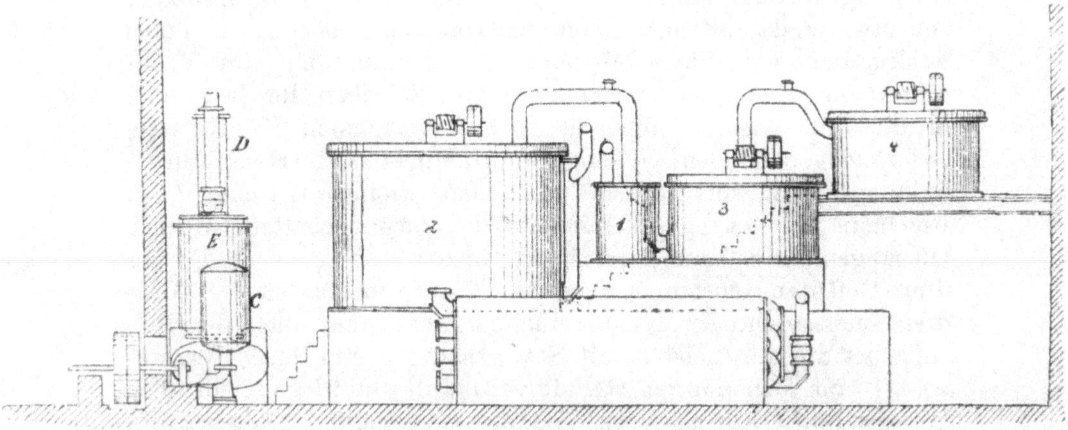

Fig. 48.

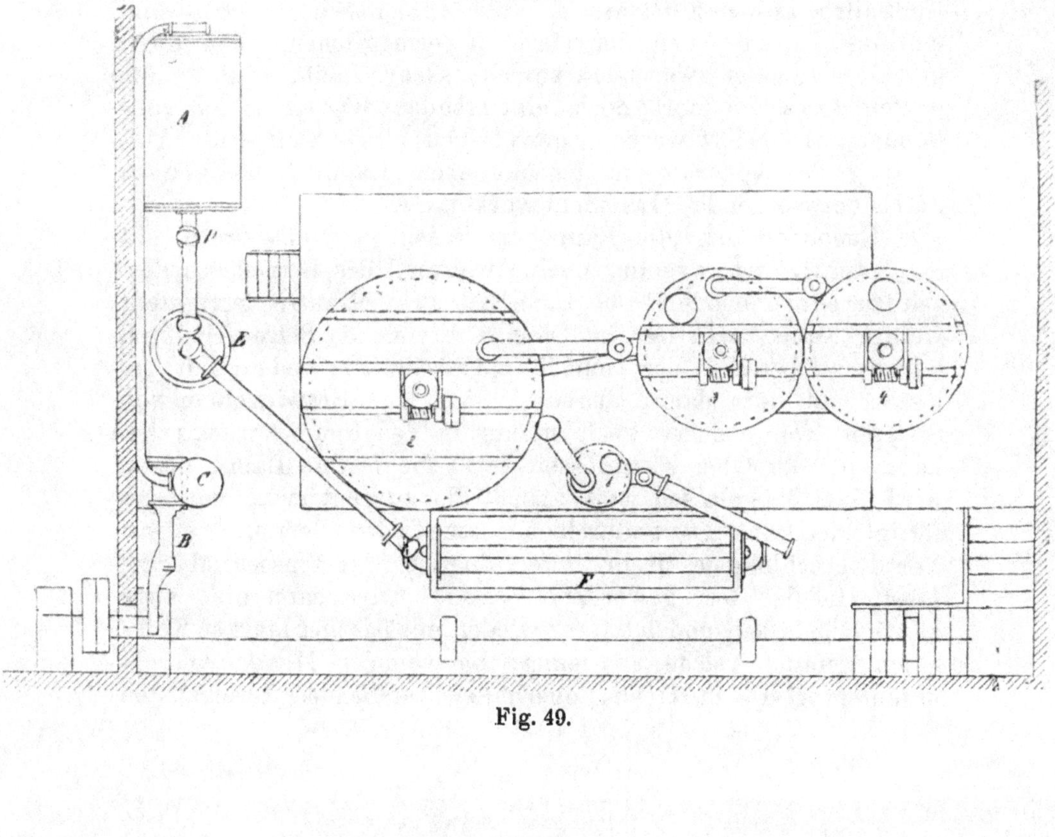

Fig. 49.

Schwefels nötige Luft in solchen genau regulierbaren Mengen gedrückt, dass sehr hochprozentige an SO_2 reiche Gase erzeugt werden. Da der Ofen selbst, sowie die dahinter liegenden Verkühler *D* und Staubkammer *E* gekühlt sind und ausserdem die Zuführung und Verteilung der Luft in den Ofen *A* nach einer eigenartigen Methode erfolgt, welche auch die Verbrennung von etwa verdampftem Schwefel vollkommen sichert, so kommen Sublimation von Schwefel oder gar Verstopfung von Kühlrohren nie vor. Aus der Staubkammer *E* gehen die Gase dann in die mit Wasser umgebene, behufs geringsten Kühlwasserverbrauchs nach dem Gegenstromprinzip konstruierten Röhrenkühler *F*, und aus diesem nach dem kleinen Wascher *l*, in welchem die geringen Mengen SO_3 zurückgehalten werden. Die abgekühlten und gereinigten Gase treten dann in die aus drei Gefässen zusammengesetzte Absorptionsbatterie. Diese drei Gefässe sind derart übereinander aufgestellt, dass die Gase zunächst die am meisten mit SO_2 gesättigte und durch Wasserzusatz auf den nötigen Gehalt verdünnte Sulfitlösung in dem grossen Bottich 2 passieren, sodann in das mit stärkerer Kalkmilch gefüllte Gefäss 3 und zuletzt in das oberste mit frischer Kalkmilch gespeiste Gefäss 4 eintreten. Bassin 2 und 3 sind um das Durchdrücken der Gase zu ermöglichen, oben dicht geschlossen, 4 ist zwar auch verschliessbar, bleibt aber, da die letzten Reste der dort noch eintretenden SO_2 rasch und vollkommen absorbiert werden, gewöhnlich offen, weil, trotz Aufstellung des Apparates in geschlossenem Raum, Belästigungen durch entweichendes Gas nicht vorkommen.

Nachdem nun die Lauge in Bassin 2 vollkommen mit SO_2 gesättigt ist, was durch eine während des Betriebes jederzeit zu entnehmende Probe innerhalb drei Minuten festgestellt werden kann, wird der im Ofen *A* brennende Schwefel durch einfaches Abstellen der vom Kompressor kommenden Luft gelöscht und hört damit augenblicklich jede Entwickelung von SO_2 auf, von welcher auch nichts in den Raum zurücktreten kann, da der Ofen geschlossen ist. Die fertige Lauge aus 2 wird dann abgelassen und aus 3 die konzentrierte, halb gesättigte Kalkflüssigkeit durch ein am Boden befindliches mit Ventil geschlossenes Rohr unter Zugabe von Wasser übergeführt. In das leer gewordene Bassin 3 wird dann die Lauge aus 4 abgelassen und letzteres wieder mit frischer starker Kalkmilch gefüllt, welche aus einer abgewogenen Menge von gebranntem Kalk in einem, oberhalb 4 stehenden Löschkasten vorher zubereitet war. Die ganze Operation des Entleerens und Überfüllens dauert nur etwa 30 Minuten. Ist dieselbe erfolgt, so wird der inzwischen ganz abgekühlte Ofen geöffnet, mit neuen, zugewogenen Mengen Schwefel beschickt, und nachdem dieser in Brand gesetzt ist, der Betrieb durch Anstellen der Luftpumpe wieder begonnen. Je nach der im voraus genau zu berechnenden Grösse der einzelnen Teile des Apparates können mit einem Male 10—20 Kbmtr. fertige Lauge hergestellt werden, und da die Zeitdauer einer Operation inklusive sämtlicher Nebenarbeiten, wie Nachspeisen des Ofens und Überfüllen der Bassins höchstens 7 Stunden beträgt, so stellt sich die Leistung eines kleinen Apparates in der Doppelschicht auf 30—35 Kbmtr., eines grossen auf 54—60 Kbmtr., wobei sich die Tätigkeit des Arbeiters neben Beobachtung des im Ofen brennenden Schwefels auf das Öffnen und Schliessen einiger Hähne und auf das per Doppelschicht drei Mal vorkommende Löschen von Kalk beschränkt.

Die Einrichtung des Apparates für kontinuierlichen Betrieb, d. h. mit beständigem Abfluss von Laugen und Zufluss von neuer Kalkmilch ist zwar auch leicht zu bewerkstelligen; doch gibt Dr. Frank dem hier beschriebenen intermittierenden Betriebe, bei welchem die Füllung des grossen Bassins stets auf einmal fertig und entleert wird, entschieden den Vorzug, da bei diesem Verfahren die genaue Beobachtung des Prozesses namentlich über die absolute Kontrolle der richtigen Laugenzusammensetzung eine weitaus sichere ist, wie auch die Stärke der Gase im Schwefelofen durch Regulierung der Lnftpumpe genau dem jeweiligen Bedarf anzupassen ist.

Mit dem Frankschen Apparate kann Sulfitlauge aus Kalk, Dolomit, reiner Magnesia oder auch Soda in jeder Stärke bis zu 10° Beaumé hergestellt werden, bei dem Umstande jedoch, dass die darin mittels Kalk gewonnenen Laugen infolge ihres hohen Gehaltes an freier aktiver SO_2 Ausscheidungen von Monosulfit — sogenannten Gips — im Kocher nicht bewirken, vollkommen.

Die Bemerkungen des Dr. Frank über die Nachteile der Türme, die ja ganz richtig sind, gelten jedoch nicht für das Kellnersche Verfahren. Mitscherlich benutzt seine Türme gleichzeitig als Aspiratoren. Die aspirierende Wirkung wird aber durch Veränderung in der spezifischen Schwere der äußeren Luft (Temperaturwechsel), sowie durch die sich stets verändernden freien Querschnitte der Kalksteine und das herabrieselnde Wasser fortwährend beeinträchtigt und verändert. Es müssen auch die Gase mit einer höheren Temperatur in diese Türme eingeführt werden, weil sonst keine Differenz der ohnehin schweren schwefligen Säure mit der äufseren Luft, oder mit anderen Worten, kein Zug entsteht. Diese störenden Faktoren sind bei Kellner dadurch vermieden, dafs 1. die schweflige Säure sehr stark abgekühlt wird (auf die Temperatur des jeweilig zur Verfügung stehenden Kühlwassers) und 2. die Gase dann unter schwachem Druck durch die mit Kalksteinen gefüllten Kammern, oder Türme oder Bottiche vorwärts geschoben werden. Dadurch ist man vollständig von den erwähnten Schwankungen unabhängig und kann eine beliebig lange Reihe von Absorptionsapparaten vorschalten, so dafs eine vollständige Absorption der schwefligen Säure erreicht werden muss. Ebenso leicht ist es hierbei, das Verhältnis der schwefligen Säure zum Kalk, oder mit anderen Worten, der freien und der gebundenen schwefligen Säure dadurch zu regulieren, dafs ein Teil der Absorptionsvorrichtung nicht mit Kalksteinen, sondern mit einem indifferenten Material, als Ziegelstücken, Kieselsteinen usw. gefüllt wird und daher die aus den Kalksteinen kommende Bisultfitlösung mit so viel freier schwefliger Säure angereichert wird, als dies überhaupt wünschenswert erscheint.

Die Ausnutzung des Schwefels wird nach dem vom Dr. Frank in der Papierzeitung angegebenen einfachen Verfahren in der Weise festgestellt, dafs die gewonnenen Laugen gemessen und auf ihren Gehalt an SO_2 durch Titrieren mit Jod geprüft werden. Da nun 1% schweflige Säure einem Gehalt von 10 Kilo im Kbmtr. entspricht, und ein Teil chemisch reiner Schwefel bei vollkommener Verbrennung zwei Teile schweflige Säure liefert, so müssen theoretisch für Herstellung von 10 Kilo schwefliger Säure 5 Kilo reiner Schwefel genügen; tatsächlich aber enthält der meist in den Fabriken benutzte Sekunda-Schwefel gewöhnlich nur 98%, und da infolge von Feuchtigkeit und der zum Verbrennen dienenden Luft die Bildung kleiner Mengen SO_3 nie ganz unterbleibt, beim Ablassen und Überfüllen geringe Verluste an Laugen auch nicht zu wermeiden sind, so bietet Dr. Frank für Ausnutzung des in den Ofen gebrachten Schwefels eine Garantie von 95% derart, dafs aus 100 Kilo des in den Ofen eingewogenen Schwefels 190 Kilo effektive schweflige Säure in den Laugen erhalten werden. Dafs bei sorgfältigem Betriebe auch ein höheres Rendement zu erzielen ist, zeigen die aus der Fabrik von J. Spiro & Söhne in böhmisch Krumau und von Kymmene Bruck veröffentlichten Resultate, wonach sich dort die Ausnützung des Schwefels auf 96,8--97 % stellt, mithin aus 100 Kilo Schwefel 193,6—194 Kilo schweflige Säure in den Laugen gewonnen werden.

Zusammensetzung der mit dem Frankschen Apparat hergestellten Laugen: Wie schon oben erwähnt, ist Dr. Frank auf Grund wissenschaftlicher Untersuchungen, welche im Grofsbetrieb volle Bestätigung fanden, dazu gelangt, den Kalkgehalt der Lauge so niedrig als möglich zu nehmen, da die Hauptwirkung der letzteren nur auf der freien, aktiven SO_2 beruht, während ein hoher Kalkgehalt neben sonstigen Unzuträglichkeiten unnötigen Verbrauch von schwefliger Säure, also von Schwefelmaterial erfordert. Dr. Frank führt dafür folgendes Beispiel auf: Eine Fabriklauge A von 7° Beaumé enthielt:

Gesamtschweflige Säure	4,35
Davon freie	2,35
- gebundene	2,00
und letzterer entsprechend Kalk . .	1,75.

Eine im Dr. Frankschen Apparate hergestellte Lauge von knapp 5° B., mit welcher die Kochung in genau gleicher Zeit, aber ohne Gipsausscheidung erfolgte, enthielt:

Gesamtschweflige Säure	3,254
Davon freie	2,382
- gebundene	0,874
und letzterer entsprechend Kalk . .	0,764.

Wie ersichtlich, ist die Lauge B trotz ihres niedrigeren Gewichtes und geringeren Gehaltes an Gesamt-SO_2, an freier aktiver SO_2 reicher, als die schwere Lauge A, während aber die Darstellung der letzteren im Frankschen Apparat bei Ausnutzung des Schwefels mit 95 % rund 23 Kilo Schwefel per Kubikmeter Lauge erfordert, sind für die gleiche Menge der Lauge B nur 17 Kilo Schwefel nötig, so dafs neben der bedeutend höheren Leistung aller Apparate bei der rationell zusammengesetzten leichteren Lauge eine direkte Ersparnis von 6 Kilo Schwefel = 65 bis 70 Pfennige pro Kubikmeter Lauge erzielt wird.

Wie in der betreffenden Fabrik bei Weiterverarbeitung der mit beiden Laugen erzeugten Stoffe konstatiert wurde, hatte die mit der 7 grädigen Lauge gekochte Cellulose einen Aschengehalt von 1,85 %, während die mit der dünnen Lauge gekochte nur einen solchen von 0,36 % zeigte.

Der Ansicht Dr. Frank's, den Kalkgehalt so niedrig als möglich zu nehmen, kann ich mich auf Grund meiner Erfahrungen nicht anschlieſsen. Ich hatte vor mehreren Jahren in einer groſsen Papierfabrik zu tun, welche sich selbst ihren Sulfitstoff nach Rittner-Kellner herstellt. Dabei klagten mir die Direktoren, daſs ihre Normalpapiere, welche nach der Anfertigung allen Anforderungen aufs Beste entsprächen, sie sogar überträfen, nach dem Lagern von nur einigen Wochen aber ganz bedeutend zurückgingen, und zwar so, daſs sie als die gearbeiteten Normalpapiere nicht mehr zu verkaufen waren.

Nach meinem Dafürhalten konnte es nur an dem selbst erzeugten Sulfitstoff liegen, der sich eigentümlich rauh anfühlte, nicht schön im Griff und von Farbe, nicht fest war und sich auch schwer bleichte. . . . .

Ich sah die Laugenuntersuchungen nach und fand, daſs man dort nur den Gesamtgehalt an SO_2 ermittelte, aber niemals das Verhältnis der freien zur gebundenen; ich stellte nun fest, daſs von 30,72 gr. Gesamt SO_2
23,68 - freie - ,
also nur 7,04 gr. gebundene SO_2 vorhanden waren; das Verhältnis war zu ungünstig; es fehlte an Kalk, der da sein muſs, um die sich bildenden organischen Säuren zu binden; das Verhältnis muſste anstatt 7,04 : 23,68 etwa 10,24 : 20,48 sein; es wurde dann der Betrieb entsprechend geändert, und alsbald hatte man
31,36 gr. Gesamt-SO_2,
darin 21,28 - freie -
mithin 10,08 gr. gebundene -

Der Stoff wurde sofort ganz anders, schön, kräftig, leichter bleichbar, und seitdem gingen die Normalpapiere beim Lagern auch nicht mehr zurück.

Es bedarf für den Sachkundigen wohl keiner besonderen Erwähnung, daſs es eine für alle Holzarten wie für alle Kochverfahren allgemein gültige Vorschrift betreffs Zusammensetzung der Laugen nicht gibt, diese vielmehr dem Material wie dem Verfahren angepaſst werden muſs. Um in dieser Beziehung nur ein wichtiges Moment hervorzuheben, wird in Kochern, bei welchen der Dampf nicht direkt eintritt, also auch die Laugen nicht verdünnt, mit einer schwächeren Lauge zu arbeiten sein, als in Kochern, bei welchen durch den direkt einströmenden Dampf, namentlich, wenn derselbe nicht ausreichend entwässert ist, eine starke Verdünnung und Schwächung der Kochlaugen bewirkt wird. So hat sich z. B. in der Krumauer Fabrik für Kocher nach Mitscherlich-System schon eine Lauge mit

Gesamtschwefliger Säure	3,035
Davon freier	2,023
- gebundener . . . . ,	1,012
und letzterer entsprechend Kalk . .	0,827,

für welches also nur 16 Kilo Schwefel per Kubikmeter nötig waren, als vollkommen ausreichend erwiesen.

Gegenüber der oben erwähnten 7 grädigen Lauge ergibt dies bei täglichem Laugenkonsum von circa 80 Kubikmeter allein an Schwefel eine Ersparnis von circa 60 Mark per Tag.

Von den Frankschen Apparaten sind bereits eine gröſsere Anzahl für die verschiedensten Kochersysteme seit Jahren in Betrieb.

Nach Mitteilungen der Maschinenbauanstalt Golzern beträgt der Preis eines Laugenapparates für 50 Kubikmeter täglicher Leistung, welcher fertig aufgestellt, in Betrieb gesetzt und mit Nachweis der garantierten Schwefelausnutzung abgeliefert wird, inklusive Licenz und Montierungskosten circa 24000 Mark. Die Gewinnungskosten von täglich 50 Kubikmeter Lauge, welche einen mittleren Gehalt von 3,3% schwefliger Säure und 1% Kalk hat, betragen:

für 870 Kilo Schwefel à Mk. 11,— loco Fabrik . .	Mk.	95,70
für 550 Kilo gebrannten Kalk inkl. Löschverlust à Mk. 1,50 per 100 Kilo	-	8,25
Arbeitslöhn für 2 Schichten à 2,50 Mk.	-	5,—
Betriebskraft 5—6 Pferde (wenn nicht durch Wassermotor geliefert) à 2,5 Kilo Steinkohle per Stunde und Pferdekraft berechnet für 100 Kilo à Mk. 1,50	-	6,—
Hebung von Kühlwasser 200—300 Liter per Minute, Beleuchtung, Schmiermaterial usw.	-	5,—
5% Zinsen, 10% Amortisation von 24000 Mk. per Tag	-	12,—
Summa	Mk.	132,—

oder per Kubikmeter Mk. 2,64.

Neben dem niedrigen Herstellungspreis ergibt sich gegenüber der Verwendung von Schwefelkies dann noch der besondere Vorteil, daſs der Betrieb der Apparate jeden Moment begonnen und unterbrochen werden kann und daſs die für viele Fabriken so sehr lästige Anhäufung der Kiesabbrände ganz fortfällt.

In den letzten Jahren hat sich das Dr. A. Franksche Verfahren wegen seiner Vorzüge immer mehr ausgebreitet, da die

Laugengewinnung hierdurch in der Tat sehr reinlich, bequem, gleichmäfsig und von der Jahreszeit ganz unabhängig ist. Da die auf Seite 95 befindliche Fig. 48 und 49 wohl die Anordnung der Frankschen Anlage zeigt, jedoch kein deutliches Bild von der Gestalt des eigentlichen Schwefelofens gibt, so seien hier noch zwei Durchschnitte in Fig. 50 und 51 gebracht. Man ersieht daraus, dafs der eigentliche Schwefelofen *O* die Gestalt eines flachgedrückten Rohres hat, dessen beide Stirnseiten aus Gufseisen bestehen und deren ebene Bodenfläche fast ganz von der niedrigen Schwefelpfanne *S* eingenommen wird. Der vorher abgewogene zu verbrennende Schwefel wird durch die Türe *T* in die Pfanne getan, dort ausgebreitet und mittelst eines glühenden Eisenstabes zum Anbrennen gebracht. Den richtigen Grad der Verbrennung kann man durch das in der Türe befindliche Loch *l* jederzeit genau beobachten, welches mit einem starken Glasplättchen verschlossen ist. Brennt die Flamme tiefblau, so ist alles in Ordnung, ist sie jedoch durch mitverdampften Schwefel gelbbraun gefärbt,

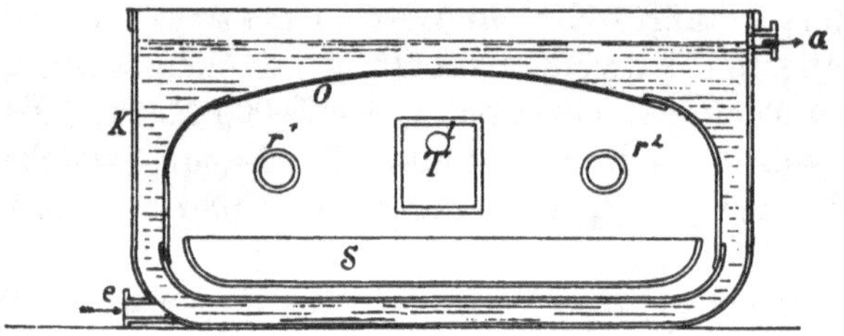

Fig. 50

so mufs mehr Luft zugeführt werden. Diese Zuführung und zugleich Regulierung erfolgt durch die beiden Rohre r^1 und r^2, die durch Hähne je nach Bedarf ganz oder teilweise geschlossen werden können. Damit diese Luft möglichst nahe dem brennenden Schwefel zugeführt wird, reicht am hinteren Ende des Ofens eine Scheidewand *W* von der Decke herab bis nahe an die Pfanne, so dafs die Luft, vereint mit dem entwickelten Gase, dicht über die Pfanne hinwegstreichen mufs, ehe sie bei *C* den Ofen verläfst und, wie bereits beschrieben, weitergeführt wird.

Im Vergleich mit den Kiesöfen, die nur circa 8 prozentige Gase erzeugen, arbeiten die Schwefelöfen bedeutend besser, da, wie gesagt, der Luftzutritt ganz genau reguliert werden kann und bis zu 15 prozentige Gase erzielt werden können.

Die Franksche Laugenanlage unterscheidet sich von einer Kiesofenanlage nicht nur dadurch, dafs in dem betreffenden Lokal nicht nur keine Spur von dem stechenden Geruch nach schwefliger Säure zu bemerken ist, sondern dafs auch jede unangenehme Wärmeausstrahlung vollständig vermieden wird. Dies geschieht dadurch, dafs der ganze Ofen in einem blechernen grofsen Kasten *K* steht, in welchen am Boden bei *e* fortgesetzt kaltes Wasser einströmt, den Ofen umhüllt, abkühlt und oben bei *a* als laues Wasser wieder abläuft. Auf diese Weise ist der Aufenthalt in einer Fabrik, welche einen oder mehrere Franksche Laugenapparate besitzt, nicht nur viel angenehmer, sondern es fällt dadurch zugleich jede Belästigung der Umgegend, sowie der daraus entstehende Schadenersatz hinweg.

In den meist zur Anwendung kommenden Schwefelöfen dieses Systems können pro Tag (24 Stunden) circa 1500 Kilo Schwefel verbrannt werden. Dies Quantum genügt für viele

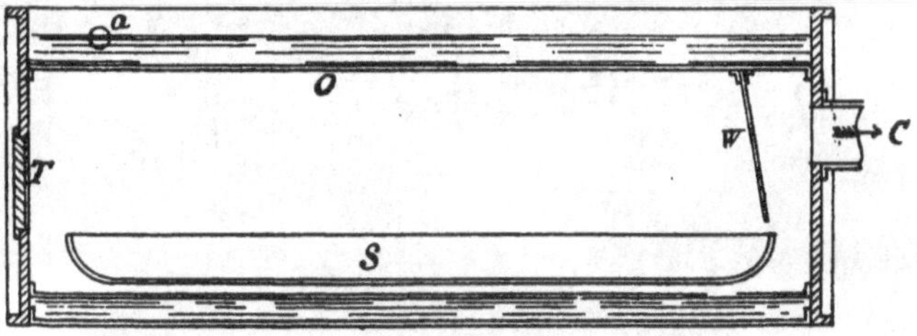

Fig. 51.

Fabriken; doch ist es vorteilhaft, einen vollständigen Reserve-Laugenapparat zu haben, damit bei irgend welcher Störung keine Einstellung des ganzen Fabrikbetriebes notwendig wird. In der Zeit, wo dieser Apparat nicht gebraucht wird, kann man ihn, respektive die dazu gehörigen Bottiche sehr vorteilhaft anderweitig benutzen. Man füllt nämlich diese Bottiche mit Kalkmilch, läfst die überschüssige SO_2 aus den Kochern hineinblasen und erhält so bequem nicht unbedeutende Mengen von beliebig starker Lauge.

Manche Abweichung gegen die bereits beschriebenen Methoden und Ähnlichkeit mit dem Dougallschen Verfahren zeigt das System der Laugenbereitung des Engländers Eduard Partington, dessen Österreichisch-Ungarisches Patent im Centralblatt für die Österr.-Ung. Papier-Industrie abgedruckt ist und folgendermafsen das Verfahren erklärt: Diese Erfindung bezieht sich auf die Fabrikation von schwefliger Säure und deren Verbindungen durch einen ununterbrochenen Prozefs, dessen Wesen darin besteht, dafs das Wasser oder die alkalische Lösung durch die Schwere aus einem Behälter in den folgenden tritt, während die gasförmige schweflige Säure zugleich beständig in entgegengesetzter Richtung durch das Wasser oder die alkalische Lösung in jedem Behälter der Reihe nach durchgeht, während das Wasser oder die alkalische Lösung durch rotierende Rührvorrichtungen in beständiger Bewegung erhalten wird. In der beifolgenden Figur 42 sind drei Behälter A, A^1, A^2 gezeigt, die sowohl im Deckel wie auch am Boden zu einem später zu erklärenden Zweck miteinander in Verbindung stehen. Jeder der genannten Behälter, welche aus Holz oder einem

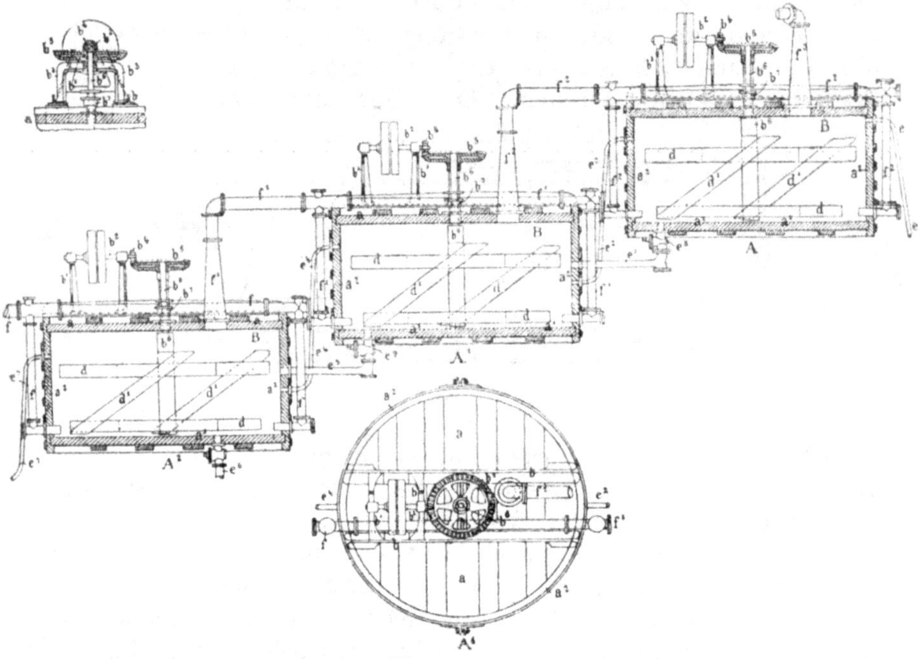

Fig. 52 u. 53.

anderen passenden Material das für die Fabrikation von schwefliger Säure oder Sulfiten und Bisulfiten der Alkalien und alkalischen Erden geeignet ist, hergestellt sind, besteht aus dem Deckel a, Bodenplatte a^1 und Seitenwänden a^2, welche letztere in cylindrischer Form dargestellt sind. Die Seitenwände jeden Behälters tragen die Traversen b (Fig. 52), auf welchen die für eine Welle b^2 als Lager dienenden Ständer b^1 angebracht sind; auf dieser Welle sind Voll- und Leerscheibe für Riemenbetrieb aufgekeilt. Die Welle b^2 hat an einem Ende ein konisches Getriebe b^4 aufgesteckt, welches in das auf einer Spindel b^6 sitzende Rad b^5 greift. Die Spindel b^6 geht durch eine Stopfbüchse b^7, die auf dem Deckel *a* des Behälters angebracht ist, bis in den Behälter hinunter. Die Spindel b^6 wird an ihrem oberen Ende durch einen Rahmen gehalten. Die Spindel b^6 geht ebenso bis nahe an den Boden des Behälters A^1 und ist mit Stangen *d*, welche durch Querstücke d^1 verbunden sind, versehen, so daſs diese Stangen mit der Spindel eine Rührvorrichtung bilden, durch welche die Flüssigkeit im Raume *B* der Behälter umgerührt wird.

Die genannte Flüssigkeit zur Erzeugung der schwefligen Säure kann entweder Wasser oder irgend eine Lösung sein, welche einen Bestandteil enthält, der mit SO_2 Sulfite oder Bisulfite zu bilden imstande ist. Für das gegenwärtige Beispiel ist Calciumhydrat vorausgesetzt, welches in den Behälter *A* nahe dessen Deckel durch das Rohr *e* eintritt. — Wie hier gezeigt, ist der Behälter A^1 durch die Röhren e^1, e^2 verbunden, die Röhre e^1 führt aus *A* im Boden nahe unter dem Deckel von A^1 während das Rohr e^2 vom Deckel *A* nahe an den Boden des Behälters A^1 geht. — A^1 ist mit A^2 in ähnlicher Weise durch die Röhren e^3 e^4 verbunden, von denen e^3 vom Boden des Behälters A^1 unter den Deckel von A^2 führt und e^4 umgekehrt. — Der Behälter A^2 ist mit den Rohren e^6 und e^7, welche abgebrochen gezeichnet sind, in gleicher Weise zu dem Zweck versehen, um einen anderen Behälter in gleicher Weise damit verbinden zu können. Die Rohre e^1 und e^3 sind mit Hähnen versehen, durch welche die Verbindung zwischen den Behältern unterbrochen wird. Bei Beginn der Arbeit werden die Hähne geschlossen, worauf man die Flüssigkeit durch Rohr *e* in den Behälter *A* einströmen läſst. In der Praxis ist es vorzuziehen, einen konstanten Zufluſs der Flüssigkeit während des Prozesses zu erhalten, sodaſs diese von A durch Rohr e^2 nach A^1, von A^1 durch e^4 nach A^2 und von A^2 durch e^7 abflieſst. So wird durch die Schwere der Flüssigkeit ein konstanter Durchfluſs durch die Behälter erhalten, und ein Gasstrom von schwefliger Säure wird durch die genannte Flüssigkeit in entgegengesetzter Richtung mittelst eines hier nicht gezeichneten Exhaustors gezogen, welcher an dem Behälter *A* durch Rohr f^3 angebracht wird. Das Gas wird zuerst durch Röhren *f* in das Innere oder den Raum *B* des Behälters A^2 eingeführt, wo es an 2 Punkten am Boden eintritt und geht vom Raum *B* durch die Röhren f^1 und den Raum des Behälters A^1, von da durch Röhren f^2 in den Raum *B* des Behälters *A* und wird durch Rohr f^3 herausgezogen. Während des Prozesses werden Gas und Flüssigkeit tüchtig durch die Rührvorrichtungen miteinander gemischt, welche durch das beschriebene Vorgelege oder in anderer passender Weise angetrieben werden. Die in schweflige Säure oder in Sulfite oder Bisulfite verwandelte Flüssigkeit fliefst aus Behälter A^2 durch das Ausflufsrohr e^7 und ist dann zum Gebrauch geeignet. Die fertige Lauge fliefst in 4 luftdichte Vorratsbehälter von 10′ im Quadrat und 8′ in der Höhe und wird von dort nach Bedarf in die Kocher gepumpt.

Als Ergänzung ist noch zu erwähnen, dafs in der Partington'schen Fabrik die schweflige Säure in einem Schwefelofen von 2×8′ durch Verbrennen von reinem „wiedergewonnenen" Schwefel von 99% und von Schwefelkies (mit 48% Schwefel) erzeugt wird, und zwar geht dieselbe erst durch eine Reihe mit Wasser gekühlter Röhren, ehe sie am Boden in den untersten Bottich eintreten darf.

Nachdem nun die Laugendarstellung, wie sie nach den in Deutschland und England am meisten angewendeten Verfahren erfolgt, ausführlich beschrieben worden ist, sollen in diesem Kapitel der Vollständigkeit wegen noch einige andere Methoden kurz erwähnt werden, wie sie Professor Hoyer in seinem Buche angibt:

Ekman benutzt als Kochflüssigkeit eine Lösung von Magnesiasulfit, welche 2 Äquivalente SO_2 auf 1 Äquivalent MgO enthält und zwar in solcher Konzentration, dafs in derselben annähernd 1,4% Magnesia und 4,4% Schwefligsäure vorhanden sind. Zur Bereitung des Sulfits wird griechischer oder deutscher Magnesit zunächst in Kalköfen gebrannt, dann in Türmen aus Blei (mit innerer Holzverschalung zur Schonung des Bleis) der aus Schwefel erzeugten aufsteigenden Schwefligsäure, sowie niederrieselndem Wasser ausgesetzt und endlich als Sulfitlösung abgelassen.

Verfahren nach Franke in Mölndal (Schweden). Zu diesem Verfahren dient eine schwefligsaure Kalksulfitlösung, die dadurch hergestellt wird, dafs man die durch Röstungen von Schwefelkies gewonnene heifse Schwefligsäure in einen 13 Meter hohen Turm leitet, der in mehrere senkrechte Kammern geteilt ist, die mit Kalksteinen gefüllt sind und unabhängig von einander beschickt und bedient werden können, und denen von oben Wasser in gerade ausreichender Menge zufliefst, damit die Absicht erreicht wird, eine direkt brauchbare vorgewärmte Lösung zur Anwendung zu bringen. Die

Lösung gelangt in mit Blei ausgekleidete Behälter von Cement und aus diesen durch Pumpen in die Kocher.

Bei Graham in London ist eine Abweichung im Kochen bemerkenswert, indem man zunächst nur einfach schwefligsaure Lösungen beliebiger Basen (Kali, Natron, Magnesia) in den Kocher bringt und nachdem der Kocher von Luft und Kohlensäure befreit ist, mittelst Einpumpen von Schwefligsäure in Gasform oder Lösung die wirksame Verbindung erzeugt. Es soll durch diese Methode, die in einem vertikalen Kessel mit Dampfmantel zur Ausübung gelangt, in erster Linie ein Entweichen der Säure vermieden, dann aber auch erreicht werden, dafs man durch beliebiges vom Boden aus stattfindendes Nachfüllen stets die Flüssigkeit in gleicher Wirksamkeit erhalten kann.

Verfahren Pictet in Genf und Brélaz in Lausanne. Dieses Verfahren (D. R.-P. Nr. 26331) beruht auf der Anschauung, dafs sich bei den jetzt allgemein üblichen hohen Temperaturen die Gummi- und Harzstoffe des Holzes in Theer verwandeln und dadurch das Bleichen des Stoffes so sehr erschweren, dafs es zweckmäfsig sei, eine Lösung von Schwefligsäure zu verwenden, welche die inkrustierenden Substanzen bei niedriger Temperatur beseitigt. Zu dem Zwecke schlägt Pictet eine wässrige Lösung von schwefliger Säure vor. Da man jedoch 100 bis 150 Gramm SO_2 in 1 Liter Wasser zu lösen hat, um im Kocher bei 80—90° Cls. einen Druck von 5—7 Atmosphären zu erhalten, so wird flüssiges Schwefligsäureanhydrit unter Druck und dem obigen Verhältnisse in den Kocher gebracht. Die Säure mischt sich mit dem Wasser und gibt die verlangte Lösung, welche im Kessel durch Dampfschlangen auf die Temperatur von höchstens 85° Cls. gebracht wird, weil bei 90° Cls. bereits eine Verkohlung beginnen soll. Zum vollständigen Eindringen der Flüssigkeit wird empfohlen, vor Einführung derselben im Kocher durch eine Pumpe eine Luftverdünnung zu erzeugen, um die Holzporen frei zu machen. — Zur Ergänzung kann hier noch angeführt werden, dafs die nach diesem Verfahren (ohne Alkali) hergestellte wässrige Lösung ungefähr 1½ bis 2% schweflige Säure enthält. Wenn die nötige Menge dieser Säure mit Holz in den Kocher gegeben ist, wird in einem anderen Kessel eine Flüssigkeit derselben Art auf etwa 100° erhitzt und die dabei frei werdende SO_2 in den gefüllten Kocher übergetrieben, bis die Lauge in demselben 7% Säure enthält. Nach beendigter Kochung wird die Säure in gleicher Weise wieder ausgetrieben und zur Herstellung neuer Laugen benutzt. Die höchste angewandte Temperatur beträgt 105° Cels. Der wesentliche Unterschied dieser Methode im Vergleich zu anderen Sulfitverfahren besteht also nur darin, dafs kein Kalk in der Lösung enthalten ist, während ein kleiner Prozentsatz eigentlich notwendig ist, um die sich etwa bildende Schwefelsäure zu neutralisieren. Der Stoff fällt etwas weniger weifs aus, als bei den übrigen Verfahren.

Bei Flodquist in Gothenburg wird zur Herstellung der Kochflüssigkeit die Schwefligsäure zum Teil über Kalkstein, zum Teil über entfettete Knochen geleitet, welche in Türmen oder Kammern aufgeschichtet sind, um ein Gemisch von schweflig- oder phosphorsaurem Calcium zu bilden und nebenbei Leimgut zur Leimgewinnung zu erhalten, weshalb stets mehrere (wie schon erwähnt bis zu 10 Kammern) Kammern sich so in Tätigkeit befinden, dafs man nach Belieben eine nach der anderen zur Entleerung und Beschickung ausschalten kann.

Dem Verfahren von Archbold in Oswego liegt das Prinzip zu Grunde, Calciumsulfit direkt auf der Faser entstehen zu lassen, um dasselbe auch dadurch in statu nascendi kräftiger zur Wirkung zu bringen. Zu dem Zweck wird der Rohstoff, d. h. zerkleinertes Holz, zunächst im Kochkessel mit Kalkmilch getränkt, welche aus 1—6 Teilen Kalk und 100 Teilen Wasser besteht und bei hartem Holze noch 1 Teil salpetersauren Kalk erhält. Hierauf wird in den Kocher Schwefligsäure gelassen (entweder in Gas oder in flüssiger Form) und etwa nach 5 Minuten einem Dampfdruck von 4 bis 5 Atmosphären unterworfen und zwar je nach der Holzart 1 bis 1 1/2 Stunden.

Neuerdings werden auch noch die „Golzern-Nodari“ Sulfitlaugenapparate mit Gasregeneration und Kalkmilchreinigung, welche die Maschinenbauanstalt Golzern liefert, viel angewandt; man rühmt ihnen gedrängte Bauart, gröfste Einfachheit, absolute Betriebssicherheit, billige und geruchlose Arbeitsweise und gröfste Reinlichkeit nach. Sie sind mit Schwefelofen, Luftkompressor, Gaswasch- und Kühlvorrichtung und Kalkmilchapparaten ausgestattet und nutzen den Schwefel bis zu 98% aus; aus je 500 Kilo Schwefel in 24 Stunden erzielt man 25 Kbmtr. starker Sulfitlauge. Nachstehende Tabelle gibt einige Gröfsen dieser Apparate an.

Sulfit-Laugenapparat								Gas-Regeneration		Kalkmilchreinigung			
Schwefel pr. 24 Stunden	**Laugen** pr. 24 Stunden	Schwefelöfen	Kompressor	Windkessel	Wascher und Kühler	Absorptionsbottich	Garnituren und Röhren	Kondensschlange	Garnitur für Holzbottich	Kalkauflöser	Sortiertrommel	Kalkpumpe	Erfordern Totalraum
Kilo	Kmtr.	Stück											□Meter
500	**25**	1	1	1	1	1	1	1	1	1	1	1	40
1000	**50**	2	1	1	1	1	1	1	1	1	1	1	50
1500	**75**	3	2	2	2	2	2	1	1	1	1	1	65
2000	**100**	4	2	2	2	2	2	1	1	1	1	1	80

Am Schlufs dieses Kapitels über Lauge und Laugenbereitung mufs nun bezüglich der Sulfitlaugen nochmals erwähnt werden, dafs die Messung der Konzentration mit der Senkspindel, die in den meisten Fabriken üblich ist, kein genaues Resultat gibt und es daher im Interesse des nachfolgenden Kochprozesses höchst wünschenswert ist, wenn die Laugen vor jedesmaligem Gebrauch auf ihren Gehalt an wirksamer SO_2 durch eine Analyse untersucht werden. Auch ohne vollständige Laboratorium-Einrichtung ist dieses möglich durch folgende Methode von Dr. E. Höhn (Papierzeitung 1887 No. 8), welche Dr. Frank angibt: Dieselbe beruht darauf, dafs Jod und schweflige Säure unter Wasserzersetzung derart aufeinander reagieren, dafs einerseits Jodwasserstoffsäure, andererseits Schwefelsäure entstehen. Wird also eine Lösung von reiner SO_2 austitriert und dazu z. B. 10 Kubik-Centimeter $^1/_{10}$ Normaljod gebraucht, so wird die Flüssigkeit nach beendeter Funktion eine gewisse Menge Jodwasserstoffsäure, welche 10 Kubik-Centimeter $^1/_{10}$ N. Jod entspricht, und eine gleichgrofse Menge Schwefelsäure enthalten, derart, dafs, um die entstandenen Säuren durch Alkali zu neutralisieren, dazu 20 Kubik-Centimeter $^1/_{10}$ Normalnatron gebraucht werden. Befindet sich aber an der Stelle von unverbundener freier, schwefliger Säure in der zu untersuchenden Lösung ein saures, schwefligsaures Salz, z. B. von Kalk, so bildet sich zwar bei der Jodtitrierung auch dieselbe Menge Schwefelsäure, die sich aber teilweise mit der schon vorhandenen Basis absättigen wird, sodafs beim Zurücktitrieren der entstandenen beiden Säuren hier nicht die doppelte Anzahl von Kubikcentimetern gegen verbrauchtes Jod, sondern entsprechend weniger nötig ist. Waren also, um an die vorher genannten Zahlen anzuknüpfen, für 1 Kubikcentimeter Sulfitlauge 10 Kubikcentimeter $^1/_{10}$ Normaljodlösung bis zur Bläuung nötig, so ergibt dies einen Gehalt von 3, 2% schwefliger Säure; sind dann zum Zurücktitrieren der sauren Lösung bis zur Neutralität 15 K. C, $^1/_{10}$ Normalnatron erforderlich, so ergibt sich hieraus, dafs nach Abzug der zur Sättigung der gebildeten Jodwasserstoffsäure nötigen 10 K. C. $^1/_{10}$ Normalnatron noch 5 K.C. für die Schwefelsäure verbraucht sind, welche aus der in der Lauge vorhandenen freien, unverbundenen SO_2 entstanden ist, während der verbleibende Rest der gebildeten Schwefelsäure durch die in der Lauge vorhandenen Basen neutralisiert wurde. Der Gehalt der Lauge entspricht also 15 — 10 = 5 K. C. $^1/_{10}$ Jod, an unverbundener, freier schwefliger Säure = 1, 6%, und da für die gesamte schweflige Säure 10 K. C. Jod für an Kalk gebundene schweflige Säure, also wiederum 1, 6%; da ferner schweflige Säure und Kalk sich nach den festen Verbindungszahlen 32 : 28 zu Monosulfit vereinigen, so entspricht die als verbunden festgestellte Menge von schwefliger Säure nach dem Ansatz 32 : 28 = 1,6 : x = 1,4% Kalkgehalt, und die Zusammensetzung der untersuchten Lauge ist:

Gesamte schweflige Säure	3, 2%
davon freie	1, 6 -
an Kalk gebundene	1, 6 -
welche entsprechen einem Kalkgehalt von	1, 4 -.

Hätte die zu untersuchende Lauge bei einem Jodtitre von 10 K. C. zum Zurücktitrieren auf Neutralität 17 K. C. Natron gebraucht, so würde sich ihre Zusammensetzung berechnen:

Gesamte schweflige Säure		3, 2%
davon freie für	17—10 = 7 K. C.	7 × 0,32 = 2,24%
an Kalk gebundene	10— 7 = 3 K. C.	3 × 0,32 = 0,96%

welche letztere nach dem Ansatz von 32 : 28 = 0,96 : x entsprechen einem Kalkgehalt von 0,84%. Bezüglich der praktischen Ausführung dieser Methode ist nun zunächst zu erwähnen, dafs man zur Untersuchung nicht ein kleines Quantum der Lauge, sondern mindestens 5 Kbcentm. nimmt und diese in einem gröfseren Gefäfs mit destilliertem Wasser (kaltes filtriertes Kondenzwasser) auf 250 Kbcentm. verdünnt. Von der so verdünnten Lauge nimmt man mit einer 50 Kbcentm. Pipette, welche vorher gut gereinigt wurde, 50 Kbcentm. heraus, welche, da im Verhältnis von 1 : 50 (5 : 250) verdünnt wurde, genau 1 Kbcentm. der Originallauge entsprechen. Die notwendige Normaljodlösung und die Normalnatronlösung kauft man am besten in der Drogenhandlung, während man sich eine haltbare Stärkelösung selbst folgendermafsen darstellen kann: 1 Teil reine Stärke wird mit 100 Teilen kaltem Wasser angerührt und unter beständigem Umrühren bis zum Kochen erhitzt. Man filtriert dann, oder läfst in einem Glase die dünne Kleisterlösung absetzen und zieht nur die obere klare Lösung von dem Bodensatze ab und fügt derselben so viel gewöhnliches, reines Kochsalz hinzu, als sie aufzulösen vermag. Sie hält sich dann sehr lange unersetzt, und es genügen wenige Tropfen davon, um einen Jodüberschufs scharf anzuzeigen, was durch Entstehen einer blauen Färbung sich bemerkbar macht.

Hat man nun die verdünnte Lauge, Stärkelösung und die beiden sogenannten Normallösungen zur Hand, so kann die eigentliche Prüfung eventuell durch einen Arbeiter ausgeführt werden. Diese Ausführung erfolgt hintereinander in einer Operation, indem man zu der abgemessenen verdünnten Lauge durch eine graduierte Glasröhre (Bürette) erst Jod (mit etwas Stärke versetzt) bis zur schwachen Bläuung zulaufen läfst, die blaue Farbe dann durch Zusatz von 1—2 Tropfen einer verdünnten Lösung von unterschwefligsaurem Natron entfernt und nach Zusatz einiger Tropfen Phenolphtaleïn mit $^1/_{10}$ Normalnatron gerade bis zum Erscheinen einer leicht rötlichen Farbe zurücktitriert. Die Lösung von Phenolphtaleïn ist als Indikator gewählt, weil es schon den geringsten Überschufs von Alkali sehr scharf anzeigt und aufserdem der Wechsel von absoluter Farblosigkeit ins Rote selbst bei ungünstigem Lichte zweifellos zu erkennen ist. Die ganze Analyse ist innerhalb 5 Minuten fertig. Die Berechnung, die noch durch Hilfstabellen abgekürzt werden kann, erfolgt nach der oben beispielsweise angegebenen Methode. —

IV. Kocher und Kochprozeſs.

A. Natronverfahren.

Es liegt in der Natur dieses Verfahrens, da das benutzte Natron, sowie die Alkalien überhaupt, das Eisen nicht angreifen, daſs die zur Herstellung von Natroncellulose benutzten Kocher einfacher sein können, als die mit allen möglichen Schutzverkleidungen auszustattenden Sulfitkocher. Je nach Art des Betriebes können sie kleine oder groſse Dimensionen haben, feststehen oder rotieren, horizontal oder vertikal angenommen sein. Hauptsächlich werden die feststehenden, vertikalen Kocher benutzt, da der Kochprozeſs gröſstenteils unter Zirkulation der Lauge stattfindet und ein Drehen und dadurch hervorgerufenes Umrühren nicht absolut notwendig, und wegen der oft sehr groſsen Dimensionen und Gewichte auch schwer ausführbar und mit Nachteilen verknüpft ist.

Die Natron-Zellstoff-Fabrikation ist eigentlich kein neues Verfahren, sondern nur eine Übertragung aus der Strohstofffabrikation, da hier nur das Holz gerade so wie dort das Stroh unter Dampfdruck mit Natronlauge gekocht wird und höchstens andere Verhältnisse ausprobiert werden muſsten. Gerade 25 Jahre sind es her, als in Deutschland der jetzige Kommerzienrat Herr Max Dresel in Dalbke sich dieser mühevollen Arbeit unterzog, und es sei dem Verfasser gestattet, nach den eigenen Angaben des Herrn Dresel hier eine kurze Darstellung des Verlaufs und der Resultate der 1871 vorgenommenen Versuche anzuführen:

Zunächst hat er von dem Ingenieur James A. Lee die Modelle zu einer Hackmaschine, welche zuerst von Houghton nach einer Farbholzhackmaschine in Manchester für die Papierfabrik Cone Mills in England gebaut wurde, 1870 käuflich erworben, zur beliebigen Vervielfältigung. Dieser Herr Lee hatte zur Zeit eine kleine Maschinenfabrik unmittelbar bei der Papierfabrik Cone Mills bei Lydney in England, und war von dieser Gesellschaft als Reparateur und zur Überwachung ihrer maschinellen Einrichtung kontraktlich verpflichtet. Als solcher unterwarf er die Houghton' Woodcutter einer kleinen Änderung und lieſs sich die ganze Maschine dann in England patentieren. Die Cone Mills arbeiteten 1870 mit sehr primitiven Apparaten, die zum Teil von dem Ingenieur Houghton herrührten, zum Teil denjenigen nachgebaut waren, welche Jessup & Moore, damals in Philadelphia, zum Kochen von Stroh und Pappelholz anwandten und stellten damit eine sehr unvollkommene braune Halbcellulose dar, die sie nicht zu bleichen vermochten und welche nur zu braunem Packpapier Verwendung finden konnte. Auf einer, 1870 nach England unternommenen Reise konnte Herr Dresel zwar nicht die Cone Mills kennen lernen, erfuhr jedoch soviel, daſs in dieser Fabrik die zum Kochen von Stroh und Holz benutzten Kocher von Herrn Houghton stammten, welcher ein Patent darauf hatte, daſs diese Kocher liegende Zylinder seien, welche im Innern mit einem groſsen Röhrensystem ausgekleidet wären und daſs die Kocher selbst im offenen Feuer liegen. Dieses Röhrensysten wurde mit Wasser gespeist und heizte dann den Kocherinhalt.

In Frankreich, bei dem Papierfabrikanten Dambricourt in St. Omer, lernte er einen groſsen, im direkten Feuer liegenden Strohkocher mit innerem groſsen Rührwerk kennen, in welchem zufällig gerade versuchsweise Pappelholz gekocht wurde. Herr Dresel kombinierte nun nach den gemachten Wahrnehmungen, daſs, wenn sich mit dem Kocher mit direkter Heizung ohne ein inneres Rührwerk, wie in Cone Mills, wenn auch nur Pappelholz kochen lieſs, und dieses ebenfalls, wie in St. Omer mit direkter Heizung in einem liegenden cylindrischen Kocher mit Rührwerk möglich war, es auch wahrscheinlich sein müſste, in einem liegenden zylindriscnen Kocher mit direkter Beheizung und ohne inneren Rührmechanismus Holz kochen zu können.

Nachdem es gelungen war, in einem kleinen Versuchskessel nach langwierigen Versuchen ein Kochverfahren mit Ätznatron zu ermitteln, welches sich zur Auflösung von Tannen- und namentlich Kiefernholz auch im Groſsen zu eignen versprach, lieſs Herr Dresel in der benachbarten Maschinenfabrik K. & Th. Möller in Brackwede einen 45 Fuſs langen und 4 Fuſs im Durchmesser haltenden Kessel bauen, der für 10 Atmosphären Gebrauchsdruck bestimmt war. Nachdem auch eine komplette Kaustizierungsanlage ausgeführt war, wurde der groſse Holzkocher am 1. Oktober 1871 in Betrieb gesetzt und somit die erste Holzzellstoff-Fabrik auf dem Kontinent eröffnet. Besonders die Herstellung einer praktischen Verschluſseinrichtung, welche dem nötigen hohen Druck Stand hielt, machte grofse Schwierigkeiten; aber es ist auch zu berücksichtigen, dafs selbstverständlich anfangs für Bereitung der Kochlauge im Grofsen sowohl, wie für die Kochdauer und alle anderen Vorgänge irgendwie mafsgebende Anhalte und Beispiele fehlten und eine Information nirgends zu erhalten war, also die erste Betriebsperiode selbstverständlich nicht unbedeutende Kosten verursachte. Um so gröfser war jedoch dann die Befriedigung, also die Resultate der Kochungen ein bleichfähiges Fabrikat ergaben, welches für die Papierfabrikation für viele Fälle als Ersatz der Lumpenfaser dienen konnte. Wie es in den meisten derartigen Fällen geht, geschah es auch bei der Natronzellstofffabrikation. Durch den schon erwähnten Herrn A. Lee, sowie den Ingenieur Rosenhain, Beamten der Brackweder Kesselfabrik, wurden die in der ersten Dalbker Fabrik ausgearbeiteten und praktisch erprobten Ideen aufgefafst und unter der Flagge „System Lee“ mit Hilfe entsprechender Bekanntmachungen später in Schweden, Deutschland usw. verbreitet.

Die Kocher hatten oben einen Dampfsammler; das geschnittene Holz wurde in eiserne Käfige, auch Siebe genannt, gefüllt, welche aus gelochtem Eisenblech mit starken Winkeleisenringen angefertigt waren und mit Laufrollen auf einer Schiene in die Kocher hineingeschoben wurden; dies erleichterte das Füllen und Entleeren bedeutend. Diese Kocher hatten das Gute, dafs in ihnen von Anfang an alles Holz voll mit Lauge bedeckt war; während dem Kochen sank der Inhalt in den einzelnen Sieben etwas zusammen; der durch das Heizen entwickelte Dampf sammelte sich im Dampfsammler, während die Lauge konzentrierter wurde. Der Dampf wurde nach beendigtem Kochprozefs meist zum Kochen neuer Kochlauge verwendet.

Was den Kochprozefs selbst anlangt, so bewährte sich am besten eine Ätznatronlauge von 10° B., eine Temperatur von 360° F. und ein Druck von 9—10 Atm. bei einer Kochdauer von 6 Stunden. Der Kocher enthielt oder lieferte vielmehr 850 kg trockenen Stoff.

Nachdem der erste grofse Kocher längere Zeit im Betriebe war, stellte sich bei demselben eine Reihe von Übelständen heraus, die hauptsächlich darin beruhten, dafs bei dem intermittierenden Gebrauch, dem schroffen Wechsel zwischen starker Erhitzung und Abkühlung, Be- und Entlastung, Undichtigkeiten in den Kesselnähten entstanden, die nicht ganz zu verhindern waren und, abgesehen von grofsen Reparaturkosten, starke Laugenverluste zur Folge hatten; sodann fand bei diesem Kocher eine sehr ungenügende Ausnutzung des Feuerungsmaterials statt, und kamen dadurch die Heizungkosten unverhältnismäfsig hoch.

Die Kocher hingen nur an den angenieteten Trägern auf dem Seitenmauerwerk und lagen sonst fast auf der ganzen Länge frei; ich habe festgestellt, dafs schlecht gearbeitete, aus England gelieferte Kochkessel sich nach Füllung mit Holz und Lauge 15 mm in der Mitte der Länge nach durchbogen, dagegen

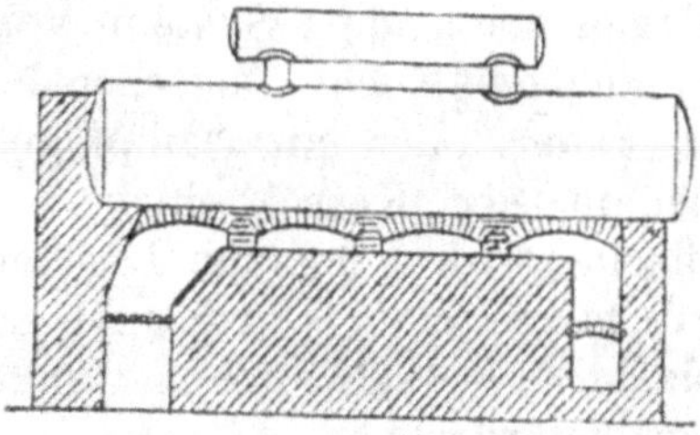

Fig. 54.

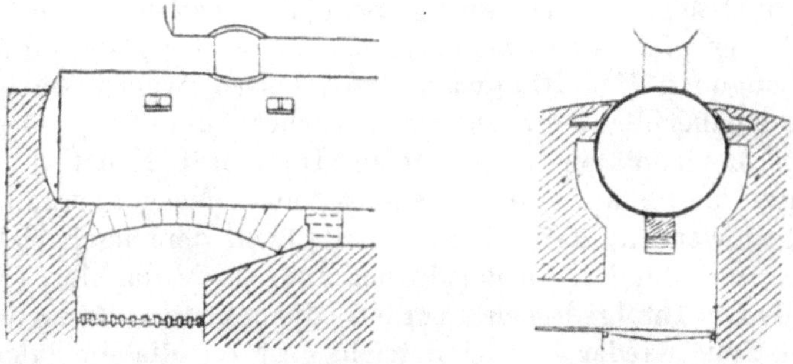

Fig. 55 u. 56.

gut gearbeitete vom Vulcan-Stettin nur 1,5 mm. Rechnet man dazu noch die grofsen Unterschiede zwischen Heizen und Abkühlen und bedenkt, dafs man in 24 Stunden bis zu 3 Operationen machte, so wird man zugestehen müssen, dafs diese Kocher viel auszuhalten hatten. Dazu kam nun noch ein Übelstand; der Zwischenraum zwischen den eingeschobenen Holzsieben und der Kesselwandung war sehr gering; bei starkem Heizen mufste dann die Dampfentwicklung eine so kräftige sein, dafs die Dampfblasen die Lauge heftiger aus diesem schmalen Zwischenraum wegdrängten, als sie durch die Holzsiebe wieder zurückfliefsen konnte; die Heizplatte wurde so trocken und glühend und beulte sich nach aufsen aus; dies kam in der Tat sehr oft grade über der Feuerung vor; ich liefs daher über diese ein kurzes Gewölbe schlagen, sodafs die Flamme gleich abgebogen wurde und längs dem Kessel weiter streichen mufste und setzte aufserdem noch schmale Bogen und Pfeiler unter die ganze Länge des Kessels, auf denen dieser mit ruhte, wie dies die nebenstehenden Figuren zeigen. Danach hörten endlich die vielen Reparaturen an den Kochkesseln auf. Ob man heute noch irgendwo diese liegenden Kocher mit Sieben benutzt, entzieht sich meiner Kenntnis. Etwa um dieselbe Zeit wurden verschiedene Anlagen nach dem System von Sinclair gebaut, welches senkrecht stehende Kocher hatte, welche entweder ebenfalls mit direktem Feuer, oder mit Dampf geheizt wurden. Im ersteren Falle bekam der Kessel einen inneren Mantel von starkem Drahtgeflecht oder gelochten Blechen, welcher in bestimmtem Abstand festgehalten wurde und so die direkte Berührung von Holz und Kesselwandung hinderte und die Zirkulation der Lauge beförderte.

Wenn sich nun auch diese senkrecht stehenden Kochkessel leicht und schnell füllten, so war das Entleeren um so umständlicher und beschwerlicher; nachdem der Dampfdruck und die Lauge in der Hauptsache abgelassen waren, mufste der ganze Kocherinhalt durch ein seitliches Mannloch, oder einen langen horizontalen angenieteten Hals mit Krücken herausgekratzt und nach den Auslaug- oder Waschapparaten hingetragen werden; dabei kam der Stoff, an dem noch viel Lauge anhing, mit der Luft in Berührung und wurde dunkler, schwerer bleichbar. Infolgedessen wurden die meisten Anlagen nach kurzer Zeit wieder aufser Betrieb gesetzt; die in Salach und Köslin hatten sich am längsten gehalten, sind aber nun auch schon längst verschwunden.

Um vielen Übelständen abzuhelfen, hat dann Herr Dresel nach langem Probieren die Konstruktion gefunden, welche ihm unter No. 5891 im Mai 1878 patentiert wurde und welche auf dem Prinzip beruht, den Kocher, ohne denselben selbst dem Feuer auszusetzen, doch mittelst direkter Beheizung, also ohne Dämpfe und ohne Laugenverdünnung durch selbsttätige Zirkulation der Lauge zu erhitzen und auf beliebig hohen Druck zu bringen. Später verbesserte er diese Konstruktion und nahm 1878 ein Zusatzpatent, welches namentlich Vervollkommnungen in dem Röhren-Heizsystem betraf. Nachstehende Figuren zeigen die jetzt bewährte Anordnung: Der aufrechtstehende zylindrische Kochkessel A, der unten eine trichterförmige Gestalt hat, besitzt unten seitwärts ein Mannloch zum Entleeren und oben eine weite Füllöffnung mit Deckel. In der Mitte des unteren Bodens befindet sich ein Stutzen, der mit dem Heizapparat B direkt, sowie mit etwa weiter aufgestellten Kochkesseln verbunden ist. Diese Verbindung kann je nach Erfordernis durch Hähne oder Ventile aus- und eingeschaltet werden.

Der direkt mit dem Kocher verbundene Heizapparat B besteht aus einem System parallel neben- und übereinander in gewissen Zwischenräumen und mit gewisser Steigung liegenden Röhren R, welche an ihren Enden in enge Kammern K münden

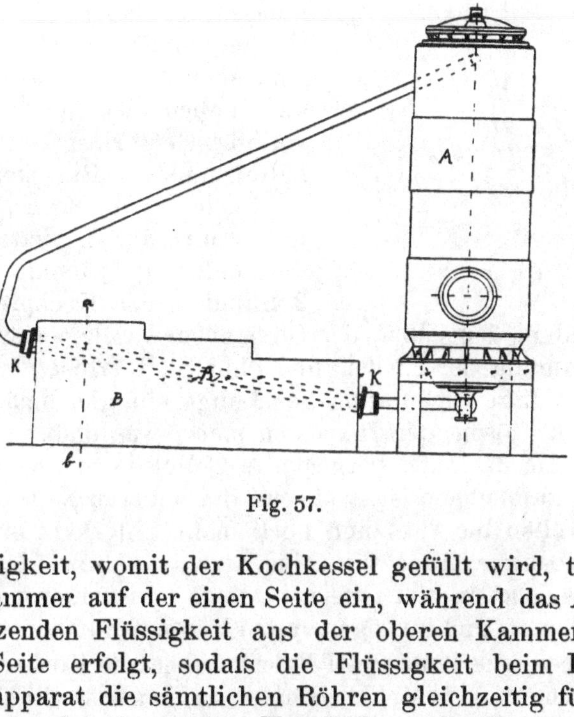

Fig. 57.

Die Flüssigkeit, womit der Kochkessel gefüllt wird, tritt in die untere Kammer auf der einen Seite ein, während das Aufsteigen der erhitzenden Flüssigkeit aus der oberen Kammer auf der anderen Seite erfolgt, sodafs die Flüssigkeit beim Eintritt in den Heizapparat die sämtlichen Röhren gleichzeitig füllt.

Die durch die grofse Heizfläche schnell zu erhitzende Flüssigkeit steigt aus dem Heizapparat gleichmäfsig in das oben in dem Kocher einmündende Rohr und kehrt, durch den Kocher zirkulierend, in die untere Heizrohrkammer wieder zurück; es findet so ein selbsttätiger Kreislauf der Kochflüssigkeit statt und kann auf diese Weise der Inhalt des Kochapparates durch direktes Feuer erhitzt werden, ohne den Kocher selbst dem

Feuer auszusetzen. Durch diese Anordnung wird eine schnellere Erhitzung, heftigere gleichmäſsige Zirkulation in dem Kochapparat unter möglichster Verhinderung von Dampfbildung sowie vollkommenere Imprägnierung und schnellere hohe Erhitzung des Kochkesselinhaltes gegenüber dem im Hauptpatente ausgeführten, durch eine liegende Rohrschlange gebildeten Heizapparat bezweckt. —

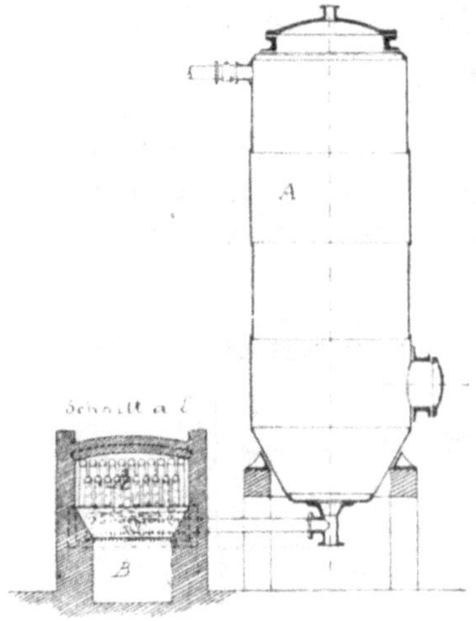

Fig. 58.

Die Cellulosekocher haben sich auſserordentlich bewährt und sind davon drei Stück seit 1877 im Betrieb, ohne daſs einer von denselben hat repariert werden müssen. Dabei liefern diese Kocher einen sehr guten Stoff, sind sehr bequem zu beschicken und haben den groſsen Vorteil völliger Gefahrlosigkeit und verhältnismäſsiger Billigkeit.

Auch sind noch die Vorteile mit diesen Patentkochern verbunden, daſs damit in $2^1/_2$ bis 3 Stunden der Kochprozeſs ausgeführt und in demselben der Stoff ausgewaschen werden kann, ohne Schädigung der Kocher und ohne Stoffverlust; ferner findet durch die heftige Zirkulation der Lauge ein gleichmäſsiges und intensives Auflösen der Inkrusten statt, was dadurch bewiesen wird, daſs die darinnen hergestellte Cellulose mit 8—9% Chlorkalk weiſs zu bleichen ist, während die anderen Natroncellulosen 12, ja zuweilen bis 20% und noch mehr Chlorkalk erfordern.

Die Kocher werden für reine Ätznatron- sowie Sulfatlaugen benutzt, welche in von Herrn Dresel konstruierten Abdampföfen abgedampft und im sogenannten Brennofen kalziniert werden.

In einer amerikanischen Fabrik haben die Kocher 1,5 Meter Durchmesser und 5 Meter Höhe; im Inneren durchlöcherten doppelten Boden und Deckel, welche Einrichtung bei den meisten Kochern dieser Art getroffen ist, damit das Holz die Rohre nicht verstopfen und in dem mittleren, groſsen Kochraum zurückgehalten werden kann. Die Ätznatronlauge hat einen Gehalt von 12° Beaumé, und wird dieselbe durch direktes Feuer langsam ins Kochen gebracht und der Prozeſs bei einer Spannung von 6—8 Atmosphären (160°—172°) in zirka 6 Stunden beendigt.

Das Entleeren durch das seitlich angebrachte Mannloch ist hier aber nicht minder umständlich, wie bei den Kesseln nach Sinclair.

Zu erwähnen sind auch noch verschiedene Kochkesselkonstruktionen, welche vielfach denen der Strohstofffabrikation nachgebildet und meist nur ein- höchstens zwei Mal wohl zur Ausführung gekommen sind.

Zunächst der rotierende Kugelkocher, der zuerst in Königstein i. S. und dann in Gernsbach i. Baden zur Anwendung kam; nach beendetem Kochprozefs entleerten sie sich nach und nach bei weiteren Umdrehungen durch das eine Mannnloch in eine darunter befindliche Stoffgrube, wo die Masse mehr oder weniger rationell ausgewaschen wurde.

In einer Fabrik Schwedens hatte man sehr lange horizontal liegende, sich um ihre Längsachse langsam drehende Zylinderkocher, welche mit Dampf geheizt wurden, sich aber durch das eine Mannloch in der Mitte selbstredend nicht leicht füllen und entleeren liefsen. Die Fabrik, eine der ältesten Natronzellstofffabriken überhaupt, ist in ihren finanziellen Ergebnissen nur selten von Erfolg begleitet gewesen, und noch ungünstiger wurden sie, als man diese Kocher senkrecht stellte und in dieser Weise dann als Sturzkocher rotieren liefs.

So bestechend auf den ersten Moment auch die Weise und Wirkung der rotierenden Kocher zu sein scheint, so hat sie doch andrerseits unverkennbare Nachteile im Gefolge. Zunächst dachte man an eine sehr gute Mischung der Laugen und die Lösung der Inkrusten zu fördern, insoweit, als von den Holzstückchen sich der fertig gekochte Zellstoff immer ablösen und der Rest um so leichter kochen würde; wenn das in gewisser Beziehung ja auch stimmt, mufs man andererseits auch damit rechnen, dafs die ganze Masse im Kocher durch das Rotieren sich dichter zusammensetzt und dem Durchgang der Kochlauge gröfsere Schwierigkeiten entgegensetzt; auch werden die Spitzen der Zellstofffasern etwas rauh angeschliffen und neigen so dazu, sich zu kleineren oder gröfseren Klümpchen, Graupen genannt, zusammenzuballen, welche sich später nicht so leicht wieder auflösen lassen.

Die senkrechten, um eine kurze horizontale Achse rotierenden Sturzkocher sind am wenigsten zu empfehlen, weil in ihnen dann der ganze Kocherinhalt hin- und herschiefst und sich fest zusammenballt, wenn man nicht eine Menge, den Sturz etwas mildernde Dampfrohrschnecken einbaut; jedenfalls haben Achsen und Lager solcher Kocher besonders viel auszuhalten, und das erzielte Produkt entspricht nicht den höchsten Anforderungen.

Betrachtet man den Stoff nach dem Auslaugen, der in nicht rotierenden Kochern erzeugt worden ist, so hat dieser noch ganz die Form der ehemaligen Holzstückchen beibehalten, nur dafs sie ganz weich und locker geworden sind, sodafs die Koch- und später die Waschlauge leicht hindurchpassieren kann. Man ist daher wohl überall schon von den rotierenden Holzzellstoffkochern wieder abgegangen und hat nur noch stehende Kocher in Benutzung. In einer andern schwedischen Fabrik hat man solche in kleineren Dimensionen gebaut, in die man durchlochte Zylinder mit Holz gefüllt einsetzt; nach beendigtem Kochen und event. Auswaschen hebt man sie mit dem fertigen Zellstoff im Ganzen heraus und entleert sie in diejenigen Apparate, in denen der Stoff weiter verarbeitet werden soll.

Hier ist auch die geeignete Stelle, nun auf das von Ungerer erfundene Kochverfahren ausführlicher einzugehen, welches schon auf Seite 34 als das eigentlich rationellste erwähnt worden ist. Die Methode beruht auf dem Prinzip der Verdrängung und kommt in der Weise zur Ausführung, dafs die Lauge in einer gewissen Reihenfolge eine Anzahl von Kochern (Batterie) passiert, welche mit Dampf geheizt und mit Holz beschickt werden, das in dünne Scheiben gehackt ist. Eine Batterie umfafst 7—10 senkrechte, feststehende Kocher die mittelst Röhren und Ventilen so verbunden sind, dafs man nach Belieben den Dampf oder die Lauge von einem Kocher in den andern leiten kann. — Mit diesem Kochersystem wird nun so gearbeitet, dafs man das frische Holz, mit den am leichtesten löslichen Teilen, zunächst mit Dampf behandelt, der zweckmäfsig dem Kocher entströmt, welcher entleert werden soll, und dann mit der an Natron schwächsten, weil an gelöstem Extraktivstoff reichsten Lauge kocht, welcher dem vorher frisch mit Holz beschickten Kocher entnommen wird, somit die sämtlichen Kocher durchlaufen und seinen Kreislauf mit dem Kocher begonnen hat, aus dem nunmehr das Holz entleert wird. Besitzt die Batterie z. B. 7 Kocher (*A*) (*B*) (*C*) (*D*) (*E*) (*F*) (*G*) im Betriebe, so erfolgt der Wechsel folgendermafsen: Wenn z. B. *C* neu gefüllt ist und *B* entleert werden soll, so wird erst der Dampf von *B* nach *C* geleitet, um das frische Holz zu dämpfen; dann gelangt die schwächste Lauge von *D* nach *C* und so der Reihe nach immer stärker von *E* nach *D*, von *F* nach *E*, von *G* nach

F, von *A* nach *G* und von *B* nach *A*. Nach Verlauf einer Stunde etwa wird die Lauge aus *C* abgelassen, um regeneriert zu werden, während unmittelbar nach diesem Ablassen ein Vorrücken der Lauge von *D* nach *C* usw. eintritt und *A* mit frischer, reiner Lauge versehen wird. Auf solche Weise wird stündlich ein Kocher zum Entleeren mit heifsem Wasser unter Dampf ausgewaschen. In demselben Mafse, in welchem die Lauge auf ihrem Kreislaufe geschwächt wird, kann auch die Kochtemperatur oder der Dampfdruck abnehmen, der überhaupt bei diesem Prozesse, bei dem die Lauge durch fortwährenden Wechsel unter den günstigsten Verhältnissen zur Wirkung gelangt höchstens in dem Kocher, der mit frischer Lauge beschickt ist, 6 bis 8 Atmosphären für Nadelholz und 3 bis 4 Atmosphären für Laubholz beträgt. Die frische Lauge enthält für Nadelholz 5—6 pCt., für Laubholz 3—4 pCt. Ätznatron. — Die mit den Extraktivstoffen und Inkrusten gesättigte Lauge der letzten Kochung wird sodann durch Abdampfen und Ausglühen stets von neuem für den Prozefs gewonnen, sodafs nach Angabe des Erfinders auf 100 Kilo trockene Cellulose nur 5—6 Kilo Natron verloren gehen sollen. Je nach dem Alter, dem Wuchse und der Art des verwendeten Holzes, liefert 1 Raummeter Holz 100—120 Kilo Cellulose bei Nadelholz und noch etwas mehr bei Laubholz (150—180 Kilo). Ferner nimmt man auf 1 Raummeter Holz bis 150 Kilo Soda von 90 pCt. zur Verwandlung in Ätznatron, wovon durch Regeneration 0,9 wieder gewonnen werden.

Die Kocher sind nicht grofs und sind in ihren Dimensionen dadurch auch beschränkt, dafs man die frische Kochlauge in einem besonderen, direkt geheizten Dampfkessel unter Druck bringt und dann in den fast schon fertig gekochten Kessel hineindrückt; selbstredend darf dieser Laugenkessel dann nur bis zu einem gewissen Mafse entleert werden; die Menge der Lauge für eine Kochkesselfüllung kann also nicht zu grofs genommen werden; und in der Tat lieferten die ersten Kesselchen auch nur 60 bis 65 Kilo lufttrockenen Stoff, deren man 10 nebeneinander gestellt hatte, zu deren Verbindung viele Rohre mit einer Unmenge von Ventilen erforderlich waren, welche für den ersten Augenblick die Kocherei als viel komplizierter erscheinen liefsen, als sie war. Wie aber schon auf Seite 45 näher ausgeführt worden ist, soll man höchstens in 4 Kochern hintereinander kochen; will man aufserdem dann noch den fertig gekochten Stoff gleich in den Kochern weiter systematisch auslaugen, so genügen dazu sicher drei weitere Kocher. Ihre

Entleerung geschieht ebenfalls durch seitlich angebrachte Mannlöcher durch Auskratzen des Stoffes in kleine Wagen, welche auf einem Gleise vor der Kochbatterie laufen. Die erste Anlage mit den kleinen 10 Kesselchen wurde in Sinsleben b. Ermsleben errichtet, ist aber schon lange aufser Betrieb und abgebrochen worden; es ist nur noch eine in Stuppach b. Gloggnitz im Betriebe, welche erheblich gröfsere Kocher hat. Der so erzeugte Stoff ist entschieden der schönste, weil er, wie schon auf Seite 34 erwähnt ist, durch successives Auslaugen unter viel niedrigerem Druck hergestellt wird; dabei werden die Inkrusten aufs Vollkommenste gelöst, und die Faser bleibt aufs Beste erhalten; der Stoff kommt fast weifs aus den Kochern heraus und braucht nur noch etwa 5—6% Chlorkalk zum völligen Bleichen, während man zu sonstigem guten Sulfatzellstoff aus Kiefernholz 20—22,5% etwa nötig hat; für Fichtenholzstoff genügen meist 12 bis 15%.

Um die Kocher nach beendigter Operation möglichst schnell entleeren zu können, ging man mehr und mehr dazu über, ihren ganzen Kocherinhalt, also Stoff und gebrauchte Lauge, unter geringem Druck auszublasen und zwar in offene oder geschlossene Apparate, in denen der Stoff mehr oder weniger systematisch und gut ausgewaschen wurde. Schon in den 70iger Jahren blies man in Hönnerup, der seinerzeit einzigen Zellstofffabrik Dänemarks den Kocherinhalt aus, und von da verpflanzte sich die Einrichtung nach Nurmis in Finnland; es hat aber sehr lange gedauert, bis man in anderen Fabriken dazu überging; in Skandinavien tat man es meines Wissens zuerst und ging auch zu grösseren Kochern über; man gab ihnen eine Höhe bis zu etwa 11 m und einen Durchmesser von 1,6 bis 1,8 m. Solche hat danach Dahl in Deutschland etc. eingeführt.

Bei dem Ausblasen verfolgt man noch einen andern Zweck; nämlich man läfst den Gesamtinhalt gegen eine Seite des Ausblasegefäfses oder besser auf einen besonderen Trichter aufschlagen, wodurch der gekochte Stoff ganz aufgelöst und so die eine Arbeit im Holländer ganz gespart wird. Die Ausblasezylinder kann man nun leicht nach Shanks'schem Prinzip unter sich verbinden und dann zum besten Auslaugen und Auswaschen des darin befindlichen Stoffes benutzen. Ist derselbe dann rein, so öffnet man das Mannloch von 500 mm Durchm. und entleert den Inhalt durch Hand und Wasserspülung in grofse Holzrinnen, welche davor liegen und in denen er nach den Holländern fliefst, um hier noch kurze Zeit mit der Waschtrommel nachgewaschen zu werden, bevor man ihn entweder direkt zur Entwässerungsmaschine befördert, oder vorher noch mit Chlorkalklösung bleicht.

Für die eben angegebene Kochergröſse von 10,5 bis 11 m Höhe und 1,6 m Durchm. macht man die Ausblasezylinder zweckmäſsig 4,00 m hoch bei 2,800 m Durchm. Man nimmt nun mindestens 3 solcher zusammen für eine Anlage; hat man nur einen oder zwei Kochkessel, so muſs man es so einrichten, daſs man aus jedem Kocher in jeden Zylinder ausblasen kann; bei 3 und 4 Kochern aber verbindet man jeden Kocher nur mit einem, dem ihm zugehörigen Zylinder. Nebenstehende Figuren zeigen eine solche Gruppe, sowie die Verbindung der Ausblase-Zylinder untereinander.

Das Kochen mittelst Dampf in so groſsen Kochern hat nun seine

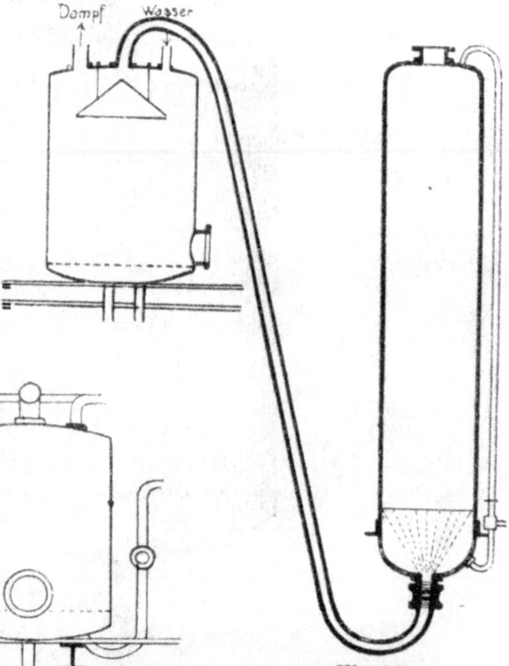

Fig 59.

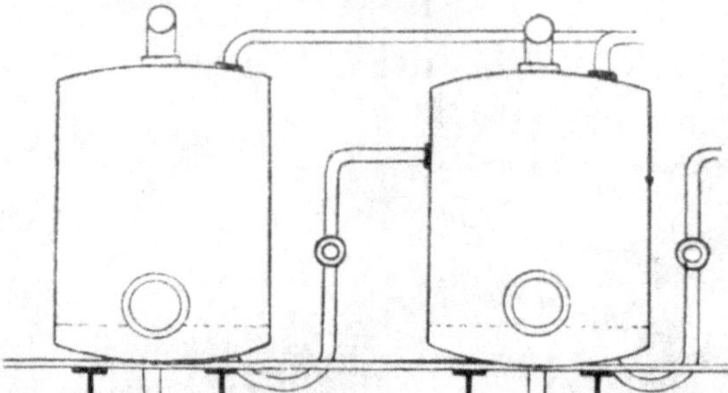
Fig. 60.

Schwierigkeiten; mit verbunden es mit Injektoren, welche unten die Lauge absaugen, mehr und mehr erwärmen und oben wieder in den Kessel befördern sollten; sie versagten jedoch sehr oft, und griff man dann zu dem Aushilfsmittel, den Dampf direkt unten in den Kocher eintreten zu lassen: es war dies selbstredend mit starken Erschütterungen des ganzen Kochers durch die plötzliche starke Kondensation verbunden, sodaſs es in einer Fabrik Norwegens passierte, daſs ein solcher groſser Kochkessel plötzlich in seiner ganzen Länge von oben bis unten aufriſs.

Um nun aber eine gute Zirkulation und schnelles Kochen ohne solche Erschütterungen zu erzielen, haben Gebr. Körting in Hannover, welche Dampfstrahl- und ähnliche Apparate als besondere Spezialität bauen, Elevatoren konstruiert, welche rasch und ohne jeden Stofs arbeiten und den Kocher in kurzer Zeit auf den erforderlichen Druck bringen; sie arbeiten derart ruhig, dafs man das Ohr an die Rohrleitung legen mufs,

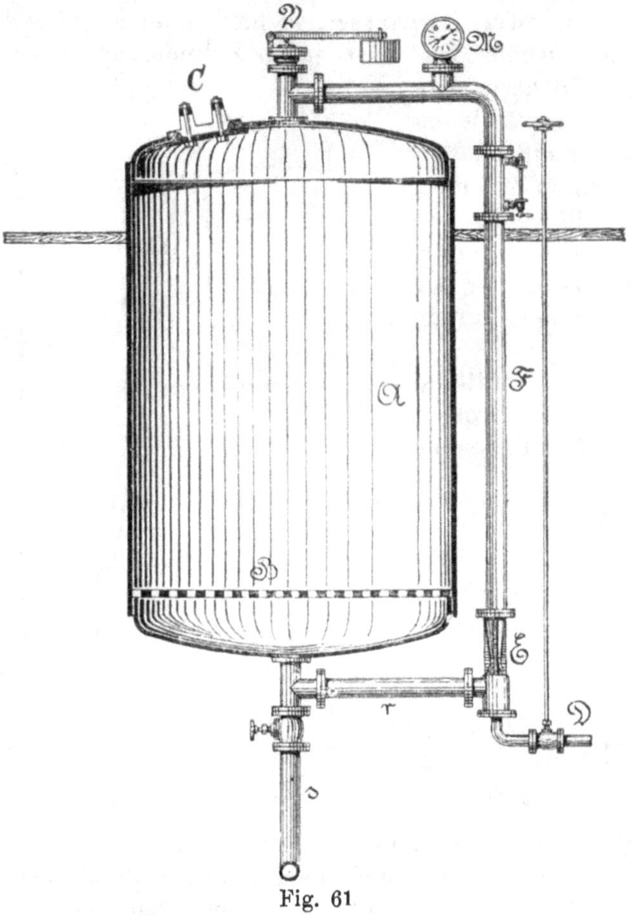

Fig. 61

um zu erfahren, dafs der Apparat wirklich arbeitet. Fig. 61 zeigt einen solchen Apparat, bei einem Bäuchekessel: *B* ist ein durchlöcherter Boden im Kocher *A*, welcher zylindrisch, mit abgerundeten Enden gebaut ist. Das Mannloch *C* dient zum Einfüllen des Materials, und die Entleerung erfolgt durch einen über dem Boden befindlichen, in der Zeichnung nicht sichtbaren seitlichen Verschlufs. Neben dem Kocher befindet sich ein Steigrohr *F*, das einerseits mit dem Dampfrohr *D*, andererseits durch Zweigrohre mit dem unteren und oberen Raume des Kochers in Verbindung steht, sowie bei bei *E* den bekannten Körtingschen Elevator trägt. Der aus dem Kessel kommende, durch *D* zuströmende Dampf saugt mittelst des Elevators *E* die unter dem Boden *B* gesammelte Lauge durch das Rohr *r* an, treibt sie durch das Steigrohr *F* in den oberen Kocherraum und bringt somit nicht nur eine gehörige Erwärmung, sondern auch eine starke Zirkulation der Lauge hervor, die nach dem Gebrauch und dem Abschlusse der der Dampfströmung durch das Rohr *s* abgelassen wird. Voraussetzung für den Eintritt und die Fortdauer der Laugenbewegung ist nur, daſs der Druck im zuströmenden Dampf stets eine Atmosphäre höher ist, als die Spannung im Kocher. Zur Regelung dieser Spannungsverhältnisse, welche durch ein bei *M* angebrachtes Manometer zu erkennen sind, dient ein bei *C* angebrachtes Sicherheitsventil, dessen Belastung dem im Kocher verlangten Druck angemessen ist. Dieser Kocher eignet sich, wie gesagt, weniger gut für das Kochen von Holz wegen der schweren Entleerung und wird mehr für andere Zwecke benutzt.

An Stelle des horizontalen Bodensiebes nimmt man am besten eins in Trichterform, wie schon in Fig. 59 des neuesten Kochkessels mit eingezeichnet worden ist; hier flieſst nicht bloſs die Lauge leicht hindurch, um von den Elevatoren dann aufgenommen, nach und nach auf Druck gebracht und nach oben befördert zu werden; sondern auch das Entleeren durch Ausblasen wird dadurch so leicht; den Kocher schlieſst man am besten mit einem Stopfbüchsenhahn von mindestens 150 mm Durchgangsöffnung ab, den man durch langen Hebel mit Zahnrad und Sperrklinkeneinrichtung öffnet und schlieſst; die Rohrleitung hat denselben Durchmesser und zum Abblasen in die hochstehenden Zylinder genügt ein Druck von 1,5 bis 2 Atmosphäre völlig. Durch das Ausblasen spart man auch noch Zeit; der Kessel kühlt nicht so sehr ab und ist so schneller wieder aufs Neue mit Holz zu füllen und wieder auf Druck zu bringen. Den aus den Ausblasezylindern entweichenden Dampf kann man kondensieren, oder durch Dampfschlangen leiten, welche die neue Kochlauge und Waschwasser in ihren Bassins vorwärmen.

Man muſs bei diesen Kochern nur vor Allem auch darauf sehen, daſs, wenn sie mit keinem besonderen Dampfsammler verbunden sind, nur soweit mit Kochlauge gefüllt werden, daſs noch genügend Raum für das aus dem Heizdampf sich bildende Kondenswasser und für Dampf vorhanden ist; sonst kann es leicht kommen, dafs man wohl sehr schnell den gewünschten Druck, nicht aber die erforderliche Temperatur im Kocher erreicht, und der Stoff ist dann nicht gut gekocht. Mano- und Thermometer stimmen dann nicht überein. Man mufs also nicht blos diese beiden Apparate an jedem Kocher anbringen und genau im Betriebe kontrollieren, sondern auch noch mehrere Probierhähne in verschiedener Höhe, um den Stand der Lauge auch während dem Kochen feststellen zu können. Je höher gespannt, je heifser also der Dampf im Dampfkessel ist, um so schneller wird er selbstredend den Kocher auf die gewünschte Temperatur bringen und um so weniger Kondenswasser liefern.

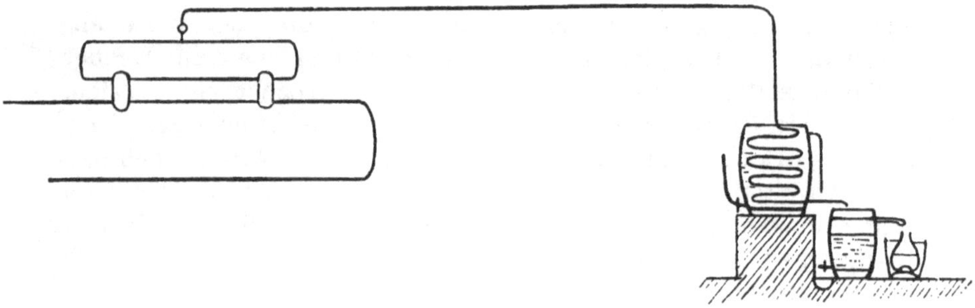

Fig. 62.

Zum Schlufs sei nun noch eine Nebenproduktes gedacht; welches leicht zu gewinnen ist und schöne Erträge, gleichsam kostenlos, liefert, nämlich des Terpentinöls; meines Wissens ist auf dessen Gewinnung zuerst in der inzwischen längst eingegangenen Zellstofffabrik bei Danzig Rücksicht genommen worden, und hat sich von da aus dann nach und nach weiterverbreitet; besonders eignen sich dazu Kocher mit grofsem Dampfsammler, wie z. B. die liegenden nach Lee. Auf den Dampfsammler setzt man eine Rohrleitung mit Hahn von höchstens 25 mm Durchm. auf, den man etwas öffnet, sobald der Druck etwa 0,5 Atmosphären beträgt; diese Leitung führt man dann weiter fort nach einem von allen Heizungen entfernt liegenden Raum und läfst sie dort in einer Kühlschlange enden, aus welcher dann ein Gemisch von einer milchigen Flüssigkeit und Terpentinöl austritt, welches sich in einem Fafse leicht in beide Teile trennt; die milchige Flüssigkeit läfst man nach Bedarf unten ab und das klare Terpentinöl läuft oben selbst in davorstehende Ballons oder Fässer. Bei einer Temperatur von einigen Atmosphären entwickeln sich die meisten Dämpfe, und bei 5 bis 6 Atmosphären ist die Sache meist schon beendet. Die Ausbeute ist selbstredend nach Qualität und Quantität des Holzes sehr verschieden. Während 1 Kocher, mit etwa 8 Rmmtr. polnischen Holzes gefüllt, mitunter bis einen ganzen Ballon Terpentinöl lieferte, bekam ich später aus locker gewachsener Kiefer kaum 6 Kilo von einem Kocher; immerhin waren es ganz hübsche Summen von mehreren Tausend Mark jährlich, welche dafür eingenommen wurden.

Mit der Einführung des Sulfatverfahrens verringert sich die Qualität des gewonnenen Terpentinöls, weil geschwefelte Verbindungen mit auftreten, welche schlecht riechen; wenn man es aber längere Zeit in Ballons stehen läfst, reinigt es sich von selbst durch seine ozonisierende Wirkung; durch Schütteln mit Chlorkalklösung kann man die Reinigung noch beschleunigen. Durch Kondensierung der Terpentinöldämpfe werden die später abgelassenen Kocherdämpfe beim Sulfatverfahren von Nebengerüchen befreit, und es ist auch aus diesem Grunde daher die Gewinnung des Terpentinöls nur zu empfehlen.

B. Sulfitverfahren.

Die Kocher, welche beim Sulfitverfahren und speziell bei der zuerst zu besprechenden Mitscherlich'schen Methode in Verwendung kommen, unterscheiden sich nun von den vorhin erwähnten ganz bedeutend dadurch, dafs sie im Innern, wie auch alle damit in Verbindung stehenden Teile, gegen die zerstörende Wirkung der schwefligen Säure geschützt werden müssen. Da aufserdem der Kochprozefs nach Mitscherlich viel mehr Zeit in Anspruch nimmt, so liegt es nahe, dafs man darauf kam, möglichst viel Holz auf einmal zu kochen, also die Kocher sehr grofs zu machen. Zwar nicht alle Fabriken, die nach Mitscherlich arbeiten, haben liegende Kocher, manche auch aufrechtstehende von etwas kleineren Dimensionen; aber die meisten haben die horizontalen Kocher von 4 Meter lichtem Durchmesser und 12 Meter Länge, welche die kolossale Masse von zirka 100 Kubikmeter zerkleinertes Holz fassen und noch

60 Kubikmeter Lauge aufzunehmen bestimmt sind. Bei solchen Dimensionen ist es notwendig, das Blech stark zu nehmen und zwar 18 Millimeter (an den halbrunden Stirnwänden noch stärker) und ebenso die Ausdehnung solcher Eisenmassen bei der Erwärmung zu berücksichtigen. Aus den Figuren 63 und 64 ist nun zu ersehen, dafs das Fundament der Kocher aus 2 starken Mauern besteht, über welche 5 starke Träger gelegt

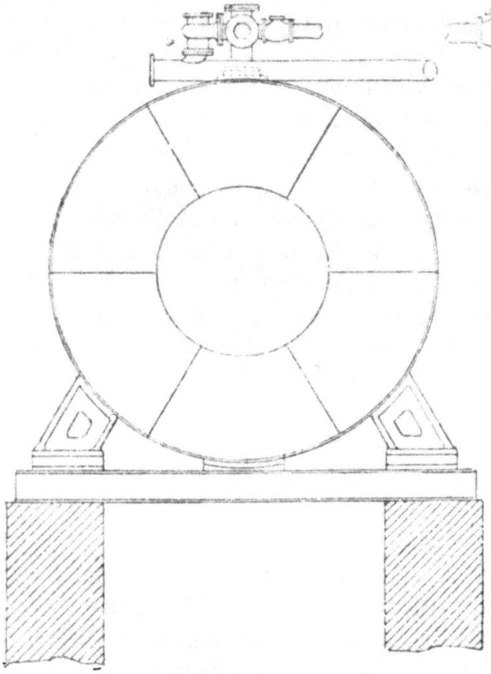

Fig. 63.

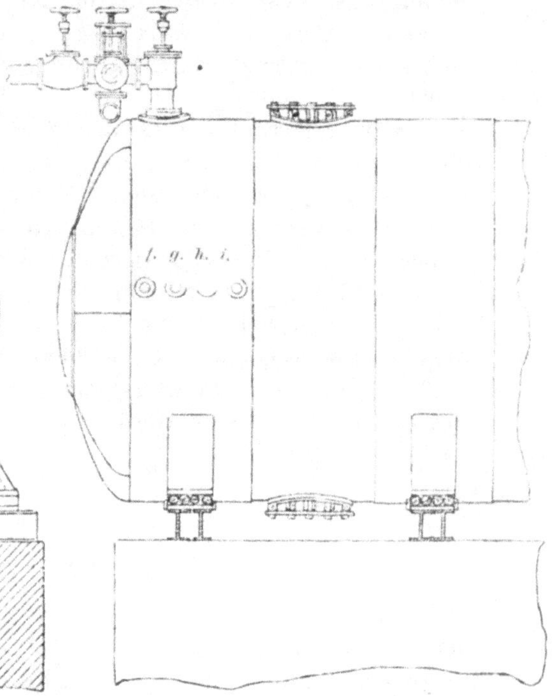

Fig. 64.

sind; der Kocher selbst hat 5 angenietete gufseiserne Füfse, welche auf diesen Trägern ruhen, jedoch nicht direkt darauf, da sich kurze eiserne Rollen zwischen den Füfsen und den Trägern befinden, welche eventuell eine kleine Ausdehnung des langen Kochers ermöglichen. Zwei Mannlöcher oben, die durch leicht lösbare Schrauben dicht verschlossen werden können (die Dichtung erfolgt durch Bleiringe und mit Hilfe von breiiger Cellulose) gestatten die Füllung von 2 Seiten gleichzeitig und

2 entgegengesetzt angebrachte Mannlöcher unten die Entleerung, wobei nach Beendigung der Kochung alle 4 geöffneten Mannlöcher einen Durchzug der Luft und dadurch einige Abkühlung ermöglichen. Es mag hier gleich erwähnt werden, daſs die Fundamentmauern über Manneshöhe haben müssen, damit der unter dem Kessel gebildete Raum, der zementiert oder mit Abtropfvorrichtungen versehen ist, so groſs wird, daſs er die ganze Kocherfüllung bequem aufnehmen kann. Der Kessel selbst ist folgendermaſsen armiert: An dem einen oberen Ende befindet sich ein Hauptventil zum Abschlieſsen des Kochers während des Prozesses und ein Kreuzstutzen, auf welchem noch 4 Ventile sitzen; von diesen steht *a* mit dem Dampfkessel *b* mit einer Wasserpumpe oder einem Reservoir, *c* mit den Laugenbottichen und *d* mit dem Übertreibeturm in Verbindung. Am entgegengesetzten unteren Ende ist noch das Ablaſsventil *e* angebracht, und auſserdem befindet sich noch in der Mitte der beiden Stirnwände je ein ins Innere führender Stutzen, welcher einen Winkelthermometer und Manometer trägt, sowie einen kleinen Hahn besitzt, durch welchen man während des Betriebes Kocherlauge ablassen und indirekt den Verlauf und das Ende des Kochprozesses beobachten und feststellen kann. Entweder ebenfalls an einer Stirnseite oder seitlich angebracht, sind nun noch 4 Stutzen nebeneinander, durch welche die Heizrohre ins Innere führen und von denen jedes durch ein Dampfventil (*f*, *g*, *h*, *i*) abgeschlossen werden kann.

Da bei dem Mitscherlich-Verfahren, wie erwähnt, das Kochen viel länger als bei den anderen Methoden währt, so würde die Lauge zu sehr verdünnt werden, wenn man den Dampf direkt in den Kocher strömen lieſse; es würde auch die Temperatur, respektive der Druck im Kocher nicht so gut zu regulieren sein: daher erfolgt die Erhitzung des Kocherinhaltes durch ein System von Röhren aus Hartblei, welches ungefähr das untere Drittel der ganzen inneren Wandfläche bedeckt. Da es öfter vorkommt, daſs ein Heizrohr während der Arbeit platzt und dann abgestellt werden muſs, so hat man vorsichtshalber 4 Rohre nebeneinander gelegt, welche eine Gesamtlänge von zirka 900 Meter oder mehr haben. Die 4 Rohrlängen, welche in Schlangenlinien dicht nebeneinander liegen, gehen am entgegengesetzten Ende des Kochers wieder aus demselben heraus und zwar kann jedes System wieder durch ein Ventil abgeschlossen werden. Es ist dies deshalb notwendig, weil, wie schon erwähnt, manchmal ein Rohr im Innern während des

Betriebes platzt. Wenn in diesem Rohr dann der einströmende Dampf abgestellt wurde, so dringt durch die beschädigte Stelle die Lauge dann in das Rohr hinein und gelangt durch dasselbe ins Freie; durch starken Geruch macht sich nun in diesem Falle der Leck im Innern des Lokales bemerklich, und durch Schliefsen der beiden Ventile kann man das betreffende Rohrsystem vollständig absperren. Es wird dadurch zwar die Kochzeit etwas verzögert, aber dem Laugenverlust und der Belästigung durch die ausströmende SO_2 vorgebeugt; der Kochprozefs kann ungestört weiter gehen.

Der mehrfach erwähnte Schutz des eisernen Kochers erfolgt nun folgendermafsen: Der im Innern gut gereinigte Kocher wird zunächst mit einem Gemenge von Teer und Pech angestrichen, und darauf ganz dünnes Bleiblech, sogenannte Bleifolie, zirka $^1/_8$ Millimeter stark in einzelnen Tafeln, bogenweise angeklebt, wobei darauf zu sehen ist, dafs das Blech in alle Vertiefungen und Ecken stark angedrückt wird, aber ohne dasselbe zu zerreifsen. Das Bekleben des Kessels erfolgt jedoch nur stückweise, und zwar nur so weit, als das Mauerwerk gerade gelegt werden soll, welches den hauptsächlichsten Schutz zu bilden bestimmt ist. Für diesen Zweck ist es notwendig, möglichst harte, wenig poröse, säurebeständige hartgebrannte Steine zu nehmen, in der gewöhnlichen Form und Gröfse der Ziegelsteine, welche jedoch mit Nuth und Feder versehen sind, um eine möglichst dichte Fuge herstellen zu können. Da es weniger die flüssige Lauge ist, welche zerstörend wirkt, als vielmehr die im oberen Kochraum sich entwickelnde gasförmige schweflige Säure, so kommt es auch darauf an, vorzüglich die obere Hälfte des Kochers zu schützen; es genügt daher, wenn man die untere Hälfte des Kochers mit 2 flachen Steinschichten gut bedeckt, während die obere in der Regel aus 2 übereinander gespannten Gewölben von je 25 Zentimeter Stärke, also aus 2 Rollschichten besteht. Als Bindungsmittel wird bester Portlandzement mit etwas Sand vermischt, benutzt. Die ganze Mauerung, besonders auch der Anschlufs an die Mannlöcher, deren Wandungen durch verschiedene, starke Bleiplatten geschützt werden, mufs sehr sorgtältig geschehen, da sonst ein neuer Kessel in ganz kurrer Zeit vollständig zerfressen werden kann. Die unter Druck stehende SO_2 frisst sich nämlich leider sehr schnell durch, wenn nur eine schlechte Fuge vorhanden ist. Aus diesem Grunde sucht man die Anzahl der Fugen auf ein Minimum zu beschränken und hat in neuerer Zeit an Stelle der Ziegelform die Plattenform gewählt, und um die einzelnen Fugen möglichst schwach machen zu können, die Form dieser Steinplatten genau der Kocherform angepafst, was namentlich an den runden Stirnwänden von grofser Wichtigkeit ist. Gleichzeitig wird bei Anwendung von gebrannten Platten, die natürlich viel schwächer als Ziegel sind, auch der Vorteil erreicht, dafs der Füllraum des Kochers nicht unwesentlich gröfser und das Gewicht des Kochers etwas kleiner wird. Bei dieser Gelegenheit mag noch erwähnt werden, dafs es bei der Ausmauerung des Kochers kaum zu vermeiden ist, die dünne Bleifolie an manchen Stellen zu beschädigen; dadurch fällt der so notwendige Schutz teilweise weg. Man verwendet daher neuerdings lieber Bleiblech, zirka 3 Millimeter dick, in möglichst grofsen und breiten Rollen, die im Innern zusammen gelötet werden (wobei allerdings der Kocher gedreht werden mufs), so dafs ein vollständiger Bleimantel das Eisenblech schützend umgibt. Schon wegen des eigenen Gewichtes dieses Mantels ist es nötig, durch breitköpfige Schrauben das Blei mit der Kocherwandung zu verbinden und dabei natürlich die Köpfe wieder mit übergelöteten Bleiplatten zu bedecken. Bei der Wahl der Bleibleche kommt es darauf an, nur das allerbeste Blei zu nehmen. Da sich das Blei bei Temperatur-Wechsel anders zusammenzieht als das Kesselblech, so entstehen häufig Falten darinnen, seine Struktur wird krystallinisch, und es sackt sich. In weichem Blei sollen sich beim Verziehen Poren öffnen und fremde Stoffe einlassen. Um die Anwendung möglichst dichter Bleche zu ermöglichen, soll man nur ganz dünne Sorten nehmen und von diesen so viele Lagen unter starkem Druck zusammenwalzen, als nötig sind, um die gewünschte Dicke herzustellen.

Die sämtlichen anfangs erwähnten Ventile müssen nun natürlich an allen inneren Teilen ebenfalls mit Blei ausgekleidet sein, da dieses Metall der schwefligen Säure am besten widersteht. Vorsichtshalber ist es auch gut, zwischen Dampfkessel und Kocher noch ein Rückschlagventil anzubringen, damit die Kocherlauge niemals in den Dampfkessel treten kann, wenn einmal der Druck doch geringer als im Kocher werden sollte.

Der eigentliche **Kochprozeß** setzt sich nun aus folgenden Teilen zusammen: Nachdem die unteren Mannlöcher geschlossen und das Holz durch die oberen hineingefüllt und im Kocher möglichst gleichmäfsig verteilt und geebnet ist, werden auch die oberen beiden verschraubt, das Hauptventil geöffnet und durch das Ventil *a* Dampf in den Kocher gelassen; sobald der Kocher ganz damit gefüllt ist, öffnet man auch das Ablaſsventil am hinteren, unteren Ende des Kochers und läſst den Dampf durch die Holzfüllung 8—10 Stunden lang hindurchstreichen, wobei darauf zu achten ist, daſs Druck im Kocher nicht entsteht. Der sich am Holz kondensierende Dampf flieſst als dunkelbraune Flüssigkeit ab, welche vanilleartig riecht, wodurch ersichtlich, daſs schon durch das Dämpfen ein Teil der Inkrusten aufgelöst wird. Der Hauptzweck des Dämpfens ist jedoch der, die einzelnen Poren des Holzes möglichst für die Aufnahme der Lauge vorzubereiten. Der Dampf verdrängt nämlich die Luft auch aus dem Innern der Holzscheiben; sobald nun das Dämpfen beendet, das Ablaſsventil geschlossen, der Dampfzutritt abgesperrt, und das Laugenventil *c* geöffnet ist, flieſst der Strom der kalten Lauge in den Kocher, der Dampf kondensiert sich, es bildet sich Luftleere, und jede kleinste Pore saugt dadurch die Lauge begierig an, sodaſs schlieſslich nicht nur die Zwischenräume zwischen den einzelnen Holzstücken mit Lauge angefüllt sind, sondern auch das Holz selbst gleich Schwämmen mit Lauge vollgesaugt ist, wodurch auch noch ein Aufsteigen des Holzes über den Flüssigkeitsspiegel vermieden wird. Auf diese Weise wirkt die SO_2 nicht nur von auſsen, sondern auch von innen heraus auflösend. Wenn der Kocher soweit mit Lauge gefüllt ist, daſs nur noch ein kleiner Raum am Scheitel bleibt, damit der sich beim Kochen entwickelnde Dampf Platz hat, wird das Ventil *c* geschlossen und nachdem alle Dichtungen fest verschraubt sind, beginnt das eigentliche Kochen, indem man die 4 Dampfheizventile öffnet, wobei darauf zu sehen ist, daſs der Druck im Dampfkessel möglichst den höchsten Stand hat, damit die Kochung im Anfang energisch vor sich geht und die Temperatur von dem Anfangsstadium von 40—45° Celsius baldigst auf 70° steigt, weil vor dieser Zeit eine chemische Einwirkung der Lauge auf das Holz so gut wie garnicht stattfindet. Die am Ende der Heizrohre befindlichen Ventile werden anfangs offen gelassen, sodaſs das kondensierte Wasser frei herausflieſsen kann, und erst wenn Dampf herausströmt, werden diese Ventile teilweise geschlossen, respektive ganz, wenn später die Temperatur in dem Kocher zu hoch steigen sollte. Dadurch setzt sich das Rohr nach und nach voll Wasser und es wird vermieden, daſs der Druck im Kocher gröſser als im Heizrohr ist, welcher Fall entstehen würde, wenn man das Dampfzutritts-Ventil schlieſsen und das Austrittsventil offen lassen wollte.

Früher wurde bei jeder Kochung als oberster Grundsatz festgestellt, daſs der Druck im Kocher niemals über 3 Atmosphären und die Temperatur über 114° steigen darf. Kam man an diese Grenzen, so muſste sofort etwas übergetrieben, d. h. ein Teil der im Kocher befindlichen gasförmigen schwefligen Säure in den Übertreibeturm abgelassen werden. Die Konkurrenz jedoch, die fallenden Cellulosepreise und das dadurch hervorgerufene Streben, mit denselben Hülfsmitteln immer mehr fertig zu machen, führten den Fabrikanten dahin, nicht nur beim Füllen und Entleeren des Kochers Zeit zu gewinnen, sondern auch den Kochprozeſs selbst möglichst abzukürzen. Durch vorsichtiges Experimentieren fand z. B. auch Verfasser, daſs man ungestraft, ohne das Fabrikat zu gefährden, bis auf 3,4—3,5 Atmosphären Druck und 120° Celsius gehen könne. Dadurch wurde die Zeit der ganzen Kochperiode, die früher 75 bis 85 Stunden gedauert hatte (das Anheizen mitgerechnet) nach und nach auf zirka 58 Stunden und weniger gebracht, wobei auf das eigentliche Kochen nur 32 Stunden entfallen. An dieser Stelle ist dabei zu erwähnen, daſs die Art des Heizrohrsystems von groſsem Einfluſs auf die Zeitdauer des Prozesses ist, da die Länge der Rohre, ihre Wandstärke, die Befreiung von Gypsniederschlag auf denselben, und das ungestörte Funktionieren aller Rohre die Abgabe der Wärme, also das Kochen fördert oder stört. Von gutem Einfluſs ist es, wenn man darauf sieht, daſs weder der Druck noch die Temperatur vor der Beendigung des Kochens zurückgeht, sondern am Schluſs wenigstens, möglichst gleichmäſsig hoch gehalten werde. Es gehört dazu allerdings gute Beaufsichtigung. Um ein deutliches Bild von dem Verlauf des Kochprozesses in den einzelnen Stadien zu geben und zugleich die notwendige Zeit von einer Kocherfüllung zur andern kennen zu lernen, sei hier zunächst ein Beispiel aus der Praxis gegeben, welches die Notizen über eine beliebige Kochung enthält, wie sie in dem sogenannten „Kochbuch“ jeder Cellulosefabrik der Kontrolle wegen aufgezeichnet sind:

1. **Kocher Nr. 20** in einem liegenden Kocher:

23/4.	Mittag	½12 Uhr	Druck	0,	Temperatur	45°
	Abend	8 -	-	0,6	-	72°
	Nachts	1 -	-	0,75	-	85°
24/4.	Früh	6 -	-	1,00	-	96°
	Mittag	½12 -	-	1,5	-	105°
	Nachmittag	½3 -	-	1,75	-	108°
	Abend	½7 -	-	2,00	-	112°
	Nachts	1 -	-	2,5	-	115°
25/4.	Früh	6 -	-	2,8	-	116,5°
	-	9 -	-	3,0	-	119°
	Mittag	12 -	-	2,8	-	120°
	Nachmittag	3 -	-	2,25	-	119°
	Abend	10 -	-	2,1	-	118°

Bemerkungen:

Gefüllt am 22/4. von Nachm. ½2—11 Uhr.
Abend 88 Cbmet. Holz + 9 Cbmet. Spähne.
Gedämpft von Nachts 12—8 Uhr Früh.
Säure von 5° B von 8—½12 Uhr aufgelassen.

In 27 Stunden auf 68°			
- 48,5 -	- 120°	21½ Stunden	
- 58,5 -	- 118°	10 -	
		Kochdauer 31,5 Stunden	

Höchster Druck 3 Atmosphären
- Temperatur 120°.
Cellulose: Sehr gut.

2. **Kochung Nr. 101** in einem stehenden Kocher einer anderen Fabrik:

Angeheizt am 2/8. Nachmittag $^1/_2$5 Uhr	Dampfdruck (unten)	Grade Celsius (unten)	Druck (oben)	Grade (oben)	Bemerkungen
Nachmittag $^1/_2$5 Uhr	0	30	0	40	Gefüllt den 1/8. Nachmittag mit Holz
3/8. Früh 9 -	0,3	87	0,3	87	von gemischter Stärke. Gedämpft den 2/8.
- 11 -	0,4	89	0,3	89	von Früh 1 Uhr bis Nachmittag 1 Uhr.
Nachmittag 1 -	1,0	96	0,4	95	Lauge von 5,5° gepumpt von $^1/_4$3 bis
- 3 -	1,2	102	1	99	$^1/_4$5 Uhr.
- 6 -	1,3	106	1,2	103	Stand der Lauge im Bassin 115 Mm.
4/8. Früh 6 -	2,4	120	2,3	115	Zurückgeblieben 5 -
- 8 -	2,4	122	2,3	116	In 28 Stunden auf 108° } 9 Stunden
- 10 -	3	122	2,4	117	- 30 - - 114° }
Mittag 12 -	3	122	2,4	117	- 37 - - 118° } 26 Stunden
Nachmittag 2 -	3	122	2,4	117	- 63 - - 118° }
- 4 -	3	122	3	117	35 Stunden
- 6 -	3	122	3	117	
5/8. Früh 6 -	3	122	3	117	Geleert am 6/8. Früh.
- $^1/_2$8 -	3	122	3	117 fertig	Stoff: Sehr schön.

Dieser letztere aufrechtstehende Kocher war 4 Meter im Durchmesser weit und 9 Meter hoch, mit einem Inhalte von 60 Kubikmeter Holz, welches in Scheiben geschnitten verwendet wurde.

3. **Kochung Nr. 207,** in einem liegenden Kocher einer dritten Fabrik.

2/6.	Früh	6 Uhr	Druck	0,	Temperatur	40°		Gefüllt 1/6. von Mittag 1—1/24 Uhr, 60 Festm.
	-	11 -	-	0,5	-	73°		Gedämpft von 1/24 Früh bis Nachmittag 1/24 Uhr ohne Druck (102°).
	Nachmittag	4 -	-	1	-	97°		
	Nachts	12 -	-	2	-	108°		Säure von 5,5° B. gepumpt von 1/25 bis 6 Uhr Früh.
3/6.	Früh	5 -	-	2,7	-	116°		
	-	7 -	-	3	-	118°		In 18 Stunden auf 108° } 7 Stunden - 25 - - 118° }
	Mittag	12 -	-	3	-	118°		- 55 - - 118° 30 - 37 Stunden
	Abend	10 -	-	3	-	118°		Höchster Druck 3 Atmosphären.
4/6.	Früh	8 -	-	3	-	118°		- Temperatur 118°
	Mittag	1 -	-	3	-	118°	fertig	Stoff: Schön.

Vergleicht man die Angaben von Druck und Temperatur in diesen Tabellen mit andern, so findet man, dafs hier die Temperaturen viel niedriger sind, als dem jeweiligen Druck entsprechen würde; ich stelle die richtigen hier mit ein und die andern aus den Kochtabellen I bis III dahinter:

	I.	II.	III.
1 Atm. Druck = 100° Cels.	96° C.	99°	97°
1,5 - - = 111,74° -	105° -		
2,0 - - = 120,60° -	112° -	. . . . . .	108°
2,5 - - = 127,80° -	115° -		
3,0 - - = 133,91° -	119° -	u. 117°	118°
3,5 - - = 139,24° -		122°	
4,0 - - = 144,00° -			
4,5 - - = 148,29° -			
5,0 - - = 152,22° -			
5,5 - - = 155,85° -			
6,0 - - = 159,22° -			
6,5 - - = 162,37° -			
7,0 - - = 165,34° -			
7,5 - - = 168,15° -			
8,0 - - = 170,81° -			
8,5 - - = 173,35° -			
9,0 - - = 175,77° -			
9,5 - - = 178,08° -			
10,0 - - = 180,31° -			
10,5 - - = 182,44° -			
11,0 - - = 184,50° -			
11,5 - - = 186,49° -			
12,0 - - = 188,41° -.			

Die Differenzen sind also sehr bedeutend, und finden sich aufserdem noch solche selbst in den hier angegebenen Kochertabellen; in Nr. I. z. B. hat man bei 119° C. erst 3 Atmosphären, bei 120° C. nur 2,8, bei 119° dann nur 2,25 Atmosphären, bei 118° C. nur 2,1 Atmosphären, während oben bei 112° C. schon 2 Atmosphären ermittelt worden sind. Worin mögen nun die grofsen Differenzen begründet sein? Es sind hier zweierlei Fälle denkbar; entweder zeigen die Thermometer zu wenig, oder die Manometer zu viel an. Den ersten Fall konstatierte ich in derselben Sulfitstoffanlage, in welcher man auch mit viel zu sauren Laugen kochte; man hatte einmal die Kesselausmauerung verstärkt, aber dann nicht den Ölsack vergröfsert, in welchem das Thermometer steckte; das Öl befand sich dann nur im Mauerwerk und konnte so unmöglich die Temperatur im Innern des Kochkessels erhalten; das Thermometer zeigte selbst beim höchsten Druck in der Tat nur 98 bis selten 100° C.; bei neu eingesetzten, viel längeren Ölsäcken zeigten die Thermometer ja sofort wesentlich mehr, aber noch nicht die eigentlichen normalen Grade. Hier spielt nun jedenfalls die gasförmige SO_2 eine grofse Rolle, welche in dem Dampf mit enthalten ist; je mehr davon da ist, um so höher mufs das Manometer zeigen, da 1 Liter gasförmige SO_2 über das Doppelte der Luft und noch viel mehr als Wasserdampf wiegt; da nun die Mengen der SO_2 wechseln, können, wie in Tabellen I u. II auch ersichtlich, selbst in derselben Kochung noch Differenzen zwischen Mano- und Thermometer sich zeigen; man verläfst sich daher am sichersten auf letzteres, natürlich nur wenn der Ölsack desselben soweit in den Kocher hineinragt, dafs er dessen Innentemperatur auch richtig anzeigt. Der Druck ist nicht das Maafsgebende, sondern die Temperatur; sonst könnte man ja auch den Kochkessel ganz mit Lauge füllen und ihn dann wie bei jeder Kesselprobe durch wenige Stöfse einer Handdruckpumpe ganz schnell auf den gewünschten Druck bringen. Nach Kochtabelle II z. B. ist in demselben stehenden Kocher lange Zeit die Temperatur die gleiche geblieben, unten etwa 122° C., oben nur 117° C., und trotzdem ist der Druck von 2,4 auf 3 Atmosphären gestiegen und hat diesen unten 6 Stunden früher erreicht, als oben.

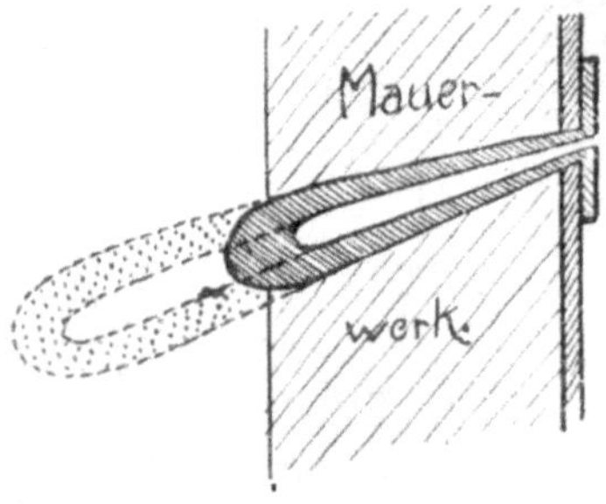

Fig 65.

Aus der Betrachtung und Vergleichung dieser 3 Beispiele sieht man nun deutlich, dafs das Anheizen bis zum Beginn des Kochprozesses 18 bis 28 Stunden Zeit in Anspruch genommen hat, und dafs das Kochen selbst in diesen 3 Fällen nahezu gleich lange dauerte, nämlich 31,5, 35 und 37 Stunden. Das vorhergegangene Dämpfen hat 8, 10 und 12 Stunden Zeit gekostet, und auch das Füllen und Auflassen der Säure war je nach den lokalen Einrichtungen verschieden. Rechnet man nun diese Manipulationen mit, so sind vom Füllen bis zum Übertreiben in der ersten Fabrik 80 ½ Stunden, in der zweiten 87 und in der dritten 72 Stunden gebraucht worden. Zu dieser Zeit ist nun noch das Übertreiben, Ablassen der Lauge, Abkühlen und Waschen, sowie das Entleeren und die jedesmalige innere Revision des Kochers zu rechnen, welche Arbeiten mindestens 18—24 Stunden erfordern, so dafs man die ganze für eine Kochung nötige Dauer auf 90 bis 100 Stunden berechnen mufs, woraus sich ergibt, dafs monatlich mit einem Kocher nur 7—8 Kochungen herzustellen sind.

Bei Anwendung ausreichend starker, d. h. an freier SO_2 reichen Laugen lassen sich allerdings bei Zusammentreffen anderer günstiger Umstände, namentlich bei gröfseren Betrieben auch mit Mitscherlich-Kochern 11—12 Kochungen im Monat erzielen, vorausgesetzt jedoch, dafs die Lauge zirka 2 Teile freie auf 1 Teil gebundene SO_2 enthält.

Was nun die Beobachtung des Kochprozesses und besonders die Feststellung der Beendigung derselben anbelangt, so kann dies nur dadurch geschehen, dafs man aus dem, am Manometerstutzen angebrachten Probierhähnchen etwas von der Kochlauge herauslaufen läfst und diese untersucht. Man nimmt zu diesem Zwecke ein zirka 200 Millimeter langes, unten geschlossenes Glasrohr, in welches man ungefähr 60 Millimeter hoch eine käufliche Ammoniaklösung füllt, fafst das Rohr mit einer Holzklemme an, läfst durch den Probierhahn die heifse Kochlauge hinein, und schüttelt die Mischung gut durcheinander. Dann stellt man das Glasrohr auf einen Holzständer für Probiergläser. Das Ammoniak verbindet sich nun mit einem Teile der schwefligen Säure des doppeltschwefligsauren Kalkes, wodurch der noch vorhandene einfachschwefligsaure Kalk unlöslich wird, sich ausscheidet und am Boden als weifses Pulver absetzt. Je höher nun diese Niederschlagsschicht ist, um so mehr doppeltschwefligsaurer Kalk ist noch in der Lauge, um so weniger also ist dieselbe bis dahin verbraucht worden. Da in der Praxis die Zeitdauer jeder Kochung wenigstens nahezu gleichbleibt, so genügt es, wenn erst in der zweiten Hälfte des Prozesses Proben von Zeit zu Zeit genommen werden, je weniger sich aber Niederschag zeigt, desto öfter müssen die Proben erfolgen, zuletzt alle Viertelstunden, da es nicht so weit kommen darf, dafs der Niederschlag ganz verschwindet. Je näher man dem Endstadium kommt, desto schneller fällt und desto grobkörniger wird der Niederschlag; seine Farbe wird gelblicher, der Geruch verändert sich, ist nicht mehr so stechend, und die Flüssigkeit wird klebriger und in Farbe dunkler. Erscheint nur noch ein

Niederschlag von 6 bis 8 Millimeter Höhe, so ist die Kochung beendet und es muſs übergetrieben werden. Nachdem in dem Übertreibeturm Wasser heruntergelasssen wurde, öffnet man das Hauptventil auf dem Kocher und das Ventil *d*, so daſs die gasförmige SO_2 durch ein Bleirohr, welches der Abkühlung wegen in Schlangenwindungen durch Wasser geführt ist, nach dem Übertreibeturm gelangt; sobald die sich dort bildende wässerige Lösung 4° erreicht hat, läſst man sie in den Säurebottich flieſsen. Da oft zeitweise eine Lösung von 10—12° *B*. erreicht wird, ist diese Übertreibesäure für den Fabrikanten sehr gut nutzbar; er verbessert damit den Gehalt eines zur nächsten Kochung nötigen Laugenvorrats. Sobald der Druck im Kocher auf $^1/_3$ Atmosphäre zurückgegangen ist, was in wenigen Stunden geschieht, wird das Ablaſsventil geöffnet und die Lauge noch unter etwas Druck durch ein wenigstens 100 Millimeter weites Bleirohr in den Laugenteich abgelassen, über welchen später ausführlicher berichtet werden soll. Ist der Druck im Kocher ganz verschwunden und die Lauge abgeleitet, schlieſst man das Ablaſsventil und füllt den Kocher durch das Wasserventil *d* zur Hälfte mit kaltem Wasser, während welcher Operation auch die beiden oberen Mannlochdeckel geöffnet werden. Durch diese kann man nun mit Hilfe einer Stange und einer kleinen, daran befestigten Vorrichtung die erste wirkliche Probe der fertigen Cellulose herausnehmen, sehen, ob die Kochung gelungen, und danach die Dispositionen für die weitere Verarbeitung treffen. Angeführt sei aber hier gleichzeitig, daſs im Falle eines Miſslingens ein nochmaliges Auflassen von Säure und Wiederholung des Kochprozesses kein günstigeres Resultat liefert, die Füllung also auf alle Fälle entleert werden muſs.

Das Auflassen von kaltem Wasser hat hauptsächlich den Zweck, nicht nur die heiſse Masse und den Kocher selbst etwas abzukühlen, sondern auch die Masse möglichst schnell von der braunen Kochlauge zu befreien, also ein vorläufiges Auswaschen, oder vielmehr „Ausspülen“ vorzunehmen. Nachdem dieses erste Spülwasser abgelassen, erfolgt die zweite Spülung auf dieselbe Weise, dann aber sofort die Öffnung der unteren Mannlöcher, mit Stangen ein Durchstoſsen nach den oberen Mannlöchern, so daſs ein Luftzug durch den Kocher entsteht und die Masse möglichst abgekühlt wird. Sobald es einigermaſsen geht, müssen 2 Leute, die sich Mund und Nase mit einem Schwamm verbinden, in den Kocher hinein und mit Hilfe von Holzschaufeln oder Haken die Entleerung beginnen. Es ist dies wegen des noch im Kocher herrschenden starken Geruchs und der groſsen Hitze darinnen, keine leichte Arbeit; die Arbeiter müssen sich oft ablösen und natürlich muſs das, im Akkord auszuführende Entleeren des Kochers gut bezahlt werden. Einen wirklichen Nachteil für die Gesundheit des Arbeiters hat die betreffende Arbeit jedoch nicht, da bei Leuten, welche Jahre lang dabei beteiligt waren, sich irgend welche Krankheitserscheinungen nicht bemerklich machten.

Nicht nur für System Mitscherlich, sondern für alle anderen Methoden ist neuerdings ein Verfahren empfohlen worden, um die SO_2 möglichst zu entfernen, noch ehe der Stoff den Kocher verläſst. Es ist dies das Verfahren zum Erwärmen der Kochlaugen nach Beendigung des Kochprozesses von Carpenter & Schulze in Berlin, und besteht darin, daſs durch ein Rohrgebläse komprimierte und erwärmte Luft durch ein mit Löchern versehenes Rohr in den Kocherbrei getrieben wird, wobei der Stoff zerfasert und zugleich solche Verbindungen herbeigeführt werden, welche sonst erst bei dem Abwässern nach Verlassen des Kochers unter dem Einfluſs der atmosphärischen Luft stattfinden. Im oberen Teil des Kochers befindet sich ein anderes Rohr mit Löchern, durch welches die Luft und SO_2 abziehen können.

Ist die Cellulose nun aus dem Kocher entfernt und der Kocher ausgekehrt, so erfolgt, wenn nötig, ein Abklopfen der Heizrohre mit Holzhämmern, damit dadurch der sich auf den Rohren oft in ziemlicher Stärke ablagernde Gips entfernt werden kann, da solcher die Heizfähigkeit als schlechter Wärmeleiter sehr beeinträchtigt. Auſserdem muſs jedes Rohrsystem einzeln darauf geprüft werden, ob es dicht ist, Dampf nicht durchläſst, und andererseits, ob es durch eingedrungene Lauge und Gipsbildung im Innern nicht etwa verstopft wurde. Im ersteren Falle muſs die Undichtheit entweder verstemmt, oder es muſs ein neues Stück Bleirohr eingesetzt werden, was schnell geschehen kann, wenn man die Rohrstücken nicht verlötet, sondern durch Rotguſsflantschen zusammenschraubt. Bei Verstopfung der Rohre wird Salzsäure in dieselben hineingefüllt und solche durch etwas Dampfdruck langsam hindurchgetrieben. Schlieſslich muſs nach jeder Richtung die gesamte Ausmauerung gut beobachtet werden, besonders der Scheitel; die im Innern herrschende Wärme trocknet die Mauerfläche bald vollständig ab; nur an den Stellen, wo Säure durch die Fugen gedrungen ist, sickert dieselbe als Feuchtigkeit wieder heraus und zeigt so am besten an, wo eine sorgfältige Verschmierung der Fugen mit

Zement am notwendigsten ist. Wird diese wichtige Kontrolle versäumt, so kann dadurch bald die vollständige Zerstörung des Kochers herbeigeführt werden: eine Zeitersparnis an dieser Stelle ist also nicht zu empfehlen!

In Bezug auf die Verwendung von Hartblei zu Heizröhren ist schliefslich zu bemerken, dafs dieselbe eine Reihe von Unannehmlichkeiten im Gefolge hat, die längst einen Ersatz für wünschenswert erscheinen liefsen und schliefslich zur Anwendung von Kupfer führten, dem man auf seine Säurefestigkeit wenig Vertrauen entgegenbrachte. Wegen der gröfseren Beständigkeit wählte man zunächst die Hartbleirohre, durch welche der Dampf in langen Windungen unter Druck hindurchstreicht und die infolgedessen auch gröfsere Temperaturunterschiede auszuhalten haben. Hierfür ist aber gerade das Blei sehr wenig geeignet. Als ein unvollkommen elastischer Körper zieht es sich nicht zu seiner ursprünglichen Gestalt zusammen, wenn es infolge vorausgegangener Temperatur-Erhöhung eine Ausdehnung erfahren hat. Es entstehen vielmehr stärkere und schwächere Schichten, Verbiegungen, die sich bei Rohren als Verengerungen und Erweiterungen bemerkbar machen, sowie Risse, in welche Lauge und Zellstoff dringen und ganze oder teilweise Verstopfung hervorrufen können. Dies alles beeinträchtigt die Heizwirkung und verlängert die Zeitdauer einer Kochung. Diese wird noch vergröfsert dadurch, dafs sich um die Heizrohre eine Schicht von ausgeschiedenen Kalksalzen als schlechter Wärmeleiter legt, die sich von dem weichen, leicht verletzbaren Metall nicht so schnell und nicht so gründlich entfernen lassen, dafs überall wieder das blanke Metall zum Vorschein kommt. Blei ist an und für sich schon wenig zu Heizröhren geeignet, da es kein guter Wärmeleiter ist und die Röhren, um haltbar zu sein, bedeutende Wandstärke erhalten müssen. Keiner von all diesen Nachteilen findet sich indes bei dem Kupfer. Kupferrohre können, vermöge der grofsen Festigkeit dieses Metalles, verhäitnismäfsig schwach genommen werden, in einer Wandstärke von 3 bis 4 Millimeter, und es ist aufserdem ein ausgezeicheter Wärmeleiter Temperatur-Unterschiede haben nicht die schädlichen Wirkungen wie bei Blei, und die Heizschlange bildet nicht eine einzige starre Masse, sondern besteht aus einer Reihe von 4 bis 5 langen Abschnitten, die mit Rollverschraubungen aus säurebeständiger Bronze verbunden sind, und sich an jeder beliebigen Stelle auswechseln lassen. Die Widerstandstäigkeit des Kupfers gegen Sulfitlauge hat sich gröfser erwiesen als angenommen und zwar, wie es scheint, weil es sich gleich bei der ersten Kochung mit einer schwarzen Schicht von Kupferoxyden überzieht, die jedenfalls durch Einwirkung des in der Lauge vorhandenen Traubenzuckers entsteht und weitere Angriffe verhindert. Infolge der gröfseren Heizfähigkeit der Kupferrohre braucht man davon weit weniger auf den Kocher, als Bleirohre; auf das Kubikmeter Inhalt 2,5 Meter Rohr. Dieselben werden verschieden angeordnet, je nachdem sie in liegenden oder stehenden Kochern dienen sollen. Bei letzteren laufen sie an den Wänden herab, bei ersteren an der unteren Längsseite in Windungen bis zu $^1/_5$ der Kocherwandung und das Kondenswasser wird mit passend angebrachten Töpfen entfernt.

Als Ergänzung zu dieser, erst Ende 1894 in der Papierzeitung veröffentlichten Abhandlung über Heizrohre kann Verfasser mitteilen, dafs er schon 1886 wegen der Anschaffung von Kupferrohren für Mitscherlich-Kocher mit einer Cellulosefabrik in Steyermark in Unterhaltung stand, welche schon 1885 oder früher solche Rohrsysteme an andere Fabriken lieferte, welche mit deren Leistungen sehr zufrieden waren.

Es sei hier gleich noch eingeschaltet, dafs eine Kochung wie oben beschrieben, zirka 10000 Kilo fertige, trockene Cellulose ergibt und dafs nach verschiedenen, vom Verfasser angestellten Versuchen zu 100 Kilo Cellulose ungefähr durchschnittlich 0,956 Raummeter oder 0,62 Kubikmeter Holz (Fichte) gebraucht werden, was genau mit Mitscherlich's Angaben übereinstimmt, der 0,63 Kubikmeter Holz für 100 Kilo Cellulose rechnet. Hierbei ist das Verhältnis des Festmeters zum Raummeter nicht, wie in den Büchern in der Regel angegeben, wie 7 : 10, sondern, wie 65 : 100 angenommen, welche letzteren Zahlen die Praxis nach sehr vielen Versuchen, als richtige feststellte.

Jede Cellulosefabrik wird natürlich nach der Art ihres Betriebes und der Art des hauptsächlich verarbeiteten Holzes, bezüglich der durchschnittlichen Ausbeute an Cellulose eine Prozentzahl erhalten, die von den Ergebnissen anderer Fabriken etwas abweicht. So rechnet man z. B. nach einer älteren Veröffentlichung der Cellulosefabrik Weifsenborn dort auf 12 Festmeter 2400 Kilo Cellulose, folglich auf 1 Festmeter 200 Kilo und auf 1 Raummeter = 140 Kilo Zellstoff. Dies Ergebnis kann seiner Höhe wegen nur bei sehr gutem und geschältem Holz als richtig angenommen werden. Hierbei ist noch zu bemerken, dafs nach „Stühlen's Ingenieur-Kalender“ das spez. Gewicht des lufttrockenen

Fichtenholzes = 0,47 ist, folglich 1 Festmeter 470 Kilo wiegt. Nach demselben Buche wiegt ein Kubikmeter, d. h. ein Raummeter geschichteten Fichtenholzes 320 Kilo, demnach ist ein Raummeter = 0,68 oder etwa 0,7 Festmeter zu rechnen, was aber, wie oben erwähnt, nach den Erfahrungen des Verfassers etwas zu hoch ist. Die Differenz ist garnicht so unwichtig, da in der Regel das eingehende Holz eingesetzt und nach Raummetern übernommen, aber nach Festmetern berechnet und bezahlt wird. Es können auf diese Weise im Laufe des Jahres eine bedeutende Anzahl von Metern zu viel bezahlt werden.

Aus der Ertragsberechnung einer Süddeutschen Fabrik geht hervor, dafs dort durchschnittlich auf 1 Kubikmeter Fichtenholz 156 Kilo lufttrockene Cellulose angenommen wird, 1 Rm. = 109 Kg.

Eine norddeutsche Fabrik verarbeitete in einem Jahre 5210 Raummeter Holz und erzeugte in demselben Zeitraum 715000 Kilo Gesamtstoff (I, II, III), folglich entspricht einem Raummeter ein Ergebnis von 137 Kilo lufttrockenem Zellstoff, was zwischen den oben angegebenen Zahlen in der Mitte liegt.

Die Zellstofffabrik Waldhof hatte, bevor die neue Anlage derselben in Betrieb kam, täglich eine Produktion von 1400 Zentner trocken. Der Verbrauch an Holz betrug 170000 Festmeter im Jahr. Die Ausbeute an Cellulose, zu jährlich 25000000 Kilo angenommen, ergibt, dafs auf 1 Festmeter = 148 Kilo oder 1 Raummeter 104 Kilo Zellstoff zu rechnen ist. Nimmt man nun an, dafs diese 104 Kilo Zellstoff von 1 Raummeter ungeschältem, also 0,8 Raummeter geschälten Holzes erhalten würden, so berechnet sich der Ertrag eines vollen Raummeters geschälten, guten Holzes, auf 130 Kilo Zellstoff, was von dem Weifsenborner Ergebnis nicht sehr verschieden ist.

Über den eigentlichen Vorgang im Innern des Kochers während des Kochprozesses sind bis jetzt verhältnismäfsig wenig Beobachtungen gemacht worden. Ein Herr Nils Pedersen hat in Nr. 19 und 34, Jahrgang 1890 der Pap. Zeitg. ganz interessante Untersuchungen veröffentlicht, die in dieser, mehr praktischen Zwecken dienenden Schrift, nicht vollständig aufgenommen werden können. Nur die Endresultate der Untersuchungen von Laugen, die in bestimmten Zwischeräumen des Kochprozesses genommen wurden, sollen hier angeführt werden, da die gewonnenen Zahlen zu einer graphischen Darstellung benutzt wurden, welche ein deutliches Bild von der Zersetzung des Holzes im Kocher gibt. In den beiden Figuren sind auf der

Basis horizontal die Stunden aufgetragen, welche der Kochprozefs gedauert hat, nachdem bereits die Temperatur im Kocher 105° war; die Ordinaten, d. h. die senkrechten Linien geben die Prozente an; die Temperaturen, die der Kocher zu den verschiedenen Zeiten hatte, sind an der oberen horizontalen Linie angezeigt,

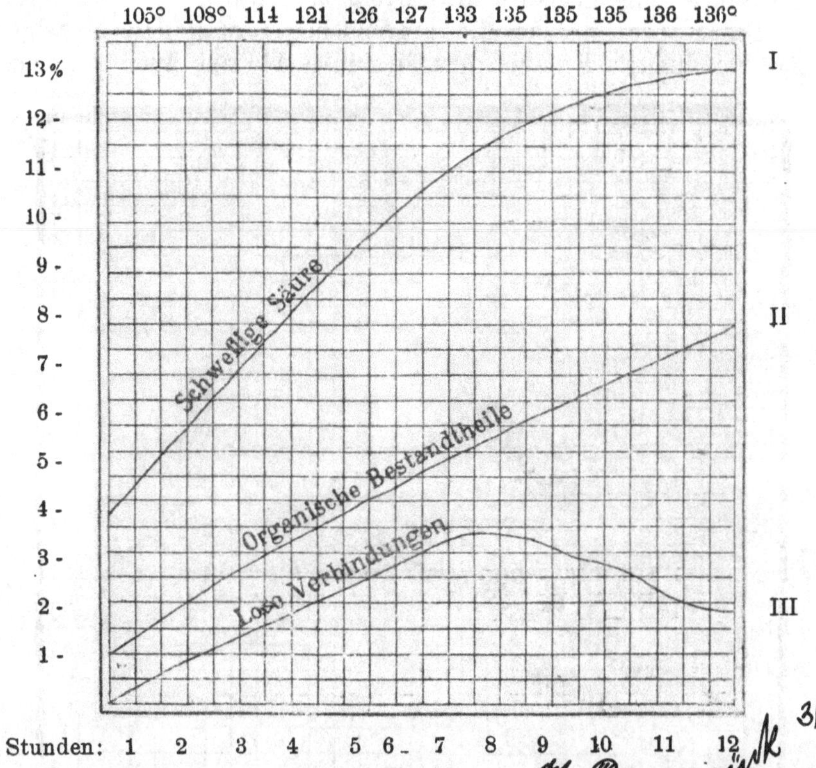

Fig. 66.

Kurve I zeigt, wie die schweflige Säure während des Kochens nach und nach mit den organischen Bestandteilen Verbindungen eingeht.

Kurve II zeigt, wie die organischen Bestandteile mit der Kochzeit sich in der Lauge anhäufen, nach Prozenten ausgedrückt.

Kurve III gibt an, wie die lose Verbindung sich erst fortwährend bildet, bis zu einem Punkte, von wo ab die Kurve fällt und also die Zersetzung anfängt.

Zur Erklärung diene hierbei, dafs die Versuche ergeben haben, dafs sich in der Lauge ein Teil der schwefligen Säure in einer losen Verbindung befindet, die durch Kochen zerlegt wird. Durch Zusatz einer stärkeren Säure, z. B. Schwefelsäure, erfolgt diese Zerlegung noch leichter. — Dieselbe Beobachtung hat Verfasser bereits vor Jahren gemacht, als er behuft Unschädlichmachung der Kocherlauge dieselbe in grofsem, offenem Kessel verdampfte und zur schnelleren Austreibung der schwefligen Säure Schwefelsäure mit Erfolg zusetzte.

Die Kurve, welche die organischen Bestandteile anzeigt, steigt beinahe nach einer graden Linie, ebenso auch anfangs

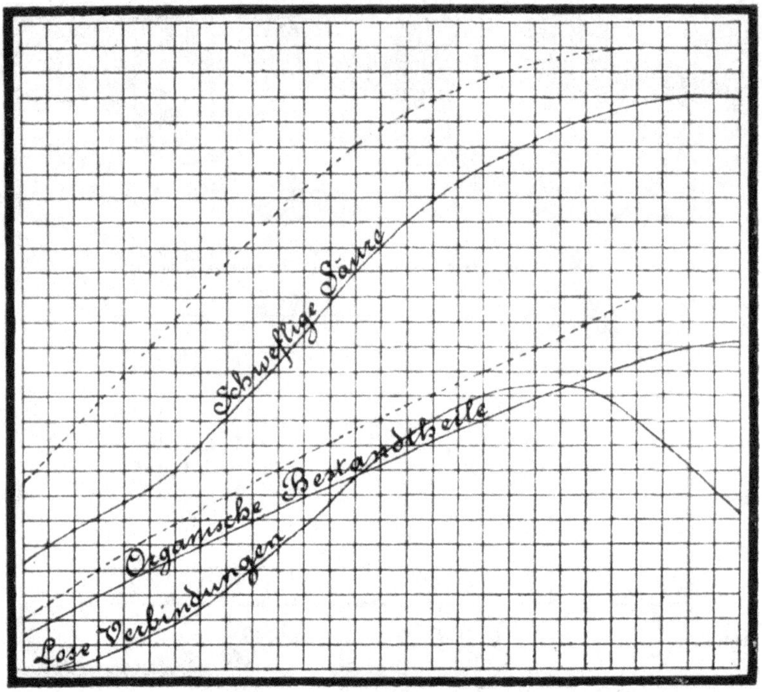

Fig. 67.

die Kurve für die schweflige Säure. Bemerkenswert ist aber, dafs da, wo die lose Verbindung sich zu zerlegen beginnt, die die SO_2-Kurve nicht so schnell steigt, wie früher, weil hier nicht nur allein die freie SO_2 auf die organischen Bestandteile einwirkt, sondern auch die schweflige Säure, die aus der losen Verbindung abgespalten wird, aber schon einmal als mit organischen Bestandteilen verbunden, mitgerechnet war.

In der zweiten Figur sind die Resultate der Untersuchung einer zweiten, kalkreicheren Lauge, ebenso wie vorher eingetragen und der besseren Vergleichung wegen die Linien der ersten Figur gestrichelt nochmals auch hier angegeben. Kurve I stellt die beiden losen Verbindungen zusammen dar. Wie man aus dem Bilde sieht, weichen auch die anderen Kurven sehr wenig von einander ab.

Diese Untersuchungen des Herrn Nils Pedersen sind nach Angabe des Herrn Dr. Frank angeregt und aufgebaut auf Vor-

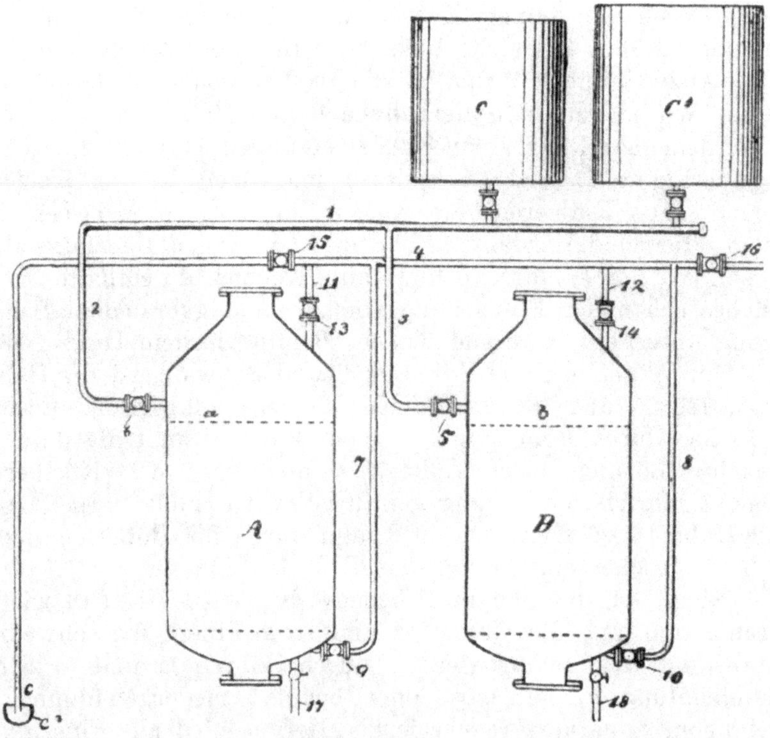

Fig. 68

untersuchungen, welche derselbe früher gemacht und im Jahr 1888 bereits in der „Papierzeitung" veröffentlicht hat.

Entsprechend der Reihenfolge bei dem Kapitel der Laugenbereitung, sei nun das Kochverfahren von Ritter-Kellner hier kurz erwähnt: Es werden in diesem Falle 2 aufrecht stehende Kocher benutzt, welche mit kleinen, durch Bleiringe und -Bänder zusammengehaltene Bleiplatten ausgefüttert sind und 2 durchlochte Böden haben, zwischen welche das Holz gefüllt wird. Die Kocher sind so durch Rohre verbunden, wie die vorstehende schematische Skizze Figur 68 zeigt, welche der Patentbeschreibung entnommen ist. *A* und *B* sind zwei Kocher aus Eisen mit innerem Bleimantel, Kessel *C* enthält die Lösung von schwefliger Säure, C_1 frisches Wasser. Eine Röhre 1 führt von *C* und C_1 durch Abzweigungen 2 und 3 mit Regulierhähnen 5 und 6 in die beiden Kocher und mündet ein wenig über den Gittern *a* und *b*, welche das Holz in die Flüssigkeit getaucht halten. Die Röhre 4 steht nach rechts mit einem Dampfkessel und einem Kessel mit schwefliger Säure in Verbindung. Röhre 4, welche links bei *c* in einem Abzug c_1 endigt, hat 2 Abzweigungen 7 und 8, die in den Bodenteil der Kocher treten, wo sie mit Regulierhähnen 9 und 10 verschlossen sind. Auſserdem hat Rohr 4 zwei Abzweigungen 11 und 12, welche Regulierhähne 13 und 14 besitzen und oben in den Kochern enden. Zum Entleeren der Kocher, d. h. zum Ablassen der Lauge, dienen die Abläufe 17 und 18. Die Arbeit geht folgendermaſsen vor sich: Man nehme an, Kocher *A* enthalte Holz, welches schon der Einwirkung von zweimal gebrauchter Säurelösung unterliegt, während Kocher *B* mit frischem Holz gefüllt ist. Man öffnet nun die Hähne 6, 9 und 10, während die Hähne 5, 13, 14, 15 und 16 geschlossen bleiben; die frische Lösung läuft also durch Rohr 1 und 2 nach *A* und drängt die dort gebrauchte Lösung durch Rohr 7, 4 und 8 in den Kocher *B*. Wenn *A* mit frischer Lösung gefüllt ist, wird Hahn 6 geschlossen und Hahn 14 geöffnet, worauf Dampf durch die Röhren 7 und 8 in beide Kocher eintritt und das Holz kocht.

Wenn das Kochen in *B* beendet ist, wird Hahn 16 wieder geschlossen und die Hähne 14 und 15 geöffnet; die schweflige Säure und der Dampf werden durch Röhren 12 und 4 in die Abfluſsleitung c_1 geblasen, oder behufs Wiedergewinnung in geeigneten Apparaten regeneriert. Hierauf wird alle Flüssigkeit durch Abfluſs 18 aus Kocher *B* entfernt, in dem sich jetzt nur noch aufgelöstes Holz befindet. Die Lösung von Kocher *A* wird dann durch Zulassen von frischem Wasser aus Kessel C^1 auf dem früheren Wege in den Kocher *B* getrieben, und ist jetzt einmal benutzte Lösung. Darauf wird das Kochen wiederholt, dann die Rohre 2, 11 und 7 abgesperrt und der Kocher *A* geleert und mit frischem Holz gefüllt.

Von jetzt ab wiederholt sich das Verfahren, nur tauschen die beiden Kocher die Rollen. An Stelle von 2 Kochern können auch mehrere gleichzeitig angewendet werden, wodurch es möglich ist, die Lauge 4 bis 8 mal zu gebrauchen und bis zur

Erschöpfung auszunutzen. Die einzelnen Kochungen werden dann natürlich bedeutend verkürzt, und man erhält ein Produkt, welches nach jeder Richtung vorzüglich ist.

Will man besonders weifse Cellulose herstellen, so weicht man das Holz in den Kochern mittelst der Lauge auf und presst mittelst einer Pumpe vor der Erhitzung so lange schweflige Säure ein, bis ein Druck von mindestens 2 Atmosphären erreicht ist. Dann erst wird entweder Dampf, oder Dampf mit schwefliger Säure gemischt unter einer Temperatur über Siedehitze längere Zeit eingeleitet, bis die Spannung etwa 3 bis 5 Atmosphären erreicht hat. Hierdurch erfolgt im ersten Stadium Auflösung des Holzes, im zweiten Bleichen der Faser. Der Stoff wird weifs, enthält keine harten Bestandteile und kann weiter verarbeitet werden, ohne einen Knotenfänger zu passieren. Der Kochprozefs dauert ungefähr 14 bis 18 Stunden; doch kann er bei niedrigem Druck bis auf 36 Stunden verlängert werden.

Herr Dr. Kellner beschreibt sein eigenes Kochverfahren in der Papierzeitung im Jahrgang 1894, Seite 2586, ausführlich folgendermafsen:

Obwohl ich die ersten Patente auf rotierende Kocher aus dem Grunde besitze, weil ich meine erste Fabrikation in solchen betrieb, bin ich doch bald zu der weitaus praktischeren Form der aufrecht stehenden Zylinder übergegangen. Mein Kochapparat besteht seitdem aus einem aufrecht stehenden Zylinder, welcher oben und unten ein grofses, mit umlegbaren Schrauben befestigtes Mannloch trägt.

Dieser Kocher wurde zu Beginn meines Verfahrens mit Bleiplatten belegt, welche entweder durch Laschen an den Kocher angedrückt, oder an Hartbleistreifen gelötet wurden, die in schwalbenschwanzförmigen Nuthen zwischen den Blechen des Kochers thermochemisch mit dem Eisen verbunden waren. D. R. P. 34074 von 1884.

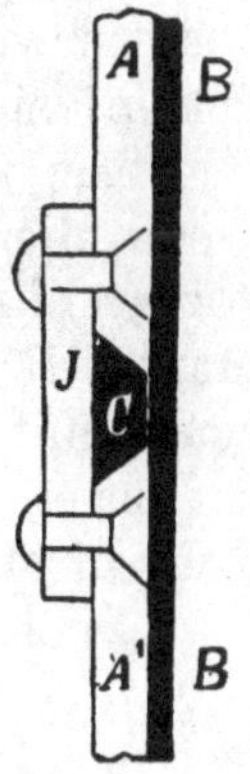

Fig. 69.

In Figur 69 ist beispielsweise *C* der Hartbleistreifen, *A* das Kesselblech, *B* Bleiauskleidung, *J* Lasche zur Verbindung der Kesselbleche *A* und *A'*. Oder die Bleiplatten wurden mit leichtflüssigem Metall an die Kocherwände selbst gelötet, D. R. P. 37025. Da nicht an allen Punkten geübte Bleilöter zur Verfügung stehen, so trachtete ich von jeher (siehe Pap.-Zeitung 1883) das Blei in den Kochern zu beseitigen.

Mein erstes diesbezügliches Patent habe ich, der gröſseren Geheimhaltung wegen, durch die Herren Jung und Lindig im Jahre 1887 anmelden lassen, und nachdem es mir vom deutschen Patentamte in der damaligen Fassung verweigert war, wurde es im Jahre 1889 in veränderter Form erteilt. Das meiner diesbezüglichen Erfindung zu Grunde liegende Prinzip war die Doppelzersetzung zwischen Natriumsilicat und Calciumbisulfit, indem sich hierbei Natriumsulfit und Calciumsilicat bildet, welch letzteres die Poren der aus beliebigem, gegen Schwefligsäure widerstandsfähigem Stoff zusammengesetzten und mit Wasserglas angemachten Masse verstopft.

Der damalige Unternehmer für Betonbauten nach System Monier, Herr W. Wenzel, beschäftigte sich später speziell mit Ausführung solcher Kochverkleidungen, die aber anfangs den Übelstand zeigten, daſs sie den Bewegungen des Kochers folgend, Risse bekamen.

Ich begegnete diesem Übelstande damit, daſs ich eine dünne Bleifolie zwischen zwei solche Massenschichten legte (österr. ungar. Privilegium Nr. $\frac{26141}{46328}$ und D. R. P. Nr. 68168) und, da sich die für die innere Belegung der Kocher angewendeten sogenannten säurefesten Steine als leicht zerstörbar erwiesen, Hartglasplatten, welche auf einer Seite mit Quarzpulver bestreut sind, anwendete. D. R. P. Nr. 56973.

Auf diese Weise verkleidete Kocher halten ganz vorzüglich; trotzdem aber giebt es viele Fabriken, welche diese Art von Kocherschutz wieder verlassen haben, und zur ursprünglichen, oben erwähnten Verbleiung mit überlegten Laschen zurückgekehrt sind.

Um zu verhindern, daſs das Kesselblech angegriffen wird, wenn die Masse an irgend einem Punkte springt, habe ich vorgeschlagen, den Kocher *A*, wie in Figur 70 skizziert, mit einem Mantel *B* von dünnem Blech zu umgeben und den Zwischenraum mit einem schwersiedenden Rückstand der Petroleumraffinerie, welcher durch eine, in einer Heizvorrichtung liegende Rohrspirale kreist, zu füllen. (Engl. Patent Nr. 4959).

In den äuſseren Mantel m münden die Rohre m^2 m^3 zum Ein- und Ausflieſsen der flüssigen Rückstände und m^1 zum Entleeren. Der Kocher erhält auf diese Weise auch von auſsen Wärme und bildet an irgend einer durch Springen der inneren Auskleidungsmasse blank liegenden Stelle eine schützende Haut von einfach schwefligsaurem Kalk. Dieser Mantel hat gegenüber dem von anderer Seite vorgeschlagenen (Salomon) den Vorteil, dafs man ihn bei etwa vorkommender Reparatur binnen wenigen Stunden vollständig entfernen kann, und dafs eine Explosionsgefahr vollständig ausgeschlossen ist. Für den Fall, dafs irgend eine Niete leckt, entweicht die austretende schwetlige Säure aus dem heifsen Öl in Gasform, was sofort bemerkt wird.

Bei Kochern, deren Mantel mit Dampf geheizt wird, besteht ein sehr gefährliches Moment darin, dafs der Raum zwischen Kocher und Mantel gegen schweflige Säure vollständig ungeschützt ist, und dafs man daher eine Beschädigung des inneren Kochers nicht früher bemerkt, als bis der Mantel ebenfalls defekt ist, was, wie die Zukunft lehren wird, zu bedauerlichen Katastrophen Anlafs geben kann.

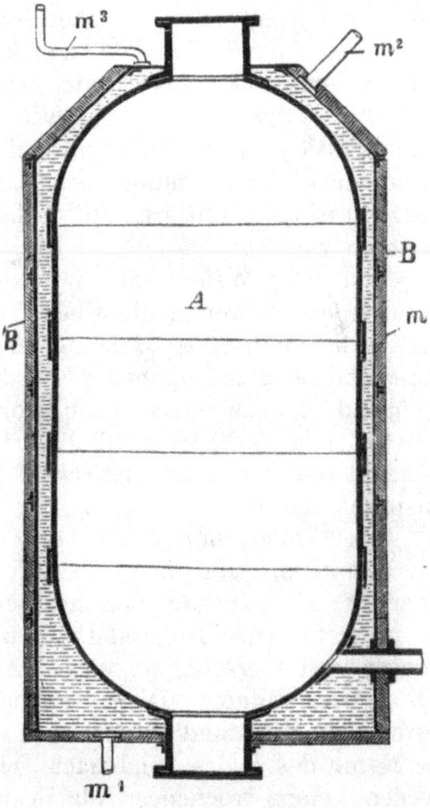

Fig. 70.

Die zum Kochen erforderliche Wärme führe ich durch direkten Dampf ein, nachdem ich von der indirekten Heizung aus dem Grunde abgegangen bin, weil die Heizschlangen sich rasch mit Calciummonosulfit überziehen, infolgedessen die Wärme schlecht leiten und unendlich viel Schmutz in den Stoff bringen. Es ist ja auch nicht nötig, mit indirektem Dampf zu arbeiten, wenn man es in der Hand hat, die Kochflüssigkeit in solcher Konzentration zu bereiten, dafs dieselbe nach Hinzufügung des Kondenswassers aus dem Dampf noch die zum Kochen erforderliche Konzentration zeigt. Dies war leicht, weil ich in meinen Laugenapparaten Lösungen bis zu 7,5° Bé ohne Schwierigkeit erzeugen konnte, während Prof. Mitscherlich in seinen Türmen nur schwache Lösungen zu stande brachte.

Was das Kochen selbst anlangt, so ist es nach meinem Verfahren unnütz, das Holz vor der Behandlung mit Sulfitlauge zu dämpfen und hierdurch die letztere zu verdünnen. In den mit Holz gefüllten Kocher wird vielmehr durch ein in das obere offene Mannloch gelegtes Rohr aus einem höher stehenden Behälter oder durch eine Pumpe sofort die Kochflüssigkeit eingelassen und zwar nur in solcher Menge und Konzentration, daſs ihr Volumen durch das von dem kondensierten Dampf gebildete Wasser soweit vergröſsert wird, daſs bei erreichter Temperatur von 105° C das ganze Holz mit Flüssigkeit bedeckt ist. Die Konzentration wird von vornherein so hoch angenommen, daſs durch diese Verdünnung mit Kondenswasser eben diejenige Konzentration resultiert, mit welcher man das Kochen durchzuführen wünscht.

Auf diese Weise hat man zu Beginn der wirklichen Zersetzungsperiode genau dieselben Verhältnisse und Bedingungen, welche bei indirekter Heizung erreicht werden, nur mit dem Unterschiede, daſs ungeheuer viel Zeit erspart wird, weil durch genügend dimensionierte Dampfrohre ein ganz groſser Kocher der beiläufig 6000 kg Stoff liefert in 1½ Stunden auf 105° C gebracht ist, was bei indirekter Heizung mehrere Stunden in Anspruch nimmt.

Ich erhitze nun weiter bis auf etwa 109° C, sperre dann den Dampf ab und lasse das Holz beiläufig 3 Stunden lang unter der Einwirkung der heiſsen Lauge, damit dieselbe bis ins Innerste jedes Holzteilchens dringen kann, bevor die Temperatur weiter gesteigert wird. Auf diese Weise vermeide ich jede Splitterbildung. Diese Ruhepause, welche bei meinem Verfahren als „Stillstand“ bezeichnet wird, kann natürlich je nach der Natur des Holzes und nach seinem Trockengrade verändert werden. Ganz trockenes Holz braucht gar keinen oder weniger langen Stillstand, als feuchtes Holz, weil die Lösungsflüssigkeit infolge der Kapillarität schneller eindringen kann. Ich steigere dann die Temperatur rasch bis auf den gewünschten Punkt 120—138° C., sperre den Dampf wieder ab und wiederhole nun in mäſsigen Intervallen diese Dampfzufuhr.

Um dem Dampf leichter Eintritt zu verschaffen, und den hydrostatischen Druck im Kocher zu eliminieren, lasse ich von Zeit zu Zeit durch das sogenannte am oberen Kocherhals angebrachte Abgasventil Lauge bezw. schweflige Säure mit Dampf gemischt in die meinem Verfahren eigentümlichen Kondensationsvorrichtungen ab.

In Fig. 71 ist eine solche Kondensationseinrichtung skizziert. Schwefligsäure und Dampf treten bei *a* in die Bleirohrschlange *b*, verdichten sich darin und fliefsen bei *c* als wässrige schweflige Säure ab. Das Kühlwasser fliefst durch Rohr *d* in den Innenraum *f*, steigt am Boden zwischen den Wänden und um die Kondensschlange auf und fliefst durch Überlaufrohr *g* ab.

Während des Kochens werden von Zeit zu Zeit Proben genommen, und diese haben folgende charakteristische Merkmale: Im Anfange ist die Lauge weingelb und etwas trübe; dann wird sie immer dunkler und klarer; nach einigen Stunden beginne ich die freie schweflige Säure mit einer Normaljodlösung volumetrisch zu ermitteln.

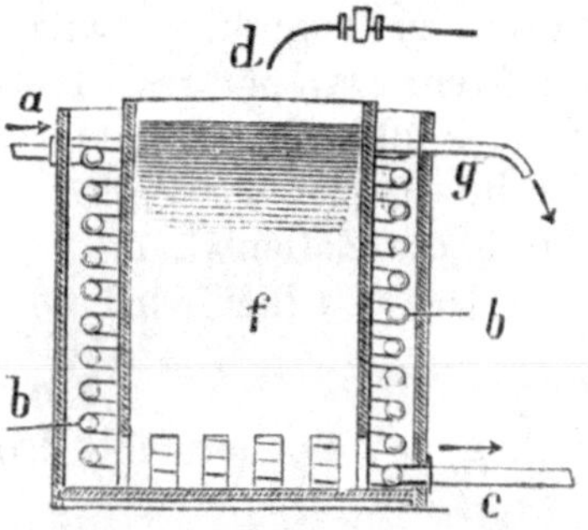

Fig. 71.

Es ist nämlich meine spezielle Entdeckung, dafs die schweflige Säure während des Kochens nicht, wie Tilghman und andere angenommen haben, zu Schwefelsäure oxydiert wird, sondern in organische Verbindungen eintritt, und, wenn ich mich so ausdrücken darf, organische sulfinsaure Verbindungen bildet. Und meine Entdeckung ist es auch, dafs die in diesen organischen Verbindungen steckende SO_2 die Jodreaktion nicht zeigt — die noch ungebundene SO_2 daher durch Jod-Titration während des Kochens ermittelt werden kann.

Gleich bei Einführung des Sulfitstoffes habe ich getrachtet, einen Stoff zu erzeugen, welcher so ziemlich allen Anforderungen Genüge leistet, der also verfilzungsfähig, zähe und fest genug ist, um Holzstoff oder Erde für ordinäre Papiere zu binden, der aber auch gleichzeitig undurchsichtig, weich und sehr leicht bleichfähig ist, um sich auf feinere und feinste Papiere verarbeiten zu lassen.

Es ist mit meinem Verfahren möglich, ebenso zähen, aber dabei natürlich ebenso schwer bleichbaren Zellstoff zu erzeugen, wie mit den Verfahren, welche nur bei niederem Druck arbeiten und indirekten Dampf benützen.

Die Ursache, dafs die Faser, welche bei niederem Druck und mit indirektem Dampf erzeugt wurde, fester ist, liegt darin dafs die intercellulare Substanz, d. i. derjenige Körper, welcher das Röhrchen der Faser, den Hohlraum der Zelle, ausfüllt, nicht durch die Zellenwände diffundiert ist, und zwar aus dem Grunde nicht diffundiert ist, weil unter Bedingungen gekocht wurde, welche die Diffusion nicht zulassen.

Bleibt nämlich der Gehalt der Kochflüssigkeit an anorganischen Stoffen auſserhalb der Zelle gleich hoch mit demjenigen Teil, welcher ins Innere der Zelle gedrungen ist, so liegt für den letzteren keine Veranlassung vor, sich durch die Membrane zu bemühen; wird jedoch, wie dies beim Kochen mit direktem Dampf geschieht, die Kochflüssigkeit auſserhalb der Zelle infolge des Kondensationswassers verdünnt, so diffundiert die im Innern der Zelle enthaltene noch konzentriertere Lösung durch die Zellenwände.

Das Kochen wird beiläufig wie folgt ausgeführt:

Kochtabelle:

Füllen des Kochers mit Holz			10	Min.
- - - - - - mit Eintreten			30	-
Einfüllen von Lauge			20—30	-
Verschrauben des oberen Mannloches			15	-
Dampf bis auf 109° C.	1	Std.	30	-
Stillstand	3	-	—	-
Dampf bis auf gewünschte Temperatur	1—2	-	—	-
Kochzeit mit Abgasen, Laugenablaſs und einige Male Dampfzuleitung	8—14	-	—	-
Abgasen in die Konzentration	1	-	—	-
Ausblasen	—	-	15	-
Wasserzuteilen und Entleeren des Rückstandes	—	-	30	-
Reinigen des Kochers	1	-	—	-
	etwa 21	Std.	—	Min.

Man kann daher, kleine Reparaturen am Kocher eingerechnet, alle 22—30 Stunden eine Kochung machen.

Diese Reparaturen sind dadurch auf ein Minimum reduziert, daſs der Kocher auſser den Mannlöchern nur eine Öffnung für die Dampfeinströmung, eine für den Laugenablaſs, eine für die Entgasung und eine für die Anbringung des Thermometers und des Probehahns besitzt.

Der nachstehend beschriebene Apparat bezweckt die Verluste an schwefliger Säure beim Kochen, sowie die Verunreinigung des Stoffes durch Niederschläge von einfach schwefligsaurem Salz zu vermeiden.

Beim Sulfitverfahren wird in der Regel zugleich mit dem Holze die kalte Lauge in den Kocher gefüllt und durch innere oder äufsere Heizung allmälig auf die erforderliche Temperatur gebracht, bei welcher die Zerlegung des Holzes in seine Fasern vor sich geht. Bei diesem Anheizen scheidet sich stets eine beträchtliche Menge Calciummonosulfit aus der Lauge aus, wahrscheinlich infolge Freiwerdens eines Teiles der schwefligen Säure beim Anwärmen und wirkt sowohl dadurch schädlich, dafs es Krusten auf der Heizschlange oder der inneren Fläche des Kochermantels bildet, als auch dadurch, dafs es den Zellstoff mifsfarbig macht und hinterher ein stärkeres Bleichen erfordert. Um diesem Übelstande zu begegnen, wird nach vorliegender Erfindung (Amerik. Pat. Nr. 542932 und Österr. Patente Nr. 33685 und 56889) die Lauge in einem besonderen Erhitzer aufserhalb des Kochers bis über die Siedehitze vorgewärmt, wobei die Abscheidung des Monosulfites aufserhalb des Kochers erfolgt, und sodann in den mit Holz gefüllten Kocher übergeleitet.

Dabei wird die beim Anwärmen der Lauge freiwerdende schweflige Säure in einer Kühlschlange kondensiert und wieder als Lösungsmittel für das ausgeschiedene Monosulfit benutzt.

Die Figur 72 zeigt einen Vertikalschnitt eines aufrechtstehenden Erhitzers mit Kondensator. Derselbe besteht im Wesentlichen aus einem Kessel *a* mit Dampfheizschlange *b*, in welche der Dampf bei *c* eintritt, während am Ende ein Kondenswassertopf *e* angeschlossen ist. Auch ist oben und unten je ein Thermometer *t*. Unten am Kessel befindet sich ein Ablafs- und Reinigungsventil *n*. Die zu erwärmende Lauge tritt bei *f* in den Kessel ein und bei *g* aus. Oben ist der Kessel durch ein Ventilrohr *h* mit dem einen Ende einer Kühlschlange *j* verbunden,

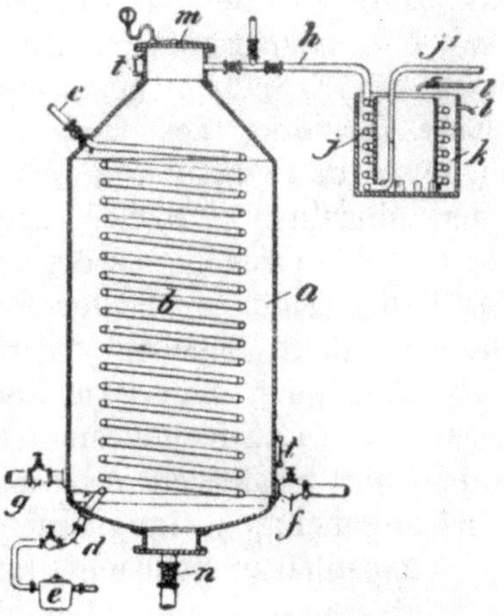

Fig. 72

während das andere Ende j^1 zu einem Aufnahmegefäfs für die Kondensationsprodukte führt. Der Kondensator *k* besteht aus 2 konzentrischen Gefäfsen, von denen das innere unten Durchbrechung hat. Die Kühlflüssigkeit fliefst durch das Rohr *l* in das innere Gefäfs, steigt in dem Raum zwischen dem inneren und äufseren Gefäfs empor und fliefst durch das Rohr l^1 ab.

Um die Abscheidung des Monosulfites zu erleichtern und dasselbe zugleich während des Anheizens schwebend zu erhalten, ist im Kessel ein (in der Figur nicht dargestelltes) Rührwerk vorgesehen.

Das Verfahren verläuft nun kurz wie folgt:

Der Erhitzer wird mit Lauge gefüllt und diese, bei beständigem Antrieb des Rührwerks, bis einige Grad über den Siedepunkt erhitzt. Ist dieser Punkt erreicht, so wird das Rührwerk abgestellt, das ausgeschiedene Monosulfit absetzen gelassen und die heifse Lauge zu dem bereits mit Holz gefüllten Kocher übergeführt. Die sich entwickelnden, hauptsächlich aus schwefliger Säure bestehenden Gase werden in dem Kondensator verflüssigt und in den Vorratsbehälter geleitet, in welchen auch die nach beendigter Kochung aus dem Kocher entweichenden Gase übergeführt werden. Nach Entleerung des Erhitzers und vor Neufüllung desselben wird die verflüssigte schweflige Säure aus dem Vorratsbehälter in den Erhitzer geleitet, um das ausgeschiedene und auf dem Boden desselben abgesetzte Monosulfit aufzulösen, worauf wieder kalte Lauge eingeführt wird und die Erhitzung von neuem beginnt.

Jedes der zur Herstellung von Cellulose angewendeten und nach den Erfindern benannten Verfahren, schreibt zur eigentlichen Kochung des Holzes einen bestimmten Weg vor, der, ob zwar im Prinzip und im allgemeinen überall eingehalten, in jeder einzelnen Fabrik, gröfse oder kleinere Abweichungen zeigt, die den gegebenen örtlichen Verhältnissen, den Erfahrungen des Fabrikanten oder des Fabrikleiters und Kochmeisters, der Beschaffenheit des zu verarbeitenden Holzes und derartigem mehr, angepafst sind. Im Nachstehenden beschreiben wir einige derartige, in Einzelheiten mehr oder weniger von einander abweichende, praktisch erprobte Kochmethoden. 1. Der Kocher wird angeheizt, je langsamer desto besser, auf 116° C. bei ca. 2,8 Atmosphären gebracht und hierauf der Dampf abgesperrt; es folgt ein Stillstand, den man nach Bedarf bis zu 8 Stunden ausdehnen kann. Der Druck der zu Anfang des Stillstandes etwas steigt, sinkt allmählich und wird, wenn nötig, noch durch Dampfablafs auf mindestens 2 Atmosphären heruntergebracht. Dann folgt erneuter Dampfeinlafs bis zur Temperatur von 136°, Druck von 4—5 Atmosphären, und auf diesem Status wird der Kocher annähernd erhalten, bis die Kochung nach Aussehen, Geruch und Schwefligsäuregehalt der Lauge für beendet anzusehen ist, worauf der Dampf möglichst schnell abgeblasen wird. Die Dauer der ganzen Kochung nach dieser Methode beträgt 18—22 Stunden, und sie ist hauptsächlich geeignet für Cellulose, die zum Bleichen bestimmt ist.

2. Der Kocher wird in zirka 3 Stunden auf 105° gebracht und dann weitere 3 Stunden im Stillstand belassen. Hier nach wird bis auf 3 Atmosphären abgeblasen und das Heizen mit Dampf fortgesetzt bis auf 125° C. Es erfolgt abermaliger Dampfablaſs, bis die Temperatur auf 120—125° zurückgeht, und dann wird unter beständigem Dampfzutritt in ca. 10—12 Stunden bei 130° C. abgekocht. Dauer der Kochung 14—18 Stunden.

3. Anheizen auf 105° C. und $2^1/_2$—3 Atmosphären innerhalb 3—4 Stunden. Hierauf Stillstand, der je nach Erfordernis und Gebrauch 1—3 Stunden dauert; dann Weiterheizen, sodaſs bei 108° C. etwa $2^1/_2$—3 Atmosphären, bei 115° ca. 3 Atm., bei 123° ca. 4 Atm., bei 130° ca. $4^1/_2$ Atm., bei 135 ca. 5 Atm. Druck vorhanden ist; die höchste zugelassene Temperatur beträgt 135—140°; steigt sie, so muſs der Dampfzulaſs unterbrochen werden. Fertigstellung der Kochung bei 0,56 — 0,5% schwefliger Säure, was in zirka 8—9 Stunden nach dem Stillstande erreicht sein soll. Dauer der Kochung 10—14 Stunden. (Auch hier stimmen Dampfdruck und Temperatur nicht miteinander überein, ebenso wie bei den früher angeführten Kochtabellen).

Nach dem Vorhergesagten besitzt das Ritter-Kellnersche Verfahren folgende Eigentümlichkeiten und Vorteile:

1. Die Möglichkeit, auch bei der Holzvorbereitung zum Sulfit-Verfahren eine ähnlich weitgehende Verkleinerung anwenden zu können, wie für das Natronverfahren.

Vorteile: a) gleichmäſsige Verkleinerung, daher gleichmäſsiges Erzeugnis.

b) rasches Durchdringen der Holzteilchen mit Lösungsflüssigkeit, daher splitterfreier Stoff und kürzere Kochzeit.

2. Anwendung einer Lösungsflüssigkeit, welche aus einem Doppelsalz der schwefligen Säure „Calcium-Magnesium-Bisulfit“ besteht, und dadurch erzeugt wird, daſs man „Dolomit“ zur Erzeugung der Lösungsflüssigkeit benutzt.

Vorteile: a) geringere Kalkabscheidung im Kocher, weil das Monosulfit der Magnesia wasserlöslich ist; die Kalkverbindung aber von der Magnesia während des Kochens zersetzt wird;

b) weiſserer zäherer Stoff, weil die SO_2 länger zurückgehalten wird.

3. Benutzung einer Lösungsflüssigkeit, welche auf 1 Molekül Base mehr als 2 Moleküle SO_2 enthält. (Deren Zusammensetzung sich also mehr einem hypothetischen „Trisulfit" nähert).

Vorteile: a) Kalkabscheidung im Kocher vollkommen eliminiert, da nach dem Mariotteschen Gesetze während des Kochens das zur Lösung des $CaSO_4$ erforderliche Molekül SO_2 infolge des, durch die überschüssige SO_2 erzeugten Gasdruckes nicht in den Dampfraum des Kochers entweichen kann;

b) die Möglichkeit, nach Wunsch ganz weiſsen und baumwollartigen Zellstoff herzustellen, welcher wenig transparent und sehr leicht bleichfähig, daher für die Fabrikation feiner und feinster Papiere sehr hochwertig ist;

4. das Verfahren, die aus den Öfen kommenden SO_2 haltigen Gase vor deren Eintritt in die Absorptions-Vorrichtungen einer energischen Kühlung zu unterwerfen.

Vorteile: Die Möglichkeit, hochkonzentrierte Lösungsflüssigkeit in relativ kleinen Apparaten zu erzeugen, weil die Absorptionsfähigkeit (Lösungs-Koeffizient) einer Flüssigkeit für Gase bekanntlich mit der Abnahme der Temperatur bedeutend zunimmt.

5. Das Verfahren, diese kalten Gase durch künstlichen Druck (gegebenenfalls Zug) durch eine beliebige Anzahl von Absorptions-Apparaten zu zwingen.

Vorteile: a) vollständige Absorption der SO_2 daher gröſster Nutzeffekt;

b) Unabhängigkeit von Windrichtung und Auſsentemperatur;

c) konstant gleichbleibende Erzeugung in qualitativer und quantitativer Beziehung;

d) keine Beschädigung umliegender Vegetation;

e) Erzeugung beliebig hochkonzentrierter Lösungsflüssigkeit.

6. Die Anwendung stehender zylindrischer Kocher mit kombinierter direkter und indirekter oder nur direkter Heizung.

Vorteile: a) rasches Kochen, weil kein Zeitverlust durch langdauerndes Ankochen;
b) vorzügliche Zirkulation;
c) keine harten Kalkablagerungen an den Heizrohren;
d) bequeme Bedienung des Kochers, rasches Füllen und Entleeren.

7. Anwendung rotierender Kocher mit direkter Heizung.

Vorteile: a) für kleinere Anlagen, einfache Bedienung;
b) baumwollartiger Stoff.

8. Verschiedene Arten von Verbleiung und die Verwendung von Wasserglas zur Herstellung einer säurebeständigen Schutzmasse.

Vorteile: a) rasche Ausführung von Reparaturen;
b) fugenlose Auskleidung.

9. Die Verkleidung dieser Schutzmasse mit Platten aus Hartglas.

Vorteile: a) gröfste Reinheit;
b) sofortiges Sichtbarwerden etwa entstandener Sprünge der Verkleidung durch das Glas (als braune Linienflecken);
c) gröfste Dauerhaftigkeit;
d) bester Schlufs an den Fugen.

10. Das Verfahren, den Fortgang des Kochens in seinem Fortschreiten durch Titration mit Jodlösung zu kontrollieren.

Vorteile: a) Die Möglichkeit, den jeweiligen Stand der Umwandlung genau zu ermitteln;
b) verschiedene Qualitäten (zäh und weich) nach Belieben erzeugen zu können.

11. Verfahren, die nach Beendigung des Kochens im Kocher verbleibende SO_2 dadurch wieder zu gewinnen, dafs dieselben mit Wafserdampf gemischt durch Kühlschlangen geleitet wird.

Vorteile: a) Wiedergewinnung von etwa 18—20 Prozent aller angewandten SO_2;
b) keine Belästigung der Nachbarn;
c) Vorrat von wässeriger SO_2 zur Herstellung beliebig starker Lösung;
d) Entfernung auftretender Gypskrusten in den Absorptionsapparaten.

12. Das Verfahren, die Sulfitkocher unter Druck zu entleeren, (Ausblase-Verfahren).

Vorteile: a) Sehr rasches Entleeren, weil nicht gewartet zu werden braucht, bis der Druck herabgeht;

b) aufgeschlossener Stoff, der sich sehr leicht und mit wenig Wasser auswaschen läfst.

Die bei der Laugenbereitung schon erwähnten anderen Sulfitverfahren (nach Hoyer) unterscheiden sich nun in den Hauptzügen bei dem Kochprozefs folgendermafsen:

Ekman kocht in einem Zylinderkessel, der von einem Dampfmantel umgeben, mit Blei ausgefüttert ist und behufs des Leerens und Füllens auf Seitenzapfen drehbar ist. Der zirka 1,3 Meter weit und 4 Meter hohe Kessel wird nach der Holzbeschickung so weit mit der Kochflüssigkeit gefüllt, dafs das mit gelochten Bleiplatten belastete Holz stets von derselben bedeckt ist. In dem Mantel wird nun allmählich durch besonderen Kesseldampf ein Überdruck nach folgender Regel hervorgebracht: In den ersten zwei Stunden steigere man im Innenkessel den Druck auf 0,7 Atmosphären, in den nächsten 2 Stunden in der Stunde um 1,4 Atmosphären, in der dritten Stunde um 1 und dann in 2 folgenden Stunden noch um je 0,7 Atmosphären. Mit diesem Enddrucke von 6 Atmosphären läfst man den Kocher 1 bis 3 Stunden verweilen, bis ein eigentümlicher Geruch des durch ein Ventil abgelassenen Dampfes oder eine genommene Probe die Vollendung des Prozesses anzeigt. Dann wird der Dampf abgelassen, die Flüssigkeit aus dem Kocher durch das an einem Ende angebrachte Bleisieb abgeseihet und endlich nach Drehung des Kochers der Inhalt ausgestürzt, um auf gewöhnliche Weise gewaschen und gemahlen zu werden. Die Ausbeute nach diesem Verfahren soll 32,68% vom eingefüllten nassen Holze, oder 40% von trocken gedachtem Kochholze ergeben.

Francke in Mölndal benutzt einen liegenden Zylinderkessel aus Stahlblech von 2,2 Meter Durchmesser und 12,5 Meter Länge, mit einer 6 Millimeter starken Bleibekleidung, die einen selbständigen, aus Bleiblech zusammengelöteten Kessel bildet, der durch Messingringe in Abständen von 1 Meter am äufseren Kessel festgehalten wird. Die Kocher, welche sich langsam (1 mal in 10 Minuten) drehen, tragen inwendig Mitnehmerstifte zum Emporheben des Holzes, liegen mit breiten Ringen auf Rollen und erhalten die Drehung durch ein Schneckengetriebe. Sie werden zunächst etwa $^3/_4$ mit Holzstücken und dann mit soviel Lösung von 4—5° Bé gefüllt, dafs das Holz gut bedeckt ist. Die Kochung erfolgt bei einem Drucke von etwa 3,5 Atmosphären, welcher durch Wasserdampf erzeugt wird, der in einen am Ende angebrachten hohlen Zapfen eintritt und vermittelst eines Reduktionsventils reguliert wird. Wenn das Kochen etwa 11 Stunden gedauert hat, bläst man durch einen Bleihahn von der Masse etwas zur Probe aus und wiederholt diese Probe von Zeit zu Zeit, bis sie die richtige Beschaffenheit zeigt, wozu je nach der Qualität und Nässe des Holzes 12 bis 17 Stunden erforderlich sind. Nach Beendigung des Kochens werden die im Kessel vorhandenen gespannten Dämpfe und Gase in den Sulfitturm abgeblasen, um wieder zur Neubildung von Sulfit benutzt zu werden. Nachdem dann die Kochlauge ebenfalls durch Ablaufen entfernt ist, findet zweimalige Waschung (Spülung) des gekochten Holzes und endlich die Entleerung in Tropfkästen statt. Hinzuzufügen ist noch, daſs man zu der eben beschriebenen Kochung auf 1000 Kilo Holz 900 bis 1250 Liter Kochflüssigkeit verbraucht.

Als Ergänzung hierzu sei noch die genauere Beschreibung des Kochers gegeben, wie solche dem Amerikanischen Patente Nr. 304092 (Pap.-Zeit. 1885) entnommen ist:

Der Kocher, welcher hiernach nicht, wie oben angegeben, 12 Meter, sondern nur ungefähr 6 Meter lang ist, bei 2 Meter Durchmesser, ist aus Stahlblech verfertigt und mit einer Bleiverkleidung versehen. Der Dampf wird links und rechts durch Rohre eingeleitet, welche im Kocher selbst durchlocht sind, so daſs der Dampf frei in die Masse strömen kann. Der Kocher dreht sich, wie erwähnt, um seine Längsachse, aber nicht in Zapfenlagern, sondern auf Rollen. Zu diesem Zwecke sind auf dem Kocherumfange 3 starke Ringe angebracht, welche auf je 2 Rollen ruhen. Das Drehen des Kessels geschieht durch eine Schnecke, die in ein auf dem Umfange befestigtes Schneckenrad eingreift. Die Befestigung des Bleies im Innern geschieht derart, daſs es lose auf die Stahlplatten des Kochers gebracht und daselbst mittelst starken Spreitzringen festgehalten wird. Die Bleitafeln müssen möglichst groſs sein, um je einen vollständigen Ring abzugeben. Die Fugen werden verlötet und der fertige Bezug wird nun mittelst der genannten Ringe an der Kocherfläche befestigt; diese Ringe sind an einer Stelle aufgeschnitten und lassen sich mittelst Keilen auseinandertreiben, wodurch das Blei dicht an die Wandungen gedrückt wird. Eine Zwischenlage zwischen Blei und Kocher ist nicht vorhanden. Um Undichtheiten im Blei bemerken zu können, ist der Mantel des Kochers mit einer sehr groſsen Anzahl von

Löchern versehen, die durch Hähne verschliefsbar sind. Die Hähne sind während der Arbeit offen. Tritt nun der Fall ein, dafs die Bleiverkleidung nicht mehr dicht ist, so tritt die Kochflüssigkeit an einer oder mehreren Stellen durch die Hähne aus; diese Hähne schliefst man vorläufig, bis man die Reparaturstelle, welche durch die Lage der Hähne leicht auffindbar ist, der Arbeit unterziehen kann.

Es haben sich diese Kocher in der Praxis als gut erwiesen und ebenso die mittelst Spannringen befestigte Verbleiung als zweckmäfsig. Um die Verbleiung zu schonen, braucht der Kocher nicht fortgesetzt zu rotieren, sondern man kann ihn ja nur zeitweise, oder eventuell auch nur am Schlufs zur schnelleren Entleerung in Bewegung setzen. Diese Kocher haben noch den Vorzug, dafs sie das Absetzen von schwefligsaurem Kalk und dadurch die Entwertung eines Teiles des Stoffes ausschliefsen.

Die allgemeinen Grundzüge des Kochverfahrens nach Pictet und Brelaz sind schon auf Seite 107 angegeben worden. Es würde nur noch zu bemerken sein, dafs sich nach dem Kochen in der Kochflüssigkeit nicht nur eine gewinnbare Menge verschiedener Stoffe, vor allem Gummi, Harz und ätherisches Öl, sondern auch fast sämtliche schweflige Säure vorfindet, weshalb bei diesem Verfahren besonders die Wiederbenutzung der Kochflüssigkeit ins Auge gefafst ist, indem man dieselbe nach der Kochoperation in einen zweiten, auch dritten vorher mit Holz gefüllten Kocher leitet, bis sich dieselbe mit anderen Stoffen gesättigt hat. Da aber die Flüssigkeit durch Capillarität im Holze zurückgehalten wird und nicht direkt von einem Kocher in den anderen fliefsen kann, so verlangt aus diesem Grunde der Prozefs, dafs das Holz nach dem Entleeren ausgeprefst wird, um die Flüssigkeit zu gewinnen. Durch Verdampfen trennt man die SO^2 von den gelösten Harzen usw., um sie durch Auffangen wieder zu gewinnen.

Zu diesem sehr einfach erscheinenden Verfahren mufs aber bemerkt werden, dafs die bei 10—15° Kälte flüssig gemachte Schwefligsäure einen sehr grofsen Druck entwickelt, woraus die Tatsache folgt, dafs bei einer Temperatur von 85° Celsius im Kocher bereits ein Druck von 7 Atmosphären herrscht, trotz der bedeutenden Verdünnung der Schwefligsäure, weil bei dieser Temperatur nur noch sehr geringe Mengen der Säure im Wasser gelöst sind. Da es nun grofse Schwierigkeiten macht, die niedrigen Temperaturen sorgfältig zu regeln, so bietet dieses einfache Verfahren bedeutende Gefahren wegen der entstehenden hohen Drucke, sobald die Temperatur nur erheblich gesteigert wird.

Aufserdem ist zu bemerken, dafs auch bei diesem Prozefs ein Teil der SO^2 oxydiert wird, welche die Holzmasse bei höherer Temperatur leicht schwärzt, um so mehr, als in den Kochlaugen der schützende Kalk fehlt, der bei anderen unter Abgabe von SO^2 aus dem vorhandenen Calciummonosulfit die gebildete SO^3 aufnimmt und neutralisiert.

Flodquist benutzt einen drehbaren Kugelkocher aus Stahlblech, inwendig mit Bleiplatten ausgefüttert, welche durch Schrauben mit grofsen flachen, bleiplattierten Köpfen befestigt werden. Aufserdem besitzen die Stahlplatten eine Menge kleiner Löcher, durch welche die Luft beim Andrücken der Bleiplatten entweicht. Nachdem der Kocher beschickt und mit Kochflüssigkeit von 5° B. gespeist ist, wird derselbe mit Dampf geheizt, sodafs der Druck allmählich auf 4,7 Atmosphären steigt. Diese Spannung wird so lange erhalten, (während sich der Kocher etwa 4 mal in der Stunde dreht), bis Proben ergeben, dafs das Rohmaterial in Brei verwandelt ist, was in der Regel eine Zeit von 8—9 Stunden erfordert. Nach Beendigung des Kochens wird der Inhalt in eine unter dem Kocher befindliche Grube aus Abtropfsteinen oder durchlöcherten Holzwänden abgelassen und später gewaschen und zerkleinert. — Die Anwesenheit des sauren, phosphorsauren Kalkes beim Kochen (siehe Laugenbereitung) soll das Rötlichwerden des Stoffes verhindern.

Ein neues amerikanisches Patent von Flodquist ist unter Nr. 525540 beschrieben und abgebildet:

Während man Sulfitstoff-Kocher bisher entweder von innen mit direktem Dampf, oder von aufsen mittelst Dampfmantels heizte, wobei das erstere Verfahren eine schädliche und ungleichmäfsige Verdünnung der Lauge bewirkte, das letztere wegen des hohen erforderlichen Dampfdruckes einen sehr starken und kostspieligen Mantel notwendig machte, wird nach vorliegender Erfindung der Kocher aufsen mittelst heifser Luft oder heifser Gase, z. B. rufsfreier Feuerungsgase von etwa 300° C. geheizt. Da die Luft unter keinem Druck zu stehen braucht, um auf die nötige Temperatur erhitzt werden zu können, kann der Mantel aus ganz dünnen Platten hergestellt werden. Da der Mantel auch nicht besonders dicht zu sein braucht, kann man ihn aus einzelnen Stücken zusammensetzen, welche sich leicht abnehmen lassen, um den Kocher freizulegen. Der Kocher A ruht mit hohlen Zapfen BB in Lagern C und wird mittelst Schneckenrades D und der Schnecke D^1 in Umdrehung versetzt. Ein Rohr L dient zur Erprobung des inneren Dampfdruckes. Wie üblich, ist ein Mannloch N vorgesehen. Der Mantel ist, um die Wärmeausstrahlung zu verhüten, hohl und mit Asbest oder Mineralwolle gefüllt. Der zylindrische Körper E des Mantels ist durch Winkeleisen C_1 mit der Kocherwandung verbunden und dreht sich, ebenso wie die rechte Stirnwand E^1, mit dem Kocher. Die linke Stirnwand E^2, welche den Einlaſs H für

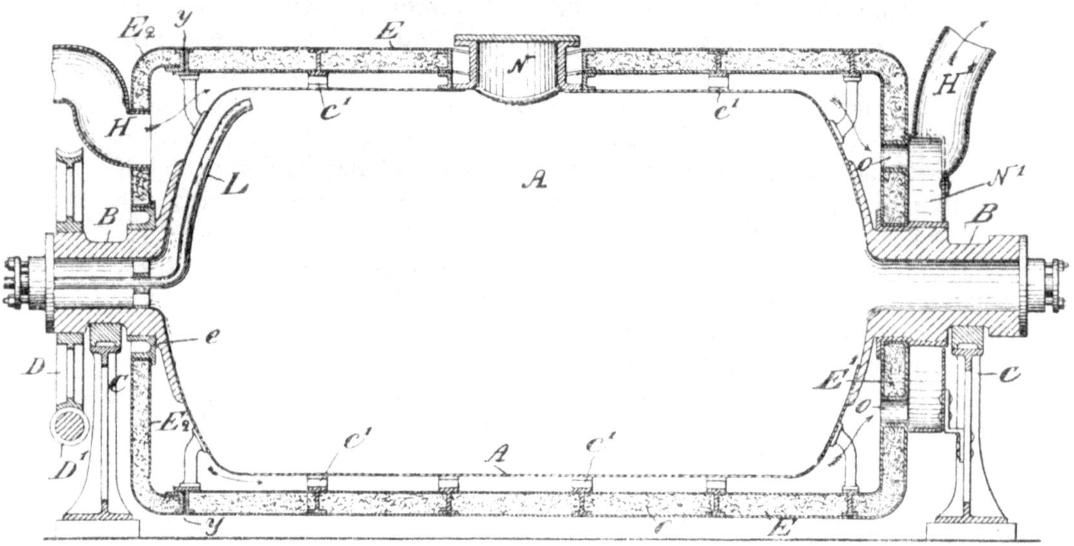

Fig. 73.

die heiſse Luft oder die heiſsen Gase trägt, dreht sich dagegen nicht. Mit dem Ringe e gleitet sie auf dem Hohlzapfen B und stützt sich bei Y gegen den mittleren, sich drehenden Teil des Mantels. In der rechten Stirnwand befinden sich im Kreise eine Anzahl Löcher O, welche zu einem feststehenden Hohlraum N^1 führen. Die heiſse Luft tritt links durch das Rohr H in den Raum zwischen Mantel und Kocher, umspült den letzteren und gelangt durch die Öffnungen O in der rechten Stirnwand in den Hohlraum N^1, aus welchem sie durch Rohr H^1 abgeführt wird.

Zum Schluſs dieses Kapitels seien noch einige Vorschläge bezüglich der Art und Ausfütterung von Sulfitkochern angeführt, wie sie sich zerstreut in der Papierzeitung vorfinden.

Ein Herr Wagg in Amerika bekleidet den Kocher wie Mitscherlich zunächst mit dünnem Bleiblech aus, legt auf dieses Asbestpappe und hierauf 8″ dicke Ziegel von 1 Fuſs im Quadrat. Jeder Ziegelstein wird durch einen Bolzen in der Weise an die Kocherwand geschraubt, daſs der Kopf in den Stein eingelassen und die Mutter auſsen angesetzt ist. Die Steine haben ringsum Rinnen, welche man mittelst stumpfen Werkzeugs mit Blei schwalbenschwanzförmig ausfüllt und damit verdichtet. Die Bolzenköpfe werden auch mit Blei gedeckt, und die Bolzen selbst sind an einer Seite abgeflacht, damit die Säure längs derselben durch eine Aussparung in der Mutter nach auſsen treten kann, wenn die Dichtungslagen irgendwo leck werden. Man soll dann wie bei Frankes Kocher, auſsen erkennen, wo innen eine undichte Stelle vorkommt und diese leicht wieder ausbessern können.

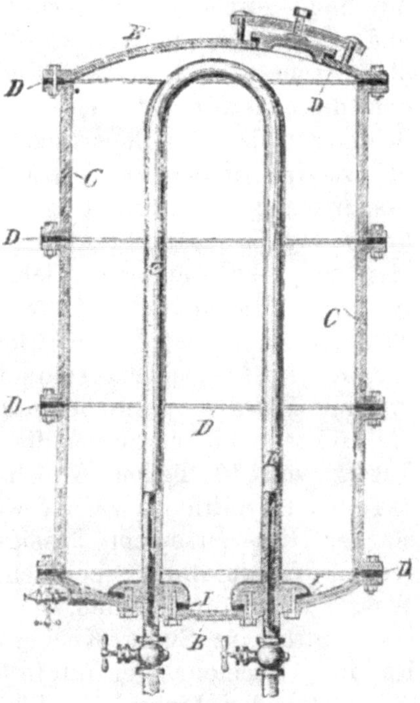

Fig. 74.

Sulfitstoff-Kocher von Frambach und Dart in Kaukauna und Vollrath in Sheboygan, Wisconsin. Amerikanisches Patent Nr. 348159. Während man bisher die Sulfitstoff-Kocher innen mit einem Bleifutter versah, soll nach vorliegender Erfindung ein säurebeständiger und elastischer Emailüberzug angewendet werden.

Der Kocher in Fig. 74 abgebildet, besteht aus einzelnen, mit Flantschen versehenen Rohrabschnitten *C* und den Kopf- und Bodenstücken *B*; die einzelnen Teile sind an ihren Flantschen durch Schraubenbolzen verbunden. Behufs Abdichtung sind Bleiringe *D* zwischen die Flantschen gelegt. Sämtliche genannte Teile sind an der Innenfläche bis über einen

Teil der Flantschen mit dem Email überzogen. Der Kocher wird durch ein gebogenes Dampfrohr *E* geheizt, welches aufsen mit dem Emailüberzug versehen ist. Zum luftdichten Anschlufs desselben an die Bodenplatte *B* dienen Bleiringe *I*.

Um die einzelnen Teile des Kochers mit Email zu überziehen, werden dieselben zunächst mit Säure behandelt, dann mit Sand gescheuert, abgespült, in heifses Kalkwasser getaucht und getrocknet. Sodann werden die Teile mit einem Schwamm abgewischt und die erste Schicht des Emails aufgetragen. Nachdem diese getrocknet ist, werden die Teile in Muffeln bis zum Schmelzen des Emails erhitzt. Nach erfolgter Abkühlung wird die zweite Schicht aufgetragen und ebenso getrocknet und geschmolzen. Als Email kann jedes glasige Email Verwendung finden, welches säurebeständig und elastisch ist. Eine geeignete Mischung für die erste Schicht besteht aus 5 Teilen Kalk, 10 Teilen Flufsspath, 5 Teilen kohlensaurem Natron, 50 Teilen weifsem Sand, 50 Teilen Bleiglätte und 20 Teilen Borsäure, welche gemischt und zusammengeschmolzen, sodann gemahlen und mit Wasser zu einem dünnen Brei angerührt werden. Für die zweite Schicht können die obengenannten Substanzen unter Zusatz von 10 Teilen Knochenasche, 5 Teilen Talkum und 4 Teilen Kryolith verwendet werden, welche gemischt und bei starker Hitze zu einem flüssigen Glase geschmolzen in Wasser (behufs Granulation) gegossen, sehr fein gemahlen und mit Wasser angerührt werden.

Futter für Sulfit-Kocher von Goldburg Harden Poud in Ruttand, Vermont, Vereinigte Staaten, Amerik. Patent 351 067. An Stelle des bisherigen Bleifutters wird nach vorliegender Erfindung in Kochern und anderen Apparaten, die mit Säuren in Berührung kommen, eine Bronze verwendet, die aus 100 Teilen Kupfer, 33½ Teilen Blei, 10 Teilen Zinn und 4 Teilen Antimon besteht. Diese Bronze soll sehr dauerhaft und vollkommen widerstandsfähig gegen die bei der Herstellung von Cellulose angewandten Säuren sein.

Neuer als die bisher angeführten Methoden ist die Anwendung einer säurefesten Schutzmasse, welche Wilh. Wenzel, Wien, I. Friedrichstrafse anbietet und die sich praktisch bewährt haben soll. Nach diesem Verfahren wird die Schutzmasse mit einer Bretter-Schablone flüssig aufgetragen und zwar je nach Form und Gröfse der Kocher, in Dicke von 60—200 Millimeter. Bei Mitscherlich-Kochern von 4 Metern Durchmesser beträgt die Dicke 125 Millimeter; am Boden mufs die Schicht stärker und gegen den Zylinder abgerundet sein. Drehkocher von 2 1/2—3 Meter Durchmesser bedürfen einer Schicht von 80—100 Millimeter, während bei 2—2 1/2 Meter Durchmesser 70—80 Millimeter Dicke genügen. Die Arbeit nimmt 3—4 Wochen in Anspruch. Nach vollendeter Auskleidung wird der Kocher mehrere Stunden unter Dampfdruck einer Temperatur von 140°—160° Celsius ausgesetzt. Dabei entstehen an den undichten Stellen Risse, die aufgehackt und mit frischem Stoff vergossen werden. Dies wird wiederholt, bis sich keine schlechten Stellen mehr zeigen und dann zum Schluſs ein Überzug von 4—5 Millimeter Dicke aus ganz feinem Stoff aufgetragen. Nach gemachten Erfahrungen wird dieser letzte Überzug in 2—3 Monaten ziemlich abgenutzt, kann aber von 2 Arbeitern leicht in einer Stunde mit dem Pinsel wieder hergestellt werden und nach weiteren 2 Stunden kann man den Kessel wieder zum Kochen benutzen. Die abgebrauchte Schicht von 4—5 Millimeter kommt nun zwar in den Stoff, soll jedoch keinen Schaden machen. Als Hauptvorteil wird hervorgehoben, daſs der Kocher stets dicht bleibt und die schweflige Säure niemals an die Kocherschale kommen kann. Die Mannlöcher werden nach wie vor mit Blei verkleidet. Die Kosten dieser Methode stellen sich auf 70 Mark per Quadratmeter Auskleidungsfläche, wozu noch die Frachten, Löhne usw. kommen. Billig ist demnach auch dies Verfahren nicht, doch wenn es absoluten Schutz gewährt, würde es ein willkommener Ersatz für die meisten der bisher angewendeten Verfahren sein.

Später hat Herr Wenzel noch einige Änderungen in der Art der Verkleidung der Kocher vorgenommen: Er wendet keine Bleistützen, sondern solche aus Phosphorbronze an, weil sich diese mit seiner Masse innig verbinden. Die Sicherheitsschrauben der verbleiten Kocher fallen weg und werden durch ebenso viele offene Kontroll-Löcher ersetzt, welche von auſsen die Verkleidung sehen lassen. Das Auftragen der Masse erfolgt langsam und schichtenweise und zwar werden neuerdings kreuzweise starke Eisendrähte mit eingelegt, sodaſs diese, ähnlich dem Monierschen Verfahren, bei Bauarbeiten ein eisernes Gerippe bilden, welches der ganzen Masse eine groſse Festigkeit im Zusammenhang gewährt. Die ganze Schicht wird schlieſslich ungefähr 10 Zentimeter stark angenommen, und zuletzt werden Porzellanflieſsen eingelegt; dann wird langsam geheizt, und die entstehenden Fugen werden immer wieder mit Zement ausgestrichen, bis sich die Auskleidung nicht mehr verändert. Auch später auftretende

Risse und Fehler werden in gleicher Weise ausgebessert. Die Zusammensetzung der Masse ist Geheimnis; doch bilden Zement und Wasserglas erhebliche Bestandteile derselben. Ein besonderer Wert der erwähnten Auskleidung liegt in der Ersparnis von Brennstoff. Die quantitativen Bestimmungen der verbrauchten Wärme ergaben nämlich, daſs die Auskleidung einen vorzüglichen Wärmeschutz bildet; die ausstrahlende Wärme ist dadurch auf ein Minimum gebracht. Die Bestimmungen ergaben einen Minderverbrauch von 25% an Wärme, gegenüber einem mit Blei ausgekleideten Kocher.

Eine Umwälzung in der Herstellung von Kocherauskleidungen scheint durch die Erfindung des Herrn Direktor Brüngger, früher in Cunnersdorf, herbeigeführt zu sein, da hierdurch eine schnelle, ganz sichere und sehr billige Methode gegeben ist, die sich schon in verschiedenen Fabriken und in jahrelangem Betriebe praktisch bewährt hat. Das Wesen der patentierten Erfindung besteht darin, daſs man durch Einführung von Sulfitlauge, oder einer Gypslösung in den vorher von auſsen geheizten und mit Holz beschickten Kocher eine die innere Kocherwand vollständig bedeckende dünne, undurchlässige Kruste erzeugt. Diese Kruste verhindert jede Berührung der metallnen Kocherwand mit der zum Kochen benutzten schwefligen Säure und schützt damit den Kocher gegen den zerstörenden Einfluſs der schwefligen Säure.

Während die bisherigen Schutzmittel, der Bleimantel und die vielen Arten von Ausmauerungen, nur mit erheblichem Aufwand von Zeit und Kosten angebracht werden konnten, kostet die Bildung der Schutzkruste weder Zeit noch Geld. Ist die Schutzkruste erst einmal gebildet, so bedarf sie niemals einer Ausbesserung und ebensowenig ist eine Erneuerung derselben nötig.

Bei Anwendung von Bleimänteln und Ausmauerungen aller Art werden die Kocher während der Herstellung und Ausbesserung der Schutzverkleidung, d. h. während eines erheblichen Zeitraumes, der Ausnutzung entzogen. In den Kochern zu Cunnersdorf bei Hirschberg wurden beispielsweise, während sie den Bleimantel hatten, ungefähr 210 Kochungen im Jahre gemacht (der Rest des Jahres muſste zur Ausbesserung des Bleimantels verwendet werden), dagegen fast 300 Kochungen, nachdem sie mit der Schutzkruste versehen waren. Bei diesen Zahlen ist die Erneuerung des Bleimantels nicht in Betracht gezogen. Die Erzeugungsfähigkeit eines Kochers mit Schutzkruste ist hiernach fast um die Hälfte gröfser, als die eines mit Bleimantel versehenen.

Die Erfinder bezeichnen als weiteren Vorzug den Fortfall der mit dem Undichtwerden der Bleimäntel oder der Ausmauerung verbundenen Gefährdung der Kocher, sowie der dadurch verursachten schnellen Abnutzung und der Möglichkeit einer Explosion. Die Kruste ist durchaus undurchlässig, haftet est am Kocher, läfst sich aber in wenig Stunden beseitigen und ebenso schnell wieder herstellen. Man kann also jederzeit in kürzester Krist die ganze Kocherwand im Augenschein nehmen. Die Erfinder haben nach ungefähr einjährigem Betrieb der Kocher die Kruste entfernt und bei der Besichtigung der inneren Kocherwand durch die Beamten des Kesselrevisionsvereines feststellen lassen, dafs keinerlei Korrosionen an den Kocherwänden bemerkbar waren. Nach einem Betrieb von weiteren 4 Monaten ist durch andere hervorragende Sachverständige auf dieselbe Weise festgestellt worden, dafs der eiserne Mantel tadellos war und das Eisen aussah, als käme es frisch vom Walzwerk. Der mit der Schutzkruste versehene Kocher bietet daher auch gröfsere Betriebssicherheit, die noch dadurch erhöht wird, dafs derselbe mit sehr geringem Überdruck arbeitet. Die Kocher arbeiten auch mit viel geringerem Dampfverbrauch, da sie in Folge ununterbrochenen Betriebes nie erkalten.

Gegenüber anderen Auskleidungen bietet die aus der Sulfitlauge hergestellte Kruste den Vorteil, dafs sie sich während des Kochens von selbst ergänzt und erneut, falls Risse oder Löcher entstehen sollten, dafs sie also immer frisch und ganz bleibt. Die Heizung von aufsen durch Dampfmantel gestattet auch leichte Regelung der Temperatur und beseitigt die durch direkt einströmenden Dampf hervorgebrachte wachsende Verdünnung der Kochlauge.

Zu den oben erwähnten Sachverständigen gehörte auch Professor Reuleaux, welcher feststellte, dafs die in der Regel nur 2—3 Millimeter starke Schutzkruste auch in Wirklichkeit ein Schutz für die Kocher selbst ist; denn sein Zeugnis sagt, dafs die unter der trafsähnlichen Schicht freiwerdende Eisenfläche sich als gänzlich rost- und porenfrei erwiesen habe. Nirgends an der ganzen Innenwand liefse sich eine etwa freigewordene oder gebliebene, von der Säure angefressene Stelle entdecken.

Auch in Amerika ist das Verfahren bereits eingeführt, was nicht Wunder nehmen darf, da ja nicht nur, wie zuweilen angenommen wird, nur rotierende Kocher mit der Schutzkruste versehen werden können, sondern jeder liegende oder stehende Kocher ebenfalls, wenn nur ein Heizmantel um den Kocher angebracht ist, da die Kruste im Innern nur durch Heizung von aufsen hergestellt werden kann. Wie sich durch den Gebrauch herausgestellt hat, soll auch der in solchen Kochern gewonnene Stoff noch besser und stärker sein, weil die Sulfitlauge in demselben ihre ursprüngliche Stärke behält und nicht durch verdichteten Dampf verdünnt wird. Das gilt natürlich nur Kochern gegenüber, in denen früher mit direktem Dampf gekocht wurde.

Für dieses Brünggersche Verfahren eignen sich nicht nur Lösungen von Calciumbisulfit, wie sie bei der Gewinnung von Zellstoff aus Holz nach dem Sulfitverfahren gewonnen werden, sondern auch Lösungen von Calciumsulfat, Calciumsulfit, Strontiumsulfit und verschiedene andere. Bei Benutzung von Calciumbisulfitlösungen scheidet sich von der heifsen Kesselwandung zunächst Calciumsulfit aus, welches unter der weiteren Einwirkung der Hitze in Calciumsulfat und Calciumsulfit zersetzt wird unter Freiwerden von Wasser, schwefliger Säure und Schwefel. Verwendet man eine Calciumsulfatlösung, so empfiehlt es sich, dieselbe durch Neutralisieren einer schwachen Schwefelsäurelösung mit kohlensaurem Kalk herzustellen. Der Konzentrationsgrad der Lösung ist für das Gelingen des Verfahrens unwesentlich, ebenso, ob die Kocherwandung vor oder nach dem Einfüllen der Lösung erhitzt wird. Bei der Herstellung von Zellstoff nach dem Sulfitverfahren ist es zweckmäfsig, falls man mit dünnen Lösungen arbeitet, dieselben mit dem Holze in den kalten Kocher zu füllen und dann diesen zu erhitzen. Bei konzentrierten Lösungen ist dies jedoch nicht tunlich, da diese die Kocherwandung, ehe die Schutzkruste sich gebildet hat, zu stark angreifen. Man erhitzt in diesem Falle den leeren Kocher zunächst von aufsen, füllt dann die Lösung ein, läfst den Kocher rotieren, bis die Kruste genügende Stärke hat und bringt darauf das Holz ein. Benutzt man einen Drehkocher, so braucht man denselben nicht ganz anzufüllen; einen feststehenden Kocher mufs man jedoch ganz mit der Lösung füllen, und aufserdem neben dem Kocher einen Behälter aufstellen, in welchem bei der in Folge der Erhitzung eintretenden Ausdehnung der Lösung ein Teil der Lösung übertreten kann. Die Erhitzung des Kochers kann sowohl mit Hilfe eines Dampfmantels bewirkt werden, als auch in der Weise, dafs man den Kocher in einer gemauerten

Kammer aufstellt, durch welche die Gase einer Feuerung geleitet werden.

Ein Verfahren zur Herstellung einer Auskleidung für Zellstoff-Kocher, hat sich Guido Baerwaldt in Deutschland unter Nr. 70477 patentieren lassen:

Der Kocher wird zunächst auf der Innenwand durch Abbeizen mit Säure und Scheuern vollständig von Oxyd und sonstigen Unreinlichkeiten befreit und darauf mit einer durch Wasser, Kali- oder Natronlauge, Wasserglas, Kalkmilch oder dergleichen verdünnten Zementschicht in Stärke von einigen Zentimetern versehen, wobei der in Verwendung kommende Zement entweder ganz rein, oder mit reinem Kiessand, gepulvertem Glas, gemahlener Chamotte oder dergleichen vermengt sein kann. Bevor diese Grundschicht aus Zement sich alsdann gesetzt hat, verreibt man dieselbe mit einer breiigen Mischung von Bleiglätte und Glycerin tüchtig und läfst zugleich diese letzte Schicht, die Zementschicht, um eine gewisse Stärke überdecken.

Die so dargestellte Auskleidung erhärtet nach einigem Stehen verhältnismäfsig rasch und bildet eine glasig, sehr harte und widerstandsfähige Kruste, welche jedes Eindringen der Sulfitlösung verhindern und dadurch den Kocher äufserst widerstandsfähig und sehr haltbar gestalten soll.

Man kann auch das Gemenge von Bleiglätte und Glycerin direkt auf die gereinigte metallische Kocherwandung auftragen; jedoch ist dann das Aufbringen etwas mühsamer, als auf eine voraufgegangene Grundschicht von Zement. Das beschriebene Gemenge läfst sich auch als Bindemittel oder als Mörtel beim Ausmauern oder Auslegen der inneren Kocherwandung mit säurebeständigen Steinen oder Platten verwenden.

Nach der amerikan. Patentschrift Nr. 514197 von E. Meurer in Palmer Falls, N. Y. läfst sich durch einen Anstrich ebenfalls von Bleiglätte und Glycerin das Metall der Sulfitstoffkocher vollständig gegen die Einwirkung der Kochlauge schützen. Der Erfinder empfiehlt 100 Teile scharf getrocknete Bleiglätte in 12 Teilen reinem Glycerin anzureiben und den Anstrich etwa $^1/_3$ cm dick zu machen. Die Masse mufs schnell verwendet werden, weil sie sehr bald zu einem steinharten und guthaftenden Zement erstarrt. Durch Vermehrung des Glycerins wird die Anstrichmasse plastischer, trocknet aber langsamer. Will man den Anstrich noch durch eine Schutzmauer im Innern des

Kessels schützen, so wird als Mörtel die gleiche Mischung benutzt; sie wird fast ebenso hart, wie die Steine selbst.

Derselbe Erfinder beschreibt in einer zweiten Patentschrift ein Verfahren zum Auskleiden von Kochern mit Blei. Die Bleibleche werden gegen die innere Wandung des Kochers gelegt und die Ränder zusammengeschmolzen, sodafs die ganze Auskleidung ein einziges, hart gegen die Kocherwand anliegendes Stück bildet. Da die Bleilage nicht durch Nieten oder Zement mit der Kocherwand verbunden ist, so wird sie durch die Ausdehnungen und Zusammenziehungen der Kesselwandungen bei wechselnden Temperaturen nicht beeinflufst. Sie mufs aber durch eine innere Mauer aus säurefesten Steinen vor Zusammenfallen beim Abblasen des Kochers geschützt werden.

Während der Auskleidung mit Blei bringt man den Kocher zweckmäfsig in wagerechte Lage. Die an die Wandung gelegten Bleibleche werden durch ein Holzgerüst mit Armen und Pflöcken festgehalten.

Wenn alle Bleibleche eingetragen und durch Zusammenschmelzen ihrer Ränder zu einem Ganzen vereinigt sind, wird der Kocher senkrecht gestellt, und die innere Ausmauerung vorgenommen. Im Verhältnisse wie die Mauer höher steigt, werden nach und nach sämtliche Holzpflöcke und Stützen und schliefslich auch der Mittelbalken des Gerüstes entfernt.

Eine weitere Erfindung, die Kocher säurewiderstandsfähig zu machen, von Henry W. Stebirs in West-Carrolten, Ohio (Amerik. Patent 528339) sei in Nachstehendem wieder gegeben:

Die übereinander greifenden Bleche der Kocherwand werden, um eine glatte Innenfläche zu erzielen, mit einer Lage von Portlandzement versehen, auf welche die Bleischicht zu liegen kommt. Die Bleiauskleidung wird durch Bleinieten befestigt, welche durch Löcher in der Kesselwand und die Zementschicht gehen und innen mit den Bleiplatten verschmolzen werden. Auf die Bleischicht kommt eine Lage, welche aus einem schlechten Wärmeleiter besteht, wie Portlandzement mit Asbest, unter Beimischung von Rufs, Bariumsulfat, Bleiglätte und Wasserglas, um die poröse Zement- und Asbestlage säurewiderstandsfähig zu machen. Als passendes Mischungsverhältnis gibt die Patentschrift an: 10 Teile Bariumsulfat, 8 Teile Glätte, 2 Teile Rufs und eine Lösung von Natronwasserglas von 12° Bé. Dann folgt eine mit Zement eingebaute Schicht aus hartgebrannten porösen Ziegeln, die unter hydraulischem Druck geprefst wurden. Die weitere Schicht besteht aus Portlandzement und quarzhaltigem

Sand, welcher wiederum Rufs, Bariumsulfat, Bleiglätte und Wasserglas beigemengt wird. Sie soll die Konsistenz von Mörtel haben und wird hinter die innersten, aus glasierten Ziegeln in Zementmörtel bestehende Schicht gegossen.

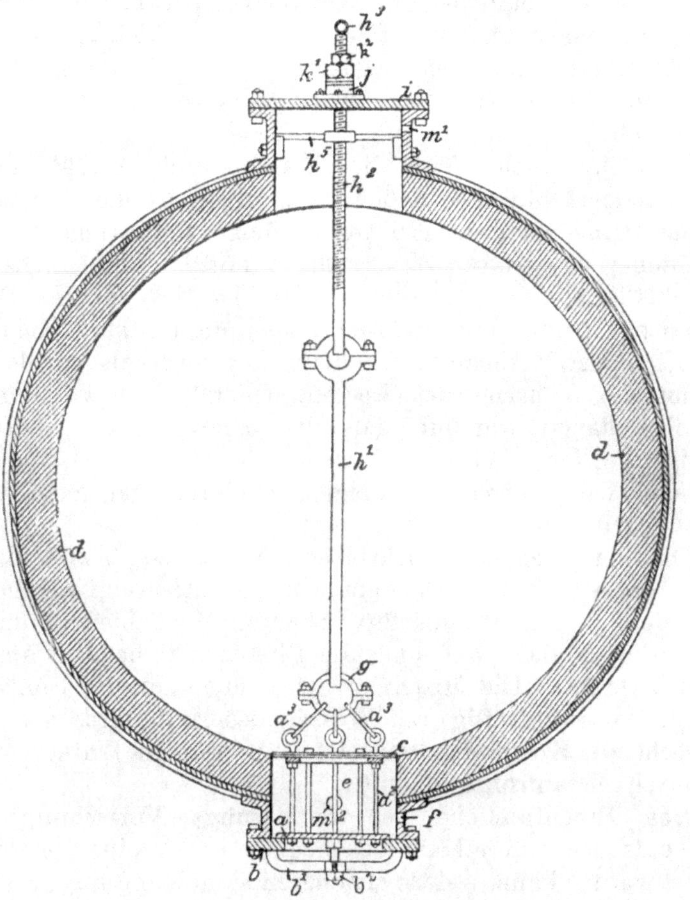

Fig. 75.

In England verwendet man auch anstatt des Zementes für die Ziegel eine aus Asbest und Wasserglas von 1,5 spez. Gew. hergestellte plastische Masse, die auch zum Verstreichen der Fugen dient.

N. P. Wedege in Drontheim hat sich unter Nr. 78966 in Deutschland eine Entleerungsvorrichtung an feststehenden Zellstoffkesseln patentieren lassen und sagt darüber Folgendes:

Bisher hat man bei der Entleerung der Kocher meistens erst die Säure durch besondere Rohrleitungen ausgelassen, dann den oberen Deckel geöffnet und den Kessel mit kaltem Wasser gefüllt um die Masse zu waschen und den Kessel abzukühlen und darauf die Masse mit der Hand ausgeschaufelt. Hiermit wird der Kessel plötzlichen und häufigen Temperaturveränderungen ausgesetzt, was natürlich auf Material und Bekleidung schädlich einwirkt, und aufserdem erleidet man auch einen direkten Verlust an Wärme und Zeit, wenn der Kessel wieder gefüllt werden soll.

Man hat auch öfters die Kessel durch Ausspülung mit Wasser geleert; hierbei haben aber ebenfalls die Temperaturveränderungen einen schädlichen Einflufs gehabt, und dann war auch immer ein grofser Wasservorrat nötig. Endlich hat man auch das Ausblasen des Kessels mittelst des inneren Dampfdruckes zur Anwendung gebracht; aber die Unannehmlichkeiten sind bei dieser Methode vielleicht noch gröfser als bei den vorerwähnten. Während des Leerens entsteht ein Vakuum und die Folge davon war oft, dafs die inneren Bekleidungen beschädigt wurden. Aufserdem wurden die nicht aufgeschlossenen Äste und dergleichen zerschlagen, wodurch der Stoff verunreinigt wurde.

Das nachstehend beschriebene Verfahren bezweckt, den Kessel durch sein unteres Mannloch zu entleeren, welches mit Hilfe eines besonders hierfür gebauten Mechanismus und des Dampfdruckes den Stoff und die Flüssigkeit bequem aus dem Kessel ableitet. Die Mischung wird dann in das Stoffbassin geleitet, wo sie kräftig mit Wasser bespritzt wird, sodafs die übelriechende Kochflüssigkeit sich mit reinem Wasser mischt und durch Ablaufrohre abläuft.

Das Eigentümliche der Entleerungs-Vorrichtung liegt darin, dafs das untere Mannloch bequem durch eine Vorrichtung geöffnet werden kann, welche am oberen Mannloche angebracht ist.

a ist eine Platte, welche sich gegen den Rand der Öffnung des unteren Mannlochdeckels *b* legt. Diese Platte wird während des Kochens teils durch den in dem Kessel herrschenden Druck, teils durch eine durch den loszumachenden Bügel b_1 geführte Schraube fest gegen den Deckel *b* gedrückt. Die Platte *a* ist ferner durch die Stangen a_2 mit einem Sieb *c* verbunden, welches sich gegen die innere Ausmauerung *d* legt. Hierdurch wird ein offener Raum *e* für Dampf gebildet, welcher während des Kochens durch *f* einströmt und in üblicher Weise zur Aufwärmung des Inhalts des Kochers dient. Die Stangen a_2 bilden über dem Sieb Augen, mittelst welcher sie durch Gelenke a_3 mit einem gröfseren Ring g verbunden sind. Dieser Ring g ist an einer Stange h_1 aufgehängt, welche gelenkig mit einer Schraubenspindel h_2 verbunden ist; letztere geht durch das obere Mannloch hindurch. Der obere Mannlochdeckel i ist in der Mitte mit einem Loch versehen, über welchem sich ein Kragen oder eine Hülse j befindet, auf der eine grofse Mutter k_1 ruht, mittelst welcher die Spindel h_2 auf- und abbewegt werden kann. Wenn der Kessel in Tätigkeit ist und daher die Schraube nicht benutzt wird, ist diese Mutter von einer Kappe bedeckt, und diese wiederum gesichert durch eine kleinere Mutter k_2, die auf die Stange h_2 geschraubt ist. Alle Teile im Innern des Kessels sind zum Schutz gegen die Einwirkung der Lauge mit Blei bedeckt, oder aus einem säurebeständigen Material hergestellt. Nach beendigtem Kochen geschieht das Entleeren auf folgende Weise: Zuerst wird das Gas abgeblasen, z. B. durch die Öffnung m_1 des oberen Mannloches; alsdann wird der untere Bügel b_1 losgemacht und nach Entfernung der Mutter b_2 weggenommen. Während dieser Arbeit wird die Platte a durch den Druck im Kessel hinlänglich dicht gehalten; darauf wird an Stelle des Bügels b_1 ein Rohrstutzen angesetzt und durch Muttern befestigt. Dieser Rohrstutzen verbindet den Kessel mit einem darunter befindlichen Stoffbassin. Nunmehr wird durch die oberhalb der Platte a befindliche Öffnung m_2 mittelst eines Rohres, welches in verschiedenen Windungen durch den Kessel geht und mit Löchern versehen ist, Dampf eingelassen und endlich durch Drehen der durch Abnehmen der Kapsel freigelegten Mutter k_1 die ganze untere Verschlufsvorrichtung in den Kessel hinaufgehoben. Der anhaltend einströmende Dampf macht die Bildung eines Vakuums unmöglich, und indem er den Kesselinhalt in Bewegung setzt, fliefst Stoff und Säure durch den angeschraubten Rohrstutzen in das Stoffbassin.

Die ganze Operation geht bequem und sicher vor sich und man erreicht den grofsen Vorteil, den Kessel warm zu halten und das ganze Gas für die nächste Kochung übrig zu behalten. Dabei verläfst der Stoff den Kessel schnell und gleichmäfsig, ohne verunreinigt zu werden. Ist sämtlicher Stoff aus dem Kessel entfernt, so wird der Dampf abgesperrt und die Platte a wieder auf ihren Platz niedergeschraubt. Um den Kessel wieder mit Holz zu füllen, mufs das obere Mannloch geöffnet werden. Zu dem Zwecke wird die Mutter k_1 ganz von der Spindel h_2 abgeschraubt und diese mittelst einer in den oberen Ring h_3 eingehakten Kette zusammen mit der Stange h_1 in den Kessel hinuntergesenkt, bis ein zu diesem Zweck in die Spindel h_2 eingeschobener Keil auf die in dem obern Mannloch angebrachte Querstange h_5 stöſst. Der Mannlochdeckel i wird dann fortgenommen und der Kessel gefüllt. Ist dies geschehen, so wird i aufgelegt, und die Stangen h_1 und h_2 werden gehoben und gesichert.

Was die Armaturen der Kocher anlangt, so werden jetzt meist die vorhandenen Stutzen und Ventile aus unverbleiter Phosphorbronze angefertigt, welche den sauren Kocherlaugen den meisten Widerstand entgegensetzt; doch ist nicht ausgeschlossen auch anderes widerstandsfähiges Material zu verwenden; so haben sich z. B. C. Curtis und N. M. Jones in Massachusetts und Maine ein Abblaserohr für Sulfitkocher in Amerika patentieren lassen, welches diesen Zweck ebenfalls erreichen soll. Nach deren Angabe wird das eiserne Abblaserohr mit Zement ausgefüttert und an beiden Enden durch Ringe aus einem Metall, welches durch die saure Kocherlauge nicht angegriffen wird, geschützt.

Figur 76 zeigt den Durchschnitt des eisernen Rohres a, mit Flantschen a_1 a_2; auf die untere Flantsche wird dann ein Ring a_3 (Fig. 77) aus Blei oder Phosphorbronze aufgeschraubt, welcher nach innen vorspringt und eine innere Flantsche bildet. In das Rohr schiebt man eine oder mehrere gepreſste Röhren b aus einem Gemisch von Portland-Zement, Quarz und Wasserglas. Wenn mehrere Röhren verwendet werden, verkittet man deren Enden beim Einsetzen mit Zement. Die Zementröhre hat einen etwas kleineren Durchmesser, als der Innenraum des Eisenrohres, sodaſs zwischen den beiden Röhren ein ringförmiger Hohlraum bleibt; durch eingeschobene Holzstreifen e sichert man der Zementröhre eine konzentrische Stellung mit dem äuſseren Rohr, wie aus Fig 79 ersichtlich, welche einen Schnitt durch Linie 4—4 von Fig. 77 darstellt. Wenn die Zementröhre bis oben aufgebaut ist, wird der Hohlraum zwischen den beiden Rohren, unter gleichzeitigem Ausziehen der Holzstreifen mit Zement ausgegossen, und auch das obere Ende durch einen säurefesten Ring a_4 (Fig. 78), geschützt.

Zum Schluſs sei noch erwähnt, daſs die eben beschriebenen Kocher der einzelnen „Verfahren" heutzutage nicht mehr maſsgebend für das System sind, nach welchem eine Fabrik Zellstoff darstellt; denn die Vorschriften der einzelnen Erfinder sind nach und nach von den Fabrikanten selbst den lokalen Verhältnissen angepafst, oder aus anderen Gründen verändert

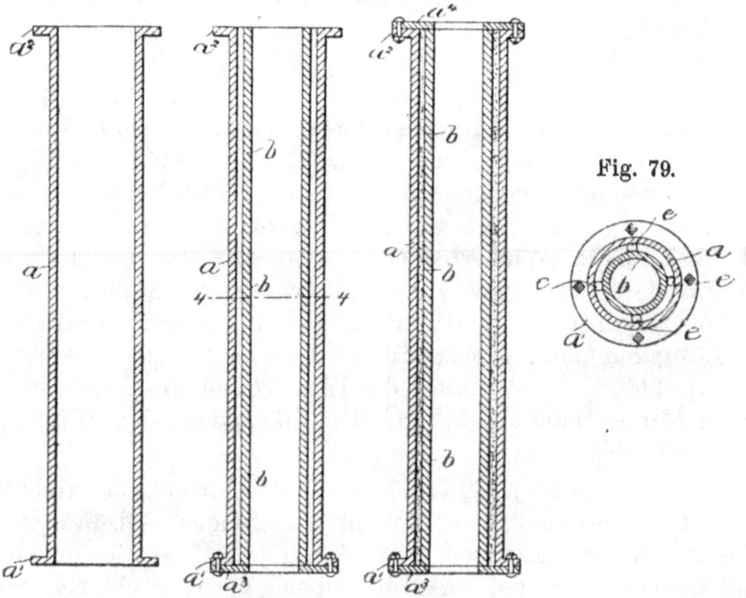

Fig. 79.

Fig. 76. Fig. 77. Fig. 78.

worden. So ist z. B. der Kochkessel in den Ritter-Kellnerschen Fabriken ursprünglich nur zu 30 Kbm. Inhalt angenommen worden. Jetzt sieht man in verschiedenen derartigen Fabriken solche zu 40 und 60 Kbm. Inhalt; ja, Verfasser hat in einer sogar liegende Kocher von 100 Kbm. Inhalt gesehen, die sich im Äufseren gar nicht von den Mitscherlichschen unterscheiden, und nur im Innern mit anderer Auskleidung versehen waren und direkte Dampfheizung hatten. Da nun auch Mitscherlich-Fabriken die neuen Holzbearbeitungen, sowie das Frankscbe Laugenverfahren adoptiert haben, ebenso die neuen Zerteilungsmaschinen anwenden, so kann oft ein Fachmann beim flüchtigen Durchschreiten einer Zellstofffabrik kaum mit Sicherheit das darin angewendete Verfahren beurteilen; nur der Kochprozefs ist jetzt das Charakteristische.

C. Gewinnung von Zellstoff mit Hilfe des elektrischen Stromes.

Über dieses neueste Verfahren ist bis jetzt noch nichts Weiteres veröffentlicht, als was die Patentschrift sagt, die in Nr. 21 der „Pap. Zeit.“ 1889 abgedruckt ist. Ob die Methode einst berufen sein wird, eine praktische Umwälzung in der Cellulosefabrikation herbeizuführen, läfst sich jetzt noch nicht beurteilen. Der Vollständigkeit wegen sei dieses neue Resultat der Tätigkeit des Herrn Karl Kellner, der leider am 8. Juni 1905 in Hallein gestorben ist, wie es das D. R. P. 46032 (Kl. 55) darstellt, wörtlich folgendermafsen angeführt: Dieses Verfahren beruht auf der Anwendung des elektrischen Stromes zur Erzeugung und beständigen Wiederbelebung von auf die inkrustierende Substanz des Holzes usw. zersetzend wirkenden Stoffen während des Kochprozesses. Das Holz wird mit solchen Flüssigkeiten oder Lösungen unter gleichzeitigem Durchleiten des elektrischen Stromes erhitzt, welche unter der Einwirkung des letzteren, diejenigen Mittel liefern, die auf die inkrustierenden Materialien zersetzend einwirken.

Hierzu eignen sich besonders Metallchlorid- und namentlich Chlornatriumlösungen, da die inkrustierenden Substanzen des Holzes, Strohes, Espartos usw. durch Chlor, sowie durch gewisse Sauerstoffverbindungen desselben, wie unterchlorige Säure zersetzt werden.

Werden die aufzuschliefsenden Pflanzenstoffe in zerkleinertem Zustande mit Chlornatriumlösungen in geschlossenen Gefäfsen erhitzt, und wird gleichzeitig ein elektrischer Strom durch die Lösung geleitet, so entstehen Chlor, beziehentlich unterchlorige Säure einerseits, und Natronhydrat andererseits, indem die an den Polen freiwerdenden Stoffe Chlor und Natrium mit dem Wasser unterchlorige Säure und Natronhydrat bilden.

Bei der Zersetzung der inkrustierenden Substanzen durch Chlor und unterchlorige Säure, sowie auch in Folge des Erhitzens der unterchlorigen Säure für sich, wird Salzsäure gebildet, welche mit dem Natronhydrat zusammen wieder Chlornatrium entstehen läfst, sodafs ein Kreislauf stattfindet und dieselbe Flüssigkeit ungeschwächt den ganzen Prozefs durchmacht.

Der Prozefs verläuft bei 128° C. glatt, und es wird nach Angabe des Erfinders bei dieser Temperatur aus Holz eine schneeweifse, seidenglänzende, ungeschwächte Faser erhalten.

Zur Ausführung des Verfahrens dient mit Vorteil eine Einrichtung, die aus drei senkrechten, oben und unten verbundenen Kochern besteht, die in einer Ebene liegen. In die äuſseren Röhren münden unten die beiden Elektroden und in diejenige seitliche Röhre, in welcher die beiden elektronegativen Jonen (Chlor und unterchlorige Säure) beim Erwärmen aufwärts steigen, werden die betreffenden Pflanzenstoffe gefüllt. Die beim Erhitzen aufwärts gehenden, die Jonen und deren Zersetzungsprodukt enthaltenden Flüssigkeiten treffen oben zusammen, worauf dieselben durch die mittlere Röhre wieder abwärts gehen. Beim Vorüberflieſsen an den Elektroden findet dann abermals eine Zersetzung des Chlorides statt. Sehr gute Erfolge lassen sich bei dieser Einrichtung durch Stromwechsel erzielen, wobei denn auch der zweite seitliche Schenkel mit Holz usw. gefüllt wird. Die Pflanzenstoffe unterliegen dann abwechselnd der Behandlung mit alkalischen und saueren Lösungen. Die gebildete Natronlauge wirkt hierbei auf die inkrustierenden Stoffe derart zersetzend ein, daſs dieselben beim Stromwechsel schnell gelöst werden. Um beispielsweise aus Nadelholz weiſsen Zellstoff für die Papierfabrikation zu erhalten, wird das in den bekannten Holzschneidern zerkleinerte Holz in die Kocher gebracht und letztere werden geschlossen, worauf man Kochsalzlösung zuflieſsen läſst. Im allgemeinen genügt eine 8 prozentige Lösung, und ist eine Zeit von ungefähr 3 ½ Stunden bei einer Temperatur von etwa 126° C. erforderlich (von dem Zeitpunkt der erreichten Temperatur an gerechnet), um aus Fichtenholz festen weiſsen, für feinere Papiere verwendbaren Zellstoff herzustellen.

Das Kochen selbst geschieht in Kesseln, deren Innenfläche mit Blei oder dergleichen ausgekleidet ist. Nachstehende, als bewährt befundene Einrichtung (Fig. 80) besteht aus den beiden feststehenden Kochern *A* und *B*, welche unten mit den Rohren *I*, oben mit den Rohren *II* verbunden und oben mit Füllöffnungen *E* und unten mit Entleerungsöffnungen versehen sind. Durchlöcherte Platten am oberen und unteren Ende verhindern, daſs Faserteile vom Flüssigkeitsstrom mitgerissen werden und die Rohre verstopfen. Die beiden Rohre *H* vermitteln die Verbindung mit einem kleineren Zwischenkessel *L*, welcher ein Wasserstandsglas, Manometer, Sicherheits- und Entleerungsventil und ein durch Ventil *V* abzusperrendes Rohr *T* trägt, dessen Verlängerung eine in einem Kühlbottich *P* liegende Kühlschlange bildet. — Der Kessel *L* endigt in einem Rohr *K*, welches bis unter die Böden der Kocher führt und dann in die gabelförmigen

Abzweigungen *I* ausläuft, welche, seitlich ansteigend, in die Böden der Kocher münden. In diese Rohre sind bei *M* und *N* die beiden Kohle Elektroden *R* und *S* isoliert eingeführt. Nachdem die Kocher mit Holz gefüllt sind und soviel Kochsalzlösung

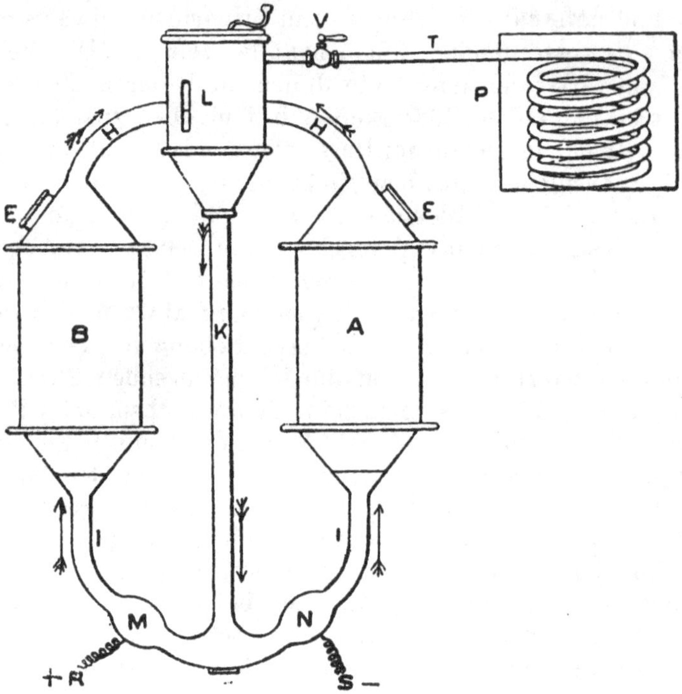

Fig. 80.

eingelassen ist, daſs dieselbe im Wasserstandszeiger des Gefäſses *L* sichtbar wird, ferner Ventil *V* und alle Öffnungen verschlossen sind, wird in die die Kocher durchlaufenden Heizrohre möglichst trockner Dampf eingelassen.

Da der Inhalt von *A* und *B* sich nun durch die Wärme ausdehnt, so steigt er durch *H* nach *L*, was weiter eine absteigende Strömung durch das Rohr *K* zur Folge hat. Beim Austritt aus *K* teilt sich die Flüssigkeit und steigt durch die Rohre *I* in der Pfeilrichtung wieder aufwärts, um von neuem in die Kocher *A* und *B* einzutreten und diesen Kreislauf zu wiederholen. Beim Vorüberflieſsen der Flüssigkeit an den Elektroden tritt bei geschlossenem Strom die Zersetzung ein und vollziehen sich die früher erwähnten Nebenvorgänge. Tritt bei

M der positive, bei N der negative Strom ein, so unterliegt die inkrustierende Substanz des in B befindlichen Holzes infolge der Einwirkung des Chlors oder seiner Derivate einer starken Oxydation, während in A durch das aufwärtsgehende Natron die in dem dort befindlichen Holze vorhandenen Harze usw. verseift werden. Die Ergebnisse der Zersetzung treffen sich (soweit sie löslich sind) im Hülfskessel L und wirken so aufeinander, daſs als Enderzeugnis wieder Chlornatrium gebildet wird, indem die von der Anode gebildete Chlorwasserstoffsäure, die von der Kathode kommenden organischen Natronverbindungen zersetzt und unter Ausscheidung der organischen Stoffe die ursprüngliche Kochsalzlösung zurückbildet, während die ausgeschiedenen organischen Stoffe durch den immer wieder sich erneuernden Einfluſs des Chlors und seiner Verbindungen in solche Produkte zerlegt werden, welche entweder in Lösung bleiben, oder gasförmig entweichen.

Nachdem das Verfahren auf die beschriebene Weise $^1/_4$ bis $^1/_2$ Stunde geleitet wurde, wird der Strom gewechselt. Hierbei wird durch abwechselnde Einwirkung von Chlor und Natron auf das Holz, die Aufschlieſsung desselben beschleunigt. Man wiederholt daher den Stromwechsel öfter, bis der Zellstoff blosgelegt ist, was bei einer Temperatur der Kochflüssigkeit von etwa 126° C. nach 3 bis $3^1/_2$ Stunden der Fall ist. Die während des Kochens entwickelten, nicht wirksamen Gase, welche sich im Zwischenkessel L ansammeln, werden durch zeitweiliges Öffnen des Ventils V in die Kühl- und Verdichtungsvorrichtung getrieben.

Wird in vorstehend beschriebener Weise gearbeitet, so erhält man aus dem Kessel, der am Schluſs des Verfahrens die Anode unter sich hatte, schneeweiſsen, für die feinsten Papierarten ohne Bleiche verwendbaren Zellstoff, während das Erzeugnis aus dem Kathodenkessel durch das am Schluſs des Verfahrens gebildete Alkali etwas gelblich gefärbt ist und nach dem Auswaschen mit einer sehr schwachen Chlorkalklösung behandelt werden muſs.

Fortgesetzte Versuche haben ergeben, daſs es vorteilhafter ist, das Holz nicht mehr in Metallkochern elektrisch zu behandeln, sondern in offenen gemauerten Gruben, also ohne Druck zu arbeiten. Die Gruben bestehen aus Zementmauerwerk und sind mit gebrannten Tonplatten ausgekleidet. Das zerkleinerte Holz wird vor dem Einbringen in die Gruben mit Salzlösung getränkt. Der durch die Masse geleitete, von Dynamomaschinen hervorgebrachte elektrische Strom entwickelt aus dem Kochsalz Chlor und Natron, welche sich an den beiden Polen ansammeln und teils lösend, teils bleichend wirken. Durch Druck auf einen Knopf wird die Leitung zeitweise umgeschaltet, sodaſs das Natron an den Pol geht, wo sich vorher Chlor ansammelte, und das Chlor an den Pol, wo vorher Natron erschien. Das Holz erfährt durch diese wechselweise Behandlung mit Natron und Chlor eine völlige Auflösung und Bleichung, wobei sich das Chlornatrium fortwährend erneut.

An möglichst günstiger Stelle, in Hallein bei Salzburg, das durch seine kräftige Salzsoole bekannt ist, hat Herr Kellner eine Anlage nach seinem neuesten System in groſsem Maſsstabe bereits gemacht.

Jetzt nach Verlauf von einer Reihe von Jahren ist über das Dr. Kellnersche Verfahren, Zellstoff mit Hilfe des elektrischen Stromes herzustellen, leider noch kein abschlieſsendes Urteil zu fällen, wenigstens von einer fertigen praktischen Ausgestaltung und Verbreitung noch nicht zu sprechen. Der Erfinder selbst hatte den Verfasser ermächtigt, über den dermaligen Stand folgende Angaben zu machen: Das elektrolytische Cellulosefabrikations-Verfahren arbeitet als solches, im kleineren Maſsstabe betrieben, ganz gut; es konnte aber bis jetzt nicht in die groſse Praxis gebracht werden, weil die Apparate der Zersetzungszellen soviele Reparaturen erforderten, daſs der Vorteil, den das Verfahren bietet, bisher dadurch aufgehoben wurde. Herr Generaldirektor Dr. Kellner hat aus diesem Grunde eine Zeit lang das Verfahren ganz verlassen und sich speziell auf die Verbesserung der elektrolytischen Apparatenteile verlegt; es ist ihm dies auch in solchem Grade gelungen, daſs er den schwierigsten Teil industrieller Elektrolyse, nämlich die Spaltung von Kochsalz in seine Komponenten, praktisch in groſsem Maſsstabe so herausgearbeitet hat, daſs bereits zwei groſse Soda- und Chlorkalkfabriken in England nahezu fertig danach eingerichtet sind und ebenso in Österreich ein solches Etablissement gebaut wird. Diese nach anderer Richtung angestellten Versuche und Arbeiten sind zwar nicht direkt der elektrischen Zellstoffherstellung zu Gute gekommen, haben aber diejenigen Schwierigkeiten beseitigt, welche der industriellen Verwertung des elektrolytischen Cellulose-Verfahrens bisher im Wege standen und sollen nun bald nach Fertigstellung der verwandten Anlagen die hierinnen niedergelegten und noch zu machenden Erfahrungen zur Fabrikation der Elektrocellulose benutzt werden. Das elektrische Verfahren ist, wie gesagt, selbst ausgezeichnet, das mit solchem Zellstoff hergestellte Papier sehr fest und rein, aber die Durchführungsfrage, namentlich in Bezug auf die Wahl der Materialien, war bis vor Durcharbeitung der elektrochemischen Soda- und Chlorkalkprozesse, zu denen sie ja eigentlich geführt hat, bisher zu kostspielig. Die Frage über den praktischen Wert des Verfahrens muſs also noch einige Zeit offen gelassen werden.

Es sind ja noch so manche neue Ideen aufgetaucht und im Kleinen und Groſsen auch wirklich versucht worden; aber nach meinem Dafürhalten dürfte bis jetzt nur eine davon von Bedeutung sein und eine Zukunft haben, nämlich das dem Herrn Carl Adolf Braun in Schmerold bei Gmund am Tegernsee patentierte Verfahren, nach welchem Holz und andre Rohstoffe zur Zellstofffabrikation mit einer Lösung von neutralem schwefligsaurem Ammoniak unter Druck von 4 bis 10 Atm. 10 bis 24 Stunden lang gekocht werden.

Man stellt danach zunächst wässrige schweflige Säure mit einem Gehalt von 1 bis 3% her und leitet in diese Ammoniakgas bis zur vollständigen Neutralisation; mit dieser Lösung wird das wie sonst üblich zerkleinerte Rohmaterial gekocht. Nach verschiednen vergleichenden, im Groſsen angestellten Versuchen lieferte das neue Verfahren den hellsten Stoff, der ganz und gar aufgeschlossen, ohne Splitter war, sich leicht bleichte, und dabei auch noch die höchste Ausbeute.

Es haben verschiedne Ammoniaksalze die Eigentümlichkeit, daſs sie, trotzdem sie neutrale Verbindungen sind, stärker auf andre Stoffe einwirken, als die einzelnen freien Teile sogar.

Ebenso wie Dr. Svoboda (Chem. Ztg. No. 98 von 1903 S. 1203) nachgewiesen hat, daſs eine Lösung von zitronensaurem Ammoniak die Wände der Glasflaschen, in denen sie aufbewahrt wird, stark angreift und Kieselsäure daraus auflöst, was weder Ätz-Ammoniak noch Zitronensäure einzeln für sich tun, so wird auch hier die neutrale Lösung von schwefligsaurem Ammoniak in ähnlicher Weise weit günstiger wirken, als beide Teile getrennt es tun würden. Aus den gebrauchten Kochlaugen kann man fast alles Ammoniak wiedergewinnen durch Abdestillieren mit Ätzkalk und es bleibt also nur übrig, durch regelrechten Betrieb festzustellen, ob dies Verfahren soweit rentabel ist, daſs es mit den andern konkurrieren kann.

Auf der einen Seite fällt die Kocherauskleidung ja ganz fort, und der Prozeſs scheint schneller zu verlaufen, als beim

Sulfitverfahren; aber einmal wird man keine schweflige Säure wiedergewinnen und so mehr davon brauchen und zum andern auch mehr Kalk in Form von Ätzkalk zur Wiedergewinnung des Ammoniaks wohl nötig haben, von welchem letzteren auch etwas verloren geht; das kann aber durch schnelleres Arbeiten, hohe Ausbeute und schönen sehr leicht bleichbaren Stoff mehr als ausgeglichen werden. Auſserdem scheint es für alle Faserstoffe zu passen, ebenso wie das Natron- resp. Sulfatverfahren, während das Sulfitverfahren bei den meisten versagt und nur für Fichten-, Tannen- und den Splint von Kiefernholz anzuwenden ist.

V. Waschen, Bleichen, Fertigstellung der Cellulose.

Zum Auflösen, Waschen und Bleichen des Natronzellstoffs bediente man sich von Haus aus fast stets gröſserer Holländer aus Eisen oder Zement, in denen eine schwere guſseiserne Walze mit angegossenen stumpfen Rippen gleichsam die Rolle eines groſsen Quirls spielt und den Zellstoff in einen Brei auflöst, ohne dabei die nicht völlig durchgekochten Stückchen von Holz zu zerkleinern, welche sonst als schwarze Splitter den Stoff verunreinigen würden. Bei diesen Holländern ist nun eine besonders wichtige Sache „guter Zug", und ich führe hier meine Erfahrungen an, welche ich bei der Benutzung solcher Holländer gemacht und wie ich dieselben später verbessert und schon in Nr. 87 der Papierzeitung von 1895 mitgeteilt habe.

Die Grundform der Holländer war und ist meist ein Rechteck mit halbkreisförmigen Ansätzen, in welchem die Mittelwand genau zwischen den beiden Mittelpunkten der Halbkreise lag. Solche Holländer hatte ich auch zuerst in meiner Praxis kennen gelernt und fand, daſs sie gar keinen guten „Zug" hatten. Hat man eiserne Holländer, so kann man an diesen nicht viel verändern und verbessern; ich machte aber Versuche durch Einhalten von Brettern, um zu sehen, wie sich der Zug verbessern lieſs, und fand, daſs schon viel geholfen war, wenn man die Mittelwand nach beiden Seiten über die Mittelpunkte der Halbkreise *a a* hinaus verlängerte. Die Ansätze *a*—*b* sind in nebenstehender Fig. 81 dick gezeichnet. Ich beobachtete dann weiter, wie der Stoff sich nun noch an den Rändern festsetzte, und baute diesen Figuren entsprechend meine ersten Holländertröge aus Zement, welche man damals — im Jahre 1878 — nur aus halbstein- oder steinstarkem Mauerwerk anfertigte. Letztere hatte ich schon 1875 kennen gelernt; aber der Grundriſs war damals

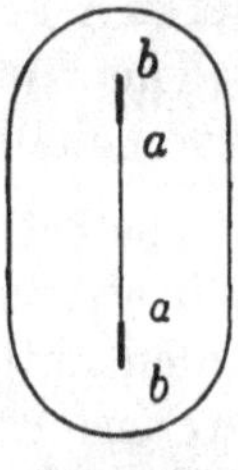

Fig. 81.

genau der der eisernen und zeigte demgemäfs auch deren Mängel bezüglich des Zuges.

Ich setzte nun zunächst die Mittelwand nicht in die Mitte des Troges und liefs sie, wie bei dem eisernen, über die Mittelpunkte der Halbkreise hinausgehen; aufserdem verdrückte ich die letzteren etwas, doch gerade entgegengesetzt wie im Handbuch von Hofmann auf Seite 103 angegeben ist (Fig. 82). Aufserdem machte ich den Kropf hinter der Walze ziemlich hoch und erreichte dadurch einen so guten Zug, dafs fast niemals gerührt zu werden brauchte. Da die Walze breiter war, als die Hälfte des Troges, fafste sie sehr viel Stoff, und derselbe stand hinter der Walze beträchtlich höher als vor derselben, sodafs der Holländer viel scheinbares Gefälle hatte, wenn ich mich so ausdrücken darf. Der Querschnitt des Rücklaufes des Stoffes war wesentlich kleiner, der Stoff mufste also in demselben mit vergröfserter Geschwindigkeit laufen, welcher Umstand im Verein mit dem starken Niveauunterschied und dem veränderten Grundrifs lebhaften Umlauf des Stoffes veranlafste; die Walze nahm vorn viel Stoff weg und häufte ihn dahinter an, sodafs er viel Druck erzeugte und den andern Stoff umso stärker und vollständiger vor sich herschob; sein Lauf wurde, namentlich beiderseitig an den Enden der Mittelwand, sehr verengt, sodafs er durch diesen schmalen Querschnitt besonders hindurchgeprefst wurde.

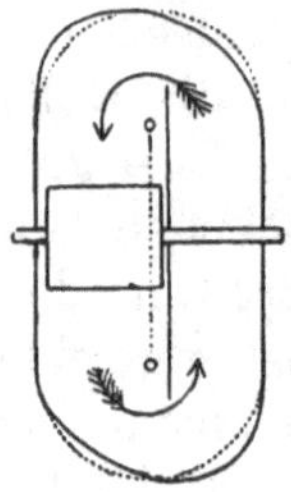

Fig. 88

Vor der Walze legte ich nicht blofs einen Sandfang an, den man jederzeit von aufsen reinigen konnte, sondern vor demselben wurden auch noch mehrere Rillen, halbkreisförmig im Querschnitt, quer in den ansteigenden Zementboden gezogen, damit sich in diesen gröfsere und schwerere Teile ablagern konnten, welche sich nach dem jedesmaligen Leeren des Holländers dann leicht entfernen liefsen.

Selbstverständlich wurden um den ganzen Holländer herum mehrere starke Bandeisen als Anker gelegt, welche an den Enden mit Schrauben fest angespannt werden konnten; dies war erforderlich, da aus Mangel an Platz die Wände des Holländers im ganzen nur einen halben Stein stark gemacht werden konnten; nur da, wo die Lager für die schwere Walze angebracht wurden, war die Wand einen ganzen Stein stark. Beste Art der Ausführung ist natürlich dann umso notwendiger, da sonst die Aufsenwände leicht undicht werden und Risse bekommen.

Das Bekleiden der Innenwände mit glasierten Ton- oder Porzellanplättchen ist wegen Verminderung der Reibung, wegen der Sauberkeit usw. ja sehr zu empfehlen, bringt aber auch Unannehmlichkeiten mit sich. In den meisten Holländern setzt sich mit der Zeit aus dem Wasser, der Bleichflüssigkeit usw. etwas Wasserstein an den Innenwänden ab; dieser haftet nun auf Eisen und Porzellan oder glasiertem Ton nicht so fest wie auf Zementwandungen. Hat dieser Stein eine gewisse Dicke erreicht, so wird er leicht von Eisen und Porzellan abplatzen, nicht aber vom Zement, mit dem er meist ganz fest verbunden bleibt. Ist nun der Stoff in den Holländern sehr dick eingetragen, so können sich die abgeplatzten Stückchen nicht zu Boden setzen; sie schwimmen im Stoff mit weiter und kommen mit auf die Papiermaschine, wenn sie nicht noch vorher im Sandfang liegen bleiben; auf der Papiermaschine selbst sind sie aber höchst unangenehm; denn unter der Gautschpresse werden sie zerprefst, bringen Löcher im Papier hervor, und die kleinen Teilchen zerteilen sich dann über eine gröfsere Fläche. Ich habe solche Steinstückchen oft genug gesehen, wie sie, von dem Aussehen durchsichtiger Glimmerblättchen, im Zellstoff oder im Papier auftauchten und für den ersten Augenblick arges Kopfzerbrechen verursachten, da man sich nicht erklären konnte, wo sie wohl herstammten. In diesem Falle hilft dann am besten gründliches Abwaschen der Holländerwandungen mit verdünnter Säure, am besten Salzsäure, und dies hält dann auch längere Zeit wieder vor. Bei Zementwandungen habe ich derartiges niemals beobachtet; der dünne Steinüberzug haftet im Gegenteil ganz fest und glättet die Oberfläche immer mehr, sodafs nicht blofs die Reibung des Stoffes immer geringer wird, sondern auch die Spitzen der Fasern nicht mehr so abgeschliffen werden, wodurch ja hauptsächlich die lästige Graupenbildung hervorgerufen wird. Diese Graupen lassen sich höchstens im Raffineur auflösen, sonst durch kein Mittel. In der weiteren Verarbeitung des Stoffes zu Papier sind sie ungemein störend und können das fertige Erzeugnis sogar bedeutend entwerten. Bei glatten Zementwandungen treten sie aber nicht auf.

Beim Glattputzen der Innenwände nimmt man fast reinen Zement mit wenig und ganz feinem Sand, sodafs die Oberfläche recht glatt wird und später im Betriebe gleichsam poliert wird.

Andere Auflös- und Waschvorrichtungen hat man früher

ab und zu wohl gehabt, sie aber wohl überall schon längst wieder aufgegeben, zumal man durch das Ausblasen des ganzen Kocherinhaltes das Auflösen viel schneller mitbesorgt; man braucht solchen Stoff nach dem Auslaugen in den Ausblasezylindern nur noch ganz kurze Zeit in den Holländern nachzuwaschen und kann ihn dann gleich mit Chlorkalklösung weiter behandeln. In manchen Anlagen passiert er noch eine besondere Knotenfanganlage, bevor er in die Holländer hineinfliefst; man mufs ihn dann hier durch Waschtrommeln erst wieder soweit entwässern, dafs er zu einem dicken Stoffbrei wird, bevor man Chlorkalklösung hinzufügt.

Ganz besonders vorsichtig arbeitet man beim Sulfitstoff, um hier Äste, nicht ganz durchgekochte Holzstückchen usw. beim Zerkleinern möglichst zu schonen, damit sie nicht etwa schwarze Splitterchen abgeben, welche den Stoff dann verunreinigen und viel minderwertiger machen.

Wenn vor der Zerkleinerung des Holzes die Äste nicht ausgebohrt, oder vor der Kochung nicht aussortiert wurden, so erfolgt nach der Entleerung des Kochers zunächst ein Sortieren durch Knaben oder Mädchen, was besonders notwendig ist, wenn das Holz in Scheiben geschnitten war. In diesem Falle schütten sich die Arbeiter die Cellulose auf einen Tisch, zerdrücken mit den Fingern die weiche Masse und finden auf diese Weise leicht jeden kleineren oder gröfseren Ast, oder jedes harte, vielleicht nur teilweise gut gekochte Holzstück. Da an den Ästen immer noch ziemlich viel, wenn auch gelbliche und härtere Cellulose hängen bleibt, so werden diese Äste zurückgelegt und später behufs Erlangung einer geringeren Cellulose, sogenannter dritten Sorte, weiter verarbeitet. Da jedoch trotz aller Sortierung sämtliche Äste nicht absolut verschwinden und eine gewaltsame Zerkleinerung auch die Äste mit zerkleinern würde, wodurch sich die Qualität der Cellulose verringert, so hat man darauf Bedacht zu nehmen, diese Zerfaserung möglichst vorsichtig durchzuführen. Es ist für diesen Zweck von Mitscherlich ein Stampfwerk, wie es schon vor langen Jahren in der Papierfabrikation gebräuchlich war, angewendet worden, welches aber den Stoff eigentlich nicht zerstampft, sondern mehr zerreibt, wie aus der nachfolgenden Beschreibung ersichtlich ist. Die Fig. 83 zeigt eine Seitenansicht, respektive den Durchschnitt eines solchen Stampfwerkes. Auf ca. 7 Stück eisernen Gestellen *A* ist die Daumenwelle *B* gelagert, die sich zirka 10mal in der Minute umdreht. Die Gestelle sind durch 2 Paar starke Hölzer *C' C''* und *D' D'* verbunden, die gleichzeitig als Führung von ungefähr 60 Stück nebeneinander liegenden Stampfen dienen, die wieder bis nahe an den Boden des im Durchschnitt gezeichneten Stampftroges *E* reichen, der zirka 15 m lang ist und vom Anfangs- bis an den Endpunkt gerechnet, zirka 0,6 m ansteigt. Die Hebedaumen

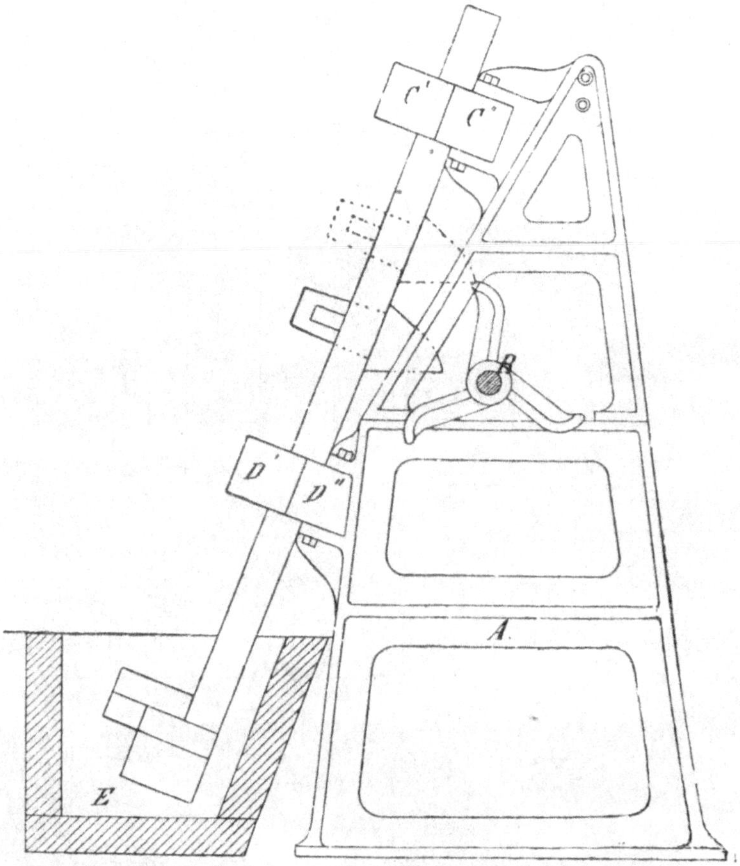

Fig. 83.

sind so auf die Welle aufgesetzt, daſs 3 oder 4 nebeneinander liegende Stampfen bei jeder Umdrehung nicht gleichzeitig, sondern nacheinander gehoben werden, so daſs sie so arbeiten wie Fig. 84 zeigt, die einen Teil der Vorderansicht wiedergibt. Auf diese Weise führt die niedergehende erste Stampfe am Anfang des Troges den Stoff teilweise der zweiten zu, diese dann der dritten usw., bis endlich unter fortwährendem Zuflieſsen von

Wasser der Stoff als dünner Brei ans obere Ende des Stampftroges gelangt. Da wie erwähnt die Stampfen nicht ganz bis auf den Boden gehen, unten einen breiteren Schuh haben und sich auch seitlich nicht berühren, so wird der Stoff, wenn die

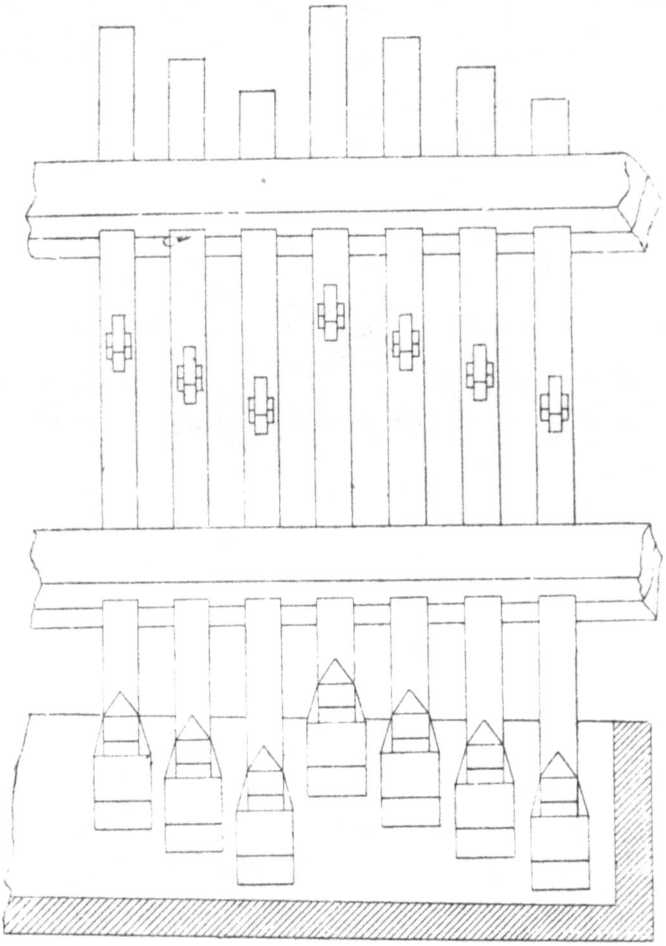

Fig. 81.

eine Stampfe nach unten fällt und die nebenliegende aufgehoben wird, in den Zwischenräumen fortgesetzt leicht zerrieben, ohne dafs die Faser angegriffen und die harten Stücke und Äste zerdrückt werden können. Die ausgelesene Cellulose wird von den Arbeitern direkt an das tiefere Ende des Stampftroges geschüttet, oder, wenn die Sortierung in einer oberen Etage stattfindet, in einen grofsen hölzernen Trichter, durch welchen die Masse dem Troge kontinuirlich zugeführt wird. Ein Arbeiter hat nun diese Zufuhr ordentlich zu regeln, ebenso den Wasserzuflufs und mufs zuweilen mit einer Schaufel dem Fortrücken des Stoffs in dem Troge etwas nachhelfen. Dadurch, dafs man am oberen Ende die Ausflufsöffnung mehr oder weniger verschliefst, bleibt der Stoff längere Zeit im Troge und wird beliebig stark oder schwach durchgearbeitet, wie es die Qualität der Kochung gerade verlangt. Eine zweite notwendige Arbeit ist aber nun das Auswaschen des Stoffes, damit jede Spur von Kochlauge, respektive von SO_2 aus der Cellulose entfernt wird. Auch das geschieht bei Mitscherlich nicht auf gewaltsame Weise, sondern durch ein System von sogenannten Waschrinnen, wodurch zwar viel Wasser gebraucht wird, aber die Zerfaserung und das Auswaschen sehr sorgfältig geschieht, und gleichzeitig nach dem Prinzip der Schlemmereivorrichtungen eine Sortierung insofern erreicht wird, als am Ende nur die feinsten Fasern abfliefsen und alle schweren Gegenstände sich vorher absetzen. Da es natürlich darauf ankommt, die Waschrinne so lang als möglich zu machen, so legt man der Platzersparnis wegen in der Regel 2 solche Rinnen übereinander. Man gibt ihnen die Form, wie die nachstehende Skizze, Fig. 85, zeigt: Eine ca. 1 m

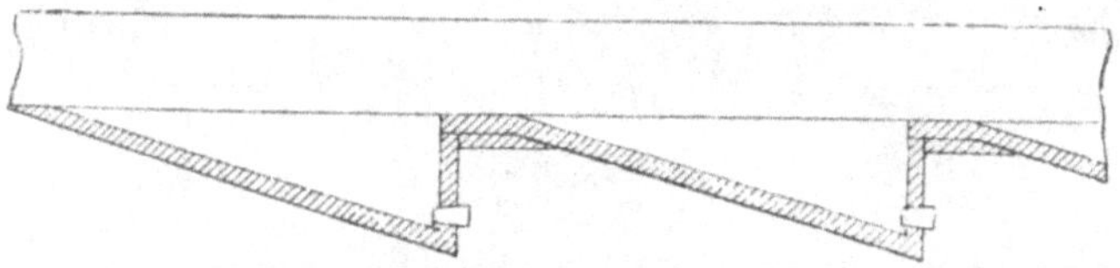

Fig. 85.

breite und 300 mm tiefe Holzrinne ist am Boden mit sogenannten Säcken oder Astfängern versehen, in welchen sich alle zurückgebliebenen Äste, harte Holzstücke und grobe Splitter absetzen, welche dann später bei der in gewissen Zeiträumen nötigen Reinigung der Rinne durch mit Stopfen versehene Löcher abgelassen werden können. Sobald der Stoff nun aus dem Stampftroge heraustritt, wird er zunächst durch einen oder mehrere kräftige Strahle reinen Wassers nicht nur verdünnt, sondern dadurch werden gleichzeitig die lose zusammenhängenden Faserbündelchen auseinandergespült, so dafs die stark verdünnte Masse möglichst aus lauter einzelnen, nebeneinander schwimmenden

Cellulosefasern besteht. Zum beseren Auseinanderschlagen läfst man oft den Stoff am Anfang der Rinne einen oder mehrere Rührer passieren, oder man benutzt einen sogenannten Knotenschläger, wie er in Papierfabriken, welche Zentrifugalholländer

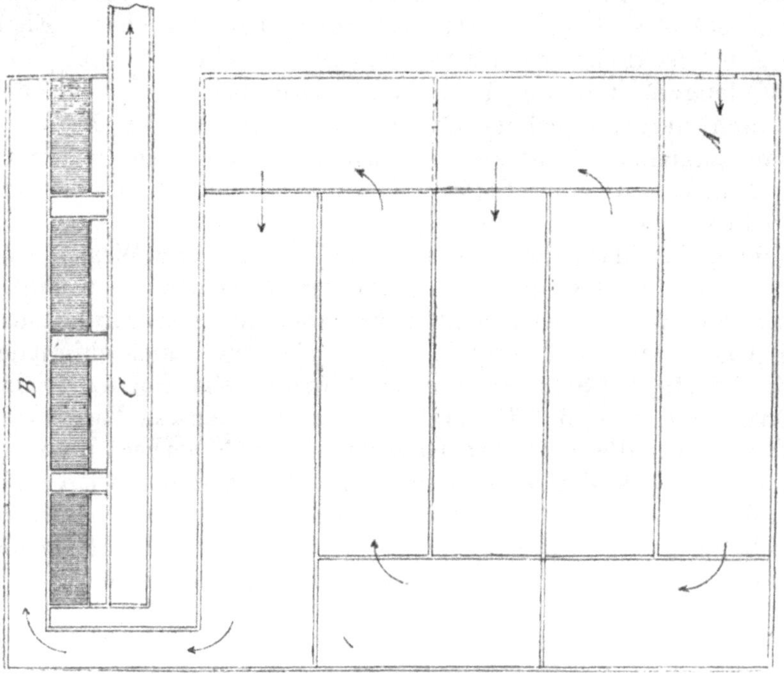

Fig. 86.

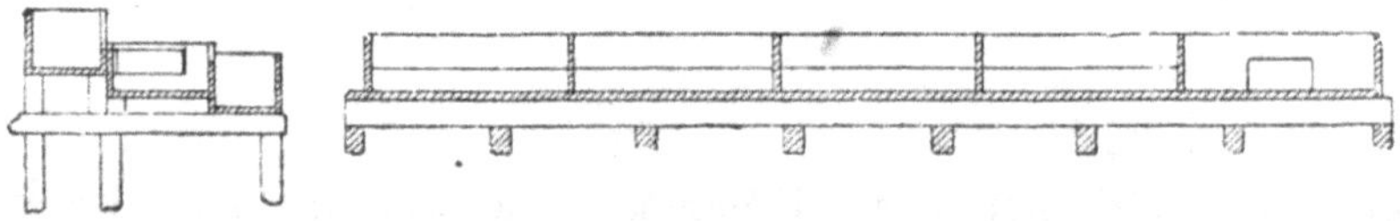

Fig. 87

haben, zur Anwendung kommt, oder es wird der Stoff zunächst über einen einfachen, aus Holzstäben gebildeten grofsen Knoten- oder Astfang gelassen, der mit einer Schüttelvorrichtung versehen ist. Durch all diese Einrichtungen erreicht man nun zwar, dafs sich Kalk, Gyps und gröbere Holzfasern absetzen; aber die kleinen Splitter, die ja eigentlich nur kleine Fasernbündel, noch nicht auseinandergeschlagene, sonst weiche Celluloseteilchen sind, bleiben in dem Stoff und müssen noch soviel als irgend möglich entfernt werden. Dies geschieht endweder durch einen, zwei, oder ein ganzes System von Plattenknotenfängern, wie sie an jeder Papiermaschine vorkommen. Der sämtliche Stoff mufs hierbei durch die engen Schlitze der Knotenfängerplatten hindurch, was durch Schlagen, d. h. Auf- und Niederbewegung und dadurch entstehendes Hindurchsaugen bewirkt wird. Eine hübsche Anlage dieser Art zeigt Fig. 86 und 87. Durch einen Elevator oder durch eine Schnecke wird der Stoff aus dem Stampftrog gehoben und tritt bei A in die Waschrinne ein. In der Richtung der angegebenen Pfeile durchströmt er nun, mit Wasser stark verdünnt, verschiedene Abteilungen und tritt zuletzt in eine schmale Rinne *B* ein, von welcher er auf die vier nebeneinander gelegenen Plattenknotenfänger läuft, unter denselben heraus in die Rinne *C* gelangt und von da nach der Entwässerungsmaschine geführt wird.

In der neueren Zeit wendet man jedoch mit Vorliebe die Wandelschen Cellulose-Reiniger an, welche ganz ähnlich den, von derselben Firma schon vorher gebauten rotierenden Knotenfängern sind. Die vorteilhafte Veränderung gegen diese besteht nur darin, dafs sie nicht durch Schlagräder auf und nieder

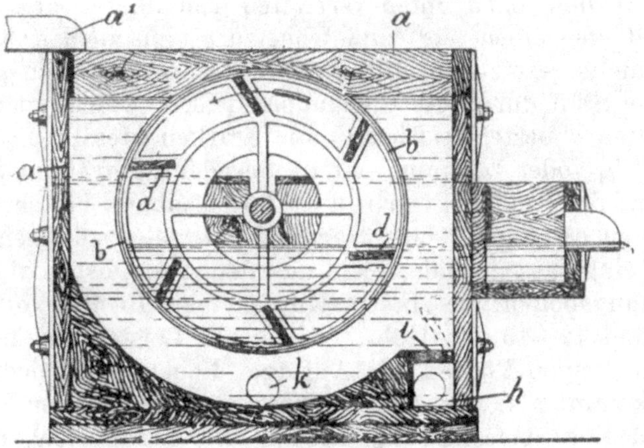

Fig. 88

bewegt werden, sondern sich nur ziemlich schnell drehen und dadurch den sie fast ganz umgebenden dünnen Stoff nach Innen saugen, also vollkommen geräuschlos arbeiten.

Neuerdings hat Wandel eine andere Sortiervorrichtung für Zellstoff konstruiert und sich in Amerika unter No. 478 179 patentieren lassen. Im Jahrg. 1892 der Pap.-Ztg. Seite 2424 lautet die Beschreibung folgendermafsen:

Der zu sortierende Stoff fliefst durch eine Rinne a^1 in einen Trog a, in welchem ein, in schnelle Umdrehung versetzter, auf dem Umfange mit feinen Schlitzen versehener Sortierzylinder b gelagert ist. Der freie Stoff dringt durch die Schlitze in den Zylinder und fliefst an beiden Enden desselben durch zentrale Öffnungen ab. In dem Zylinder sind Schaufeln b befestigt, welche mit dem Umfange etwa einen Winkel von 45° bilden, und bei einer Drehung des Zylinders in der Pfeilrichtung auf den Stoff saugend wirken und den Durchtritt desselben beschleunigen. Der grobe Stoff senkt sich auf den kreisförmigen Boden des Troges und wird in die seitliche Rinne h, deren Deckel i zu dem Zwecke geöffnet ist, entleert, ohne dafs dadurch der Betrieb beeinträchtigt wurde. Zur völligen Entleerung und Reinigung Troges a dient die Öffnung k.

Einen Zentrifugal-Zellstoff-Sortierer baut die Maschinenfabrik-Aktiengesellschaft. vorm. Wagner & Co. in Cöthen in Anh. und ist derselbe in der Papier-Zeitung 1892, Seite 2592 beschrieben:

Der stark mit Wasser vermischte Zellstoff wird durch Ansatz d in den nach unten verengten Teil des Troges c geleitet und füllt denselben bis zum Überlauf e, aus dem er über eine breite, nicht gezeichnete Rinne abfliefst. Um dahin zu gelangen, mufs der Stoff durch die Siebkappe fliefsen, welche aus Knotenfangplatten a besteht. Diese 3 mm starken Messingplatten sind mit $^4/_{10}$, $^5/_{10}$ oder $^6/_{10}$ mm weiten, geraden, gefräfsten Schlitzen versehen; der Rahmen, worin die Platten sitzen, besteht aus den Fufsleisten a^3 (Fig. 89) aus Hartholz, in welche die senkrechten Platten eingelassen sind, sowie aus den Fangleisten a^1 und den Versteifungsbogen aus Eisen, Kupfer oder Bronze von 60 mm Breite und 12—15 mm Höhe, welche alle Leisten verbinden, und den 1 m langen Platten als Auflage dienen. Auf jedes Meter Länge kommt also ein solcher Bogen. An den beiden Endbogen sind Bügel a^1 befestigt, mit denen die ganze Siebkappe ausgehoben werden kann, nachdem man die Befestigungsschrauben gelöst hat, welche die Fufsleisten a^3 mit der Tragwand g verbinden. Dies Herausnehmen ist erforderlich, so oft die Platten gründlich gereinigt werden sollen, und kann durch Aufhängen der Kappe an Flaschenzügen oder Rollen noch erleichtert werden. Das Reinhalten der senkrechten Platten a wird während des Betriebes von Spritzrohren c besorgt, deren zwei auf einer Seite liegen und durch einen Hahn an jedem Ende regiert werden. Die Abdichtung der Siebhaube an beiden Enden wird dadurch bewirkt, dafs ihre Endwände *i* dreieckig ausgeschnitten sind und sich auf ebenso geformte Innenwände *h* des Troges aufsetzen, wie in Fig. 89 punktiert gezeigt. Die als Auflagerung dienenden Kanten sind mit Filzstreifen belegt, und das Gewicht der Siebkappe dichtet selbsttätig ab. Ein Schläger *b*, welcher 100—120 Umdrehungen pro Min. macht, treibt mit seinen auf vier Kreuzen liegenden durchgehenden Holzschaufeln den Stoff durch die Platten. Die Stopfbüchsen b^1 der Schlägerwelle belasten den hölzernen Trog nicht, sondern ruhen auf dem eisernen Gestell *K*, sodafs die Lagerung von den Veränderungen des Holzes unabhängig ist. Ein Lagerbock b^2 trägt das Ende der Welle neben der Triebscheibe. Die schweren Verunreini-

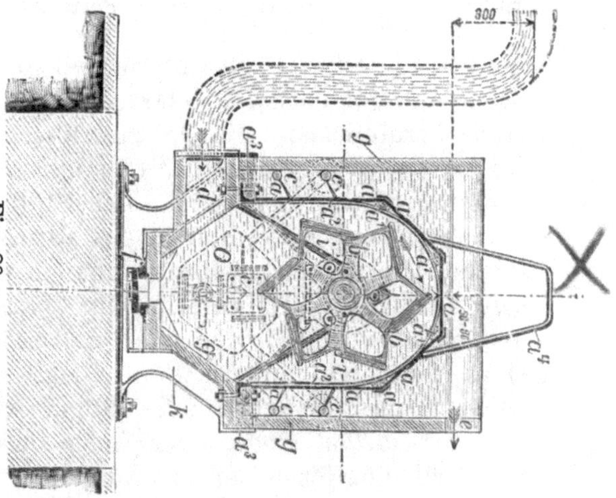

Fig. 89.

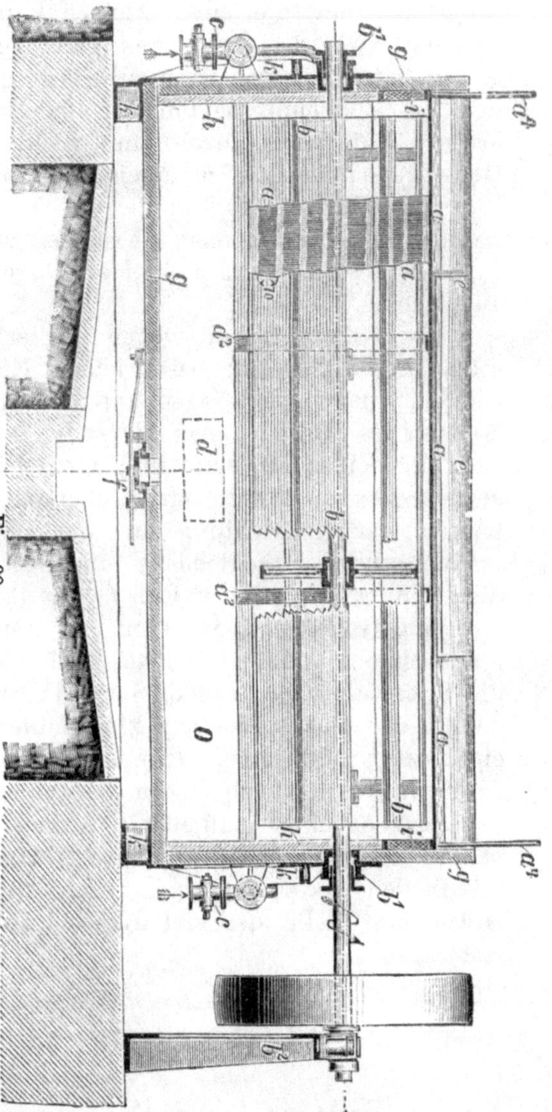

Fig. 90.

gungen lagern sich im untern Teil des Troges ab und können durch den Schieber *f* abgelassen werden. Der Stoff soll aus einer Höhe herabfliefsen, die 300 mm über seinem Stand bei *e* liegt, wo er 50—80 mm über der oberen Platte *a* abfliefst. Die Spritzröhren *c* dienen mehr dazu, den Stoff in Bewegung zu erhalten und brauchen nicht immer in Tätigkeit zu sein; die oberen Platten halten sich erfahrungsgemäfs selbst rein. Der Sortierer soll wenig Unterhaltungskosten beanspruchen; die Reinigung geht rasch vor sich, und der Kraftverbrauch ist gering. Durch einen Sortierer von 2500 mm Länge und $^4/_{10}$ mm Schlitzweite gehen in 24 Stunden 4000 kg langfaserigen Mitscherlich-Stoffs.

Der durch einen oder mehr Cellulosereiniger von den Splittern möglichst befreite Stoff läuft nun auf die Entwässerungsmaschine, die einer kleinen Papiermaschine gleicht, nur dafs das Sieb kürzer ist, aus stärkerem Draht besteht, weiter gewebt ist und keine Schüttelbewegung erhält. Nach der sogenannten Gautschpresse führt in der Regel ein Filz den pappenartigen Stoff noch durch eine zweite Presse, Schrauben- oder Hebelpressen, damit man ein möglichst wenig Wasser enthaltendes Fabrikat gewinnt. Der Trockengehalt der durch eine zweite Presse gegangenen Cellulose, welche nun in Rollen aufgewickelt wird, beträgt in der Regel zirka 50 %, manchmal auch mehr.

Der Vollständigkeit wegen sei erwähnt, dafs Mitscherlich selbst nicht die oben beschriebene Entwässerungsmaschine anwandte, sondern den sogenannten Haarzylinder, welcher den Zellstoff in Brockenform darstellt. Nachstehende Abbildung zeigt denselben in Auf- und Grundrifs: Der Zylinder *h*, mit einem Sieb von Pferdehaaren überzogen, ist konisch; der Stoff tritt in der Pfeilrichtung ein; das Wasser wird durch schnelle Drehung herausgeschleudert, und der breiige Stoff fällt durch die Öffnung *a* auf einen Filz *f*, der durch verschiedene Walzen *d*, *d*, *d* getragen und gespannt ist, durch zwei Prefswalzen *p p* hindurchgeht und sich in der Pfeilrichtung fortbewegt. Durch die Prefswalzen wird dem Stoff das Wasser noch ausgeprefst, der an der oberen Walze *p* kleben bleibende Stoff *b* wird durch ein Messer oder einen Schaber *m* abgeschabt, fällt auf einen Tisch und wird durch ein in demselben befindliches Loch direkt in einen darunter aufgehängten Sack *S* gefüllt, um als sogenannte Brockencellulose sodann versandt zu werden.

In den letzten Jahren hat sich zur Zerteilung des gekochten Holzes an Stelle der viel Kraft brauchenden Stampfen nicht nur in den Mitscherlichschen Fabriken, sondern auch in denen anderer Systeme eine grofse Anzahl von Apparaten eingebürgert, unter denen der sogenannte „Separator“ die meiste Verbrei-

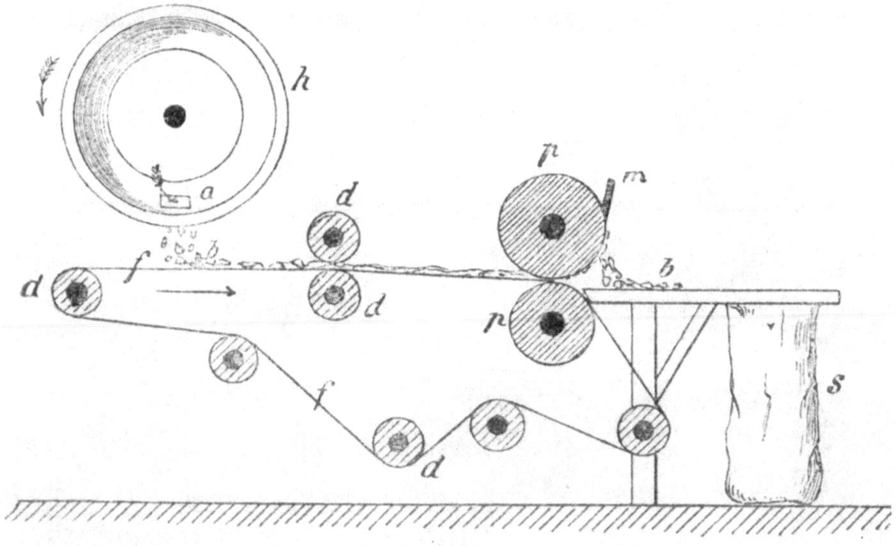

Fig. 91.

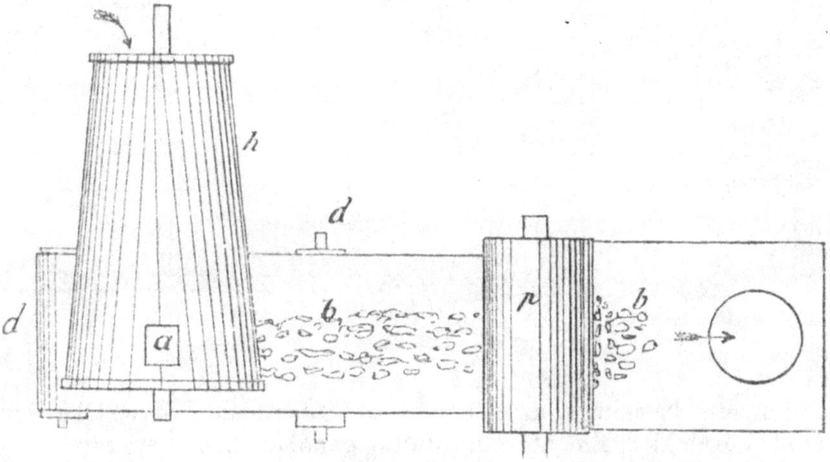

Fig. 92.

tung erlangt hat. Derselbe greift den Stoff gar nicht an und leistet mit verhältnismäfsig geringer Kraft sehr viel; denn er bewältigt den Stoff zu einer Tagesproduktion von 5000 kg trockenem Zellstoff; er wird seit zirka 9 Jahren von der Anhaltischen Maschinenfabrik, früher Wagner & Co. in Cöthen gebaut und sei hier folgendermafsen beschrieben.

Fig. 93 und 94 zeigen ihn in Längs- und Querdurchschnitt. Daraus ist zu erkennen, dafs er aus zwei etwas konischen, hölzernen, etwa 5 m langen und 1 m im Durchmesser haltenden

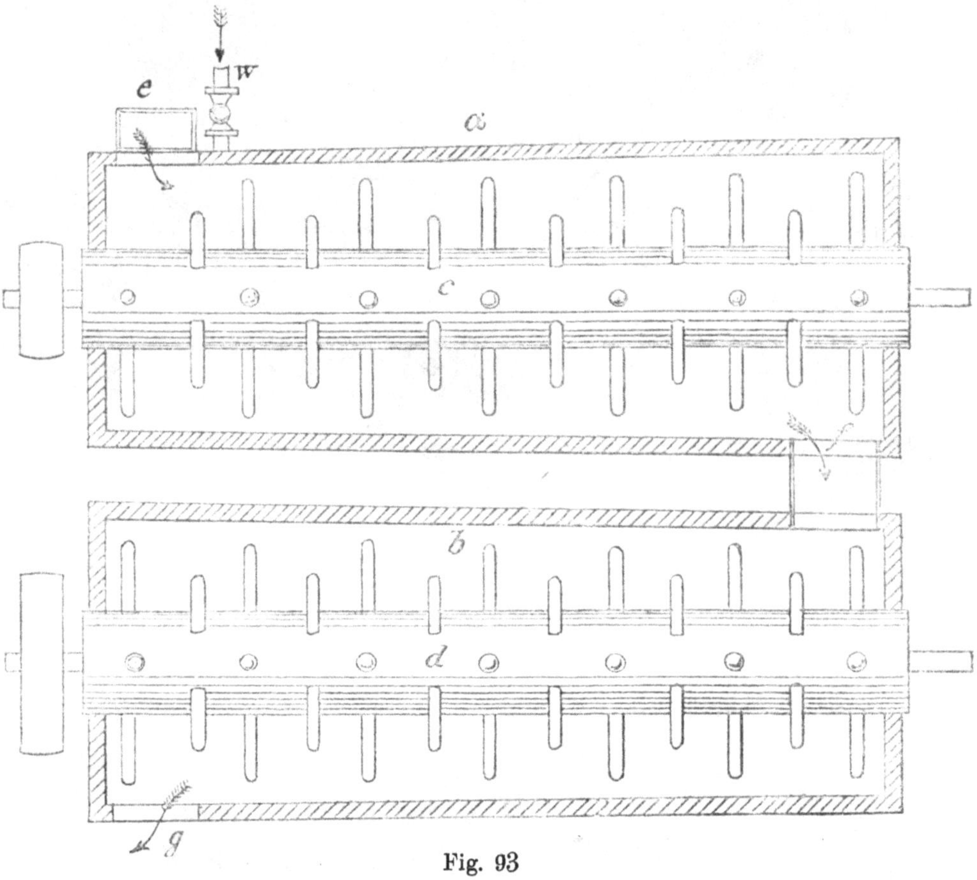

Fig. 93

Trommeln besteht, von denen *a* die obere ist, in welche der Stoff, durch den Elevator bis dahin gehoben bei, *e* eintritt. Die Trommeln selbst sind feststehend; jedoch bewegen sich in denselben starke hölzerne Wellen *c d*, auf denen spiralförmig eine grofse Anzahl langer Knüppel sitzen, welche bis nahe an den Umfang der Trommel reichen. Die Geschwindigkeit der oberen Welle *c* beträgt 80—100 Umdrehungen in der Minute, während die untere zirka 160 Touren macht. Durch die Knüppel wird nun der dicke Stoff, der in der oberen Trommel nur mit wenig Wasser durch Hahn *w* etwas verdünnt wird, wiederholt an die Umfassungswände geschlagen, bis er am anderen Ende bei *f* heraustritt, in die zweite Trommel fällt, hier mit mehr Wasser verdünnt wird und vollständig klar zerfasert bei *g* heraustritt und mit noch mehr Wasser in eine möglichst lange Waschrinne gelangt, in der sich noch Sand und kleine Astteile usw. absetzen können. Am Ende dieser sandfangähnlichen breiten Rinne liegen noch eine oder mehrere Waschtrommeln, welche das überflüssige Wasser entfernen und von wo aus er entweder direkt in den Bleichholländer fliefst, oder in Abtropfkästen abgelassen wird.

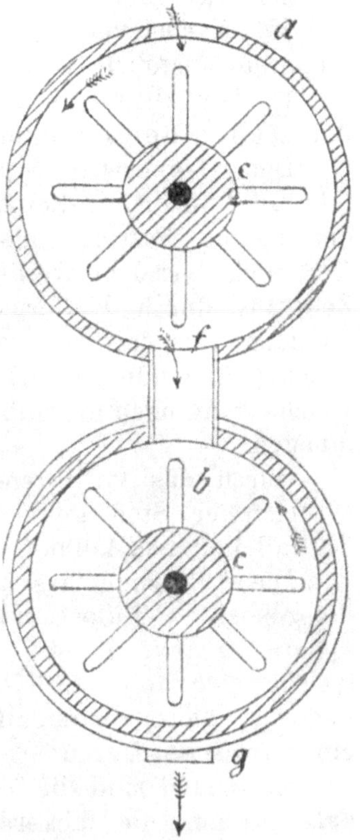

Fig. 94.

Ein anderes neues Verfahren zur Zellstoff-Zerteilung „System Engelmayer“, aus drei patentierten Apparaten bestehend, baut die Maschinenfabrik und Eisengiefserei C. D. Bracker Söhne in Hanau, und äufsert sich darüber wie folgt:

Nachdem das Holz gut gekocht, d. h. aufgeschlossen ist, gelangt es in den meisten Fällen mittels eines Elevators nach dem ersten Apparat des Auflöseverfahrens, dem „Zerfaserer“, welchem die Aufgabe zusteht, die Fasern von den gekochten Ästen und hartgebliebenen Holzteilen abzulösen. In dem hieran anschliefsenden kleinen „Mischer“ erfolgt die Mischung resp. Verdünnung. Die Äste und hartgebliebenen Teile werden in dem Sortierapparate ausgeschieden. Von hier ab wird der Stoff durch einen entsprechenden Sandfang geleitet, in welchem die noch vorhandenen schweren Teile, sowie das durch einen angebrachten „Entharzungsapparat“ losgeschlagene Harz zurückgehalten werden. Die hiernach folgenden Apparate, wie Waschtrommel und Entwässerungsmaschine, dienen zum teilweisen Entziehen des Wassers, und gelangt der Stoff nunmehr nach der „Quetsche“, in welcher das Strecken und Zerteilen der Fasern stattfindet. Den Schlufs des Auflöseverfahrens bildet ein Auflöser, von welchem der Stoff nach der Rührbütte und event. nach der Langsiebmaschine geleitet wird. Knoten- bezw. Splitterfänger kommen nicht zur Anwendung.

Im Nachstehenden sind die einzelnen Operationen und Apparate ausführlich beschrieben:

1. Verfahren zum Zerlegen der Zellstoffbündel und Ausziehen der Fasern.

Den Gegenstand vorliegender Erfindung bildet ein Verfahren, Zellstoff, insbesondere Sulfitcellulose, unter Erhaltung der langen Fasern vollständig aufzulösen. Dies konnte bis jetzt nicht erreicht werden, weil das Auflösen des gekochten Zellstoffs durch Kollergänge oder Raffineure derart unvollkommen war, dafs der erhaltene Stoff stets noch ungelöste, zusammenhängende Faserbündel, sogenannte Splitter enthielt, welche dann noch durch besondere Splitterfänger entfernt werden mufsten.

Durch das vorliegende Auflöseverfahren soll ein durchaus splitterfreier Stoff geliefert werden, so dafs Splitterfänger in Fortfall kommen können.

Die Auflösung des Zellstoffs geschieht in der Weise, dafs die gekochte Cellulose, nachdem sie über einen Entwässerungsapparat gegangen ist, zwischen zwei Walzen hindurchgeht, welche sich mit ungleicher Umfangsgeschwindigkeit drehen, und von denen vorteilhaft die langsamer sich drehende Walze einen gröfseren Durchmesser hat, als die schneller sich drehende Walze. Dabei sind die Walzen so fein zu einander eingestellt, dafs sie nur die dickeren, nicht ganz weichgekochten Teile, welche aus zusammenhängenden Faserbündeln bestehen und in der fertigen Cellulose unter der Bezeichnung „Splitter“ vorkommen, zerdrücken und infolge der ungleichen Umfangsgeschwindigkeiten reiben und in einzelne Fasern auflösen. Die bei dem Kochen bereits entstandenen einzelnen Fasern werden, weil die Walzen nur für die dicken Faserbündel eingestellt sind, von den Walzen kaum berührt, können daher bei ihrem Durchgange zwischen den Walzen von diesen nicht mehr zerrissen werden und behalten ihre ursprüngliche Länge.

Falls die Cellulose nach dem Durchgange durch die Walzen noch kleine Splitter zeigen sollte, so läfst man sie noch durch ein zweites oder durch mehr derartige Differentialwalzenpaare hindurchgehen.

Zur Ausführung des Verfahrens dient die auf beigegebener Zeichnung in Seitenansicht (Fig. 95) und Oberansicht (Fig. 96) dargestellte Vorrichtung.

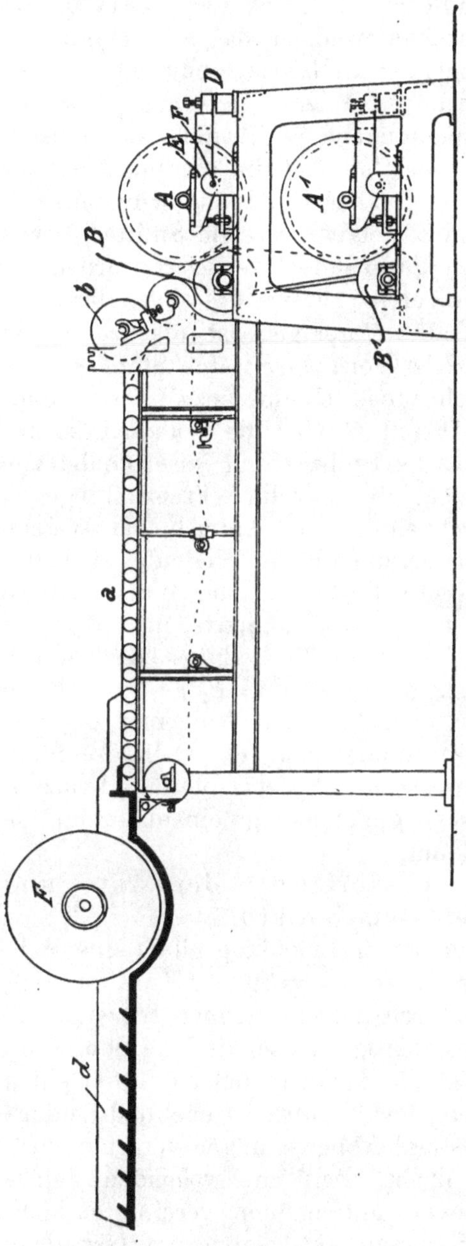

Fig. 95.

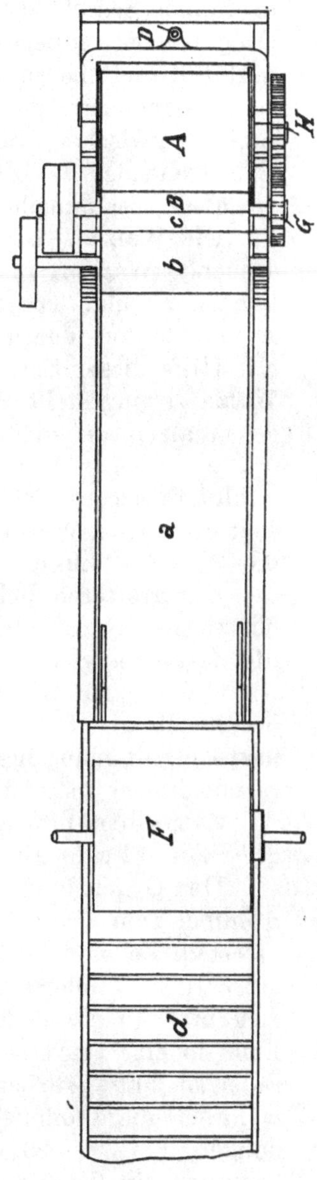

Fig. 96.

Nachdem die gekochte Cellulose einen Sandfang *d* und eine Waschtrommel *f* passiert hat, gelangt sie auf eine Entwässerungsvorrichtung beliebiger Art, die im vorliegenden Falle aus einem in Rollen gehenden endlosen Drahtsieb *a* und zwei Druckwalzen *a* und *c* besteht, zwischen welchen das Sieb *a* mit der in dünner Schicht darauf liegenden Cellulose hindurchgeht. Die Druckwalzen entfernen sämtliches Wasser aus der Cellulose wodurch dieselbe so zusammenhängend wird, dafs sie in Blatt oder Bogenform die Walzen verläfst und in diesem Zustande sogleich zwischen die, mit ungleicher Umfangsgeschwindigkeit sich drehenden Walzen *A* und *B* gelangt, wo die Splitter, bezw. die noch zusammenhängenden Faserbündel zerfasert werden.

Die Walze *B* ist fest gelagert, während die sich langsamer drehende Walze *A* in einer Gabel *E* gelagert ist, die drehbar in Lagern *F* ruht. Die Gabel *E* ist vorn durch eine Stellschraube *D* und hinten durch Stellschrauben *C* ein- bezw. feststellbar. Mit Hilfe dieser Schrauben *D* und *C* wird die Walze *A* so zur Walze *B* eingestellt, dafs nur die Splitter und Faserbündel von den Walzen angegriffen werden, die einzelnen Fasern hingegen frei zwischen ihnen hindurchgehen. Der Antrieb der Walzen erfolgt durch eine Riemenscheibe, die auf der Welle der schneller sich drehenden Walze *B* angeordnet ist. Von der Walze *B* wird die Walze *A* durch Zahnräder *G* und *H* angetrieben.

Zur gröfseren Sicherheit läfst man die Cellulose noch durch ein zweites eben solches Walzenpaar A_1 und B_1 gehen. Durch die Zerfaserung der Splitter zwischen den Walzen *A B* bezw. A_1 B_1 wird der blattartige Zusammenhang der Cellulose nicht beeinträchtigt. Durch die Anwendung dieser Differentialwalzenpaare erhält man einen Stoff, so gleichmäfsig fein und rein, wie es nur immer möglich sein kann.

2. Siebtrommel zum Aussortieren der Äste und gröberen Teile aus aufgelöstem Zellstoff.

Den Gegenstand der vorliegenden Erfindung bildet eine Siebtrommel zum Aussortieren der Äste und gröberen Teile aus aufgelöstem Zellstoff, welche dadurch gekennzeichnet ist, dafs sie aufser der Drehbewegung gleichzeitig eine schüttelnde Bewegung ausführt. Zu diesem Zweck ist die Siebtrommel an ihrem einen Ende in eine Traverse gelagert, welche durch Hebel und Schlagräder in kurze, stofsende Auf- und Abbewegungen versetzt wird, während die Trommel sich dreht. Auf nachstehenden Zeichnungen Fig. 97—98 sind zwei miteinander vereinigte Siebtrommeln in Vorder- und Seitenansicht, sowie im Grundrifs

(Fig. 99) abgebildet. In einem kastenartigen, oben offenen Gestell *B* ruhen die beiden Siebtrommeln *A*, deren Mäntel gelocht sind; jede Siebtrommel ist vorn (Fig. 98 links) durch eine Stirnwand *b* abgeschlossen, die eine grofse zentrale Öffnung *c* besitzt, deren sie begrenzender und nach aufsen vorspringender Kranz *d* gleich-

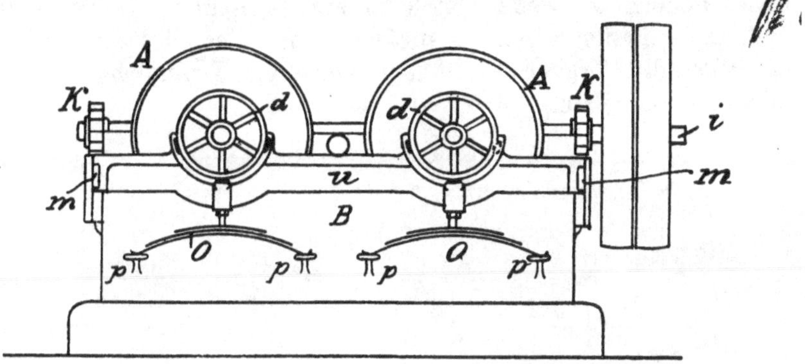

Fig. 97.

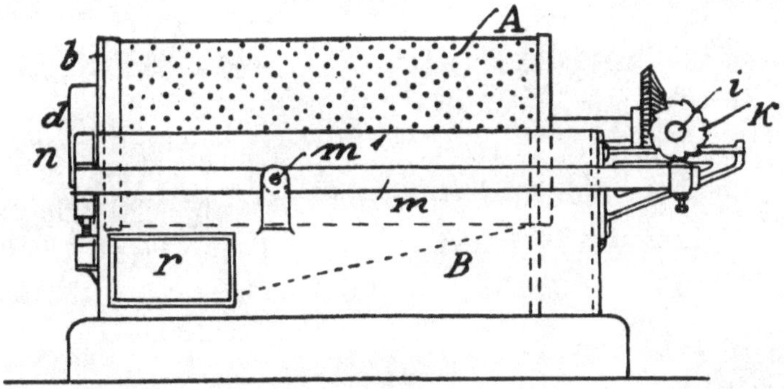

Fig. 98.

zeitig den vorderen Lagerzapfen für die Trommel bildet. Das hintere Ende jeder Trommel ist offen. Die hintere Lagerung für die Trommel bildet ihre Antriebswelle *f*, die in den Naben der Stirnkränze der Trommel in üblicher Weise befestigt und bei *g* (Fig. 99) auf dem Gestell gelagert ist. Die Wellen *F* erhalten ihre Drehung durch Vermittelung der Kegelräder *h h*¹ von der Welle *i*, welche quer vor dem hinteren Ende der Trommel *A* in entsprechenden Lagern des Gestelles ruht und die Schlagräder *k* und die Antriebsriemenscheibe trägt. Die Schlagräder *k* wirken gegen die nach oben ein wenig vorspringenden Enden der Hebel *m*, welche zu beiden Seiten des Gestelles *B* um Zapfen *m'* drehbar gelagert sind und an ihrem anderen Ende die quer vor dem anderen Ende der Siebtrommeln liegende Traverse *n* tragen, in welcher die Kränze *d* der vorderen Trommelwände *b* drehbar gelagert sind. Zwei Federn *O*, welche sich einerseits gegen die Traverse *n* und andererseits gegen Vorsprünge *p* des Gestelles stützen, sind bestrebt, die Traverse mit den vorderen Trommelenden nach aufwärts zu heben.

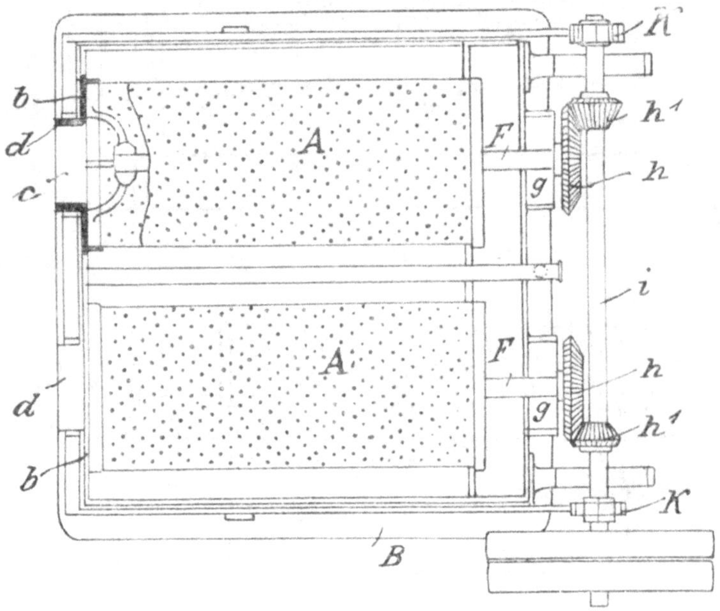

Fig. 99.

Durch die Drehung der Welle *i* werden die Trommeln *a* in Umdrehung und gleichzeitig durch die Schlagräder *k*, Hebel *m* und Federn *O*, die Traverse *n* und die vorderen Enden der Trommel in kurze, stoſsende Auf- und Abbewegung versetzt. Der aufgelöste Zellstoff flieſst durch die Öffnung *c* in die Siebtrommeln ein und tritt durch die Löcher im Trommelmantel in den unteren freien Raum des Gestelles *B* aus, von wo er durch die Öffnung *r* (Fig. 98) weitergeführt wird. Die Äste und gröberen Teile fallen am hinteren offenen Ende der Siebtrommeln heraus.

3. Vorrichtung zum Entharzen von Zellstoff.

Die Vorrichtung besteht im wesentlichen aus einer Schlägerwelle, welche den Zellstoff behufs Loslösung der Harzteilchen von den Zellstofffasern peitscht und schlägt, bis sich Schaumblasen bilden, die nach dem Ruhigwerden der Flüssigkeit ein feines, die Harzteilchen enthaltendes Häutchen auf derselben zurücklassen, sowie aus einer oder mehreren sich drehenden Walzen, welche in die Flüssigkeit eintauchen und die Harzteilchen entfernen, indem die letzteren an den Umfangsflächen der Walzen hängen bleiben und durch Schaber von denselben

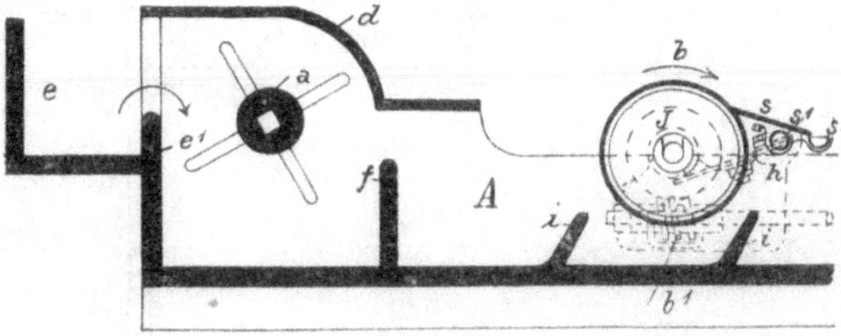

Fig. 100.

entfernt werden. Die Walzen können je nach Bedürfnis gekühlt oder erwärmt werden. Auf nachfolgenden Zeichnungen zeigt Fig. 100 einen Längsschnitt, Fig. 101 den Grundrifs und Fig. 102 einen Querschnitt durch die Walze *b*.

In der die Zellstoffmasse zum Sandfang führenden Rinne *A* ist eine Schlägerwelle *a* angeordnet, welche mit einer Haube *d* überdeckt ist. Der Zellstoff fliefst aus dem Zuführungskanal über den Überfall *e* zu der Schlägerwelle *a*, welche den Zellstoff so peitscht und schlägt, dafs Schaumblasen entstehen, in denen sich die Harzteilchen ansammeln. Hinter der Schlägerwelle fliefst der Zellstoff über die Querwand *f*, hinter welcher der Schaum verschwindet und ein feines, auf dem Zellstoff schwimmendes Harzhäutchen zurückläfst, das von einer Walze *b*, welche in die Flüssigkeit eintaucht und sich entgegengesetzt zur Stromrichtung langsam dreht, aufgenommen wird, indem die das Häutchen bildenden Harzteilchen an der Unterfläche der Walze *b* hängen bleiben. Die Harzteilchen werden dann oberhalb der Flüssigkeit durch einen auf der Walze schleifenden Schaber *s* entfernt. Der Schaber *s* ruht auf einer Achse s^1 und ist am hinteren

Ende mit einer Rinne s^2 zur Aufnahme der Harzteilchen versehen. Er erhält außerdem durch einen Hebel h und eine Kurvennut K eine hin- und hergehende Bewegung, wodurch

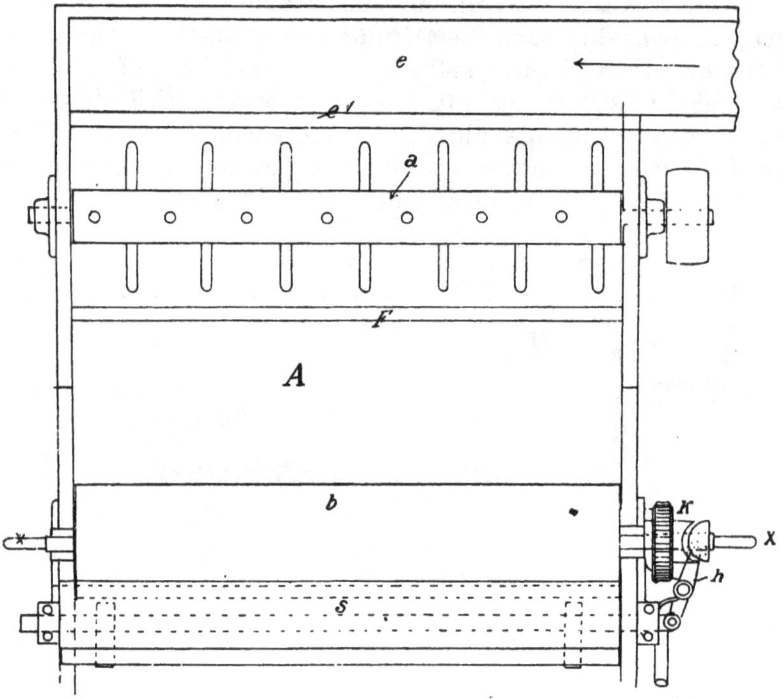

Fig. 101.

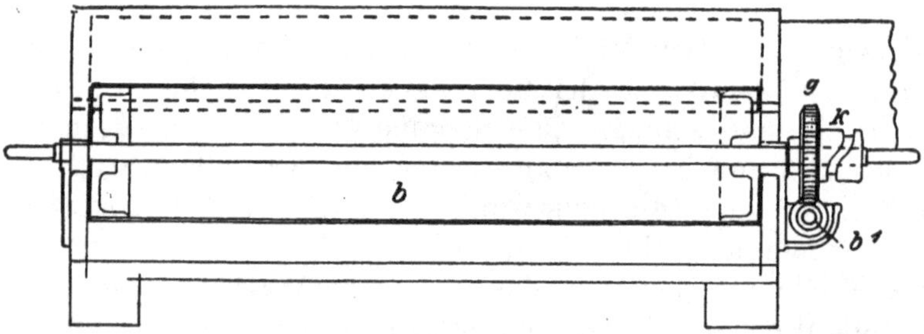

Fig. 102.

das Abnehmen der Harzteilchen erleichtert wird. Die Kurvennut k ist in die Nabe eines Schneckenrades g eingearbeitet, das auf der Welle der Walze b sitzt und seine Drehung von einer

Schnecke b^1 empfängt. Die Walze b befindet sich bereits über den ersten Querleisten i des Sandfanges. Sofern es wünschenswert erscheint, können auch mehrere derartige Walzen b hintereinander angeordnet werden. —

Eine Maschine zu demselben Zweck ist der P.-Z. 1895 Seite 123 beschriebene und nachstehend abgebildete „Quirl" von Carl Ziegelmeyer. Derselbe besteht aus einem zylindrischen Mantel, an welchem eine Anzahl von Schlagstiften f, je vier in einer Ebene, festgeschraubt sind, zwischen welchen sich die auf die senkrechte Welle g gekeilten Stifte i bewegen. Die Zahl der Schlagstifte kann beliebig vermehrt oder vermindert werden. Die Welle sitzt in einem Spurlager h und trägt das Schwungrad n; die beiden Stopfbüchsen d_2 und e_2 sind Teile der den Zylinder nach oben und unten abschliessenden Deckel. Der Antrieb erfolgt durch Leer- und Festscheiben m und Kegelräder $j\,k$. Die beiden Ständer a des kräftigen Gestelles sind durch eine Platte b, welche das schon erwähnte Spurlager h trägt, miteinander verbunden. Der mit Wasser angerührte und verdünnte Stoff wird von einer Pumpe durch Stutzen d_1 in den

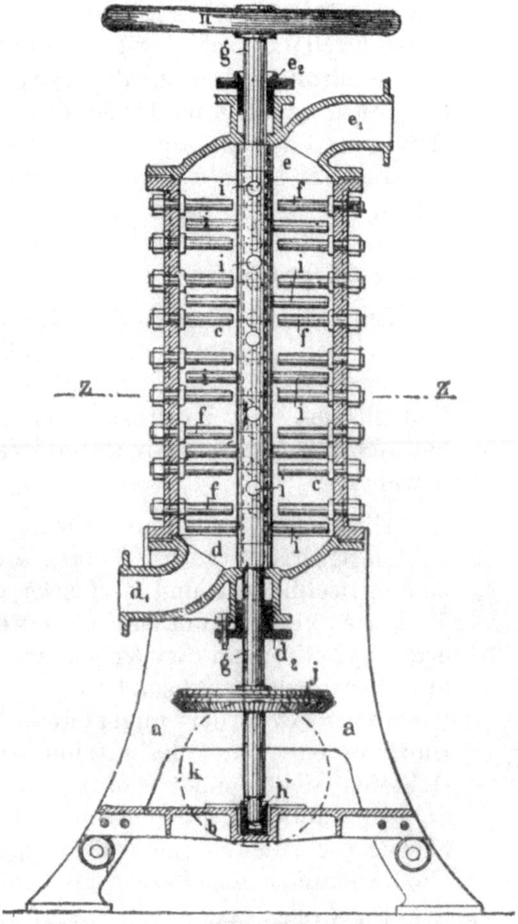

Fig. 103

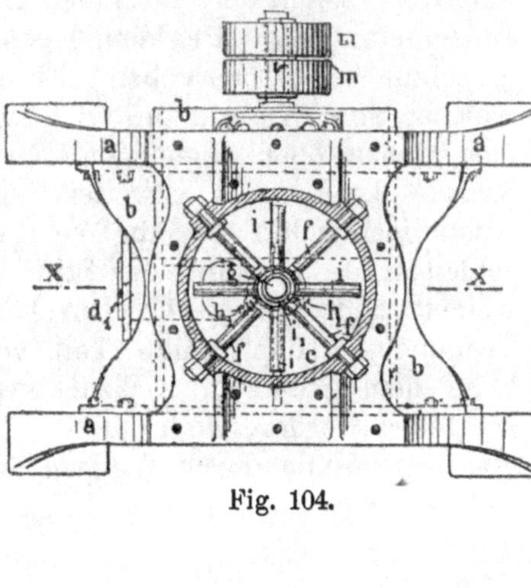

Fig. 104.

unteren Teil *d* des Cylinders gedrückt, auf seinem Wege nach oben durch die Schlagstifte zerteilt und fliefst aus dem oberen Teil *e* durch Stutzen e_1 ab. Durch die beschriebene Anordnung der Stifte entsteht im Innenraum *c* des Behälters eine quirlende Bewegung, welche die Fasern zerteilt, die harten Teile jedoch unverändert läfst. Da der Behälter geschlossen ist und in demselben Überdruck herrscht, ist der Stoff während seines Durchganges sowohl von äufseren Verunreinigungen als auch vor Schmieröl geschützt.

Ein „Quirl", dessen Zylinder 1,2 m Höhe und 0,4 m Durchmesser hat, genügt zum Auflösen von etwa 5000 kg Zellstoff, trocken gedacht, in 24 Stunden und beansprucht nur 1,5 qm Bodenfläche. Der Kraftbedarf ist 2—3 Pferdestärken. Der Quirl hat sich bei Natron-, sowie Sulfitzellstoff-Fabriken seit 8 Jahren bewährt. —

Die schon erwähnte Firma Eisengiefserei und Maschinenfabrik (vorm. Götjes & Schulze) in Bautzen baut zum Aufschliefsen und Zerfasern von Zellstoff die in folgenden 5 Figuren veranschaulichte patentierte Maschine. Bei derselben erfolgt nach einem Erweichen des Stoffes und einem Vermahlen desselben behufs Absonderung der Äste die Entfernung der letzteren, sowie der ungenügend gekochten Teile und anderen Unreinigkeiten und Beimischungen in einer besonders eingerichteten Siebtrommel, worauf der Stoff in einer oder mehreren Schleudermühlen feingemahlen wird. Unter Feinmahlen ist hierbei die vollständige Auflösung der Faserbündel, nicht etwa ein Zermalmen der Fasern zu verstehen.

Fig. 105 ist eine Seitenansicht mit teilweisem Schnitt, Fig. 106 eine Kopfansicht der Maschine. Die Figuren 107, 108, 109 stellen Einzelheiten dar. Der dem Kocher entnommene Stoff wird der Maschine bei *a* übergeben. Er gelangt in die Trommel *A*, in welcher eine Welle a^1 mit Schlagstiften a^2 kreist (Fig. 108); die aus Bronze oder einem anderen säurebeständigen Material gefertigte Trommel *A* erweitert sich vom Eintritts- nach dem Austrittsende hin um ein Weniges. Durch die schlagende und schleudernde Wirkung der Stifte a^2 werden die Faserbündel erweicht und gelockert. Durch gegeneinander versetzte, den Trommelquerschnitt zum Teil versperrende Zwischenwände a^3 kann dem Stoff ein Zickzackweg durch die Trommel vorgeschrieben werden, wodurch der Lauf des Stoffes verzögert und die Bearbeitung durch Welle *a* durchgreifender wird.

Nachdem der Stoff bei *b* die Trommel *A* verlassen, wird er in einem breiigen Zustand dem Zentrum der Schleudermühle *B* zugeführt. Bei derselben, welche von bekannter Einrichtung ist

Fig. 107.

Fig. 105.

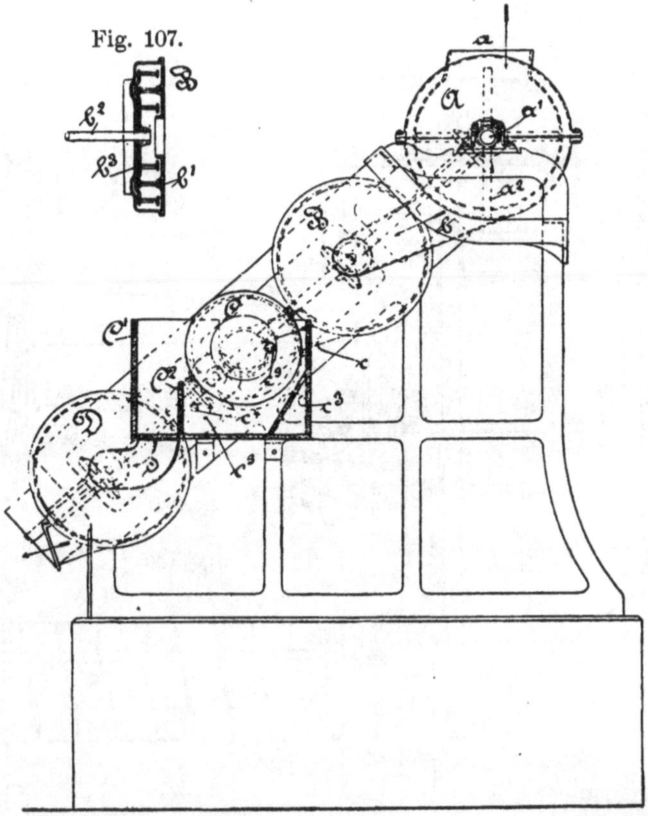

(Fig. 107), steht der festen Scheibe b^1 die auf der Achse b^2 sitzende, kreisende Scheibe b^3 gegenüber; beide Scheiben sind mit Schlagstiften vierkantigen Querschnitts besetzt. Die Aufgabe dieser Schleudermühle ist das Vormahlen des Stoffes im Gegensatz zu dem später zu beschreibenden Feinmahlen. Dasselbe hat den Zweck, die in *A* begonnene Erweichung und Lockerung bis zur Zerteilung der Faserbündel fortzusetzen, vor allem aber den Stoff in einen Zustand zu bringen, in welchem sich die Äste und sonstigen Unreinheiten oder Beimischungen, ohne zermahlen zu werden vom Zellstoff trennen.

Diese Abscheidung der Äste usw. wird vollzogen in einer Siebtrommel *C*, in welche der Stoff durch das vom Umfang von *B* ausgehende Knierohr *c* übertritt.

Fig. 106. Fig. 108.

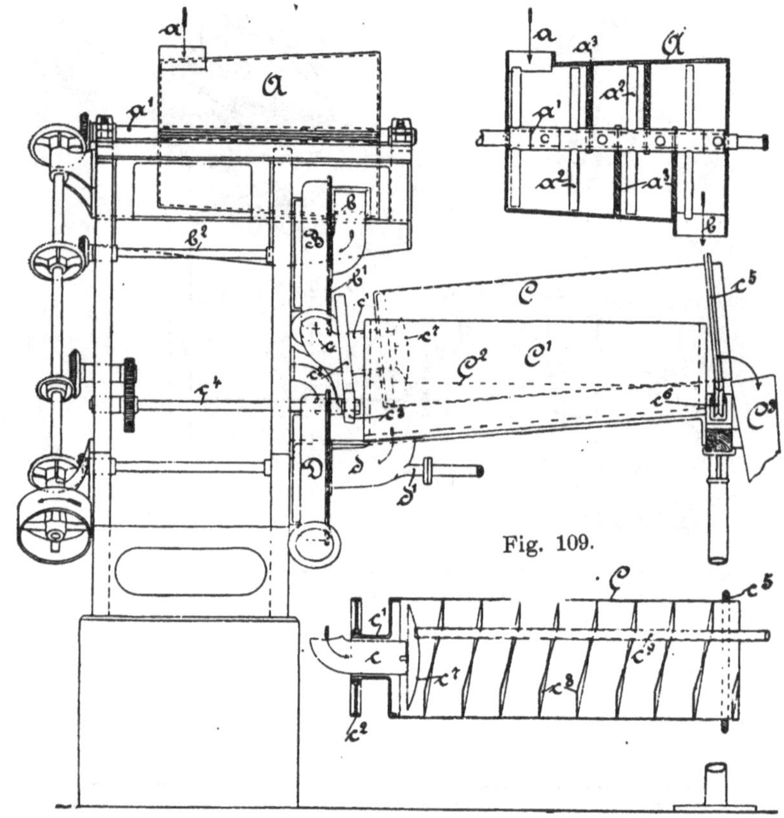

Fig. 109.

Der linksseitige hohle Zapfen c^1 der Trommel trägt eine Scheibe c^2, mit welcher das linke Trommelende auf den Reib- bezw. Laufrollen c^3 ruht, von denen eine auf die antreibende Achse c^4 gekeilt ist. In ähnlicher Weise ist das rechte Trommelende mit einer Scheibe c^5 von keilförmigem Profil auf eingekehlten Laufrollen c^6 gelagert. Wie Fig. 106 erkennen läfst, nimmt die Trommelachse eine schräge Lage ein, und zwar ist dieselbe gegen das links befindliche Eintrittsende hin gesenkt. Bis zum Austrittsende hin taucht der Siebmantel in einem mit

Wasser und Stoff gefüllten Trog c^1, in welchem der Flüssigkeitsstand durch den Überfall c^2 bestimmt wird. Das Knierohr c ist im Trommelinnern durch eine Kappe c^7 derart abgedeckt, dafs der Stoff nicht der Achsrichtung nach durch die Trommel hindurchgeschleudert werden kann, vielmehr in radialer Richtung aus c austreten mufs. In den Trommelmantel ist ein Schneckengang c^8 eingesetzt (Fig. 109); durch ein Rohr c^9 kann nach Bedarf Wasser eingespritzt werden.

Indem nun der durch Rohr c in die Siebtrommel eingeleitete Stoff durch c^8 langsam weiter bewegt wird, treten die genügend aufgelösten Bestandteile durch den Siebmantel in das Wasser über, während die Äste und dergleichen von der Schnecke c^8 mitgenommen werden. Die Lage der Trommelachse zum Wasserspiegel bewirkt hierbei, dafs die Äste zunächst schwimmend erhalten werden, um den Durchgang der Stoffteile nach C^1 nicht im Wege zu sein; erst gegen das Trommelende hin gelangen sie an den Trommelmantel und werden durch die Schnecke in den Abführungsschlot C^3 befördert. In C^1 befinden sich nun aufser dem reinen Stoff diejenigen schweren Unreinigkeiten, welche durch den Siebmantel dringen; diese sinken zu Boden, während der Stoff über C^2 durch das Knierohr d in die Schleudermühle D zum Feinmahlen, d. h. zum vollständigen Zerfasern gelangt. Durch das Rohr d^1 kann dieser Schleudermühle Wasser zugeleitet werden, falls dies erforderlich werden sollte. Die innere Beschaffenheit derselben entspricht derjenigen der bereits beschriebenen Schleudermühle B, was aber nicht ausschliefst, dafs auch Schleudermühlen von anderer geeigneter Brauchbarkeit angewendet werden. An die Schleudermühle D können sich noch eine oder mehrere Schleudermühlen anschliefsen.

Ebenfalls auf dem Prinzip des Ausschleuderns beruhend, haben Hagemann & Comp. in Ludwigshsfen a. Rh. eine patentierte Nafsschleudermühle mit Umlaufgefäfs zur Auflösung von Zellstoff nach dem Kochen gebaut, P.-Z. 94, Seite 3310. Diese Schleudermühle ist über einem senkrechten zylindrischen Rohre g angeordnet, dessen oberer Rand zu einem ringförmigen, geschlossenen Kasten c ausgebildet ist, von welchem der Deckel zugleich den feststehenden Stiftenkranz der Schleudermühle darstellt. Die Welle l, welche die obere, rotierende Stiftenscheibe f trägt, und deren Achse mit derjenigen des Rohres g zusammenfällt, durchsetzt den Boden des Umlaufgefäfses und ist als von unten angetrieben gedacht. Die Stifte *d* des feststehenden Kranzes sind mit einer beinahe bis zur Spitze reichenden, achsialen Bohrung versehen, welche mit dem ringförmigen Kasten *c* kommuniziert. Dieser steht durch ein

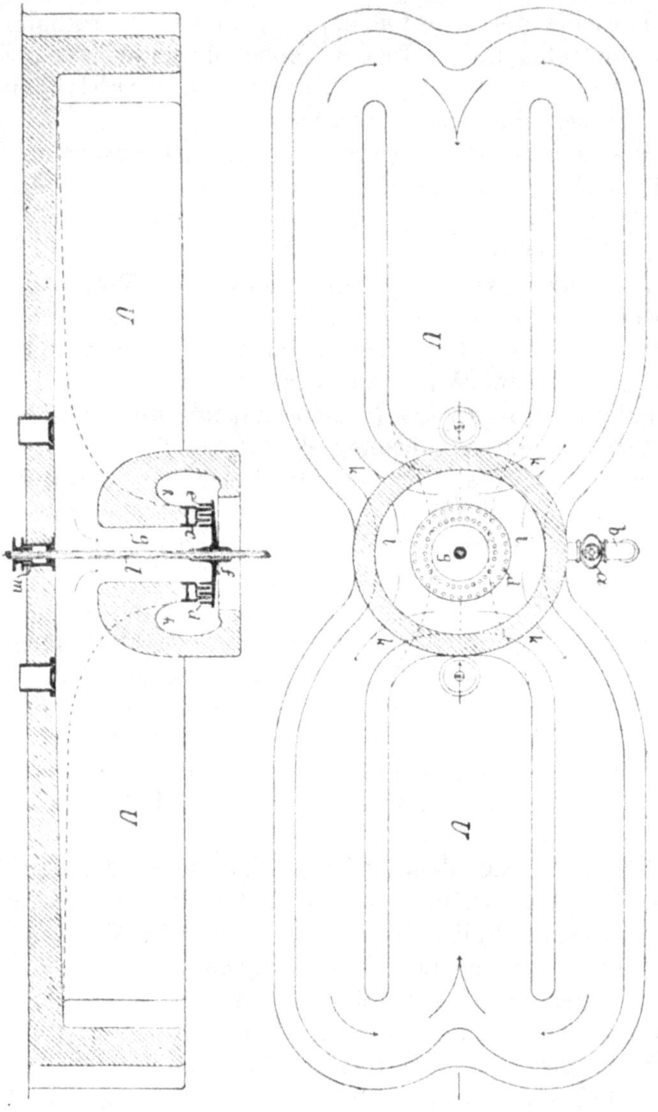

Fig. 110 und 111.

Rohr *b* mit der Wasserleitung in Verbindung, aus welcher das Wasser unter Druck in die Bohrungen der Stifte *d* gelangt. Aus diesen spritzt das Wasser nun durch kleine, auf die ganze

Länge der Stifte verteilte Löcher gegen die Stifte *e* der sich drehenden Scheibe *f*. Um das Wasser zu verhindern, gleich an der Fläche der Scheibe *f* nach aufsen zu gelangen, ist es vorteilhaft, über den Stiftenkränzen der festen Scheiben, also über der Austrittsstelle des Wassers, Hohlkehlen in die bewegliche Scheibe *f* einzudrehen, wodurch das Wasser sicher nach unten abgelenkt und zwischen die Stifte geführt wird. Diese zerstäuben das Wasser bei genügend hoher Umdrehungszahl und schleudern es mit grofser Gewalt tangential fort, wobei es, ähnlich wie bei den bekannten Streudrüsen saugend wirkt. Der in dem Rohre *g* nur wenig unter dessen Oberkante stehende Stoff wird daher angesaugt, der Schleudermühle zugeführt und durch dieselbe zerfasert und gemischt. Den von der Schleudermühle nun mit grofser Gewalt ausgeworfenen Stoff läfst man vorteilhaft an eine konzentrisch angebrachte Wandung schleudern, wobei er eine weitere Zerfaserung erleidet. Von dieser Wand fliefst der Stoff dann direkt, oder auch durch eine Rinne, oder einen Kanal in ein geeignetes Gefäfs, welches mit dem unteren Ende des Rohres *g* in Verbindung steht. Auf diese Weise wird ein Kreislauf erzielt, welcher es ermöglicht, den Stoff so oft durch die Schleudermühle gehen zu lassen, bis der gewünschte Grad der Gleichförmigkeit erreicht ist.

Soll der Stoff gleichzeitig gewaschen werden, wie dies bei der Auflösung von Zellstoff immer erwünscht ist, so gibt man dem Stoffumlaufgefäfs zweckmäfsig die Form eines Holländertrogs, in welchem dann die Waschtrommeln in bekannter Art angebracht werden. Beim Waschen kann man das Wasser beständig durch die unteren Stifte der Schleudermühle zuströmen lassen. Handelt es sich dagegen nur um Zerfaserung oder Mischung des Stoffes, so läfst man nur so lange Wasser durch die Stifte fliefsen, bis der Stoff angesaugt ist und schliefst dann den Wasserzuflufs ab.

Die beschriebene Schleudermühle ist mitten in einem doppelten Holländertroge *U U* angeordnet. Der Holländertrog und Gehäuse der Schleudermühle sind in Zementbeton oder auch in Monierbauart ausgeführt gedacht, und nur die arbeitenden Teile und Ventile usw. müssen in Metall ausgeführt werden.

Ist das Umlaufsgefäfs *U* genügend mit Stoff gefüllt, so öffnet man den Schieber *a*. Es tritt nun das Wasser aus der Rohrleitung *b* in den ringförmigen Kasten *c* und aus diesem in die Stifte *d*. Aus diesen spritzt das Wasser durch die schon erwähnten kleinen Löcher gegen die Stifte *e* der rotierenden

Scheibe *f*, welche dasselbe zerstäuben und fortschleudern; der hierdurch angesaugte Stoff steigt in dem Rohr *g* auf, durchläuft die Schleudermühle und wird gegen die Wandungen des Ringkanals *h* geschleudert. Aus diesem Kanal, auf dessen Sohle vier Sättel *i* zur gleichmäfsigen Verteilung des Stoffes gebildet sind, fliefst letzteres durch die vier Öffnungen *k* in die äufseren Abteilungen der dreiteiligen Holländertröge. Die eingezeichneten Pfeile deuten den weiteren Umlauf des Stoffes an, bis dieser wieder zur Schleudermühle gelangt.

Eine einfache Einrichtung zum Trennen des Zellstoffes von Ablauge haben sich George Seiler und Franklin Emig in Spring Force, Pennsylv; patentieren lassen, (Amerik. Patent No. 514 780) und beschreiben dieselbe wie folgt:

Um den Zellstoff ohne Verwendung von Waschwasser möglichst vollständig von der Ablauge zu trennen, leitet man zu diesem Zweck den aus dem Kocher kommenden mit Lauge getränkten Zellstoff in den Trichter *B*, aus welchem er nach Öffnung eines Schiebers auf ein endloses durchlässiges Band *c*,

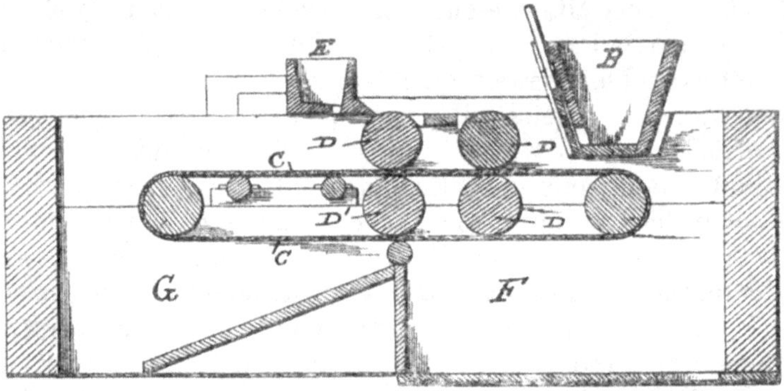

Fig. 112.

beispielsweise ein Sieb, fällt, welches ihn durch ein oder mehrere Paar Prefswalzen *D D* führt, und dann in trockenem Zustande in den Raum *G* befördert. In diesem Raum wird er mittelst Wasser, welches durch den Kanal *e* eingeführt wird, soweit verdünnt, dafs er zur weiteren Verarbeitung an irgend einen Ort gepumpt werden kann. Die Ablauge sammelt sich, ohne durch Wasser irgendwie verdünnt zu werden, in der Abteilung *F*; es bleibt aber immerhin noch viel Lauge in dem Stoff zurück.

Behufs Auflösung des gekochten Zellstoffs hat sich Karl Kellner unter Amerik. Patent No. 489 079 nachstehend beschriebene Maschine schützen lassen.

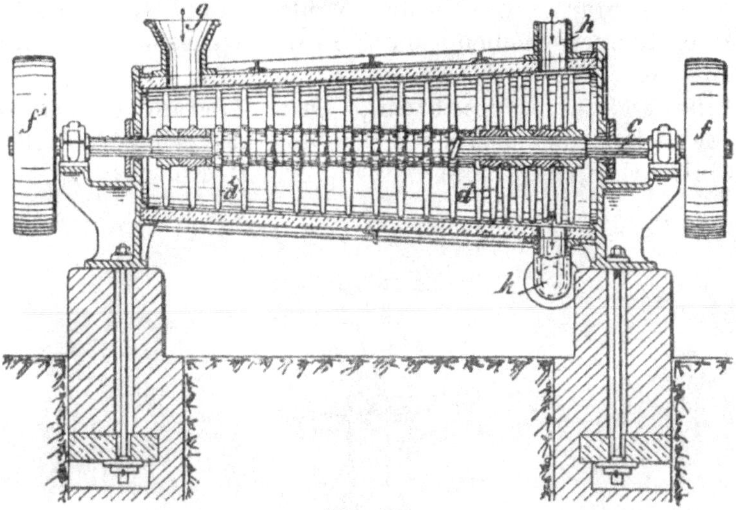

Fig. 113.

Durch diese Erfindung soll vermieden werden, dafs die beim Kochen unzersetzt gebliebenen Aststückchen zerkleinert werden und mit in das Papier gelangen. Das Gehäuse der Maschine ist, wie aus Fig. 113 ersichtlich, im Querschnitt annähernd elliptisch und derart kegelförmig, dafs es sich von demjenigen Ende, an welchem der Zellstoff eingeführt wird, (bei *g*) nach dem anderen Ende hin erweitert. Die Auflösung des Zellstoffs wird mit Schlägern *d* und d_1 bewirkt, welche zu je vier an auf den Achsen *c* und c_1 gekeilten Naben befestigt sind, bezw. mit diesen Naben je aus einem Stück bestehen. Die Schläger der einen Achse gehen durch die Zwischenräume der Schläger auf der anderen Achse, ohne dieselben zu berühren, so dafs die Aststückchen unzerkleinert bleiben. Entsprechend der kegelförmigen Gestalt des Gehäuses, werden die Schläger von

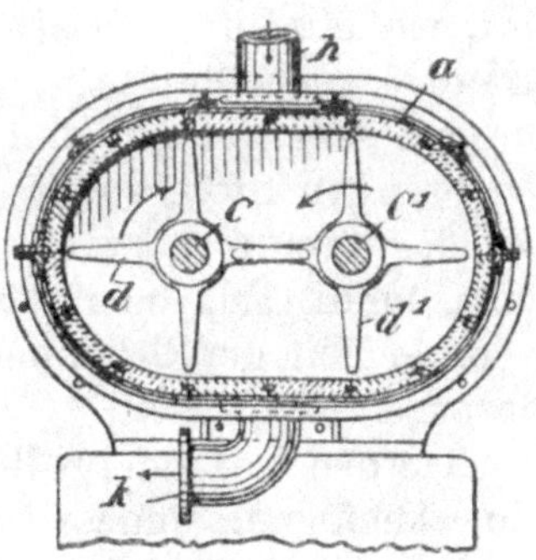

Fig. 11

dem einen Ende des Gehäuses zum anderen länger. Um die Entleerung zu erleichtern, ist gegenüber dem Austrittsrohr *k* ein Rohr *h* angebracht, durch welches Wasser eingeführt wird. Der Zellstoff wird in Form eines dicken, halbtrockenen Teiges eingeführt. Die beiden Wellen *c* und c_1 werden mit Hilfe von Riemenscheiben *f* und f_1 in entgegengesetzter Richtung angetrieben.

Eine andere Vorrichtung zum Zerfasern von gekochtem Holz und Trennen von Aststückchen vom Stoffe ist die von Philipp Dietz in Cöthen (D. R. P. No. 67 197).

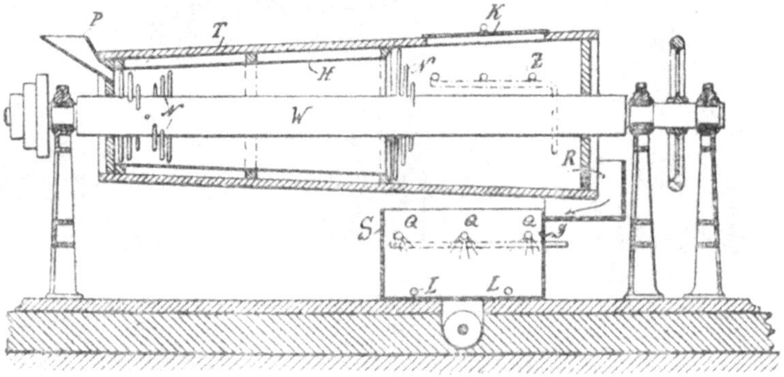

Fig. 115.

Die Vorrichtung besteht im wesentlichen aus der nach einer Seite geneigten konischen Trommel *T*. Dieselbe besitzt dort, wo ihr Durchmesser am kleinsten ist, die Einlaßöffnung *P* für das gekochte Holz; am andern Ende, also dort, wo der Durchmesser am größten ist, befindet sich der Auslauf *R* für den breiigen Stoff, sowie eine Reinigungsklappe *K*. Der engere Teil der Trommel ist mit einem Polster oder einem Überzug *H* von Gummi, Filz oder einem anderen Stoff versehen. In dem weiteren Teil der Trommel sind drei kupferne Wasserzuführungsröhren *Z* angebracht.

An der Trommelwelle *W* sind Speichen *N* schrauben- oder schneckenförmig angeordnet; letztere sind samt der Welle mit einem Polster von Gummifilz oder einem andern Stoff derart überzogen, daß zwischen der Trommelbekleidung und dem Ende der Speichen noch ein freier Raum bleibt. Bei dem Auslauf *R* sind verstellbare Überfallleisten angebracht; um ein Stauen des Stoffes zu ermöglichen. Ferner ist behufs weiterer Zerfaserung ein Vorsortierkasten *S* mit den Spritzrohren *Q* und den Ablafsöffnungen *L* angeordnet.

Das gekochte Holz, welches vom Kocher oder Lagerraum nach dem Einwurf *P* geschafft wird, wird in demjenigen Teil der Trommel, in welcher sich die Polsterung *H* befindet, trocken verarbeitet. Sowohl durch letztere, als auch durch die Polsterung der Welle und der Speichen, wird das Zerschlagen der harten Holzteile und der Äste verhindert.

Die Speichen *N* schaffen den Stoff in der Weise weiter, dafs jede den Stoff an die nächste weiter gibt. Um die Tourenzahl der Speichenwelle rasch wechseln zu können, werden Stufenscheiben angewendet. Während in der oberen engeren Hälfte der Trommel die weichgekochten Teile von den Ästen abgetrennt werden, werden in dem unteren nassen Teile die Flocken vollständig zerfasert und aufgelöst. Der Stoff tritt allmählich über den Überfall und erhält alsdann einen starken Wasserzusatz. In dem Vorsortierkasten *S* lagern sich zunächst die Äste, sowie ungekochte Holzteile und andere Beimengungen ab. Nachdem die etwa noch an den Ästen haftenden Fasern durch die Spritzrohre entfernt worden sind, ehe jene sich zu Boden legen können, gelangt der Stoff schliefslich auf ein Gerinne oder einen Sandfang bekannter Bauart und dann auf eine Entwässerungsmaschine, sei dies nun eine Cylinder-, oder Langsiebmaschine, ohne, resp. mit Trockencylindern. Endweder versendet man den Stoff gleich feucht in Rollen, oder trocken in Tafelform.

Nachdem schliefslich die einzelnen Rollen in gutes Packpapier eingeschlagen und verschnürt, oder sonstwie verpackt worden sind, ist das Fabrikat versandtfertig, und man hat nur darauf zu achten, dafs vor der Verpackung genügende Proben genommen werden, dafs der Trockengehalt, der bei der Versendung von Waren in feuchtem Zustande eine grofse Rolle spielt, und oft zu Differenzen Veranlassung gibt, möglichst genau festgestellt werden kann.

Die Verarbeitung von feuchter Cellulose ist für den Papierfabrikanten sehr bequem. Neuerdings aber haben sich die meisten Cellulosefabriken noch Trockenzylinder angeschafft und dadurch die Entwässerungsmaschine zu einer richtigen Papiermaschine nahezu ausgebildet, um absolut trockene oder nahezu trockene Ware von 80—90 % Trockengehalt herstellen zu können und dadurch an den Frachten zu sparen, oder imstande zu sein, die Cellulose auf weitere Entfernungen noch mit Vorteil zu verkaufen. Glücklicherweise hat das Trocknen keinen zu grofsen Nachteil für den Papierfabrikanten, obgleich die Faser etwas an Festigkeit verlieren soll; sie löst sich aber leicht in Wasser auf und bietet den Vorteil, dafs die Aufbewahrung beliebig lange erfolgen kann, ohne dafs man das Entstehen von Stockflecken befürchten müfste, die besonders bei feuchtem Strohstoff leicht auftreten.

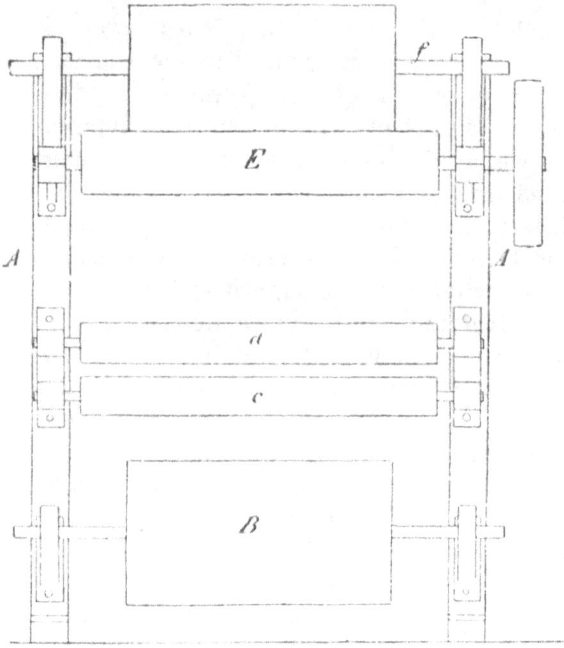

Fig. 116.

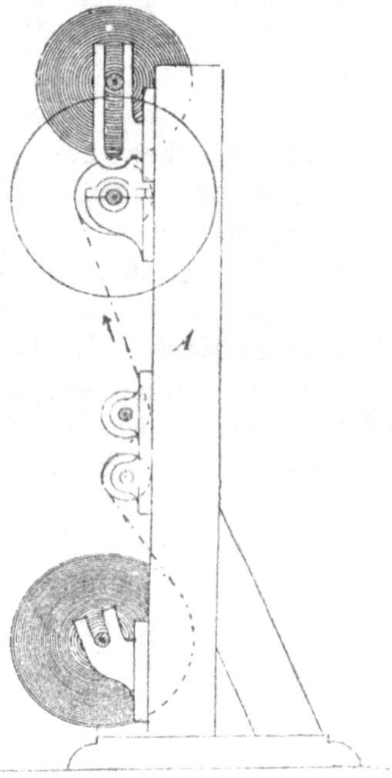

Fig. 117.

Manche Fabriken, welche die Cellulose feucht versenden und auf besonders reines Fabrikat für ihre Kunden sehen müssen, lassen nach dem fertigen Aufrollen noch eine Sortierung dadurch vornehmen, dafs auf einem kleinen Apparate, den Fig. 116 und 117 zeigt, ein nochmaliges Abrollen und Wiederaufrollen erfolgt: Ein aufrechtstehendes Holzgestell *A* trägt verschiedene Lager; in die unteren wird eine Welle eingelegt, auf welche die zu sortierende Cellulosenrolle *B* gesteckt ist; darüber liegen zwei Leitwalzen *c* und *d* und weiter oben eine stärkere Holzwalze *E*, (200 mm Durchm.) welche von der Transmission aus durch einen Riemen langsam (8 T. p. M.) gedreht wird. Darüber sind noch zwei gabelförmige Schlitzlager angebracht, in welche die Welle eingelegt wird, auf welche sich die sortierte Cellulose aufwickeln soll. Hat man unten eine Rolle von Cellulose eingelegt, die Cellulose über die Leitwalzen und die Holzwalze *E* hinweggeführt und um die Welle *f* geschlagen, so wird oben ein Aufwickeln beginnen, die in der Regel 1 m breite Cellulosebahn sich in der Richtung des Pfeiles langsam aufwärts bewegen und die Rolle *B* nach und nach abgewickelt werden. Auf beiden Seiten des Gestelles stehen Mädchen, die jede Unreinheit oder gröfsere Splitter während des Ganges mit den Fingern herauszupfen. Wenn die Mädchen Achtung geben, ist das Resultat der Sortierung ein gutes, jedoch die Ausgabe an Arbeitslohn nicht gering, da stets mehrere Sortiergestelle notwendig sind (für jeden Kocher ungefähr drei Stück) und auch der Stoffverlust 15 % beträgt, der natürlich später zu weiter Sorte wieder mit verwendet wird.

Eine andere Art der Nachsortierung ist noch bequemer für die Arbeiterinnen und gestattet eine vollständige Reinigung des trocknen, in Tafeln geschnittenen Stoffes. In einem sonst verdunkelten Raume stehen eine Reihe von Tischen, ähnlich den

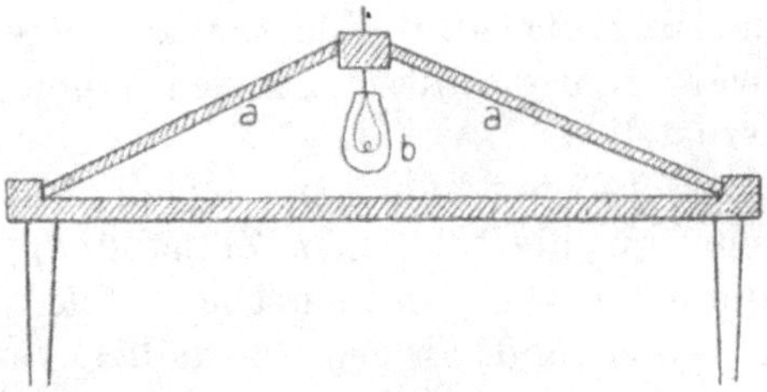

Fig. 118.

Doppelpulten der Contore gebaut, nur dafs sie nicht mit Holz, sondern mit **Glastafeln** *a* belegt sind, auf welche die zu reinigenden Zellstofftafeln gelegt werden. Im Innern hängt eine elektrische Glühlampe, welche den Raum unter den Glastafeln so vollständig erhellt, dafs man im Zellstoff jede auch noch so kleine Unreinigkeit erkennt und sie mit einem spitzen Instrument entfernen kann. Je nach der Schärfe dieser Reinigung wird der Stoff in verschiedene Sorten eingeteilt und danach bezahlt.

Um die Splitter schon im Knotenfänger möglichst zurückzuhalten, kamen zwei Fachleute, welche weit auseinander wohnten, zu gleicher Zeit auf dieselbe Idee, nämlich die, an Stelle der gradlinigen Schlitze in den Knotenfangplatten gebogene anzubringen; Wagner & Co. in Cöthen nahmen halbkreis-, ich damals in Norwegen **S**-förmige, und wir beide erreichten den beabsichtigten Zweck ausgezeichnet, da die Splitterchen ohne Ausnahme gradlinig sind und durch gebogene Schlitze nicht hindurchpassieren können; nur ist die Ausführung dieser Platten nicht so leicht, als die mit gradlinigen, gefräfsten Schlitzen. Noch eine andere Reinigungseinrichtung möchte ich hier noch kurz erwähnen, welche ich vor vielen Jahren ausprobiert, mit bestem Erfolge benutzt und später noch in andern Fabriken eingeführt habe.

Will man den Stoff von den schwereren Unreinigkeiten, also dickeren Holzresten, Sand usw. schon möglichst befreien, bevor er in die Knotenfänger kommt, so kann man dies schon in den Stoffbütten, den Stoffzuführungsrinnen und Sandfängen dadurch erreichen, dafs man besonders konstruierte Rosten aus Eichenholz einlegt, durch welche die Unreinigkeiten hindurchgehen und sich darunter ansammeln; durch weitere Einrichtungen kann man es verhindern, dafs sie vom Stoffstrom wieder mit emporgenommen und weiter fortgeführt werden und sie sogar nötigen, sich an besonderen Stellen anzusammeln, aus denen man sie mitten im Betriebe ablassen kann; es würde aber hier wohl zu weit führen, diese Einrichtungen genau durch Zeichnungen darzustellen.

Alle diejenigen Zellstoff-Fabriken, welche für den Export arbeiten, sind genötigt, die trockenen Zellstoffpappen zu durchlöchern, damit dieselben von den Steuerbehörden nicht als wirkliche Pappe angesehen und als solche höher verzollt werden. Früher half man sich dadurch, dafs unter dem Siebe ein Rohr angebracht wurde, durch welches periodische starke Spritzwasserstrahlen von unten die Stoffmasse durchdrangen. Dadurch bildeten sich aber leider um die Durchlöcherungen starke Ränder, welche beim Auspressen ungleichmäfsigen Trockengehalt verursachten.

Da die Behörde jetzt regelmäfsige Durchlöcherungen verlangt, so sind verschiedene entsprechende Apparate konstruiert worden.

„Pap.-Zeit." 1895 Seite 339 ist ein solcher beschrieben und abgebildet, welchen die Kühnlesche Maschinenfabrik in Frankenthal baut und welcher patentiert ist.

Die Vorrichtung dient zum Lochen der Pappenbahn auf der Entwässerungsmaschine in solcher Weise, dafs der Zellstoff von den Zollbehörden nicht als Pappe angesehen werden kann. Die

Stempel und Gesenke, welche auf einem um eine Achse schwingenden Gestell angeordnet sind, folgen der fertigen trockenen Stoffbahn während des Lochens und kehren dann sofort wieder in die Anfangsstellung zurück.

Als Vorteile der Einrichtung werden hervorgehoben:

1. Tadellose Perforierung, d. i. Nichtbeeinträchtigung des guten Aussehens des Stoffes durch die Lochung.
2. Schonung der teuern Transportsiebe gegenüber dem Spritz- und anderen Verfahren.
3. Bequeme Anbringung der Vorrichtung an jeder Maschine.

Eine bedeutend einfachere Vorrichtung zum Lochen für Zellstoffpappen ist die von H. Füllner in Warmbrunn. Eine obere Walze ist mit Stiften versehen, welche in entsprechende Löcher der unteren Walze passen und ebensoviel Löcher in die Pappenbahn schneiden. Die Stifte sind auf der Aufsenfläche abgeschrägt, damit sie annähernd einen Scheerenschnitt machen und nicht durchdrücken. Ein auf der oberen Walze liegender Schaber hält etwa anhängende Fetzen zurück, nimmt erforderlichenfalls die Bahn bequem ab und ist mit Einschnitten versehen, welche die Stifte durchlassen.

Die obere Walze, welche eingesetzte Stifte aus naturhartem Stahl trägt, ist aus Gufseisen, die Gegenwalze mit Löchern dagegen aus Stahlrohr angefertigt, damit die Kanten der Löcher Stahlschneiden bilden, die mit den Stahlstiften zusammen arbeiten. Der Locher kann so eingerichtet werden, dafs alle vier Seiten der Stifte schneiden und die ausgestofsenen Stückchen Zellstoffpappe in den Hohlraum der unteren Walze fallen; hier sammeln sie sich so lange an, bis sie nach den Enden gedrückt werden, wo sie durch je vier runde Löcher in darunterstehende Holzkästen fallen.

Wenn die ausgeschnittenen Zellstoffquadrate an der Zellstoffbahn hängen bleiben sollen, so läfst man nur drei Seiten der Stifte schneiden, sodafs die Stückchen an ihrer Rückseite mit der Bahn verbunden bleiben. Dann wird die Bahn unter einem Streichbrett durchgeführt, welches die Stückchen zurücklegt, und in solcher Weise von Walzen an die Trockenzylinder geprefst, dafs die zurückgelegten Stückchen sich an die Bahn schliefsen und die Löcher ganz frei lassen.

Der Locher wird meist zwischen Pressen und Trockner in die Papiermaschine eingeschaltet.

Viele Fabriken verkaufen einen Teil ihrer Produktion in gebleichtem Zustande und behandeln da die Cellulose bis zum Aufwickeln, respektive Sortieren, in derselben Weise, wie vorhin beschrieben. Es kommt dann nur ein gewöhnlicher Bleichholländer noch nachträglich zur Benutzung. Man nimmt denselben möglichst grofs, von wenigstens 300 kg Stoffinhalt, läfst denselben zunächst nahezu voll Wasser, wärmt dieses durch Dampf an und läfst dann aus einem neben dem Holländer stehenden Holzkasten, der genau die Menge des nötigen zuzugebenden Chlorwassers fafst (auf obiges Quantum Stoff ½ cbm), das Chlor in den Holländer hinein. Nun erst wird mit dem Eintragen des Stoffes, der in Rollen aufgewickelten feuchten Cellulose begonnen. In drei Stunden ungefähr ist der Bleichprozefs vollendet, es erfolgt noch ein Auswaschen, was eine Stunde in Anspruch nimmt, und dann kann die gebleichte Cellulose in die Stoffbottiche gelassen werden, von wo sie auf die schon erwähnte Entwässerungsmaschine gelangt und wieder in Rollen aufgewickelt wird. Oder man bleicht auch gleich im Waschholländer, nachdem der Stoff in diesem rein ausgewaschen ist, ohne dafs man ihn erst noch vorher entwässert.

Seit mehreren Jahren wird besonders zum Bleichen von Zellstoff ein Holländer mit Vorliebe benutzt, der von der gewöhnlichen Form abweicht, aber höchste Wirksamkeit besitzt, da er innigste und schnellste Vermischung des Stoffes mit dem Bleichwasser hervorbringt und damit gröfste Sauberkeit vereinigt. Es ist der von dem Maschinenfabrikanten Emil Nacke in Coswig i. S. gebaute und ihm patentierte Wasch- und Bleichholländer, der in grofsen Dimensionen: 9 m Länge und 4½ m Breite im Lichten, ausgeführt wird und 1400 kg trockenen Stoff fafst.

Die Bewegung und Mischung des Stoffes erfolgt hier nicht von einer Schaufelwalze aus, sondern durch ein 650 mm Durchmesser habendes turbinenartiges Rad, welches sich am Boden befindet, 200 Umdrehungen pro Minute macht, und von unten durch einen Riemen angetrieben wird, so dafs man von dem Bewegungsmechanismus überhaupt nichts sieht. Durch dieses Rad wird der Stoff vollständig geräuschlos und ohne jedes Schlagen und Spritzen herumbewegt. Der Zug desselben ist ein so starker, dafs ein Sitzenbleiben des Stoffes in den Ecken vollkommen ausgeschlossen und der Gebrauch des Rührscheites überflüssig ist. Der Stoff kommt in dem Holländer aufser mit den Wänden, die mit weifsen Fliefsen belegt sind, nur mit

Phosphorbronze und Glas in Berührung, welche Materialien gegen Säure und Chlor äufserst widerstandsfähig und dabei sehr reinlich sind. Aus Phosphorbronze ist das Rad *f*, welches sich über der Bronzeplatte *a* dreht, und aus mit Porzellan belegtem Monierbeton sind die Tafeln *b* und *c*. Der im Holländer nach dem

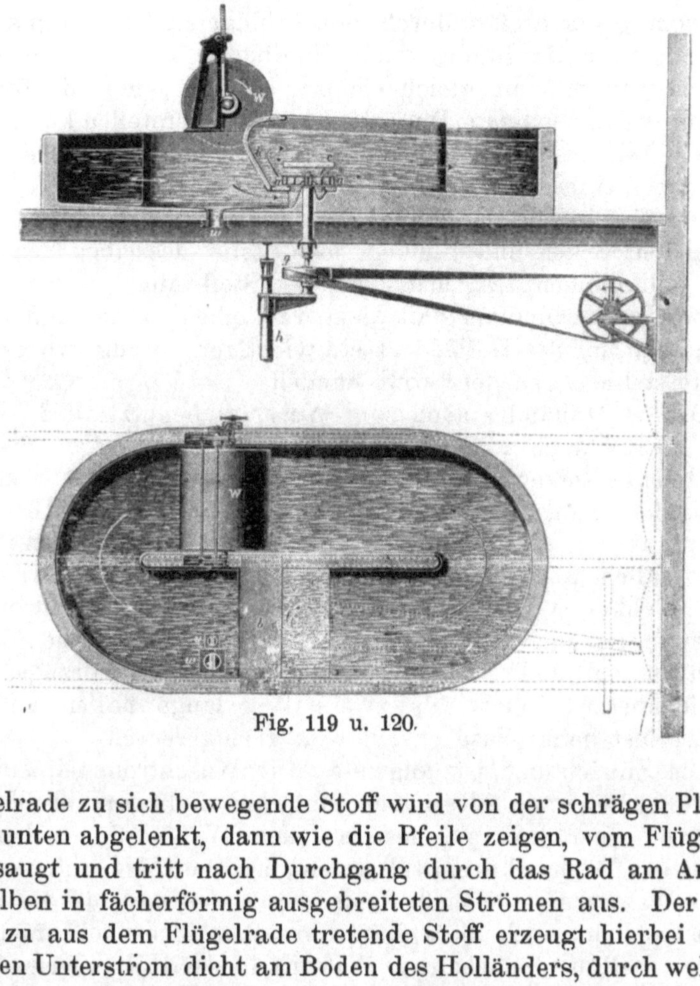

Fig. 119 u. 120.

Flügelrade zu sich bewegende Stoff wird von der schrägen Platte *b* nach unten abgelenkt, dann wie die Pfeile zeigen, vom Flügelrad abgesaugt und tritt nach Durchgang durch das Rad am Anfang desselben in fächerförmig ausgebreiteten Strömen aus. Der nach vorn zu aus dem Flügelrade tretende Stoff erzeugt hierbei einen starken Unterstrom dicht am Boden des Holländers, durch welchen jedes Ansetzen von Stoff am Boden und in den Ecken verhindert wird. Der nach der Platte *b* zu austretende Stoff wird von dieser und der Platte *c*, wie die Pfeile zeigen, ebenfalls nach vorn abgelenkt und bildet vereint mit dem Unterstrom den starken Zug dieses Holländers. Der Niveauunterschied des Stoffes vor und hinter der Platte *b* beträgt $^3/_4$ m, und gerade dadurch wird mit der lebhafte Zug des Holländers bedingt. Die Mischung, welche der Holländer bewirkt, ist bereits nach einmaligem Durchgange eine vollkommene, so dafs Chlorwasser, welches an einer Stelle eingeleitet wird, nach nur einmaligem Durchgange durch das Flügelrad ganz gleichmäfsig mit dem Stoffe gemischt ist. In ebenso gleichmäfsiger Art geschieht die Erwärmung des Stoffes durch einen eingeleiteten Dampfstrahl; die Temperatur des Stoffes nimmt hierbei selbst in dem gröfsten Holländer überall um gleich viel zu, so dafs man die für den Bleichprozefs günstigste Temperatur genau herstellen kann, ohne dafs ein Teil des Stoffes um den Bruchteil eines Grades darüber oder darunter erhitzt wird.

Der Nackesche Holländer hat innerhalb des Troges keine versteckten Ecken und Winkel; jede Stelle desselben liegt dem Auge vollkommen frei, nachdem der Stoff abgelassen ist. Es ist dies in Verbindung mit dem reinlichen säure- und chlorfesten Material des Holländers ein wichtiger Vorzug, wo es sich um Herstellung reinster Stoffe handelt.

Da der Holländer auch zum Waschen benutzt wird, so benutzt Nacke auch eine Waschtrommel, aber nicht die gebräuchliche, sondern eine Saugwaschtrommel eigenen Systems, die so leicht geht, dafs sie keine besondere Betriebskraft braucht, sondern durch die Bewegung des Stoffes umgetrieben wird. Damit fallen auch die Zahnräder und Riemen mit ihren Unbequemlichkeiten und Unreinheiten weg. Diese Waschtrommel wäscht ferner auch weit energischer, als die gewöhnliche Schöpfwaschtrommel und hat vor dieser die weiteren Vorzüge, dafs die Siebüberzüge mehr als zweimal so lange halten und der Faserverlust beim Waschen ein weit geringerer ist.

Die Einrichtung ist folgende: Die Waschtrommel, ein mit feinem Siebüberzug versehener einfacher Zylinder, dreht sich lose auf einer hohlen, feststehenden Welle, an welcher im Innern der Trommel drei nach unten gerichtete und unten offene, in das Wasser eintauchende Saugrohre sitzen und, da die hohle Welle feststeht, auch diese Saugrohre stets ihre nach unten gerichtete Stellung beibehalten. Aufserhalb der Holländerwand ist noch ein längeres Füllrohr an der hohlen Welle angeschraubt, welches in einen Kasten eintaucht; in diesem befindet sich eine Scheidewand von regulierbarer Höhe, welche die Stärke des Ablaufes zu regulieren gestattet. Je tiefer der Überfall angestellt wird, umso stärker saugt die Trommel. Zur Ergänzung und Erhaltung des Vakuums dient ein kleiner Saugapparat; derselbe wird mit Wasser betrieben, welches ein Schlauch unter vier oder mehr Meter Druck zuführt. Der Schlauch ist 20 mm weit, die Bohrung im Saugapparat aber nur 5 mm, der Wasserverbrauch ist also sehr gering; durch einen zweiten Gummischlauch fliefst das verbrauchte Wasser in einen Ablaufständer ab; der erstere, Wasser zuführende Schlauch mufs so lang genommen werden, dafs man die Trommel vollständig ausheben kann, wenn nicht gewaschen werden soll. Im andern Falle wird die Waschtrommel durch ein Stellrad herabgelassen, so dafs sie in den Stoff eintaucht, denselben etwas verdrängt, und das Schmutzwasser durch den Siebüberzug in das Innere eindringen läfst. Der rotierende Stoff setzt die Trommel sofort in drehende Bewegung, so dafs sie dem durchdringenden Wasser stets eine neue Fläche darbietet, der Saugapparat wird durch Aufdrehen des Wasserhahns in Tätigkeit gesetzt, es entsteht in der hohlen Welle Luftleere, das Schmutzwasser steigt durch die Saugrohre in die Höhe, wird von der hohlen Welle aufgenommen und durch das daran befindliche Abfallrohr abgeleitet, und da dasselbe in den mit Wasser gefüllten Kasten eintaucht, wird ein ununterbrochenes Absaugen des Schmutzwassers bewirkt. Durch den noch nebenbei wirkenden Saugapparat wird jede unvorhergesehene Störung vermieden, eventl. die ordnungsgemäfse Absaugung wieder hergestellt.

Das Bleichen geschieht fast überall noch mit einer Auflösung von Chlorkalk, welcher in der Hauptsache aus unterchlorigsaurem Kalk besteht; in dieser Form ist der wirksame Teil, das bleichende Chlor, am besten transportabel. Das Bleichen besteht nun darin, dafs das Chlor die färbenden Substanzen, welche fast nur organischer Natur sind, unter Entfärbung zersetzt und Salzsäure bildet, welche weiteren Chlorkalk zersetzt. Hierin liegt die Erklärung, weswegen man Zellstoff nicht in Kammern mit direktem Chlorgas, oder doch nur unter ganz besonderen Vorsichtsmafsregeln bleichen kann; hier wird alles Chlor in freie Salzsäure verwandelt, welche den Zellstoff stark angreifen, ja geradezu zerstören würde; deshalb mufste man, als man doch noch in Kammern bleichen wollte, die Tafeln von ungebleichtem Zellstoff vorher in Ätznatronlauge einweichen, welche dann die sich bildende Salzsäure binden und in Kochsalz verwandeln konnte; benutzt man dagegen Chlorkalk, so löst man diesen in kaltem Wasser auf verschiedene

Weise auf; man nahm früher meist und nimmt auch heute noch Lösetrommeln aus starkem, gelochtem Schmiedeeisen, in welche man, nachdem man den einen Teil zurückgeschlagen hat, den Chlorkalk einfüllt; aufserdem sind darin eine Anzahl gröfserer runder Steine; hat man den Zylinder geschlossen und den Kasten, in dem die Trommel liegt, fast voll Wasser gefüllt, so läfst man den Zylinder durch einen Treibriemen langsam rotieren; die Steine und das Wasser zerreiben nun den Chlorkalk

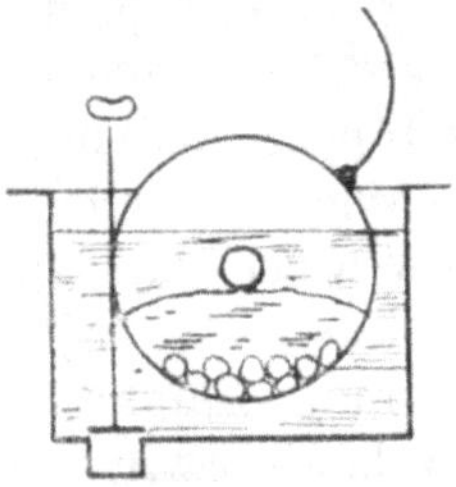

Fig. 121.

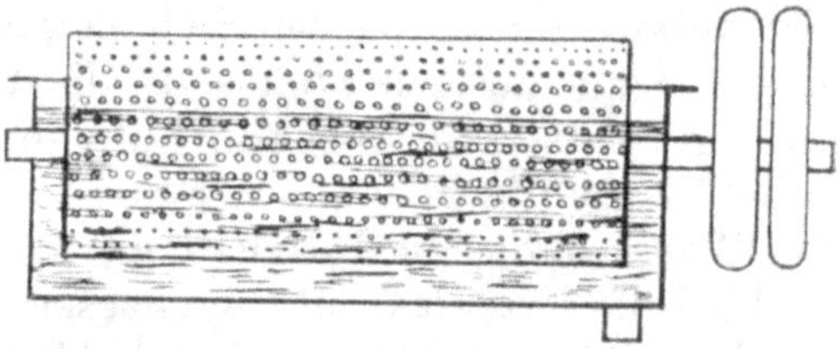

Fig. 122.

zu einem feinen Brei, einer milchigen Flüssigkeit, welche durch ein Ventil dann in einen Behälter abgelassen wird; sie scheidet sich hier nach kurzem Stehen schon in eine klare, grüne Lösung und einen weifsen, feinen Schlamm; die erstere läfst man in ein grofses Sammelbassin ab und den Schlamm rührt man noch einige Male mit wenig Wasser durch und läfst ihn zuletzt auf ein Filter, ähnlich dem auf Seite 39 abgebildeten, auf welchem man ihm den letzten Rest von Chlor entzieht; das letzte schwache Wasser kann man dann zum Lösen neuen Chlorkalkes benutzen. Da Eisen durch Chlorkalk stark leidet, macht man die Bassins am besten aus gutem Zementmauerwerk und die Filterplatten ebenfalls aus Zement oder feuerfestem, glasiertem Thon. Die Rückstände sind nun fast reiner Ätzkalk und daher sehr gut mit zur Herstellung von Mörtel zu verwenden.

An Stelle des eisernen Chlorkalklösers kann man sich auch einen senkrecht stehenden aus Zementmauerwerk mit Rührwerk nach Art des Mischers zur Bereitung der Ätzlauge bauen; auch kleine Kellergänge benutzte man früher dazu, den Chlorkalk mit Wasser zu mahlen und in einen Brei zu verwandeln, ähnlich, wie man es in der Porzellanreibschale im Laboratorium macht.

Es genügt, wenn man die Stärke der klaren Chlorkalklösung mit Aräometern mifst, welche noch gut 0,25 oder besser 0,1° Bé ablesen lassen; man mifst dann von dieser das genaue

Quantum für jeden Holländer ab. Ist dieses dann mit dem Zellstoff gut vermischt, so fügt man soviel Schwefelsäure, mit viel Wasser verdünnt, langsam zu, daſs man nicht blos den immer mit gelösten Ätzkalk abstumpft, sondern noch etwas Chlor frei macht und so den Bleichprozeſs einleitet; die geringe Menge von Salzsäure, welche sich nun so beim Bleichen bildet, macht weiteres Chlor wieder frei, und so wird der Bleichprozeſs von selbst bis zu Ende fortgeführt.

Der farbige Stoff sitzt nun zum kleinen Teil auf, zum gröſsten in der Faser, und es handelt sich nun darum, die Chlorkalklösung in das Innere der Fasern hineinzubringen; jedenfalls liegt es schon in der Holzzerkleinerung, daſs nicht alle Fasern den vollen, an beiden Enden spitzen und geschlossenen Schlauch darstellen; sondern ein erheblicher Teil ist schon durchschnitten, sodaſs hier der Farbstoff leicht gebleicht werden kann. Durch chemische — zu starkes Angreifen beim Kochen — und mechanische Mittel — starkes Mahlen und Quetschen — kann man ja die Dicke der Membran bedeutend schwächen, sie sogar zum Öffnen bringen; doch ist dies entschieden ein Fehler, da man dadurch die Faser bedeutend schwächt; es bleibt nur ein rationeller Weg übrig, nämlich der, den endosmotischen Prozeſs zu unterstützen, indem man den Bleichholländer tüchtig mit Dampf erwärmt; es gibt so Manchen, der in diesem Punkte sehr ängstlich ist, den Thermometer in der Hand hält und nur bis zu einer bestimmten, niedrigen Temperatur geht, da er sonst ein Zurückgehen der Weiſse befürchtet; ich habe mich aber niemals gebunden, sondern stets so heiſs als möglich gebleicht; um so schneller und vollkommener geht der ganze Bleichprozeſs vor sich, und der Stoff wird noch geschmeidiger und entwässert sich noch leichter auf der Maschine alsdann. Ist der Prozeſs beendet, so leert man den Holländer in groſse, mit Zement gemauerte Stoffkästen, welche ebenfalls mit durchlochten Platten aus Zement oder gebranntem Thon belegt sind; das abgehende Wasser ist gelblich gefärbt und enthält noch geringe Mengen von Chlor. Deshalb benutzt man es am besten zum Füllen des nächsten Holländers mit ungebleichtem Stoff, welcher die letzten Spuren von Chlor sofort hinwegnimmt, indem er sich zunächst rot färbt und dann erst gelb; diese Rotfärbung kann man sogar schon beobachten, sowie gut ausgelaugter Stoff mit frischem, reinem, lufthaltigen Wasser zusammenkommt.

Den gebleichten Stoff kann man nach dem Ablauf des ihm anhängenden Bleichwassers je nach Bedürfnis noch mit Wasser erst auswaschen, oder gleich nach den Stoffbütten der Entwässerungsmaschinen pumpen, oder auch weiter zu Papier verarbeiten.

Alles Holz ist nun etwas eisenhaltig, namentlich die Kiefer. Die Graufärbung bei abgestorbenem und lange ungeschält gelegenem Holze ist meist auf Bildung von gerbsaurem Eisenoxydul, der alten Gallustinte, zurückzuführen. Das Eisen sitzt meist auf der Faser und wird hier schnell gelöst; es kann bei schlechtem Chlorkalk dann die gröfsten Mifserfolge hervorrufen; solcher kam früher leider nicht selten aus England; in den Fässern waren dann oft grofse Klumpen schlecht gelöschten Ätzkalkes enthalten, welche die Chlorkalklösung so stark alkalisch machten, dafs das beim Bleichen gelöste Eisen sofort als Oxydul wieder auf die Faser niedergeschlagen wurde, und so nicht blos eine schmutzig grau-gräuliche Färbung hervorbrachte, sondern auch das weitere Bleichen störte und hinderte; denn es liefs sich nur dann erst wieder durch Säurezusatz auflösen, wenn vorher aller Ätzkalk gesättigt und aller Chlorkalk zersetzt war; man brauchte also enorme Mengen von Säure und von Chlorkalk und hatte trotzdem noch keinen schönen, rein weifsen Stoff. Während ich sonst noch nicht 1 % englische Schwefelsäure, auf trockenen Stoff berechnet, in stark verdünntem Zustande zusetzte, mufste ich bei schlechtem Chlorkalk seinerzeit bis 40 % und mehr davon zusetzen, um nur noch halbwegs brauchbaren Stoff zu erhalten; selbstverständlich ist dies der Faser nicht dienlich. Ich bemerke noch, dafs man die stark verdünnte Säure am besten durch eine Holzrinne oder ein Thonrohr, welche mit Löchern versehen sind und quer über dem Holländer liegen, langsam zufliefsen läfst.

Obwohl das nachstehende Verfahren in Cellulosefabriken wahrscheinlich noch nicht eingeführt ist, so könnte an Stelle der Bleicherei mit Chlorkalk auch die von E. Hermite ausgearbeitete Elektrische Bleiche angewendet werden, welche eine Ersparnis von mindestens 50 % an Bleichmaterial ergeben soll. Bei der weiteren Verbreitung des neuesten Kellnerschen Verfahrens der Gewinnung von Zellstoff mit Hilfe des elektrischen Stromes, wäre diese Bleiche allerdings nicht notwendig, da, wie auf Seite 181 erwähnt, hierdurch schon ein schneeweifser Stoff gewonnen wird. Der Vollständigkeit wegen aber sei auch diese Bleichmethode angeführt. Sie beruht auf folgender Erscheinung: Wenn eine Chlormagnesium-Lösung von 5 % Chlormagnesium und 95 % Wasser in einer geeigneten Vorrichtung elektrolysiert wird, zersetzen sich gleichzeitig Wasser und Chlormagnesium. Das Chlor, welches aus dem Chlormagnesium, und der Sauerstoff, welcher aus dem Wasser unter dem Einflufs der Elektrolyse ausscheidet, vereinigen sich am positiven Pol und erzeugen eine unbeständige Chlor-Sauerstoff-Verbindung, welcher eine sehr starke entfärbende Wirkung innewohnt.

Der Wasserstoff und das Magnesium gehen nach dem negativen Pol. Dieser zersetzt Wasser und bildet Magnesiumoxyd, während Wasserstoff frei wird. Bringt man in solche Flüssigkeit farbige Pflanzenfaser, so verbindet sich der Sauerstoff mit der färbenden Substanz und oxydiert dieselbe; das Chlor verbindet sich mit dem Wasserstoff und bildet Chlorwasserstoff, welcher seinerseits mit der in der Flüssigkeit befindlichen Magnesia eine Verbindung eingeht und das ursprüngliche Chlormagnesium aufs neue erzeugt. Dieser Kreislauf wiederholt sich so lange, als der elektrische Strom auf die Lösung, in welcher sich die farbige Substanz befindet, wirkt. Zu einem vollkommenen Kreislauf dieser Art gehören also: 1. elektrischer Strom, 2. Chlormagnesium, 3. Wasser und 4. färbende Stoffe.

Zwei dieser Elemente dienen zur Zerstörung der färbenden Stoffe: nämlich der elektrische Strom, oder, was dasselbe ist, die wirkende Kraft und das Wasser. Das Chlormagnesium dient unaufhörlich; es findet nur eine einfache Verschiebung der Moleküle statt und das Chlor wirkt als Leiter, welcher den sich bildenden Sauerstoff zu den farbigen Stoffen bringt. Es ist erwiesen, dafs das elektrische Verfahren eine schneller entfärbende Wirkung übt, als gewöhnlicher Chlorkalk; überhaupt hebt Hermite die Vorteile seiner Methode folgendermafsen hervor:

1. Sie gestattet jedem Bleicher, seine entfärbenden Stoffe selbst zu erzeugen und zwar ohne fühlbare Störung seines Fabrikbetriebes.

2. Das entfärbende Mittel ist rein und hinterläfst keinen Rückstand.

3. Es besitzt bedeutend gröfsere entfärbende Wirkung als Chlorkalk.

4. Seine Einwirkung auf Fasern erfolgt schneller, regelmäfsiger und ist weniger schädlich.

5. Seine Anwendung bringt bedeutende Geldersparnis mit sich.

6. Die Erzeugungskosten sind so beständig, wie nur möglich.

Verloren geht bei diesem Verfahren nur der Teil von Chlormagnesium, welcher in dem Wasser enthalten ist, welches der feuchte Stoff nach dem Auspressen noch enthält. Bei 40 % Trockengehalt sind also 40 Kilo Stoff und 60 Kilo Wasser zu berücksichtigen; dann gehen auf 100 Kilo trockenen Stoff 150 Kilo Chlormagnesiumlösung verloren, die $10\frac{1}{2}$ Kilo Chlormagnesium enthält.

Die Apparate für die elektrische Bleiche werden von Paterson und Cooper in London gebaut. Der Elektrolysor besteht aus einem gufseisernen Behälter, in dessen unteren Teil eine durchlöcherte, mit Zinkhahn versehene Röhre eingelassen ist; durch dieses Rohr dringt die Chlormagnesiumlösung in den Apparat; der obere Rand desselben ist ausgeflacht, nimmt die überfliefsende Lösung auf und führt sie einer anderen senkrechten Röhre zu. Dieses zweite Rohr dient zur Herbeiführung des Kreislaufes der Lösung. Seiner Länge nach liegen im Elektrolysor 2 Wellen, auf denen Zinkscheiben angebracht sind; diese Zinkscheiben sind die negativen Elektroden und bewegen sich in langsamer Umdrehung. Abwechselnd mit je einem negativen ist ein positiver Elektrod eingestellt, dessen aktive Oberfläche aus Platingewebe besteht und durch einen entsprechenden Hartgummirahmen eingefafst ist. Der obere Teil des Platingewebes ist an einem Bleikörper festgelötet und durchaus isoliert. Vermöge dieses Bleikörpers ist ein jeder positive Elektrod mit der Kupferleitung verbunden, welche den Elektrolysor durchzieht; der Kontakt ist durch eine Schraubenmutter hergestellt. Während des Betriebes kann ein Elektrod, ohne irgend welche Störung für den Gang des Apparates, herausgenommen werden. In Verbindung mit der Kupferleitung, an welcher die positiven Elektroden befestigt sind, steht der positive Pol der Dynamomaschine. Der elektrische Strom verteilt sich nun auf alle Platinelektroden, zieht durch die Flüssigkeit in die Zinkscheiben, d. h. negativen Elektroden und verbindet sich, unter Beihilfe des galvanischen gufseisernen Behälters, mit dem negativen Pol der Dynamomaschine. Zwecks Sauberhaltung sind an den positiven Elektroden biegsame Schabermesser von Hartgummi angebracht, welche, an den Zinkscheiben leicht anliegend, diese bei ihrer langsamen Umdrehung von jedem Niederschlag reinhalten. Am Boden des Apparates befindet sich, zur Reinigung desselben, eine Klappe. Der Apparat kann durch Öffnen eines Hahnes auch geleert werden.

Kommen mehrere Apparate zur Verwendung, so werden dieselben in Spannung gesetzt, d. h. der positive Pol des ersten wird mit dem negativen des zweiten verbunden usw. Zum

Betrieb wird für die Elektrolyse für gewöhnlich ein elektrischer Strom von 1000 bis 1200 Ampères benutzt.

Ein jeder Apparat ersetzt binnen 24 stündiger ununterbrochener Arbeit die entfärbende Wirkung von ungefähr 125 Kilo englischem Chlorkalk von 33 % Chlorgehalt und benötigt etwa $8^1/_2$ Pferdekräfte. Der Erfinder verbürgt für jeden Elektrolysor, bei 1000 *A* Stromstärke, den Ersatz an Bleichkraft von 100 Kilo Chlorkalk und eine Kraftausgabe von 9 Pferdekräften auf der Scheibe der Dynamomaschine bei 24 stündiger Tätigkeit.

Um den bei der elektrischen Bleiche eingerichteten schon erwähnten Kreislauf zu veranschaulichen, diene nachstehende schematische Fig. 123. Aus dem Behälter *A* tritt die mit etwas

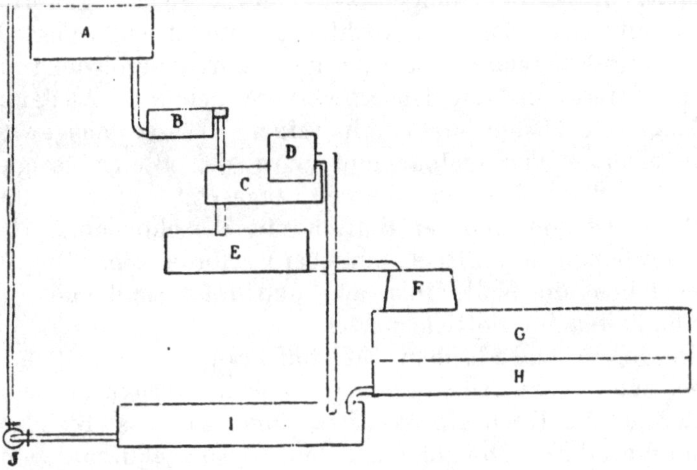

Fig. 123.

Magnesia versetzte Chlormagnesium-Lösung in den oder die Elektrolysore *B* und fällt von da in den oder die Bleichholländer *C*, wo die Entfärbung der zu bleichenden Stoffe stattfindet. Die Waschtrommel *D* führt die benützte Lösung in den Behälter *I*, und die Zentrifugalpumpe *J* leitet sie nach dem ursprünglichen Ausgangspunkte *A* zurück. Vermöge dieses beständig unterhaltenen Kreislaufs behält die Lösung in fühlbarer Weise stets dieselbe Wirksamkeit. Ist der Stoff entsprechend entfärbt, so wird er mit der im Bleichholländer noch enthaltenen Lösung in den Behälter *E* abgelassen, wo die Nachbleiche stattfindet; ist diese beendet, so geht der Stoff über die Nafspresse *G*, wo er entwässert wird. Die beim Entwässern auf *G* ablaufende Lösung wird im Schiffe *H* aufgefangen, in den Hauptbehälter *I* geleitet und von da mittelst der Pumpe *J* in den Bottich *F* zurückbefördert. In besonderen Fällen, wenn z. B. schwer zu entfärbende Stoffe zu bleichen sind, empfiehlt es sich, die Lösung einige Zeit vorher zwischen den beiden Behältern *F* und *J*, sowie dem Apparat *B* zirkulieren zu lassen. Die Lösung wird dadurch wirksamer und der Stoff schneller gebleicht. Es ist nur noch zu erwähnen, dafs während der Bleiche ein beständiger Überschufs an freier Magnesia in der Chlormagnesiumlösung erforderlich ist, um letzteren neutral zu erhalten. Man kann sich dieselbe folgendermafsen selbst herstellen: In einem hohen, mit starker Chlormagnesiumlösung halb angefüllten Bottig wird genügend Kalkmilch eingelassen. Kalk liefert gallertartiges Magnesiapräzistitat und läfst Chlornatrium in Auflösung. Ist die Magnesia gut abgelagert, so wird die Chlorcalciumlösung mittelst Siphon entfernt und zu den Abwässern geleitet. Alsdann wird die Magnesia 2 oder 3 mal mit reinem Wasser ausgewaschen; sie ist alsdann verwendbar und wird der Bleichflüssigkeit je nach Bedarf in kleinen Mengen zugesetzt. Zur Kalkmilchbereitung ist ein anderer Bottich mit Waschtrommel (letztere mit sehr feinem Metalltuch umgeben) erforderlich. Die Waschtrommel hebt die Kalkmilch aus und läfst Sand und sonstige Unreinigkeiten im Bottich zurück.

In einer schwedischen Zellstoff-Fabrik, die seit längeren Jahren nach Hermites Verfahren bleicht, werden für je 100 kg Zellstoff 11 kg Kochsalz zersetzt, und soll das Bleichen mit diesem Verfahren, obwohl dazu doppelt so viel Kraft gebraucht wird, als Hermite angab, noch viel billiger zu stehen kommen, als mit Chlorkalk.

Anschliefsend hieran mufs erwähnt werden, dafs Herr Kellner sich auch das elektrische Bleichverfahren als solches patentieren liefs, und zwar in Frankreich. „La Papeterie“ beschreibt dies folgendermafsen:

„Der Vorgang beim Bleichen der Pflanzenfaser, welcher Gegenstand dieses Patentes ist, gründet sich auf die Beobachtung, dafs die der Faser anhaftenden färbenden Stoffe durch abwechselnde Anwendung von Chlor und Alkalien leichter in wasserlösliche Verbindungen überführt werden können, als durch Chlor allein. Diese Erscheinung rührt daher, dafs das Chlor vor Umwandlung der färbenden Stoffe in wasserlösliche Verbindungen die Bildung von Zwischenprodukten veranlafst, welche in Wasser unlöslich, aber in Alkalien löslich sind. Wenn man daher, nachdem diese Zwischenprodukte in eine alkalische Lösung umgewandelt worden sind, das Chlor von neuem wirken läſst, so muſs nicht allein Chlor gespart werden, sondern die Bleiche muſs auch in kürzerer Zeit vor sich gehen.

Die Ersparnis an Chlor und an Zeit wird um so beträchtlicher sein, als sich bei der gewöhnlichen Chlorbleiche Chlorwasserstoffsäure (Salzsäure) bildet, und deshalb die Einwirkung des Chlors so lange fortgesetzt werden muſs, bis an die Stelle wasserlöslicher Verbindungen säurelösliche treten.

Nach der vorliegenden Erfindung wird eine alkalische Chlorverbindung durch Elektrolyse zersetzt. Dabei werden die elektronegativen und elektropositiven Zersetzungsstoffe (Anion und Kathion) abwechselnd durch zwei getrennte Mengen der Bleichflüssigkeit geführt, sodann vereinigt und wieder in den Elektrolysations-Apparat geschafft.

Die Einrichtung kann, wie in Fig. 124 und 125 die Form eines doppelten Bleichholländers haben, oder wie in Figur 126 die einer Bütte oder zweier getrennten Bleichholländer.

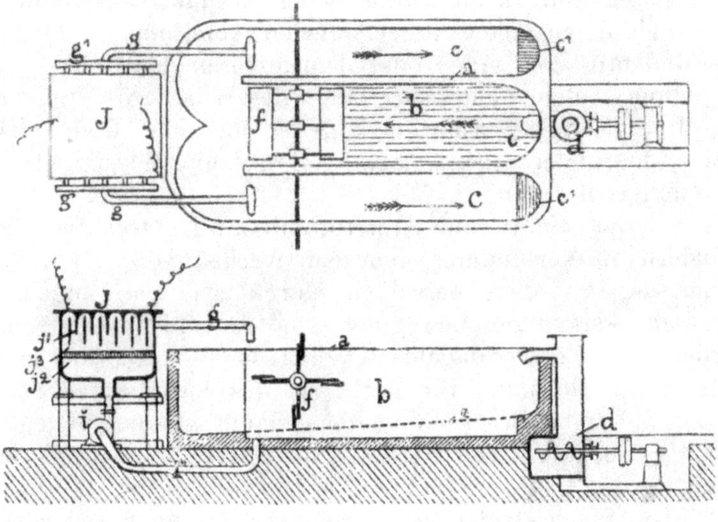

Fig. 124 u. 125.

Der durch Fig. 124 im Grundriſs, durch Fig. 125 im Aufriſs dargestellte Holländer ist durch Längswände *a a* in drei Abteilungen zerlegt. Der zu bleichende Faserstoff wird durch

Pumpe *d* in den Mittelraum *b* befördert. Er fliefst den geneigten siebartig durchlochten Boden entlang und gelangt am Ende desselben unter das in ständiger Drehung befindliche Schaufelrad *f*. Von diesem wird es erfafst und den seitlichen Abteilungen *c c* zugetrieben. In einer dieser Abteilungen wird die elektropositive Zersetzungslösung durch das gelochte Rohr *g* der zu bleichenden Masse zugeführt, während in der anderen Abteilung die elektronegative durch ein ähnliches Rohr *g* wirkt. Der Bleichstoff durchfliefst auf schrägen Böden die seitlichen Abteilungen bis zu deren in der Gegend der ursprünglichen Einlaufstelle liegenden tiefsten Stellen und tritt dort durch die Öffnungen *c c* in ein Sammelbehälter, aus welchem es mittels der Pumpe *d* wieder nach dem Mittelraum geschafft wird.

Inzwischen haben sich die beiden Jonen wieder verbunden, die wiederhergestellte Zersetzungsflüssigkeit sammelt sich unter dem Siebboden *r* und wird durch Pumpe *i* mittelst des Rohres *r* nach dem elektrolytischen Apparat *j* zurückgeführt. Dort fliefst sie, bevor sie zu den aus Platin, Kohle oder Zink bestehenden Elektroden gelangt, durch ein Sieb j_2.

Die aneinander gereihten Anoden und Kathoden j^1 sind an ihrem oberen Teil durch kurze Scheidewände j^3 getrennt, und die so gebildeten, nach unten offenen Abteilungen stehen abwechselnd mit dem einen oder dem anderen der Rohre $g^1\, g^1$ in Verbindung, welche beiderseits längs des Behälters *j* angebracht sind. Infolge dieser Anordnung leitet das eine Rohr elektropositive, das andere elektronegative Zersetzungsflüssigkeit in die Verbindungsrohre *g g*.

Wenn der elektrische Apparat mit zwei getrennten Bleichholländern in Verbindung gebracht werden soll, so wird die Blechmasse in jedem derselben durch passend angebrachte Röhren in beständiger Bewegung erhalten, und Waschtrommeln befördern die Zersetzungsflüssigkeiten in den Apparat zurück. In diesem Falle mufs die Richtung des elektrischen Stromes von Zeit zu Zeit gewechselt werden, damit die zu bleichenden Fasern abwechelnd der Wirkung von Chlor und Alkali unterworfen werden.

Dieser Wechsel der Stromrichtung ist auch erforderlich, wenn der Apparat nach Fig. 126 gebaut ist. Der Bleichvorgang findet hier in zwei cylindrischen Bottichen mit je dreifacher Wandung statt. Die zu bleichende Fasermasse wird in den innersten Raum *A* des Gefäfses eingeführt und in diesem mittels der am Boden eingelagerten Propellerschraube *p* in beständiger

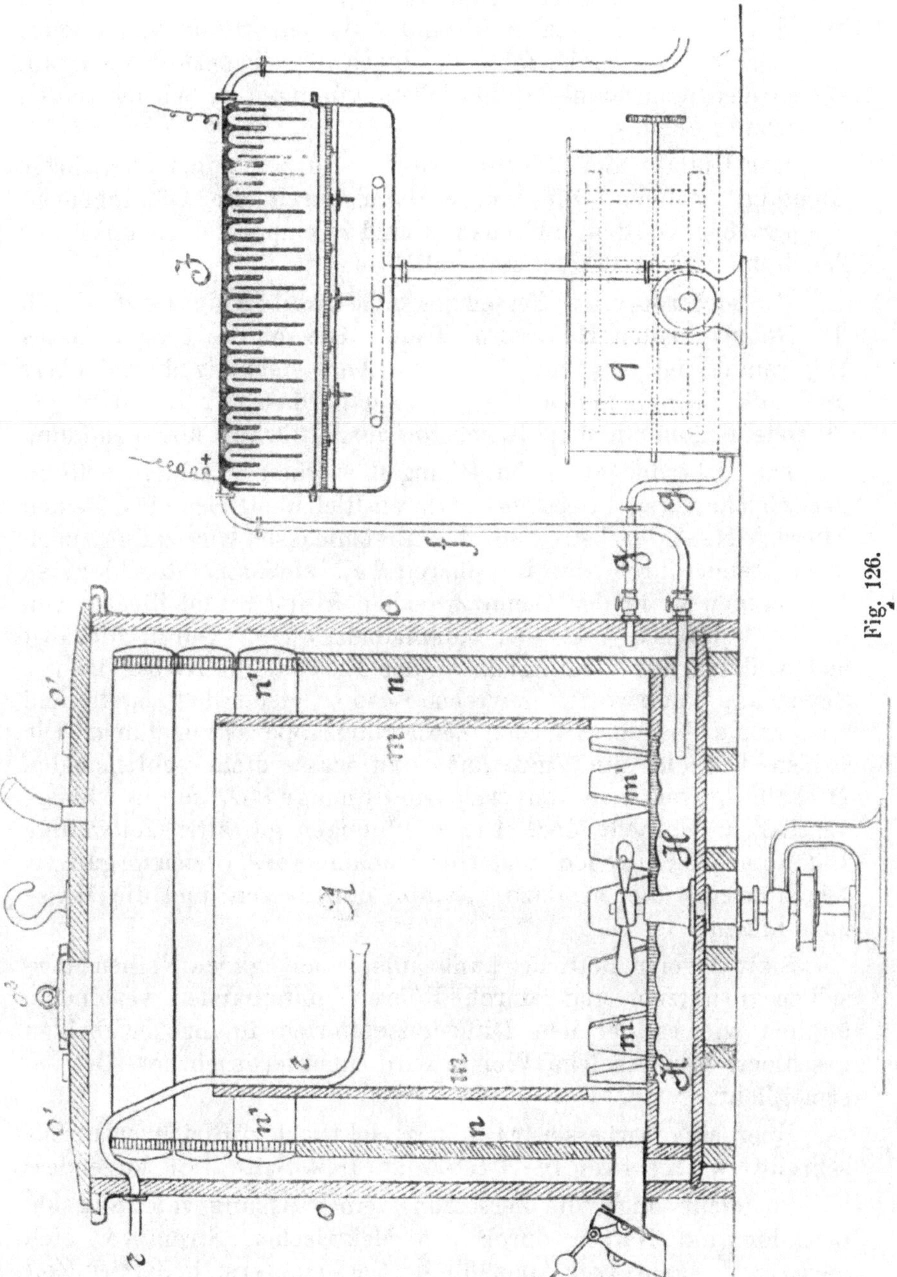

Fig. 126.

aufsteigender Bewegung erhalten. Der Stoff fliefst über die Wand *m* hinweg in den Hohlraum zwischen *m* und *n* und tritt, dem Zug der Schraube folgend, durch die trapezförmigen, am Boden des Innenraumes befindlichen Öffnungen *m'* wieder in den Innenraum zurück.

Der Umlauf der Bleichmasse könnte auch in umgekehrter Richtung erfolgen. Sie würde dann durch die Öffnungen *m'* ausgetrieben werden, zwischen *m* und *n* emporsteigen und über den Rand von *m* wieder zurückfliefsen.

Die elektropositive Zersetzungsflüssigkeit (Anion) tritt durch das Rohr *f* in den Hohlraum *H* ein. Die untere Fläche dieses Hohlraumes ist fest und dicht, die obere siebartig durchlöchert und mit Filtriersteinen belegt, so dafs das den Raum *H* erfüllende Anion mit dem Bleichstoff in Berührung kommen kann.

Die elektronegative Zersetzungsflüssigkeit (Kathion) tritt in den gleichartigen Boden des anderen Bleichbottichs. Die beiden Flüssigkeiten durchströmen die Bleichmasse von unten nach oben, treten durch die im oberen Teil siebartig durchlochten Wandungen *n'* in den Raum zwischen *n* und *o* und fliefsen von da durch Röhren *g* in den Sammelbehälter *q*. Durch die dort sich vollziehende Vereinigung beider Flüssigkeiten wird die der Zersetzung unterworfen gewesene Lösung wieder hergestellt und von neuem dem elektrischen Zersetzungsapparat zugeführt. Die beiden Bottiche sind mit luft- und wasserdicht schliefsenden Deckeln O^1 versehen, an welchen Öffnungen O_3 mit Ausblaseventilen angebracht sind. Diese Öffnungen gestatten zeitweilige Entnahme von Proben und Überwachung des Bleichvorganges. Die Röhren *r* dienen dazu, Dampf einzulassen und die Masse zu erhitzen.

Statt zweier Bottiche kann man auch ganze Reihen derselben benutzen und durch Röhren miteinander verbinden, ähnlich wie es bei den Diffusionsbatterien in Zuckerfabriken geschieht. Auf solche Weise wird ununterbrochener Betrieb ermöglicht.

Über eine Verbesserung seines elektrischen Bleichverfahrens schreibt Dr. Kellner in „Pap.-Zeit.“ 1894 Seite 2486 folgendes:

So leicht auch die Zersetzung einer Lösung von Kochsalz in Chlor und Natron durch den elektrischen Strom vor sich geht, ist es doch trotz unzähliger Versuche erst in letzter Zeit gelungen, Verfahren ausfindig zu machen, welche Aussicht auf praktischen Erfolg haben.

Die älteren Verfahren scheiterten hauptsächlich an der grofsen Abnutzung der komplizierten Apparate und der unvollständigen Umsetzung der verwendeten motorischen Kraft in elektro-chemische Arbeit. Siemens & Halske in Wien sind nun mit verschiedenen Verfahren von Dr. Karl Kellner in Hallein hervorgetreten, welche an Einfachheit nichts zu wünschen übrig lassen. Die nachstehenden Abbildungen veranschaulichen die Kellnerschen Einrichtungen zum Bleichen von Papierstoff. Fig. 127 zeigt den sogenannten Bleichblock. Er besteht aus auf

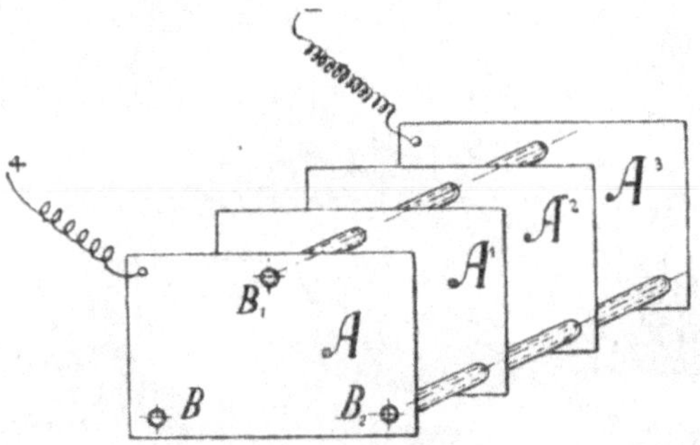

Fig. 127.

deiner Seite mit Platin überzogenen Plattən A A^1 A^2, welche durch Stäbe B B^1 B^2 zu einem starren Körper vereinigt sind. Wenn ein solcher Block in einen Holländer gesetzt und mit den Klemmen einer Dynamomaschine verbunden wird, so wird der Stoff im Holländer durch Zusatz von Kochsalzlösung ohne weiteres gebleicht.

Der Stoff geht fortwährend zwischen den Platten A A^1, den Elektroden, durch und kann daher mit wenig Kraftaufwand gebleicht werden, da das aus dem Kochsalz sich entwickelnde Chlor in dem bekanntlich viel kräftiger wirkenden Entstehungszustand, dem status nascendi, darauf einwirkt.

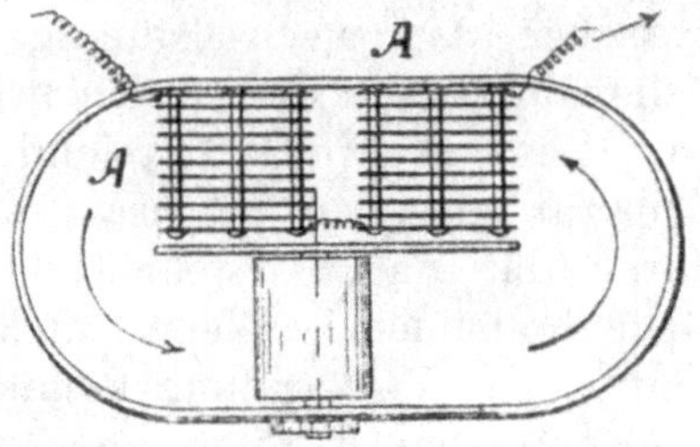

Fig. 128.

Figur 128 zeigt einen Holländer mit zwei der beschriebenen Bleichblöcke. Die Kochsalzlösung wird immer von neuem wieder verwendet und durch Zuführen frischen Salzes auf der ursprünglichen Stärke erhalten. Durch Zersetzen von 20 kg Kochsalz sollen 100 kg Stoff gebleicht werden; welche Art Stoff gemeint wird, ist nicht angegeben.

Wenn mehrere Bleichholländer in einem Raum stehen, so wird das in Fig. 129 dargestellte Verfahren empfohlen, bei welchem der Billigkeit wegen kein Platin zur Anwendung kommt. Fig. 130 zeigt den elektrolytischen Apparat im Durchschnitt und Grundrifs. Die Elektroden bestehen aus Kohle; sie

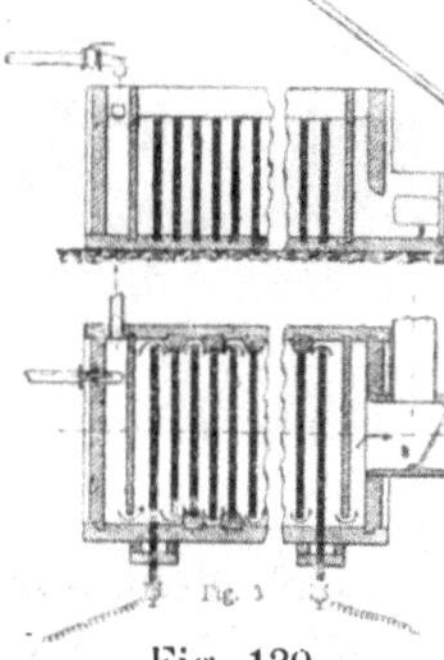

Fig. 130.

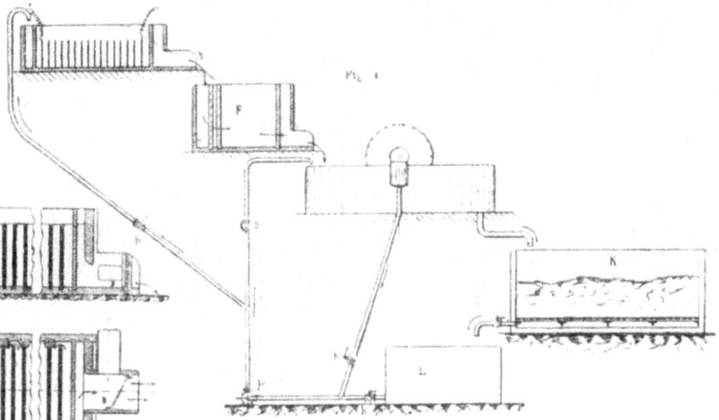

Fig. 129.

sollen billig und dauerhaft sein. Die Kochsalzlösung welche aus der links oben ersichtlichen, mit einem Hahn verschliefsbaren Röhre in den Apparat fliefst, mufs ihren Weg nach *B* zwischen den wechselständig angeordneten, eine Anzahl von Zellen bildenden Elektroden nehmen, wie durch Pfeile angedeutet ist. Wie aus Fig. 129 ersichtlich, fliefst die in dem erwähnten Apparat aus dem Kochsalz erzeugte Hypochloridlösung bei *B* durch das darunterstehehende Filter *F* aus Glaswolle in den Bleichholländer. Wenn nicht Kohlen-, sondern platinierte Platten zur Verwendung kommen, so fällt das Filter weg. Der Abtropfkasten *K* dient zur Aufnahme des gebleichten Stoffes; die abfliefsende Salzlösung wird in *L* gesammelt, und durch Pumpe *P*, nach Schliefsen der Hähne h und h_3 und Öffnen der Hähne h_1 und h_2, zur raschen Füllung des Holländers beim Eintragen von frischem Stoff verwendet. Dann werden die Hähne h_1 und h_2 geschlosssen, die Hähne h und h_3 geöffnet und durch die Pumpe fortwährende Zirkulation der Salzlauge während des Bleichens durch Elektrolyser, Filter und Holländer bewirkt. Eine weitere Verbesserung des Kellnerschen Bleichverfahrens bespricht das Centralblatt für die Österr.-Ung. Papierindustrie, dem wir folgendes entnehmen:

Bei der Zersetzung des Kochsalzes durch den elektrischen Strom, ohne Anwendung eines Diaphragmas, verbinden sich die Spaltungsprodukte Chlor und Ätznatron zu unterchlorigsaurem Natron, welches den wirksamen Bestandteil der Bleichflüssigkeit bildet. Neben diesem Hauptprozefs treten verschiedene Nebenreaktionen auf, welche die Nutzwirkung des Verfahrens vermindern und hauptsächlich in Chloratbildung und Reduktion von bereits gebildetem unterchlorigsaurem Natron zu Chlornatrium bestehen. Die Nebenprozesse bildeten eine der Hauptschwierigkeiten bei der Ausarbeitung der elektrischen Bleichmethoden. Dann traten noch Kontaktschwierigkeiten und unangenehme Erfahrungen mit den verschiedensten Elektroden hinzu. Kohlenelektroden sind zwar billig, nutzen sich jedoch rasch ab und erfordern eine Filtration der Bleichlauge. Platinelektroden dagegen sind, wenn sie halbwegs dauerhaft sein sollen, sehr teuer und fallen bei den Betriebskosten infolge der hohen Amortisation zu sehr ins Gewicht.

Durch Einführung seiner „Spitzenelektroden“ glaubt Dr. Karl Kellner eine praktische Lösung der Frage gefunden zu haben. Diese Elektroden sind Platten aus Hartgummi oder anderen widerstandsfähigem Stoffe, welche in Form einer Bürste mit Platinstiftchen versehen und in einem Ebonitkasten in beliebiger Anzahl auf Spannung geschaltet werden. Mit dieser Vorrichtung soll es möglich sein, bei sehr günstigen Verhältnissen Lösungen mit bis 1 % aktivem Chlor herzustellen, welche Konzentration für die meisten Erfordernisse reichlich genügt. Die Zusammensetzung der erzeugten 1prozentigen Bleichflüssigkeit ist bei gleichen Stromverhältnissen hauptsächlich von der Konzentration der angewendeten Kochsalzlösung und von der bei der Elektrolyse eingehaltenen Temperatur abhängig.

Die unter normalen Verhältnissen aus 10prozentiger Kochsalzlösung erzeugte Bleichflüssigkeit mit 1 % aktivem Chlor enthält:

2,09 % unterchlorigs. Natron,
0,60 - chlorsaures Natron,
7,90 - unzersetztes Chlornatrium.

Die in einer 10prozentigen Kochsalzlösung enthaltenen 6 % Chlor verteilen sich also in folgender Weise:

1,0 % Cl als $NaClO$,
0,2 - - - $NaClO_3$,
4,7 - - - $NaCl$.

Die ablaufende Bleichflüssigkeit ist vollständig klar und hält sich an der Luft ziemlich lange unverändert. Nach tagelangem Stehen nimmt die Bleichkraft wie bei Chlorkalklösungen ab; die Abnahme ist verschieden, je nachdem die Flüssigkeit im Dunkeln oder im Lichte aufbewahrt wird.

Auch die Maschinenbau-Aktien-Ges. Golzern-Grimma hat mehrfach Kraftchlor-Elektrolyser von Rud. Kron jr. zur Ausführung gebracht, in denen eine dünne Salzlösung durch den elektrischen Strom in eine vorzügliche Bleichflüssigkeit mit 5 bis 10 Gramm Chlor pro Liter verwandelt wird. Die Ersparnis gegen Chlorkalk ist bedeutend, namentlich wenn billige Wasserkraft oder auch ganz billige Kohle zur Verfügung steht.

Sie werden nach dreierlei Art ausgeführt:

1. bei kleinstem Salzverbrauch u. gröſstem Kraftaufwand,
2. - mittlerem - - mittlerem - , und
3. - gröſstem - - kleinstem -

Die Ausführungen sind neuerdings von den Spezialfirmen Schuckert & Co. in Nürnberg und Gebauer in Berlin in die Hand genommen worden.

Krons Kraftchlor-Elektrolyser ergeben den weitaus besten und billigsten Ersatz für Chlorkalk; sie halten im Anschaffungspreis, wie jede gute Sache, den goldenen Mittelweg. Es gibt nach dieser Richtung viel teurere, aber auch viel billigere Apparate, von denen zwar keiner auch nur annähernd an die Leistung obiger herankommt, wovon aber die billigsten deshalb leicht zu Trugschlüssen Anlaſs geben können, weil deren Preisunterschied in der Regel nur durch billigeres Elektrodenmaterial ermöglicht wird, das jedoch viel gröſserem Verschleiſs unterworfen ist und neben schadenbringenden Verunreinigungen der Bleichflüssigkeit einen fortwährenden Elektrodenersatz bedingt, der die billigsten Einrichtungen zu den teuersten werden läſst, weil der scheinbare Gewinn durch Elektroden-Ersatz und Beschädigung des Bleichgutes aufgezehrt wird.

Da bekanntlich Platin-Iridium-Elektroden für Chlorerzeugung von keinen anderen in Bezug auf Reinheit, Haltbarkeit und geringe Unterhaltskosten erreicht werden, so liefern wir die Kraftchlor-Elektrolyser nach beifolgendem Verzeichnis ausschliefslich mit Platin-Iridium-Elektroden, deren Metallwert den gröfsten Teil der Elektrolyserpreise deckt, und die bei normaler Beanspruchung eine so grofse Lebensdauer aufweisen, dafs deren Ersatz kaum 1 bis 2 Pfg. pro 1 Kilo Kraftchlor kostet, gegenüber 10 bis 12 Pfg. anderer, ganz besonders der sogenannten billigen Einrichtungen.

Elektrolyser für:		2 KW. 3 PS.		4 KW. 6 PS.		6 KW. 9 PS.		8 KW. 12 PS.		10 KW. 15 PS.	
		Salz	Chlor	Salz	Chlor	Salz	Chlor	Salz	Chlor	Salz	Chlor
Schema A. 5—6 Salz, 0,5—0,6 PS. 24 Std.	Kilo in 24 Std.	30	5,5	60	11	90	16	120	22	150	27
Schema B. 7—8 Salz, 0,4—0,5 PS. 24 Std.		50	6,5	100	13	150	20	200	26	250	34
Schema C. 9—10 Salz, 0,3—0,4 PS. 24 Std.		80	8,5	160	17	240	25	320	34	400	42

Bleichkosten bei elektrischer Zersetzung von Kochsalz: Rohsalz kostet 1 bis 2 Pfg. pro Kilo, Wasserkraft 0,5 Pfg., Dampfkraft 2 Pfg. die Pferdekraftstunde; somit stellt sich 1 Kilo Kraftchlor im Mittel:

bei Wasserkraft nach Schema A.

5,5 Kilo Salz à 1,0 Pfg. = 5,5 Pfg.
0,55 PS. 24 Std. à 0,5 - = 6,5 -
Elektroden-Unterhalt = 2,0 -
14,0 Pfg.

bei Dampfkraft nach Schema C.

9,5 Kilo Salz à 1,0 Pfg. = 9,5 Pfg.
0,35 PS. 24 Std. à 2,0 - = 16,8 -
Elektroden-Unterhalt = 2,0 -
28,3 Pfg.

während 1 Kilo Chlor aus Chlorkalk bei 35 % Ausbeute sich auf 35—50 Pfg. stellt. — Die Kraftchlor-Anlage wird also bei Wasserkraft ungefähr in einem Jahre und bei Dampfkraft ungefähr in zwei Jahren durch die erzielte Ersparnis zurückverdient, wozu noch die viel bessere Qualität und Ausbeute der mit Kraftchlor gebleichten Ware in Anschlag zu bringen ist.

In Fabriken, wo das zu kochende Holz durch eine Schlagmaschine zerkleinert wird, die Stücke also nach dem Kochen, auch wenn sie teilweise hart geblieben sein sollten, niemals grofs sind, wo aufserdem auf Herstellung bester Qualität kein Wert gelegt wird, erspart man die Arbeit im Stampfwerk und den Waschrinnen dadurch, dafs man den eben aus dem Kocher entleerten Stoff direkt durch einen grofsen Kollergang zerdrücken läfst. Von hier aus wird der Stoff in ein Bassin geleitet, mit Wasser verdünnt und direkt oder durch eine Pumpe in einem Holländer befördert. Hier soll er nur einige Zeit, nicht gemahlen, sondern nur geschlagen werden, empfängt oft noch einen Zusatz von verdünnter Salzsäure, wodurch die Weifse des Stoffe gehoben wird und kommt dann auf eine Entwässerungsmaschine zur Fertigstellung. Da bei dieser Methode Äste gar nicht entfernt werden, erhält man natürlich auch nur einen *Ib* Stoff.

Um auch die Äste und den daran hängenden Stoff noch soviel als möglich auszunutzen, wenden manche Fabriken noch einen Kollergang an, der sämtliche Abfälle verarbeitet und auch die Äste, wenigstens in kleine Stücken, zerdrückt. Dieser gekollerte Stoff, den man möglichst trocken läfst, wird in eine geneigt stehende, schnell rotierende Siebtrommel geschaufelt, welche den noch brauchbaren Stoff durchsiebt, während alle gröfseren, harten Stücke am unteren Ende herauskommen. Der gewonnene Stoff ist natürlich sehr schlecht, findet aber für untergeordnete Zwecke, ordinäre Pappen usw. immer noch Verwendung.

An der bisher gebräuchlichen und vorher beschriebenen Entfaserungseinrichtung haben sich C. Kleine und Ernst Kirchner ein Verfahren patentieren lassen (D. R. P. 36473), in welchem ein schnell rotierender, sogenannter Quirl mit einer verbesserten Maschine verbunden ist. Die Beschreibung ist in der Papier-Zeitg. 1886 S. 1332 abgedruckt und lautet folgendermafsen: Nach vorliegender Erfindung wurden die gekochten, oberflächlich im Kocher oder in besonderen Auslaugerinnen gewaschenen Zellstoffe in abgetropftem, feuchtem, oder durch Zufügung von Wasser mäfsig nassem Zustande durch Trichter *T* (Fig. 130) und Schnecke *B* einem circa 300 Umdrehungen in der Minute machenden, nach hinten sich vergröfsernden Quirl zugeführt. Der Quirl dreht sich in einem, ebenso wie der Quirl nach hinten sich erweiternden ganz geschlossenen Kasten von quadratischem Querschnitt mit unten abgestumpften Ecken. Der durch *T* und *B* regelmäfsig zugeführte feuchte oder mäfsig nasse Stoff wird nun, soweit er vollkommen weich gekocht ist, von den Armen des Quirls in Flocken oder steifen Brei zerschlagen, während unvollkommen gekochte und harte Teile, vollständig von guten Fasern entschält, im übrigen aber ganz erhalten bleiben. Die schraubenförmige Anordnung der Arme und die Erweiterung des Kastens nach hinten bewirken eine allmähliche Bewegung des Stoffes nach der am weitesten Teile des Kastens angebrachten Öffnung, wo der gute Stoff mit den Unreinigkeiten zusammen den Quirl verläfst, um, wie aus der Zeichnung ersichtlich, durch ein Abfallrohr oder auch durch eine besondere Transporteinrichtung in die Wasch- und Reinigungs-Einrichtung zu gelangen. Hier wird der feuchtflockige oder dickbreiige Stoff durch reichliches Wasser aus den oberen Spritzrohren *E* verdünnt, und durch ein unter Wasser gehendes Mühlwerk *C* weiter zerfasert, wobei die grofsen Unreinigkeiten ganz erhalten bleiben. Letztere Teile sinken in den tiefen Rinnen *D* zu Boden, werden durch das aus den oberen Spritzrohren *E* eintretende Wasser, d. h. durch Wasser - Auftrieb, von etwa noch anhängenden guten Fasern befreit und dann selbst durch Ketten - Pumpen ähnlichen Mechanismen *H* in Seitenkästen entfernt. Schwimmende, leichte Unreinigkeiten werden durch die Schlaggitter bei *D* zurückgehalten; etwa durch die Strömung und Bewe-

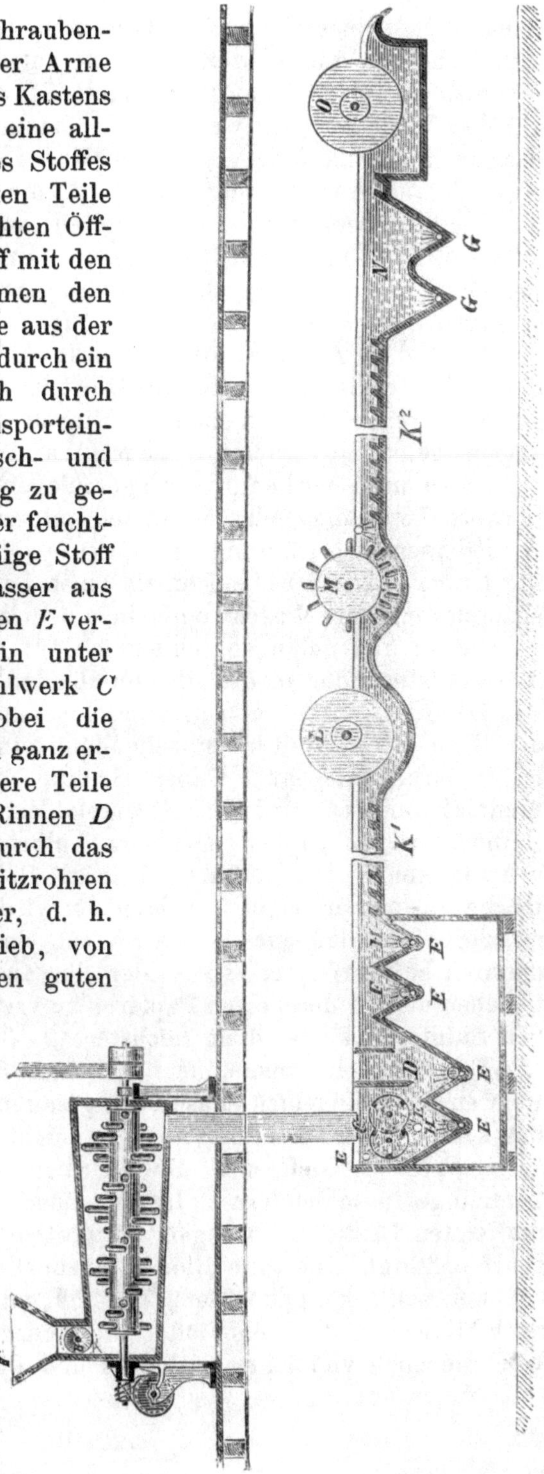

Figur 130.

gung der Flüssigkeiten mitgerissene schwere Teile setzen sich wieder, durch weiteres von unten zutretendes Wasser bespült, in den Rinnen *F* und *H* ab, von wo sie in gleicher Weise entfernt werden. Der nunmehr sehr wässrige Stoff passiert einen Sandfang *K*, bekannter Konstruktion, wird dann durch eine oder mehrere Waschtrommeln *L*, die direkt in Vertiefungen der Rinne angeordnet sind, energisch gewaschen und verdickt. Dieser verdickte Stoff wird nun von einer mäſsig schnell rotierenden Rechenwalze *M* mit Grundrechen vollständig zerschlagen oder in einzelne Fasern aufgelöst.

Nach dem Austritt hinter der Rechenwalze wird der Stoff abermals durch ein Spritzrohr stark verdünnt, passiert wieder einen Sandfang K_2 und mehrere Rinnen *N*, wo durch die unten angeordneten Spritzrohre *G* neues Wasser zutritt, was bewirkt, daſs etwa noch vorhandene, losgeschlagene und weiter gespülte schwere Teile, dem Wasserauftrieb entgegen, sich in der Rinne *N* niedersenken, während die guten Stofffasern weiter flieſsen. Die letzteren passieren nochmals einen Sandfang, werden durch eine oder mehrere Waschtrommeln *O* zum zweiten Male energisch gewaschen und gelangen schlieſslich auf die Stoffpresse, in die Absatzkästen oder in die Bleichholländer.

Da die Splitter, als unaufgeschlossene Faserbündelchen, in der Regel zwar breit aber sehr dünn sind, so gehen sie sehr leicht durch alle, auch feinen Schlitze der Knotenfänger mit hindurch, und es wird deshalb empfohlen, den Stoff durch einen Raffineur gehen zu lassen, dessen halbrunde Schlitze 1 cm tief gehauen sind. Der Raffineur löst die Splitter vollständig und macht, wenn er richtig behandelt wird, die Fasern gleichmäſsig, ohne daſs sie leiden. Wenn der Stoff raffiniert und dadurch splitterfrei ist, so ist derselbe auſserdem sehr leicht zu bleichen und zu den besten Papieren zu verwenden. Das Bleichen von Sulfitstoff kostet dann höchstens 2—3 Mk. pro 100 Kilo.

Da das best ausgeführte Waschen des Zellstoffes die im Inneren der einzelnen Fasern angesaugte braune Kochlösung nur sehr schwer und teilweise gar nicht zu entfernen vermag, so empfielt es sich, den gewaschenen Stoff noch durch eine Zentrifuge ausschleudern zu lassen. Durch diese Prozedur werden die letzten Reste der Laugen entfernt und der Stoff besser als sonst befähigt, eine gute Bleiche anzunehmen.

Bei schlecht gekochtem Zellstoff und besonders Abfällen nach Mitscherlich kommen öfter nicht ganz gar gekochte Stücken vor, die noch viel Harz enthalten und die sich im Kollergang,

Holländer und Papiermaschine schlecht verarbeiten. Es wird vorgeschlagen, diese Stücken mit 1½ % des Trockengewichtes Soda in Kugelkochern 2—3 Stunden unter 1—1½ Atm. Druck zu kochen; dadurch löst sich das Harz. Man gibt auch beim Kollern solcher schlechten Stücken auf 100 kg trockenen Stoff 1½—2 Liter, auch 3 Liter Petroleum zu. Dann mufs die Masse noch im Waschholländer ausgewaschen werden, und zwar unter Zusatz von 1—1½ Liter Salzsäure per 100 kg Stoff. An Stelle des Kochers kann man auch ein grofses Fafs mit Rührwerk nehmen, dessen Inhalt durch 2—3 Std. gekocht werden kann.

Nach einem kürzlich in England patentierten Verfahren von Edward Partington werden die dem Sulfitstoff oft hartnäckig anhängenden theerartigen Spuren von Harz gelöst, wenn man dem Stoff im Waschholländer Paraffinöl oder eine andere Kohlenwasserstoff-Verbindung zusetzt. Auf 1000 kg trocken gedachten Stoff empfiehlt Partington 7—9 Liter gewöhnliches Paraffinöl von 0,8—0,85 spezifischem Gewicht, dessen Entflammungspunkt zwischen 17 und 49° C. liegt.

Es liegt auf der Hand, dass diejenigen Zellstoffabriken, welche ihr Product gleich selbst weiter zu Papieren aller Art verarbeiten, vor Allem bestrebt sind, immer mehr Verbesserungen in den Einrichtungen und im Betriebe einzuführen, welche namentlich die Qualität des Stoffes erhöhen und die Herstellungskosten vermindern sollen. Hier ist besonders auch noch die Firma Gebr. Dietrich in Merseburg (Inhaber Robert Dietrich) zu erwähnen; es sollen hier einige ihrer Verbesserungen noch zusammen kurz besprochen werden.

An Stelle der Holzmühle oder des Desintegrators wird das grob gehackte Holz in dem unter No. 77391 patentirten „Exhaustor-Raspler" weiter zerbrochen (geraspelt) und gleichzeitig weiter in beliebig langer Druckleitung an seinem Bestimmungsort geschafft, zunächst meist zu der automatischen Holzsortirung, bevor es in die Kochkessel gefüllt wird. Die umstehenden Abbildungen Fig. 131 und 132 erinnern stark an die Centrifugalpumpe; die einem abgestumpften Kegelmantel entsprechenden Grundmesser sind am Gehäuse fest und mit bogenförmigen Zähnen — ähnlich der Kaffee- und Holzmühle — versehen; zwischen ihnen dreht sich sehr schnell die Welle, welche mit Flügelmessern besetzt ist.

Diese Maschine führt sich immer mehr ein, zumal sie wenig Platz, Kraft etc. beansprucht und ein sehr gleichmässig gekleinertes Holz liefert, von dem mehr in die Kocher hineingeht, und welches sich leichter und schöner kocht; und aufserdem befördert sie — wie gesagt —, das gemahlene Holz gleich weiter.

Modell I leistet in 10 Std. 150 bis 200 cbm bei 40 cm Durchm. der Saug- und Druckrohre.
Modell II leistet in 10 Std. 80 cbm bei 30 cm Durchm. der Saug- und Druckrohre.

Zum Auflösen der gekochten Cellulose dient dann weiter der Separator D. R. P. 109127, der neben der sonst gebräuchlichen quirlähnlichen Einrichtung auf Welle und Mantel noch eine besondere Armatur zum Kneten des Stoffes hat; auf der Welle sitzen hier etwas schräg stehend Knetarme, Knetrost und Knetband, welche im Stande sind, auch etwas härtere Kochungen erfolgreich aufzulösen; der Kraftverbrauch ist auch hier gering bei hoher Leistung. Bei 60 Umdrehungen in der Minute leistet er in 24 Stunden 11000 Kilo trocken gedachte Cellulose und braucht dazu 15 PS.

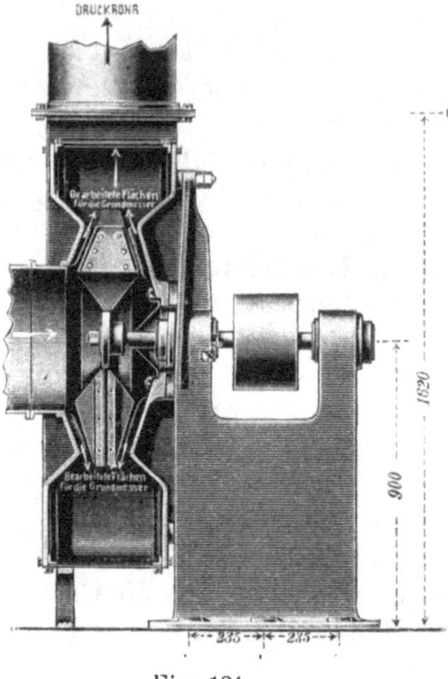

Fig. 131.

Fig. 132.

Die aufgelöste, stark mit Wasser verdünnte Cellulose passirt dann noch den notirenden, etwas geneigten Ast- und Splitterfänger (D. R. P. 97390 und Zusatzpatente 100695 und 102349), durch dessen Gewebeüberzug nur reiner Zellstoff hindurchgeht, während die Holzstückchen am andern Ende herausfallen.

Nach vielen Zeugnissen befriedigt auch die Leistung dieses Apparates nach Quantität und Qualität vollständig.

In den Schälspänen findet sich noch manches reine Stückchen Holz mit, namentlich wenn man mit Maschinen schält; um diesen Verlust auf das Geringste zu beschränken, hat dieselbe Firma auch noch Apparate construirt, in denen diese Holzrindenspäne noch sortirt und von dem in ihnen enthaltenen Holze möglichst befreit werden, welches man dann gesondert verarbeitet.

Es wären hier noch ähnliche Apparate anderer Firmen auch zu erwähnen, welche bestimmt sind, die gekochte Cellulose aufzulösen, zu reinigen etc; doch würde der Umfang des Werkes allzusehr anschwellen, wenn man sie alle noch kurz besprechen wollte; man mufs dies z. Th. der Fachpresse also überlassen.

VI. Cellulose aus Laubhölzern.

Bei den bisherigen Betrachtungen wurde eigentlich nur von der Verarbeitung von Nadelholz, vornehmlich Kiefer, Fichte und Tanne, gesprochen; auch Lärche kann man gut mit verwenden, wenn man sie in gröſseren Mengen bekommen kann. Selbstredend verarbeitet man jede Holzart für sich getrennt; ja, es ist auch zu empfehlen, aus derselben Holzart grob und fein gewachsenes, solches mit viel und wenig, resp. gar keinem Kern herauszusortieren und für sich zu kochen; denn man kann sonst leicht ungleichmäſsig gekochten Stoff erhalten, in derselben Kochung neben noch harten Stücken sehr angegriffenen Stoff schon vorfinden, sodaſs eigentlich die ganze Kochung verfehlt und arg minderwertig ist.

Einen Stoff von ganz anderem Charakter erhält man aber bei Verwendung von Laubhölzern, welche man, ebenso wie Fichte und Tanne, sowohl nach dem Natron- und Sulfat-, als auch nach dem Sulfitverfahren kochen kann.

Während man in Amerika hauptsächlich das pappelähnliche Holz vom Tulpenbaum — Liriodendron tulipiferum — nach dem Natronverfahren verarbeitet, nimmt man dazu in Deutschland seit langer Zeit die Espe, neuerdings auch die Buche, während man in Italien Pappelholz mit Sulfitlauge kocht. Hierzu muſs man selbstredend auch eine vollständige Sulfitstoffanlage errichten, während man Espe und Buche in Deutschland nur in Strohstoff-Anlagen ab und zu mit kocht; man braucht dazu mehr Lauge und etwas höheren Druck, als bei Stroh, indem man auf 5 Atm., event. noch etwas höher geht. In einen Kocher, den man sonst mit 1000 Kilo Stroh beschickt, bringt man 3 Raummeter geschältes, zerkleinertes Holz — entsprechend 4 Raummeter ungeschältem — sowie etwa bis 400 kg Gesamtsoda und hat nach beendigtem Kochen und Bleichen 500 bis 600 Kilo lufttrocknen Stoff als Ausbeute.

Die Faser ist viel kürzer und weicher als die vom Nadelholz, gibt aber doch dem Papier ganz angenehme Eigenschaften, so dafs man diesen Stoff zu gewissen Sorten recht gern mit hinzunimmt. Ebenso wie sich diese Faser schon in Griff, Festigkeit und Länge unterscheidet, hat sie auch unter dem Mikroskop ein anderes Ansehen; ihr fehlen die charakteristischen runden Tüpfelchen, wie nebenstehende Abbildung zeigt.

Die eigentlichen Zellstofffasern *A* zeigen eine ganz fein angedeutete Mittellinie; sie sind ab und zu begleitet von eigentümlichen dünnwandigen, schlauchartigen Gebilden, welche unregelmäfsig durchlocht erscheinen; es sind dies keine Ringtüpfelchen etwa; ob diese Begleiter nur dem Buchenholzzellstoff eigen sind, ist noch festzustellen.

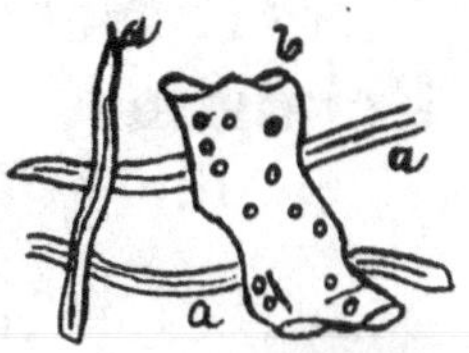

Fig. 133

Während Nadelholzzellstoff die Papiere durchscheinender macht, ganz besonders aber der Sulfitstoff, geben ihm die Stoffe aus Esperto, Stroh und Laubholz erzeugt, ein mehr milchiges Ansehen und vermindern so das Durchscheinen der Papiere, über welches neuerdings viel Klage geführt wird; deshalb bringt man diesen letzteren Stoffen auch wieder gröfseres Interesse entgegen und sucht auch die Abfälle von Laubhölzern von anderen Fabrikbetrieben so zu verwerten. Die Preise von Tannen- und Fichtenholz steigen infolge der starken Nachfrage von Holzschleifereien und Sulfitstofffabriken ganz besonders immer höher, und so wird man auch dadurch mehr und mehr genötigt, dem Laubholz seine Aufmerksamkeit zuzuwenden.

VII. Schädliche Abwässer und deren Reinigung, Luftverunreinigung, Vorsichtsmafsregeln, gesetzliche Vorschriften.

Mehr als durch die Schwierigkeiten der Cellulosefabrikation selbst, mehr als durch die schädliche Einwirkung der schwefligen Säure auf alle Eisenteile und auf die Haltbarkeit der Kocher, mehr als durch den Schaden, den die etwa aus den Türmen entweichende gasförmige schweflige Säure der Vegetation auf den benachbarten Fluren anrichtet, mehr, weit mehr Sorge kann der Fabrikant durch die schädlichen Abwässer haben, wenn die Fabrik nicht günstig gelegen ist, dieselben leicht und möglichst unbemerkt zu entfernen. Die Menge der abgehenden Kochlauge, Spül- und Waschwässer ist so grofs, und die Quantität der darin noch enthaltenen SO_2 so bedeutend, aufserdem die Farbe so intensiv und der Geruch so unangenehm, dafs ein grofser Flufs dazu gehört, wollte man diese Wässer direkt dahin ablassen. Aber auch dann würde es ohne Klagen, Prozesse und Entschädigungen kaum abgehen, da besonders die Fische sehr empfindlich gegen die geringsten Spuren von schwefliger Säure sind und leicht absterben. Es ist also bei der Anlage von neuen Cellulosefabriken hauptsächlich darauf zu sehen, dafs die Möglichkeit der Ableitung der Abwässer vorhanden ist, entweder durch passende Bodenbeschaffenheit oder durch gröfsere, schnellfliefsende Wasserläufe, wobei aufserdem noch berücksichtigt werden mufs, dafs der Einlafs der Abwässer nicht etwa dicht oberhalb einer Stadt, sondern unterhalb zu geschehen hat, da sonst die Belästigungen nicht aufhören würden.

Vergegenwärtige man sich, dafs z. B., einen Kocher nach Mitscherlich zu Grunde gelegt, alle $4\frac{1}{2}$ Tage 60 cbm Kochlauge, ebensoviel oder mehr Spülwasser, und die noch viel gröfsere Menge Waschwasser zu beseitigen ist; aufserdem berücksichtige man, dafs die abgehende Lauge noch kochend heifs ist und auch das Spülwasser noch ziemlich warm abgeht. Nach einer Analyse enthielt z. B. 1 Liter Kochlauge:

Schweflige Säure	3,86	Gramm
Schwefelsäure	7,33	-
Chlor	0,29	-

Der bei 110° C. getrocknete Rückstand wog 109 Gramm. Nach dem Ausglühen blieb ein Rückstand von 19 Gramm und zwar enthielt dieser:

Eisenoxyd	0,02	Gramm
Kalk	10,30	-
Magnesia	0,30	-
Kali	0,28	-
Natron	0,10	-
	11,00	Gramm.

Es sind also in 1 Liter Kochlauge 90 Gramm organische Bestandteile enthalten gewesen, in 1 cbm demnach 90 Kilo und in 60 cbm oder einer Kocherfüllung die kolossale Menge von 5400 Kilo. Es müfste dieses Resultat befremden, wenn nicht Verfasser selbst durch viele Versuche festgestellt hätte, dafs zu 100 Kilo fertiger Cellulose 291 Kilo absolut trockenes Holz notwendig sind. Nahezu $^2/_3$ sind also verloren, und diese sind zusammengesetzt aus den Ästen, Faserverlust bei der Fabrikation und den inkrustierenden Bestandteilen, die sich in der Lauge wiederfinden. Eine so enorme Menge von organischen Bestandteilen, welche die Lauge ganz dunkelbraun färben, mufs natürlich, auch abgesehen von dem Gehalt an schwefliger Säure und Schwefelsäure, eine grofse Verunreinigung der Wasserläufe herbeiführen und ebenso in kurzer Zeit den Boden in der Umgegend einer Cellulosefabrik durchdringen, wenn, wie dies in der Regel geschieht, die Lauge in einem sogenannten Laugenteich abgelassen wird. Durch das ruhige Stehenbleiben im Erdboden geht nun die Lauge bald in Fäulnis über und verbreitet da, wo sie etwa zutage tritt, einen üblen Geruch. Durch dieses Durchdringen durch den Boden und alle Fugen von Mauerwerk usw. ist es nun sehr naheliegend, dafs alle Brunnen, in der Nähe wenigstens, die entweder zum Hausgebrauch dienen, oder das Fabrikationswasser liefern, sehr leicht verdorben werden, dafs also alle möglichen Schutzvorrichtungen getroffen werden müssen, um eine absolute Isolierung herzustellen. Am besten ist es, wenn man gleich bei Anlegung der Fabrik, oder vielleicht gleich bei dem Kauf und der Wahl des Grundstücks darauf achtet, dafs das Terrain, wenn es nicht unmittelbar an einem grofsen Flusse liegt, etwas hügelig gestaltet ist, so dafs wenigstens das so notwendige Fabrikationswasser von dem höher gelegenen Teil entnommen werden kann, während die Abwässer möglichst entfernt davon abgeleitet oder versickert werden.

Wenn auch der Flufs noch so grofs ist, so darf doch die direkte Ableitung der Lauge nicht auf einmal geschehen, sondern da sich die Kocherentleerung in bestimmten Zeiträumen wiederholt, mufs das sich regelmäfsig erneuernde Quantum in möglichst kleinem Strahle entweder kontinuierlich, oder während der Nachtstunden abgeleitet werden, was am besten durch einen Schieber geschieht, der durch einen Schwimmer reguliert wird. Aufserdem mufs aber, da sich doch die Abwässer aus 3 Teilen zusammensetzen: der Kocherlauge, dem Spülwasser und dem Waschwasser, bei den beiden ersten eine Abkühlung herbeigeführt werden. Man mufs also grofse, entweder gemauerte und auszementierte Bassins anlegen, oder tiefe Teiche graben und hierein die Kocherlauge nebst dem Spülwasser ablassen. Man kann auch beide Abwässer getrennt aufsammeln. Da nun aber diese dampfenden Abgänge noch ziemlich viel schweflige Säure enthalten, welche, wenn sie frei in die Luft strömte, nicht nur die nächste Umgebung verpesten, sondern auch die Fluren der Nachbarschaft schädigen würde, so müfsen die Teiche gut bedeckt sein, und geschieht dies am besten durch Balken, darüber gelegte Schwarten und eine Schicht von Schälspähnen, die wieder mit Erde bedeckt ist. Das hält am besten dicht und kann leicht ausgebessert werden.

Bei dem Waschwasser, welches nur Spuren von schwefliger Säure noch enthält, genügt es in der Regel, wenn man es auf möglichst langem Wege durch mehrere Bassins leitet, welche durch Scheidewände in verschiedene Abteilungen getrennt sind. Es sollen sich da zunächst die mitgerissenen feinen Celluloseteilchen absetzen, die etwa durch einen grofsen Stofffänger noch hindurchgegangen sind, den das Waschwasser vorher passieren mufs. Die Stofffänger können rotierend sein, oder grofse flache, mit feinem Metallsieb beschlagene Kästen. Gut ist es, wenn man in die erste Abteilung der erwähnten Bassins Reisigbündel setzt, welche die Cellulosefasern leicht zurückhalten, und in einer späteren Abteilung das Wasser durch eine Schicht von Kalksteinen, die mit Braunsteinstücken vermischt sind, hindurch gehen läfst, wodurch eine genügende Neutralisation stattfindet.

Ist nun aber der Wasserlauf, an dem die Cellulosefabrik liegt, unbedeutend, so wird die Zuführung sämtlicher Abwässer eine solche Verschlechterung des Flufswassers herbeiführen, dafs Klagen nicht aufhören und behördliche Einschreitung notwendig erfolgen würde. Leider ist es aufserordentlich schwierig, gerade die schweflige Säure unschädlich zu machen. Die verschiedensten Versuche von Chemikern, und auch alle bisherigen Filtrationsmethoden, die bei den schmutzigsten Abwässern anderer Fabriken gute Resultate erzielten, waren der Kochlauge gegenüber insofern vergeblich, als sich die unangenehme braune Farbe nicht wegbringen liefs. Wo also ein direktes Ablassen in den Flufs nicht gestattet ist und ein Versickern durch den kieshaltigen Boden nicht genügt, bleibt nichts anderes übrig, als dafs man mehrere tiefe Schächte bis auf das Grundwasser gräbt, und diesen die abgekühlte Lauge und eventuell das Spülwasser zuführt. Das kann natürlich auch nur geschehen, wenn die Fabrik ziemlich isoliert gelegen ist und menschliche Wohnungen und Brunnen in der Richtung des abfallenden Grundwassers erst in weiterer Entfernung sich finden. Eine Neutralisation mufs aber auch in diesem Falle stattfinden. Eine von der Behörde genehmigte und seit Jahren erprobte Methode „vom Chemiker Leisenberg in Halle“ ist nun für den Fall, dafs die Kochlauge und das Spülwasser durch Schächte dem Grundwasser zugeführt und das Waschwasser in den Bach geleitet werden soll, folgende: Man stellt im Innern des Fabrikraumes,. am besten in der Wäscherei, möglichst erhöht drei eiserne oder hölzerne Bottiche auf, welche sämtlich Wasserzuführungsrohre haben, mit Dampf erwärmt werden können und Rührvorrichtungen besitzen. Letztere können auch durch von Körting in Hannover gelieferte Dampfgebläse ersetzt werden, welche ein kräftiges Umrühren der Flüssigkeit in den Bottichen ermöglichen. In dem gröfsten der Bottiche, von wenigstens 4 cbm Inhalt, wird Kalkmilch angesetzt, in dem zweiten Ferrit und in dem dritten Aluminat aufgelöst, und alle drei Flüssigkeiten werden durch das Dampfgebläse oder andere Rührvorrichtungen stets aufgerührt erhalten. Ein ca. 50 mm weites, durch einen Hahn abzuschliefsendes Rohr führt nun aus dem Kalkmilchbottich an den Punkt, wo das Waschwasser in den oben beschriebenen Waschwasserteich eintritt, so dafs sich der durch den Hahn regulierbare gleichmäfsig fortlaufende Strahl von Kalkmilch möglichst innig mit dem Waschwasser vermischen kann. Die Abflufsrohre aus den anderen beiden Bottichen münden an einer etwas entfernten Stelle des Teiches und führen in kontinuierlichem schwachem Strahle dem durch Kalkmilch schon neutralisierten Abwasser die beiden anderen Lösungen zu. Es kommt bei dieser Methode darauf an, dafs das Waschwasser einen möglichst weiten Weg von 100 Meter oder mehr zu machen hat, dafs es durch einen oder mehrere tiefe Teiche fliefst, so dafs sich der Kalk bei nahezu ruhigem Stehen darinnen teilweise absetzen kann, ehe das gereinigte Waschwasser in den Flufs eintritt. Es hat sich herausgestellt, dafs dieses Verfahren dem Waschwasser jede schädliche Wirkung nimmt, da es auch bei wochenlangem Stehen nicht fault und übelriechend wird. Gleichzeitig wird auch die Farbe etwas heller.

Dieselbe Manipulation wendet man bei dem Eintritt der Kochlauge in den Laugenteich an; doch da dieses Ablassen nur in gröfseren Zwischenräumen erfolgt, genügt dort ein gröfserer Bottich, in welchem nach und nach die drei Mittel Kalk, Ferrit und Aluminat aufgelöst und von da aus mit der abfliefsenden Kochlauge und dem Spülwasser vermengt werden.

In den Fällen, wo ein Versickern der Kochlauge oder ein Hineinleiten in das Grundwasser nicht ausführbar ist oder behördlicherseits nicht gestattet wird, bleibt nur ein Verdampfen übrig. Verfasser hat dasselbe in grofsen Kesseln versuchsweise auch vorgenommen und dabei durch Zusetzen von Schwefelsäure das Austreiben von schwefliger Säure beschleunigt. Er erhielt eine dicke, syrupartige Masse, die nach dem Erkalten steinhart wurde und sich zerschlagen liefs. Für die Praxis im Grofsen würde zu dem Verdampfungszwecke der Abdampfturm von R. Schneider sich am besten eignen, wie er in Figur 20 dargestellt ist. Leider aber ist die Anlage zu teuer, da das Verdampfungsprodukt nicht wie bei der Wiedergewinnung der Soda mit Vorteil verwendet werden kann. Die Verdampfungsrückstände haben nicht einmal einen höheren Düngerwert. Allerdings ist schon seit Jahren vorgeschlagen worden, diese Verdampfungsrückstände als Futterstoffe für das Vieh entweder allein oder mit anderen Futterstoffen vermischt anzuwenden, doch ist dem Verfasser nichts bekannt, dafs Versuche zu irgend welchen praktischen Resultaten geführt hätten.

Dr. Frank ist am Schlusse eines schon früher hier erwähnten Vortrages ebenfalls der Ansicht, dafs der Futterwert der eingedampften oder wenigstens konzentrierten Kochlauge auch nicht gering sei, da z. B. 16—18 % Zucker darinnen enthalten sind; doch ist, wie gesagt, bis jetzt noch keine Gelegenheit vorhanden, die Lauge angemessen zu verwerten, da auch der Transport der Lauge zu teuer sein würde und das Verdampfen erst recht kostspielig ist. Es bleibt zunächst nichts übrig, als durch Franks Verfahren die SO_2 möglichst zu entfernen und eventuell, wo es angeht, die gereinigte Kochlauge zur Berieselung von Wiesen und Feldern zu verwenden, wodurch zugleich die bei vielen Fabriken bestehenden Schwierigkeiten der Beseitigung der Laugen in einfachster Weise gehoben würden. Solche Berieselungen haben gute Erfolge ergeben; nur ist nach einiger Zeit der Boden nicht mehr aufnahmefähig, und die Ablaugen gehen unverändert alsdann in das Grundwasser über; nicht blos die Aschenbestandteile wirken hier so günstig, sondern auch die gelösten organischen Substanzen, worauf später nochmals zurückzukommen sein wird.

Ein Kubikmeter Fichtenholz (ganz trocken) wiegt z. B. ca. 450 Kilo und liefert 4—5 Kilo Reinasche, welche etwa 20—25 Kilo gewöhnlicher unreiner Holzasche entsprechen; es wird hiernach Jedem, der den überaus günstigen Erfolg einer Holzaschendüngung für Futterkräuter und namentlich für saure Wiesen kennt, der Vorteil einer rationellen Berieselung klar sein. Das schon wiederholt erwähnte Franksche Verfahren zur Reinigung der Kochlauge, welches mit der Wiedergewinnung der SO_2 verbunden ist, besteht nun nach seinen eigenen Angaben aus Folgendem:

Wiedergewinnung der schwefligen Säure aus den Abdämpfen und Kochlaugen.

Die mit der Sulfitlauge in den Kocher gebrachte schweflige Säure wird beim Prozefs der Cellulosebereitung nur zum kleineren Teile konsumiert und chemisch verändert, während die gröfsere Menge, ca. 70 %, teils in Form von Monosulfit ausgeschieden wird, teils gasförmig entweicht, teils auch mit der Kochlauge, in welcher sie gelöst ist, den Flufsläufen zugeführt wird. Da nun sowohl die in Gasform, wie die mit den Kochlaugen abgeführte SO_2 für die Nachbarschaft der Fabriken sehr lästig werden kann und nicht nur Menschen, sondern auch Tiere, namentlich Fische und Pflanzen schädigt, so sind für den Betrieb der Cellulosefabriken mannigfache und oft recht schwere Unzuträglichkeiten hieraus hervorgetreten. Die Beseitigung der Übelstände, welche durch Entweichen der SO_2 mit den Dämpfen entstehen, hat Mitscherlich bereits durch Einleiten derselben in die Türme angestrebt; bei der grofsen Geschwindigkeit, mit der die Dämpfe eintreten, ist indefs deren Absorption in den Türmen, namentlich in der heifsen Jahreszeit, eine mangelhafte; das Gleiche gilt von der Kondensation der Dämpfe, welche manche, nicht mit Türmen ausgerüstete Fabriken anwenden.

In Bezug auf die auch durch ihren hohen Gehalt an organischen Substanzen namentlich für kleinere Flufsläufe sehr störenden Kochlaugen existierte aber bisher überhaupt noch kein praktisch brauchbares Verfahren, um dieselben von ihrem Gehalte an SO_2 und anderen schädlichen Substanzen zu befreien; denn die von einzelnen Fabriken aufgenommene Eindampfung der Laugen erwies sich infolge des raschen Verschleifsens der Verdampfungsapparate, des enormen Kohlenkonsums und der absoluten Wertlosigkeit der Verdampfungsrückstände als Brennmaterial als ein sehr kostspieliger Notbehelf, um so mehr, als gerade bei der Abdampfung die SO_2 noch mit in die Luft geführt wurde.

Dr. Frank geht bei seinem Verfahren von dem Gesichtspunkte aus, nur diejenigen Bestandteile der Kochlaugen und Dämpfe zu beseitigen, welche nachweisbar schädlich wirken. Als solche bezeichnet er neben der schwefligen Säure und deren gelösten Verbindungen die in den Laugen enthaltenen Aldehyde, welche ebenfalls Sauerstoff entziehend wirken, ferner die stickstoffhaltigen Bestandteile, welche die Gährung und Algenbildung fördern und endlich die gelösten Harze und lackartigen Stoffe, welche bei späterer Ausscheidung den Kiemenatmern, wie den Pflanzen durch Abschlufs der Luft Nachteil bringen. Wie Dr. Frank durch ein in der Papier-Zeitung veröffentlichtes, im Auftrage der Regierung zu Oppeln erstattetes Gutachten nachgewiesen hat, sind die sonstigen Bestandteile der Kochlaugen — zumeist Zucker und Amyloide — sowie die Aschenbestandteile der Hölzer selbst nicht nur an sich ganz unschädlich und zur Ernährung der Tiere und Pflanzen wohlgeeignet, sondern werden auch, soweit sie organischer Natur sind, selbst in ganz kleinen Flufsläufen durch Oxydation rasch und vollkommen beseitigt.

Um indefs die Reinigung der Kochlaugen nicht zu einer für die Fabrik unerschwinglichen Last zu machen, verbindet Dr. Frank diesen Prozefs mit der Wiedergewinnung der schwefligen Säure, die er zusammen mit Harzen, Farbstoffen und stickstoffhaltigen Bestandteilen in Form des schwer löslichen, einfach schwefligsauren Kalkes niederschlägt, worauf die von ihren schädlichen Bestandteilen befreiten Flüssigkeiten durch Behandlung mit Luft und Kohlensäure eine weitere chemische Reinigung erfahren, wobei neben der Oxydation der Aldehyde auch die geringe Menge gelösten Monosulfits in ganz unschädlichen Gips verwandelt wird.

Der an sich sehr unreine Niederschlag an schwefligsaurem Kalk wird nach dem Absetzen in Filterpressen oder in sonstigen geeigneten Apparaten nach Dr. Franks patentiertem Verfahren von den mitgefällten organischen Substanzen, welche seine Wiederverwendung zur Laugenbereituug unmöglich machen, befreit und liefert dann einen ganz reinen schwefligsauren Kalk, der mit Wasser aufgeweicht und in den Frankschen Laugenapparat gebracht nur durch Zuführung von schwefliger Säure zu einer der frischen Sulfitlösung vollkommen gleichwertigen Lauge verarbeitet wird.

Als Minimum der durch dieses Wiederbringungsverfahren zu erzielenden Ersparnis garantiert Dr. Frank 33 % derjenigen Schwefelmenge, welche für die ursprünglich in die Kocher gebrachte Sulfitlösung nötig war, so dafs, wenn per Kubikmeter Lauge ohne Wiedergewinnung 17 Kilo Schwefel erforderlich waren, sich dieser Bedarf bei Anwendung des Wiedergewinnungsverfahrens auf zwei Drittel = ca. 11 Kilo reduziert; die oben berechneten Gesamtkosten per Kubikmeter Sulfitlauge auf 33 %, also auf 2 Mk. herabgehen.

Da indefs die theoretisch ermittelte Menge der im Kochprozefs unverändert bleibenden SO_2 ca. 70 % beträgt, so kann man bei sorgfältiger Ausführung der Wiedergewinnung darauf rechnen, bis zu 50 % der schwefligen Säure aus den Sulfitlaugen wieder zu erlangen und den Bedarf an Schwefelmaterial also auf die Hälfte des bisherigen zu reduzieren.

Die Einführung des Frankschen Laugenreinigungs- und Wiedergewinnungsverfahrens wurde infolge Gutachtens der bekannten Chemiker Professor Dr. Medicus in Würzburg und Hofrat Professor Dr. Engler in Karlsruhe für die Cellulosefabrik in Aschaffenburg amtlich vorgeschrieben und auf Grund der bei seiner Durchführung erzielten vollkommen befriedigenden Resultate, die gegen den Betrieb der Fabrik erhobenen Einsprüche und Klagen in allen Instanzen abgewiesen. Die Fabrik in Aschaffenburg gibt die täglichen Kosten des Verfahrens auf 12 Mark, den Wert des wiedergewonnenen Schwefelmaterials auf 35 Mark, den Wiederverbrauch von letzterem auf 40 % an, sodafs also neben Beseitigung der bezüglich des Laugenabflusses früher bestandenen grofsen Schwierigkeiten noch ein täglicher Überschufs von 23 Mark verbleibt, durch welchen sämtliche auf die Anlage verwendeten Kosten innerhalb kürzester Zeit amortisiert werden. Nach Mitteilung des Erfinders sind jetzt in Deutschland, Österreich und Schweden eine gröfsere Anzahl von Cellulosefabriken mit Einführung seines Verfahrens beschäftigt und hat Dr. Frank bei der neuen Zellstoffanlage der Munkedal Actiebolag Uddevalla sogar Garantie für Erhaltung des durch Gitter abgeschlossenen Fischbestandes des Mühlgrabens übernommen.

Nach alledem erscheint das Franksche Verfahren der Laugenreinigung und SO_2-Wiedergewinnung als eine für die Zellstofffabriken wie für deren Nachbarn gleich günstige Lösung der bisher so schwierigen Frage.

Einen vollkommenen Abschlufs wird die Abwasserfrage aber erst erreichen, wenn die von Dr. Frank bereits nachgewiesene Verwertbarkeit der in den Laugen reichlich enthaltenen Kohlehydrate für Fütterungszwecke durchgeführt wird. Die Zusammensetzung der von SO_2 und Harzen befreiten Kochlaugen kommt nach seinen Untersuchungen derjenigen der Melassenschlempe nahe, hat aber vor letzterer den Vorzug, mehr Zucker (bis zu 18 % der Trockensubstanz) und weniger Salze zu enthalten. Die von anderer Seite angestrebte Gewinnung von Anilin aus den Laugen, sowie ihre Benutzung zur Darstellung von Alkohol, Essigsäure und Holzgeist, erfordert, wenn überhaupt lohnend, jedenfalls sehr komplizierte Anlagen, sodafs man einstweilen gut tun wird, nur deren landwirtschaftliche Verwertung als Viehfutter oder auch in der noch einfacheren Form zum Berieseln und Düngen von Feldern und Wiesen ins Auge zu fassen und energisch durchzuführen. Die Möglichkeit, aus dem chemisch noch beinahe ganz unerforschten Material später für die Technik brauchbare Stoffe auszuscheiden, bleibt ja dann noch immer offen, während einstweilen mit verhältnismäfsig kleinen Mitteln anstelle der früheren Unzuträglichkeiten sowohl für den Fabrikanten als für die Umwohner Nutzen geschaffen werden kann.

Ganz abgesehen von dieser landwirtschaftlichen Verwertung ist dieses Verfahren aber für alle solche Fabriken anwendbar, welche jetzt wegen des Abflusses der Kochlaugen Schwierigkeiten haben, da die von ihren direkt schädlichen Bestandteilen und auch von Proteïnstoffen befreite Lauge schon aus letzterem Grunde zu Gährungs- und Fäulnis-Prozessen, wie zur Algenbildung weniger Anlaſs bietet und selbst bei mäſsiger Verdünnung in kleinen flieſsenden Gewässern durch den Sauerstoff der Luft und des Wassers rasch eine vollkommene Oxydation und Selbstreinigung erfährt, welche durch Gegenwart von schwefliger Säure verhindert oder doch sehr verlangsamt wird. Auſserdem erfordern die 0,6—0,75 % schwefliger Säure enthaltenden ungereinigten Kochlaugen nach den Versuchen von Dr. Weigelt-Rufach, beim Einlassen in zur Fischzucht benutzte Gewässer eine Verdünnung, welche etwa dem 1500fachen ihres eigenen Volumens entspricht. Für eine Kocherfüllung von 60 Kubikmeter müssen daher, um diesen Ansprüchen zu genügen, 90 000 Kbm. Wasser disponibel sein, ein Quantum, das kleinere Flüsse nicht überall und zu jeder Jahreszeit bieten.

Hierzu ist nur noch zu erwähnen, daſs die ungereinigten Abwässer die Algenbildung im Fluſsbett allerdings auſserordentlich begünstigen und daſs namentlich bei kleinen Wasserläufen dieser Übelstand um so mehr zu Tage tritt, als die Laien darinnen eine direkte Verunreinigung durch Cellulosefasern sehen. Merkwürdigerweise bilden sich die Algen meist hauptsächlich in der kälteren Jahreszeit und verschwinden im Sommer fast ganz. Sind sie aber einmal da, so kann man sie kaum wieder beseitigen, wenn auch jeder Zufluſs von Lauge vollständig aufhört, denn Verfasser hat beobachtet, das noch 5 Jahre nach dem Eingehen einer Fabrik die Algen des Winters im Flussbett regelmässig wieder erscheinen.

Auch bei Natron-Zellstofffabriken kann die abgehende Lauge zur Darstellung von Viehfutter benutzt werden. Ein Herr Voigt hat darauf ein Patent No. 33 235 genommen und gibt hiernach folgendes Verfahren an: Die inkrustierenden Bestandteile des Strohes und ebenso des Holzes (bestehend aus Kohlehydraten, Proteïnstoffen usw.) machen, von den Tieren aufgenommen, den ernährenden Bestandteil aus und werden vom tierischen Organismus vollständig assimilierbar in Fleisch und Fett umgewandelt. Es verfolgt deshalb der Erfinder den Zweck, diese sehr wichtigen, nährstoffreichen Produkte, welche bei der Cellulosefabrikation mittelst Natrons in die alkalische Kochflüssigkeit übergehen, in Form von Preſskuchen als Kraftfutter wieder zu gewinnen und zwar auf die nachbeschriebene Weise: Nachdem der Kochprozeſs beendet, wird die alkalische mit organischen Stoffen stark versetzte Flüssigkeit mit Schwefelsäure bis zur Neutralisation versetzt, wobei sich unter Bildung von Natriumsulfat (Glaubersalz) alle (bis auf wenig Farbstoff) in der alkalischen Flüssigkeit gelösten organischen Stoffe in Form eines höchst fein zerteilten Niederschlags ausscheiden. Dieser Niederschlag wird nun durch Pressen mittelst Filterpresse von der Natriumsulfatlösung getrennt, hierauf noch einmal mit Wasser gewaschen und nochmals geprefst und so in Form von Kuchen zur Trockne und in den Handel gebracht. — Das so gewonnene Produkt hat einen angenehmen, an frisches Heu erinnernden Geruch und Geschmack und wird von Pferden, Rindern und Schafen gern gefressen. Dasselbe dürfte infolge seiner höchst feinen Zerteilung, sowie seiner hervorragend nährstoffreichen, vom tierischen Organismus fast vollständig assimilierbaren Bestandteile eine hervorragende Stelle unter den bis jetzt im Handel existierenden Kraftfuttermitteln einnehmen.

Was die noch übrige sogenannte Mutterlauge (Natriumsulfatlösung) anbetrifft, so wird dieselbe in einer Abdampfpfanne bis zur Krystallisation eingedampft und als Krystallglaubersalz in den Handel gebracht. Nach der Ansicht Anderer ist das nach dem Verfahren von Voigt erhaltene Viehfutter kein „Kraftfutter" im wirtschaftlichen resp. landwirtschaftlichen Sinne des Wortes, da es keine Proteïnstoffe (Eiweifs usw.) enthält, sondern diese bei dem Kochen des Holzes mit den Ätzlaugen bereits zerlegt werden. Jedenfalls aber ist das Futter brauchbar; aber das Verfahren wird dadurch viel zu teuer, dafs man keine Soda mehr wiedergewinnt, und also stets neue davon zum weiteren Kochen nehmen mufs; und das Sulfatverfahren ist dann überhaupt ausgeschlossen.

Um die schädliche Wirkung der Ablaugen zu verhüten, haben sich Alexander Kumpfmiller in Höcklingsen und E. Schultgen in Iserlohn das in der Pap.-Ztg. 1895, S. 2030 erwähnte Verfahren durch D. R. P. No. 81 338 schützen lassen.

Die aus dem Kocher kommenden Ablaugen fliefsen aus dem Behälter *A* ununterbrochen in den Turm *B*, welcher mit einem Gitterwerk von Steinen gefüllt ist und zur Erwärmung der Ablaugen unter gleichzeitiger Kühlung der Röstgase dient. Eine Verteilungsvorrichtung läfst die Laugen gleichmäfsig durch den ganzen Querschnitt des Turmes herabrieseln; sie sammeln sich im Schiff *F*. Am Fufse des Turmes treten die heifsen Röstgase aus dem Kiesofen *D* durch Rohr *E* in den Turm, geben ihre Wärme an die herabrieselnden Laugen ab und verlassen gekühlt den Turm durch Rohr *C*, welches sie den Absorptionsapparaten zuführt.

Durch die Einwirkung der Röstgase auf die Laugen findet eine Umsetzung der in den ersteren enthaltenen Schwefelsäure mit dem in den letzteren enthaltenen schwefligsauren Kalk statt, nach der Gleichung:

$$SO_3 + Ca\,SO_3 + H_2O$$
$$= Ca\,SO_4 + SO_2 + H_2O.$$

Es wird also die in den Ablaugen enthaltene, an Kalk gebundene schweflige Säure freigemacht, während gleichzeitig die Röstgase von ihrem Gehalt an Schwefelsäure befreit werden, wodurch die Bildung von Gipskrusten in den unteren Teilen der Absorptionsapparate vermieden wird.

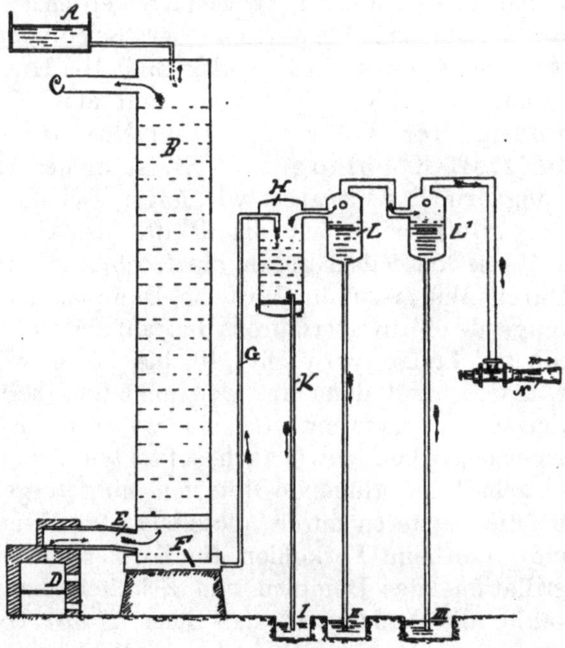

Fig. 134.

Aus dem Schiff des Turmes steigen die heifsen Ablaugen durch das Rohr *G* in einen Vacuumapparat *H* und fliefsen als eingedickte Flüssigkeit ununterbrochen durch Rohr *K* in den etwa 10 m tiefer stehenden Sammelbehälter I ab.

Mit dem unter dem Einflufs des Vacuums sich entwickelnden Brodem in den Einspritzkondensator *L*, welcher mit Kalkwasser gespeist wird, werden die Wasserdämpfe kondensiert und die schweflige Säure gebunden; das Kondensationswasser kann daher nach vorheriger Kühlung teils von neuem als Einspritzwasser benutzt, teils als sogen. Halblauge auf die Absorptionstürme gepumpt werden.

Man kann auch zwei Einspritzkondensatoren verwenden, in diesem Falle wird der eine *L* mit Wasser zur Kondensation der Wasserdämpfe, der andere L_1 mit Kalkwasser zur Bindung der schwefligen Säure gespeist, so dafs der sich bildende schwefligsaure Kalk getrennt von dem Kondensationswasser im Sammelbehälter III aufgefangen werden kann.

Der Strahlapparat *N* dient zur Erzeugung der Luftleere bei Inbetriebsetzung der Anlage; er kann auch zum Abführen der aus dem ersten Kondensator entweichenden schwefligsauren Gase unmittelbar in das Rohr *C* verwendet werden.

Ein neues Patent zur Verwertung der Kochlaugen haben die Aktiengesellsch. Xylolyse in Zawadski und Dr. Emil Meyer in Berlin genommen (D. R. P. No. 45 951) auf ein „Verfahren zur Gewinnung der flüssigen Destillationsprodukte aus den Zellstoff-Kochlaugen.“ Es ist in der Pap.-Zeitg. 1889 No. 19 abgedruckt und lautet wie folgt: Bei der Zellstoffgewinnung aus Holz wird fast die Hälfte des Gewichts der wasserfreien Masse desselben durch die Kochlaugen in Lösung gebracht. Durch Wärmezufuhr mittelst Dampfschlangen läfst sich die Ablauge des Natronverfahrens bis auf 35° *B.* verdicken. Diese eingedickte Lauge wird mit 40 bis 55 Gewichtsteilen Holzkohle gemischt, und dann in gleichmäfsige, haltbare und transportfähige Stücke geformt, die ein weiteres Trocknen in Heizkammern ermöglichen, sowie auch sofort mit dem ursprünglichen Wassergehalt in glühende Retorten eingetragen werden können, ohne die letzteren durch plötzliche Abkühlung zu beschädigen und ohne beim Verkohlen die Form zu verlieren.

Die Destillation, das Dämpfen und Erkalten der rückständigen Holzkohle, die Auffangung des Theers, des Gaswassers und des Gases unterscheiden sich in keiner Weise von den bisher bekannten ähnlichen Vorgängen. Nur das Destillat selbst ist von denjenigen der gewöhnlichen Retortenholzverkohlung insofern verschieden, als Ameisensäure, Essigsäure usw. und die übrigen sauren Theerverbindungen nicht auftreten, sondern nur Methylalkohol, Aceton usw. und verschiedene Aminverbindungen im Destillationswasser gelöst werden, auch ein Theer von anderer Beschaffenheit gewonnen wird. Daraus entstehen für den Betrieb die Vorteile, statt des Kupfers für die Kondensationsgefäfse Eisen anwenden und bei der Rektifikation des

Gaswassers dessen leichtflüchtige, wertvolle Produkte schon durch Abdestillieren eines kleinen Teiles gewinnen zu können.

Sollen die sauren Laugen des Sulfitverfahrens in dieser Weise verarbeitet werden, so müssen dieselben zunächst von der freien Säure befreit werden. Da ferner der gelöste Kalk bei seiner Anhäufung den Kohlenrückstand schliefslich entwerten würde, so empfiehlt sich ein Ausfällen desselben als Gips durch Zusatz von Glaubersalz, welches aus der Kohle stets wiedergewonnen wird.

Bei der Destillation der Sulfitlaugen und auch der alkalischen, Schwefelnatrium haltenden Laugen der sogenannten Sulfatcellulose entstehen aufser dem Aceton und dem Methylalkohol noch andere flüchtige, schwefelhaltige, mercaptan- und senfölartige Verbindungen, welche weder vollständig kondensiert, noch bei der Verbrennung des gewonnenen Gases, dem sie beigemischt bleiben, unschädlich gemacht werden.

Die Kohlelaugenwürfel behalten nach dem Ausglühen fast vollständig ihre Form und gestatten selbst in heifsem Zustande das Herausziehen mittelst Krücken in die zum Abkühlen dienenden verschliefsbaren Kasten, können jedoch auch, falls es auf Erhaltung scharfer Kanten ankommt, in den bekannten beweglichen Retorten verkohlt werden, welche das Erkalten ohne Berührung des Inhalts ermöglichen. Der entstandene Staub wird wegen des Gehaltes an Alkali sorgfältig gesammelt und kommt bei der darauf erfolgenden Auslaugung durch Wasser, auf die grofsen Stücke zu liegen. Nach der Erschöpfung der Holzkohle wird dieselbe aufs neue zur Vermischung mit eingedampfter Ablauge verwendet.

In dem Bestreben, die durch Unschädlichmachung der Ablaugen entstehenden Kosten einigermafsen zu verringern, ist man von verschiedenen Seiten auf eine gewisse Nutzbarmachung der Laugen gekommen.

So hat z. B. Daniel Ekmann in London ein Verfahren angegeben, durch Zusatz von einem oder mehreren Salzen das Dextron daraus zu gewinnen, welches ein dem Dextrin ähnliches Erzeugnis ist.

Andererseits hat auch Prof. A. Mitscherlich in der Pap.-Zeitg. 1893, S. 3222 ein Verfahren zur Erzeugung von Gerbmaterialien, Klebstoffen und anderen Stoffen durch Osmose der Sulfitzellstofflaugen veröffentlicht. Ob sich diese beiden Vorschläge in der Praxis bewährt haben, ist Verfasser leider nicht bekannt geworden.

Eine andere Nutzbarmachung, vielmehr Wiedergewinnung gebrauchter Sulfitlaugen geschieht durch Apparate, welche die bekannte Maschinenbauanstalt Golzern baut, und welche die Pap.-Ztg. 1893 auf S. 1736 veröffentlicht.

Bei der Sulfitstofffabrikation geht ein starkes Drittel der schwefligen Säure verloren, etwa ein Sechstel bleibt in den Ablaugen, und läuft mit dem Waschwasser ab, und ebenso viel entweicht mit Abdampf in die Atmosphäre. In dieser Weise werden kaum zwei Drittel der in den Kocher gebrachten schwefligen Säure, manchmal auch noch weniger, ausgenutzt.

Um obigem Übelstande abzuhelfen, hat Direktor Rudolf Kron in Golzern eine einfache Einrichtung erfunden, zum Zwecke der Nutzbarmachung, oder besser gesagt der Zurückgewinnung der in den Abwässern und dem Abdampf enthaltenen Schwefligsäure. Die praktische Erprobung ergab auch wirklich eine Schwefel-Ersparnis von 30—40 Prozent, d. h. eine Preisermäfsigung auf die Tonne Zellstoff von 5—10 Mk.

Gleichzeitig wird die jetzt ziemlich allgemeine Verunreinigung der Luft und des Fabrikationswassers verhütet.

Die Pap.-Ztg. 1893, S. 1280 veröffentlicht ein anderes Verfahren zur Reinigung und Ausnutzung der bei der Sulfitstoff-Fabrikation abfallenden Kochlaugen von Viggo Beutner Drewsen in Bonsdalen (Norwegen) D. R. P. 67 889.

Das Verfahren beruht in der Behandlung der gebrauchten Kochlaugen mit kaustischem, möglichst kohlensäurefreiem Kalk, bei höherer Temperatur und unter Anwendung von Druck.

Wird die in der Sulfitzellstoff-Fabrikation gebrauchte Kochlauge, die einen ausgeprägt sauren Charakter besitzt, bei gewöhnlicher Temperatur mit kaustischem Kalke versetzt, so vereinigt sich derselbe mit der noch vorhandenen schwefligen Säure zu Calciummonosulfit. Die nunmehr veränderte Laugenflüssigkeit verliert die Fähigkeit, einen Teil der organischen Substanzen, welche in der sauren Lösung gelöst waren, in Lösung zu halten, und es wird derselbe mit dem Calciummonosulfit zugleich niedergeschlagen. In gleicher Weise wie bei gewöhnlicher Temperatur verläuft der Prozefs bei Siedehitze.

Ganz anders indessen gestaltet sich die Einwirkung des kaustischen Kalkes auf die Sulfitlauge, wenn man beide zusammen in einem geschlossenen Gefäfs unter Druck auf höhere Temperaturen erhitzt.

Der Kalk ist dann nämlich imstande, die in der Abgangslauge aufgelösten, aus den inkrustierenden Substanzen des

Holzes herrührenden organischen Verbindungen zu zersetzen. Filtriert man dann den durch Behandlung der Abgangslauge mit kaustischem Kalke, bei etwa 6 Atm. Druck erhaltenen Bodensatz, und behandelt ihn mit Salzsäure, so entweichen gröfsere Mengen schwefliger Säure, während gleichzeitig ein in Wasser und Säure unlöslicher Bodensatz von organischen Substanzen, verunreinigt durch schwefelsauren Kalk, zurückbleibt. Die von dem ursprünglichen, durch den kaustischen Kalk erzeugten Bodensatz abfiltrierte hellgelbe Lauge, hinterläfst beim Eindampfen nur noch einen kleinen Bruchteil von den in der Abgangslauge enthaltenen Substanzen, da sowohl die leichter zersetzbaren, schwefelhaltigen Verbindungen, als auch die Hauptmengen der organischen, sogenannten inkrustierenden Bestandteile ausgefällt sind. Auf diesen Vorgang gestützt, ist es mithin möglich, mit einem so billigen Mittel, wie es der kaustische Kalk ist,

1. die gebrauchte Lauge zu reinigen und dieselbe auf einfache und unschädliche Weise zu beseitigen;
2. Stoffe zu gewinnen, die für die Industrie von wesentlicher Bedeutung sind.

In der praktischen Ausführung vollzieht sich das vorliegende Verfahren in folgender Weise:

Nach Beendigung des Kochprozesses wird die gebrauchte Lauge unter Druck in einen mit Rührern versehenen, luftdicht verschliefsbaren Behälter übergeführt, in welchem sich die erforderliche Menge kaustischen, möglichst kohlensäurefreien Kalkes schon vorher befindet. Wegen der sofortigen Abstumpfung der schwefligen Säure kann dieser Behälter aus Eisen bestehen. Sobald die Abgangslauge vollständig in den Behälter übergeblasen ist, wird Dampf zugelassen, die Rührer in Bewegung gesetzt, und die Temperatur so lange auf einer gewissen, etwa 6 Atm. Druck entsprechenden Höhe erhalten, bis eine Probe zeigt, dafs die Reaktion beendet ist. Sobald dies der Fall ist, wird der Inhalt des Behälters in einer Filterpresse filtriert. Die ablaufende hellgelbe Flüssigkeit mit alkalischer Reaktion wird, wenn erforderlich, mit Kohlensäure behandelt, indem man mittelst eines Körtingschen Injektors die Verbrennungsprodukte aus einem Schornstein über dieselbe streichen läfst, um die Alkalinität abzustumpfen. Der abfiltrierte Bodensatz, welcher aus Calciummonosulfit, Gips und der Kalkverbindung der aus den inkrustierenden Substanzen des Holzes gebildeten organischen Stoffe besteht, wird nun an Stelle von Kalkstein oder

Kalkmilch zur Herstellung der Bisulfitlauge benutzt. Ungelöst bleiben bei der Behandlung mit schwefliger Säure hauptsächlich die organischen Verbindungen, welche mittelst einer Filterpresse abfiltriert werden, während das Filtrat in die Sulfitzellstoff-Fabrikation zum Kochen von Holz ganz wie gewöhnliche Bisulfitlauge zurückwandert. Auf diese Weise wird ein Viertel bis die Hälfte von der ursprünglichen Schwefelmenge wiedergewonnen. Die organischen Substanzen, welche durch diese Methode gewonnen werden, lassen sich zu verschiedenen Zwecken verwenden.

Als deutliches Beispiel von der Richtigkeit des vorher angeführten Dr. A. Frankschen Vorschlages, die gereinigten Abwässer zur Berieselung zu verwenden und dadurch zugleich eine Selbstverbesserung des verunreinigten Flufswassers herbeizuführen, möge ein Fall aus der Praxis dienen, den besagter Herr in der Pap.-Ztg. 1889 No. 19 veröffentlichte: Es handelt sich dort um die Verunreinigung eines kleinen Baches, der im ganzen etwa nur 1 Kbm. Wasser p. Minute führt, durch die Abwässer einer Sulfitcellulosefabrik. Dr. Frank war als Sachverständiger ernannt, sein Urteil abzugeben, ob die Klagen, dafs das Wasser weder zu Wirtschaftszwecken noch zum Berieseln der Wiesen mehr brauchbar sei, berechtigt wären und ob Abhilfe geschaffen werden könne. Es ist nun wissenschaftlich genau nachgewiesen, das mit gelösten organischen Stoffen verunreinigtes Wasser sich bei längerer Berührung mit Luft, namentlich bei starkem Gefälle wieder verbessert und reinigt, dafs sich also bei diesem Vorgange der im Wasser gelöste Sauerstoff wirksamer zeigt, als der minder aktive Sauerstoff der Luft. Da aber Wasser bei Gegenwart von schwefliger Säure keinen Sauerstoff enthalten kann, so konnte auch die Selbstreinigung von mit gröfseren Mengen Sulfitlauge gemischten Wasser nur gering sein. Dennoch läfst sich selbst in diesem ungünstigsten Falle eine Verminderung der organischen Stoffe bei gleichzeitiger Oxydation der schwefligen Säure zu SO_3 (Schwefelsäure) bestimmt nachweisen.

Nachfolgende Analysen, welche nur die hier einschlägigen Zahlen angeben, dienen dafür als Beleg:

Probe 1.

Das Bachwasser enthielt bei seinem Eintritt in die Fabrik in einer Million Teilen: Gesamtrückstand von 150 mg im Liter; davon organische Stoffe 78, Kalk 42, schweflige Säure 0.

Probe 2.

Gemisch von Kochlauge und Laugen-Waschwasser enthielt beim Auslauf aus den Rezipienten in einer Million Teilen: Gesamtrückstand 58 450 mg; davon: Organische Stoffe 42 200, Kalk 5658, schweflige Säure 1669.

Probe 3.

Das 5 km unterhalb der Fabrik geschöpfte Bachwasser enthielt noch in einer Million Teilen: Gesamtrückstand 1600 mg, davon organische Stoffe 600, Kalk 184, schweflige Säure 35. Da nun der Kalk in den Sulfitlaugen und Abwässern hauptsächlich in der leicht löslichen Verbindung mit Ätherschwefelsäure enthalten ist, und auch die kleineren Mengen von schwefelsaurem und schwefligsaurem Kalk in den sauren Kochlaugen gelöst bleiben, so bietet sich in dem aus diesem Grunde unveränderlichen Kalkgehalte der Flüssigkeiten ein Mittel, ihre Verdünnung mit anderem Wasser ausreichend genau festzustellen. Um die Berechnung nicht unnötig zu komplizieren, soll dabei (NB. zu Ungunsten der fraglichen Fabrik) auf den ursprünglichen Gehalt des Bachwassers an Kalk und organischen Stoffen keine Rücksicht genommen, dieses vielmehr als ganz reines Wasser eingesetzt werden. Es verhält sich dann Abwasserprobe 2 mit 5658 Milliontel Kalk zu Bachwasserprobe 3 mit 184 Milliontel Kalk wie 1 : 30, oder mit anderen Worten: Die Kochlauge 2 ist bei Schöpfstelle 3 auf das Dreifsigfache verdünnt. Enthielt also eine gewisse Menge der ursprünglichen Lauge Probe 2 an Kalk 100 Teile, so sind in der gleichen Flüssigkeitsmenge — gleichem Volumen — bei Probe 3 nur noch 100 : 30 = 3,33 Kalk enthalten. Würden nun die organischen Stoffe und die SO_2 keine Veränderung durch Oxydation oder Selbstreinigung erleiden, so müfste sich auch bei diesen in Probe 3 die gleiche, lediglich durch Verdünnung bewirkte Abnahme von 100 auf 3,33 zeigen. Die Analyse ergibt aber von 100 ursprünglicher schwefliger Säure bei 3 nur noch 2,08 gegen ein Soll von 3,33 und von 100 organischen Stoffen nur noch 1,33 gegen ein Soll von 3,33. Es sind mithin von den organischen Stoffen etwa 61 % und von der SO_2 etwa 36 % auf dem Wege bis zur Schöpfstelle 3 durch Oxydation zerstört oder unschädlich gemacht. Diese Selbstreinigung des Wassers wäre, namentlich betreffs der organischen Stoffe, noch weitergehend, wenn die SO_2, welche bekanntlich konservierend und gährungsverhindernd auf organische Stoffe wirkt — Schwefeln von Hopfen und Wein, Bierfässern, Einmachegläsern — nicht durch ihre Gegenwart die Wirkung des Sauerstoffs hinderte. In einem von SO_2, von Anfang an befreiten Abwasser wird also die Selbstreinigung noch kräftiger erfolgen, als bei dem jetzigen an diesem auch in anderer Beziehung schädlichsten Bestandteile noch verhältnismäfsig reichen Abwasser. Bei der Entfernung der SO_2 nach dem Frankschen Verfahren tritt aber noch der günstige Umstand hinzu, dafs auch die stickstoffhaltigen Bestandteile, welche für Pilzbildungen den fruchtbarsten und geeignetsten Nährboden bilden, beseitigt werden.

Eine weitere durchgreifende Reinigung, die zwar bei wasserreichen Flufsläufen kaum in Frage kommt, würde gerade in diesem Fall durch Benutzung des kleinen Baches für Rieselzwecke, erreicht werden, da der Erdboden durch seine absorbierende und oxydierende Einwirkung nicht nur die organischen Stoffe, sondern auch den Kalkgehalt vermindert. Bei dieser Berieselung würden auch die höchst wertvollen Aschenbestandteile des Holzes, Kalisalze usw. gute Wirkung tun.

Um das Verhalten gereinigter Laugen auch durch den Versuch festzustellen, wurde ein Teil der Ablauge, Probe 2, nach dem Frankschen Verfahren von schwefliger Säure und Harzen befreit. Obgleich die Flüssigkeit nach dieser Operation etwas dunkler erschien, als die saure Lauge, zeigte sie nach dem Verdünnen mit der dreifsigfachen Menge Wasser und längerer Berührung mit Luft einen beinahe um die Häfte niedrigeren Gehalt an organischen Stoffen als Probe 3 und ebenso war die Färbung nach dem Zusatz von Wasser heller. Noch deutlicher aber trat der Erfolg der Reinigung dadurch hervor, dafs, während Probe 3 trotz ihres hohen Schwefligsäuregehaltes bereits innerhalb 2 Tagen stark getrübt erschien, die aus gereinigter Lauge in gleicher Verdünnung hergestellte Probe sich unter denselben Verhältnissen 8—10 Tage völlig klar erhielt. Weniger schwierig war es noch, den zahlenmäfsigen und seither auch durch Ausführung im Grofsen erprobten Nachweis zu führen, dafs die mit Reinigung der Ablaugen verbundene Wiedergewinnung der SO_2 neben Deckung aller Kosten noch einen namhaften Überschufs liefert.

Auf Grund dieser Ergebnisse konnte in dem angeführten Falle nun das Gutachten dahin abgegeben werden:

1. Dafs die in Frage stehenden Abwässer der betreffenden Sulfitcellulosefabrik, nachdem sie von SO_2 und Harzteilen befreit

sind, der Vegetation in keiner Weise schaden, sich vielmehr zum Berieseln von Wiesen und Ackerland ganz besonders eignen, da sie zahlreiche wertvolle Pflanzennährstoffe enthalten.

2. Dafs die gereinigten, dem Flufs zugeführten Abwasser Fischen und Warmblütern nicht nachteilig, auch für viele Wirtschaftszwecke brauchbar sind, da zahlreiche Quellwasser, welche zur Versorgung von Städten dienen, einen höheren Kalkgehalt zeigen, als das Bachwasser von Probe 3.

Obgleich nun den meisten Sulfitstofffabriken für Aufnahme ihrer Abgänge gröfsere Flufsläufe zur Verfügung stehen, so ergibt doch der hier vorliegende extreme Fall, dafs nur die Entfernung der direkt schädlichen Stoffe aus den Abwässern der Sulfitlauge nötig ist, während man für die Beseitigung der an sich ganz unschädlichen gelösten organischen Stoffe, Zucker, Amyloide usw., getrost auf die kräftige Selbstreinigung im Flufslauf rechnen kann.

Einige behördliche Vorschriften, die sich bereits bewährt haben, sind folgende:

Die Kocherlaugen, oder vereinigte Kocherlaugen und Waschlaugen sind mit Ätzkalk zu behandeln, so dafs sie beinahe, aber nicht ganz neutral werden. Der letzte Rest von Säure ist durch langsame Behandlung mit Kalkstein zu entfernen, während die Luft Zutritt hat.

Um letzteren Vorgang zu regeln, sind undurchlässige Sammelteiche anzulegen, welche das vierzehnfache der täglich entstehenden Menge von Kocherlaugen fassen und aus welchen nur am oberen Rande abgelassen wird.

Das Ablassen darf erfolgen, wenn völlige Neutralität und Ruhe der Flüssigkeit eingetreten ist, jedoch nur in Wasserläufe, welche mindestens eine fünfhundertfache Verdünnung der jedesmaligen Abflüsse bewirken.

Eine weitere Ursache der Verunreinigung des Wassers können unter Umständen in Cellulosefabriken auch die in Halden abgelagerten Kiesrückstände geben. Bei starkem Regen werden dieselben ausgelaugt, und das abfliefsende Wasser wirkt wie die anderen ungereinigten Abwässer schädlich, mufs also so abgeleitet werden, dafs es in die vorhandenen Abwasserteiche fliefst und mit den übrigen Abwässern entsprechend gereinigt oder versickert werden kann. Die Rückstände geben an sich ein sehr gutes Material für Wege, da sie solche hart und doch durchlässig machen, auch jede Vegetation auf den Wegen selbst nicht aufkommen lassen; andererseits wird aber auch an den

Rändern, besonders bei und nach Regen, alles Gras zerstört, was oft keinen hübschen Eindruck macht.

Wenn die Kiesrückstände in der Nähe des Flusses gelagert sind, kann leicht grofser Schaden dadurch geschehen, dafs bei Hochwasser die Rückstände über Felder und Wiesen fortgeführt und dadurch eventuell grofse Flächen auf Jahre hinaus wenigstens teilweise unfruchtbar gemacht werden.

Wohl keine Fabrik hatte mit ihren Abwässern solche Schwierigkeiten, als die Zellstofffabrik Unterkochen, da der Flufs Kocher dort noch sehr klein ist; denn er entspringt nur wenige hundert Meter oberhalb der Fabrik. Sie hat keine Mühe und Kosten gescheut, um den grofsen Übelständen, welche sie unumwunden zugestand, abzuhelfen. Eine besondere Kommission wurde eingesetzt, welche von den verschiedenen Vorschlägen das erste Verfahren von Dorenfeldt mit den von der Fabrik ausgesetzten 10000 Mk. prämiierte und zur Ausführung empfahl, trotzdem andere Fachleute von Haus dessen Unausführbarkeit erkannten; und der Erfolg gab ihnen recht, auch die späteren „Verbesserungen“, welche das ganze Verfahren immer noch komplizierter und umständlicher machten, konnten an dem vollständigen Fiasko nichts ändern. Die Fabrik wurde genötigt, den Betrieb ganz und gar einzustellen. Auch noch einer ganzen Anzahl anderer Fabriken erging es nicht besser.

Durch die grofsen Berieselungsversuche, welche mit abgestumpfter Ablauge vorgenommen worden sind, ist eine sehr günstige Wirkung ja hinreichend festgestellt worden; es lag also nahe, die ganze Sache nach dieser Richtung hin weiter zu verfolgen, die Ablaugen also in einen transportablen Dünger zu verwandeln, damit man mit seiner Anwendung nicht blos auf die allernächste Umgebung einer jeden Zellstofffabrik beschränkt ist; zudem erscheint der Boden nach längerem Berieseln nicht mehr aufnahmefähig, sodafs weitere Ablaugen unverändert ins Grundwasser übergehen.

Schreiber dieses — der in seiner ersten Praxis mehrfach mit der Herstellung künstlichen Düngers zu tun gehabt hatte — machte nun entsprechende ausgedehnte Versuche mit den Ablaugen und kam nach langem Arbeiten auf ein überraschend einfaches Verfahren, nach welchem sie im Ganzen, also nicht etwa blos einzelne Teile davon, schnell in einen festen, vorzüglich wirkenden Dünger verwandelt und so auf kürzestem Wege in den Kreislauf der Natur zurückgeführt werden; es ist dies also nicht blos eine Unschädlichmachung der Ablaugen, sondern sogar eine ausgezeichnete Verwertung. Das Verfahren ist so einfach, ja fast zu einfach, sodafs das Patentamt es anfangs für unmöglich erklärte und nur unter der Bedingung patentieren wollte, dafs es wesentlich abgeändert, viel umständlicher gestaltet würde; es dauerte lange Zeit, bis endlich unter Nr. 128213 das Patent nach Wunsch erteilt wurde. Schon lange vorher war das neue Produkt ohne nähere Mitteilungen an erste Autoritäten — dem leider zu früh verstorbenen Geh. Rat Prof. Dr. Maercker in Halle a. S. und Prof. Dr. H. Wislicenus in Tharandt — zur Untersuchung eingeschickt worden, welche übereinstimmend so günstige Ergebnisse lieferten, dafs diese dadurch selbst überrascht waren. Die betreffenden Analysen sind in der Patentschrift mit aufgeführt worden. In Österreich und Frankreich waren die Patente weit früher erteilt worden; sie konnten aber nicht zur Ausführung kommen, bevor nicht auch das deutsche Patent, auf welches selbstredend der grösste Wert gelegt wurde, glatt erteilt worden war.

Die Ablaugen werden in einem gut konstruierten Flammenofen zur Syrupdicke — 25 bis 35 ° Bé — eingedampft und in einer Mischmaschine mit etwa der gleichen Menge Thomasmehl innigst vermischt, welches dadurch vollständig verändert und aufgeschlossen wird; es verliert seine sämtlichen nachteiligen Eigenschaften und gewinnt neue, wesentliche Vorzüge noch dazu. Aus den schwarzen, teerartigen, dicken Ablaugen und dem schiefergrauen Thomasmehl wird eine braungelbe, bald fest werdende, angenehm schwach nach Vanillin riechende Masse, welche nur noch auf einem Desintegrator, ganz wie jedes Superphosphat, zu mahlen ist, um für den Versand fertig zu sein.

Das zweite Rohmaterial, das Thomasmehl, kann ja durch andere, ähnliche, ersetzt werden; da es aber hierbei gerade so wesentlich verbessert wird, wird man es in erster Linie anwenden. Es ist ja ein Nebenprodukt des Thomas-Verfahrens, nach welchem stark phosphorhaltiges Roheisen in mit basischem Futter ausgekleideten Bessemer-Birnen zu Stahl etc. verarbeitet wird. Dabei verbrennt der Phosphor zu Phosphorsäure unter starker Wärmeentwickelung und wird vom basischen Futter zurückgehalten; die auf dem Stahl obenaufschwimmende Schlacke ist daher stark phosphorsäurehaltig. Als das Verfahren erfunden wurde, glaubte man, nur wasserlösliche Phosphorsäure — P_2O_5 — wirkte im Boden günstig für die Pflanzen und war daher nicht wenig erstaunt, dafs auch die zu feinem Mehl gemahlene Thomasschlacke — das Thomasmehl — sehr günstig wirkt, trotzdem sie gar keine wasserlösliche P_2O_5 enthält. Es müssen also hier besondere Umstände eintreten, welche auch diese unlösliche P_2O_5 assimilierbar machen und den Pflanzen zuführen; dies können ja Stoffe sein, welche dem Boden aus der Luft zugeführt, oder im Boden selbst gebildet werden. Es handelte sich also darum, ein Verfahren ausfindig zu machen, welches einen Mafsstab für die Wirkung und den Wert des Thomasmehles abgab. Geh. Rat Prof. Dr. Wagner-Darmstadt entdeckte dieses, indem er das Thomasmehl längere Zeit mit einer Lösung von citronensaurem Ammoniak schüttelte, wodurch der grösste Teil der P_2O_5 in Lösung ging, welcher dann einfach „citratlöslich" genannt wurde; danach wurde dann lange Zeit das Thomasmehl ausschliefslich gehandelt. Meist enthält es davon knapp 75 % der gesamten P_2O_5.

Nun hatten die Analysen in Halle und Tharandt aber übereinstimmend festgestellt, dafs durch die Behandlung mit Sulfitablaugen so gut wie alle P_2O_5 in den citratlöslichen Zustand übergeführt wird; es gewinnt also allein das Thomasmehl schon dadurch ein volles Drittel an Wert! Weiter verliert es seine Kausticität, den Gehalt an Ätzkalk und Schwefelkalcium; es kann daher nun auch zusammen mit Ammoniaksalzen angewendet werden; weiter erhält es durch die Bestandteile der Laugen selbst noch wertvolle Zugaben, namentlich etwas Kali, Stickstoff, sowie viel Kalk und ganz besonders organische Substanzen; diese, namentlich der ligninsulfosaure Kalk, wirken aufschliefsend und werden dabei viel schwerer löslich, sodafs sie dem Boden erhalten bleiben und nicht ins Grundwasser verloren gehen können.

Die Thomaswerke fanden später, dafs die Analysen bezüglich der Citratlöslichkeit für sie viel günstiger ausfielen, wenn man der Thomasschlacke vor dem Abstich Sand oder Kupolofenschlacke zusetzte, also kieselsäurehaltige Materialien; leider begannen aber auch damit die grofsen Differenzen in den Analysen, gerade hervorgerufen durch die Kieselsäure, welche in mehr oder minder grossen Mengen mit als P_2O_5 bestimmt wurde; ebenso ging man dazu über, nicht mehr mit citronensaurem Ammoniak die P_2O_5 zu lösen, sondern direkt mit verdünnter Citronensäure. Die Analysen wurden dann noch günstiger; aber leider beruht alles dies nur auf Täuschung. Dr. H. Svoboda veröffentlichte in Nr. 98 der Chem. Ztg. von 1903 seine ausführlichen Untersuchungen, in denen er feststellte, in wie hohem Grade die Kieselsäure in der Citratlösung mit löslich ist und so die Analysen viel zu günstig erscheinen läfst; ganz besonders führt dann hier die absichtlich zugefügte irre. Weiter hat Chemiker Rindell (Nr. 55 der Chem. Ztg. von 1905) durch ausführliche Untersuchungen nachgewiesen, dafs die Behandlung mit 2%iger Citronensäure ein rein konventionelles Verfahren, ohne rationelle Begründung ist, dafs stets die gelöste P_2O_5 im konstanten Verhältnis zur angewandten Citronensäure steht und so das ganze Verfahren völlig wertlos ist; man nimmt nun immer meist die gleichen Mengen Citronensäurelösung und Thomasmehl; je weniger also Gesamt P_2O_5 in letzterem vorhanden ist, um so gröfser erscheint der Anteil an citronensäurelöslicher, und umgekehrt.

Endlich hat Professor Dr. E. Haselhoff-Marburg durch viele Versuche festgestellt, dafs die „mit Sand angeblich aufgeschlossene" Thomasschlacke sogar eine etwas geringere Wirkung ergeben hat, als die nicht mit Sand behandelte!

Also der Sandzusatz hat gar keinen Nutzen, sondern nur vielfachen Schaden; er gibt zu hohe Analysen und ist so Anlafs zu grofsen Differenzen, vermindert die Wirkung des Thomasmehles und ist ein ganz unnötiger Ballast, der sonst nur noch Ausgaben für Mahlen, Löhne, Säcke, Frachten etc. erfordert; also man lasse den Sandzusatz wieder ganz weg und überlasse das wirkliche Aufschliefsen und Verbessern ausschliefslich den Sulfitablaugen.

Entgegen den ersten günstigen Analysen und Gutachten sind auch Stimmen laut geworden, welche den Sulfitablaugendünger zum Teil, auch ganz verurteilen, ohne ihn aber näher unter- und versucht zu haben! Es seien einige hier kurz erwähnt.

Ein vor kurzem in Süddeutschland verstorbener Geh. Rat hatte erst Bedenken gehabt, ob man wohl Fleisch, Milch etc. von solchen Tieren ohne Nachteil geniefsen könnte, welche Futter von mit dem neuen Dünger gedüngten Äckern und Wiesen erhalten hätten. Demgegenüber ist zu bemerken, dafs einmal die Dungstoffe fast nie unverändert in die Pflanzen übergehen; weiter handelt es sich doch nur um geringe Mengen; man nimmt pro Ar 5 Kilo Thomasmehl, also etwa 10 Kilo des neuen Düngers; das sind pro □Mtr. 100 gr, in denen 50 ccm eingedickte Ablaugen enthalten sind; und welche Stoffe sollen denn hier überhaupt nachteilig sein? Das Thomasmehl doch sicher nicht; also könnten es nur die Ablaugen sein sollen; weswegen diese aber dann? Als besten Gegenbeweis hat dann der

Erfinder mehrere Wochen lang täglich 5 bis 10 und 20 Gramm des neuen Düngers direkt eingenommen und sich sehr wohl dabei befunden; nur wurden durch den Eisengehalt desselben die Darmgase geruchlos und die Faeces schwarz gefärbt; jedenfalls sind aber fast sämtliche Bestandteile des Düngers dem Körper zugeführt worden und ihm zu gute gekommen!

Derselbe Geh. Rat hat aber später das Verfahren selbst gründlichst genau durchgeprüft, sich Ablaugen kommen lassen und diese zu Dünger verarbeitet; danach ist entschieden worden, dafs neue Sulfitstofffabriken an kleineren Flufsläufen nur dann genehmigt werden sollen, wenn sie von Haus aus das patentierte Verfahren ausführen und die Ablaugen in Dünger verwandeln!

Wie überaus leicht haben es sich dagegen andere Kritiker gemacht, so Dr. Aulmann-Hildesheim, der ein vernichtendes Urteil abgibt, ohne überhaupt die Patentschrift gelesen zu haben; denn sonst hätte er unmöglich behaupten können: „Das Düngemittel ist hergestellt aus Thomasmehl mittels der Sulfitlauge; letztere ist ein Abfallprodukt bei der Papierfabrikation und besteht hauptsächlich aus Schwefelsäure etc.“

Professor Dr. Stutzer-Königsberg hat zwar die Patentschrift gelesen, aber nicht einmal richtig; denn er fragt nach Etwas, was ganz genau und ausführlich darin angegeben ist. Im Übrigen besteht seine ganze Kritik nur in Zweifeln und Verdächtigungen; selbst die Richtigkeit der Analysen von Geh. Rat Prof. Dr. Maercker und Prof. Dr. H. Wislicenus wagt er anzuzweifeln, findet es aber nicht für nötig, selbst solche zu machen.

Und diese beiden Kritiker waren für die „Deutsche Landwirtschaftliche Gesellschaft“ solche „Autoritäten“, dafs sie daraufhin den neuen Dünger auf die schwarze Liste gesetzt hatte! Leider war die Sulfitstoffindustrie schon für so manchen Professor die Veranlassung, sich schnell und gründlich nicht mit Ruhm, sondern dem Gegenteil zu bedecken!

Interessante Versuche hat Professor Dr. Ahrens-Breslau begonnen, ohne sie leider fortzusetzen und die Resultate weiter zu verwerten. Aus seinen Zahlen geht nämlich hervor, dafs einmal die organischen Substanzen der Ablaugen durch die Verarbeitung zu dem neuen Dünger mindestens 100 mal schwerer löslich und zum anderen erhebliche Teile des Thomasmehles selbst dagegen löslich werden!

Diese 3 Kritiker sprechen nun aber den organischen Substanzen in den Ablaugen jeden Düngewert ab, weil derselbe in ihrem Schema noch nicht verzeichnet ist; Versuche damit anzustellen, ist für sie nicht nötig; das überläfst man grofsmütig Andern. Was soll nun aber denn bei den schon mehrfach besprochenen Rieselungsversuchen mit ganz dünnen, abgestumpften Ablaugen die so günstigen Wirkungen hervorbringen? Durch das Abstumpfen wird noch viel einfach-schwefligsaurer Kalk ausgefällt, kommt also auch nicht einmal als Gyps nach vorheriger Oxydation in Betracht. Sollen nun wirklich blos die Spuren von Kali und Stickstoff hier wirksam sein, die in den verdünnten Ablaugen zugeführt werden? Aus was bauen sich die Pflanzen vornehmlich denn selbst ihre neuen Zellen? Aus der Kohlensäure der Luft und dem Wasser! Und da sollen sie aus den Ablaugen, in denen doch sämtliche Bestandteile des Holzes mit Ausnahme des Zellstoffs sich in Lösung befinden, nicht noch leichter Material, wie sie in dem Sulfolignin, den Amyloiden und vor Allem dem Zucker und anderen Stoffen zu Gebote stehen, zum Bau neuer Zellen finden? Die günstigen Erfolge der Rieselungen und der Anwendung des Laugendüngers beweisen es ja, und die Entdeckungen im Auslande lebender Forscher haben auch die nötige Aufklärung gebracht; namentlich die von Oskar Loew, der die Kirschenblüte in Japan zu seinem besonderen Studium gemacht hat, welche jedes Jahr in so überreicher Fülle wiederkehrt, während die Früchte niemals zur Reife kommen, sondern, durch die besonderen klimatischen Verhältnisse bedingt, stets vorher abfallen. Die Stoffe nun, die sonst der Baum zur Reife der Früchte verbrauchen würde, speichert er in Form von Stärke in der Rinde an; diese wird im Frühjahr in Zucker verwandelt, sodafs der Saft dann sehr reich daran ist; und der Zucker ist es dann, welcher so grofsen Reiz auf das Protoplasma von Menschen, Tieren und Pflanzen ausübt, und namentlich zu besonders starker Blütenbildung bei den Pflanzen reizt. Da nun nach Prof. Dr. Frank in den zum Trocknen eingedampften Ablaugen 16 bis 18% Zucker vorhanden sind, hat man davon in dem neuen Dünger etwa 7 bis 9 % und aufserdem noch Amyloide und ähnliche Stoffe. Dieser also ist es vor Allem, welcher die schnelle und starke Wirkung hervorbringt. Bei den Menschen tut er es nicht minder, wie kleine Gaben von Zucker und Chokolade bei Manövern, Bergbesteigungen etc. längst bewiesen haben. So werden wohl auch die obigen 3 Kritiker und ihre gleichgesinnte Genossen sich wider Willen doch noch genötigt sehen, die organischen Substanzen im Allgemeinen, ganz besonders aber die der Sulfitablaugen zu bewerten und ihrem Schema einzuverleiben. Die praktischen Landwirte tun dies ja längst; sie sagen, dafs alle anderen künstlichen Dünger den Boden nach und nach „aussaugen"; weil sie keinen Ersatz für den verbrauchten Humus liefern; da es aber den meisten an genügendem Mengen Stalldünger gebricht, müssen sie zum Gründünger greifen, der selbstredend auch nicht umsonst zu haben ist; denn er kostet nicht blos die Aussaat, Lohn etc., sondern auch den Ertrag eines ganzen Jahres.

Will man nun mit dem neuen Dünger recht schnelle und sichtbare Erfolge erzielen, so weicht man ihn einige Tage in Wasser ein, wobei er sich zu einem gelblich-braunen Schlamm auflöst, und von diesem setzt man dem Giefswasser etwas zu; dann werden die Nährstoffe gleich von den Wurzeln aufgenommen und den Pflanzen zugeführt.

In ganz derselben Weise wird man ihn auch mit besonderem Vorteil als Futtermittel für das Vieh verwenden und dazu nur den feineren Schlamm benutzen, das Grobe dagegen zurücklassen und als Dünger lieber verwerten; denn darin sind viel feine Stahlspänchen enthalten, welche von den Stahlkugeln der Kugelmühlen herrühren, in denen die Schlacke fein gemahlen wird. Durch die Behandlung mit dem Thomasmehl verlieren die Ablaugen fast ganz den kratzenden Geschmack; da nun aufserdem fast alle P_2O_5 hier in citratlöslichem Zustande vorhanden ist, ersetzt man so den viel teureren Futterkalk gleich aufs Beste mit. So wird der Vorschlag von Prof. Dr. Frank am besten zur Ausführung kommen, und sicher wird man damit sehr gute Erfolge erzielen müssen und nicht etwa blos in Zeiten des Futtermangels. Dafs der Aufenthalt in Zellstofffabriken, mögen sie nach dem Sulfat- oder dem Sulfitverfahren arbeiten, Lungenleidenden sehr dienlich ist, namentlich durch die schwachen Dämpfe von Terpentin und schwefliger Säure, in denen man sich dauernd bewegt, ist eine längst bekannte Sache, und in den älteren Jahrgängen der Papierzeitung ist vielfach darüber berichtet, ebenso Seite 65 und 66 in diesem Werke kurz erwähnt worden; später ging man auch dazu über, in Kliniken zerstäubte Sulfitablauge von den Leidenden einathmen zu lassen, so in Hallein, in Berlin durch Dr. Simon etc., wodurch man ebenfalls beste Erfolge erzielte, welche man namentlich dem Sulfolignin zuschreibt. Es wäre doch daher auch dringend zu empfehlen, Versuche und Beobachtungen nach der Richtung anzustellen, dafs man aufgeschlämmten Sulfitlaugendünger den Leidenden eingibt, wodurch man nicht blofs dem Körper das

Sulfolignin als Heilmittel, sondern auch noch gleichzeitig Kräftigungsmittel, citratlösliche P_2O_5, Zucker und andere organische Substanzen mit zuführt; es wäre ja sehr schön, wenn man auch auf diese Weise bei Menschen und Tieren Tuberkulose und Perlsucht etc. erfolgreich bekämpfen könnte.

Es handelt sich ja um ganz enorme Mengen von Werten, welche jetzt täglich und jährlich in den Sulfitablaugen vollständig verloren gehen; rechnen wir blos die starken Ablaugen, deren eine mittlere Sulfitstofffabrik in 24 Stunden rund 100 cbm. von 6 bis 7 ° Bé hat, so sind in diesen enthalten:

160 Kilo	Kali	= Mk. 0,15	. . . . .	für Mk.	24,—
80 „	Stickstoff	= „ 1,20	. . . . . .	„ „	96,—
3600 „	Kalk	= „ 0,30	per 100 Kilo	„ „	10,80

und 12500 Kilo organische Substanz, darunter allein 2880 bis 3240 Kilo Zucker; es wird also nicht zuviel sein, wenn man diese organische Substanzen durchschnittlich zunächst mit Mk. 1,— per 100 Kilo ansetzt, das wären für 3060 Kilo Zucker im Mittel nur Mk. 4,09 per 100 Kilo, wenn man alles Andere nicht berücksichtigen wollte; in Deutschland hat man nun jetzt 70 Sulfitstofffabriken, welche im Durchschnitt noch gröfsere Produktion haben, als hier angenommeu; aber selbst bei dieser durchschnittlichen Gröfse hat man schon jedes Jahr in den starken Ablaugen rund:

3400000 Kilo	Kali	= Mk. 0,15	per Kilo	Mk.	510000
1700000 „	Stickstoff	= „ 1,20	. . . . . .	„	2040000
76000000 „	Kalk	= „ 0,30	per 100 Kilo	„	228000
262500000 „	org. Subst.	= „ 1,—	. . . . . .	„	2625000
			in Summa	Mk.	5403000

welche jetzt vollständig verloren gehen; darunter also 60000000 bis 68000000 Kilo Zucker! Nun kann man in einer Fabrik durchschnittlich täglich mit den Ablaugen rund 20000 Kilo Thomasmehl aufschliefsen und bekommt rund 40000 Kilo neuen Dünger, den Prof. Dr. H. Wislicenus-Tharandt kurzer Hand „Knöselmehl“ getauft hat, daraus; in den 70 Fabriken wird man also im Jahre mindestens 420000 ton Thomasmehl verbrauchen und 840000 ton Knöselmehl herstellen können; alles Thomasmehl gewinnt aber durch dieses Aufschliefsen ein volles Drittel an Wert; rechnet man die Tonne durchschnittlich zu Mk. 45,— so sind dies Mk. 18900000 für das Thomasmehl, und dessen Werterhöhung beträgt dann Mk. 6300000.

Wird erst das Knöselmehl in gröfseren Mengen hergestellt und von den Land- und Forstwirten verbraucht werden, so werden diese schnell seine vorzügliche Wirkung und den dadurch bedingten hohen Wert erkennen, und Nachfrage und Preis werden dauernd und schnell steigen, sodafs dann nicht blos diejenigen Ablaugen zu Knöselmehl verarbeitet werden, welche in kleineren Flufsläufen Unannehmlichkeiten hervorrufen, sondern nach und nach alle anderen, welche grofsen Flüssen zugeführt werden, ebenfalls. Sie werden dann so das Wachstum aller Pflanzen in Garten und Feld, Forsten etc. günstig beeinflussen und so die Produktion an Holz und Stroh namentlich mit steigern, was nicht blos den Forst- und Landwirten, sondern auch den Zellstoff- und Papierfabrikanten nur wieder von Nutzen sein kann. Die Ablaugen werden auf diese Weise am schnellsten wieder — wie schon gesagt — in den Kreislauf der Natur zurückgeführt; man könnte — bildlich gesprochen — sogar von einer „Wiedergewinnung des Holzes" reden.

Gleich zu Anfang ist bemerkt worden, dafs man die Ablaugen in einem gut konstruierten Flammenofen eindampfen soll; denn die Verdampfungsapparate sind dazu viel zu teuer in Anlage und Betrieb; je dicker die Ablaugen werden, um so schlechter leiten sie die Wärme und um so geringer ist die Verdampfung bei der indirekten Heizung, während bei einem gut konstruierten Flammenofen nicht blos Lauge und Heizgase direkt mit einander in Berührung kommen, sondern auch noch möglichst innig mit einander vermischt werden, wodurch die Heizgase aufs Beste ausgenutzt werden.

Die Selbstkosten des Eindampfens in solchen Apparaten sind von mehreren Seiten übereinstimmend auf rund Mk. 2,25 pro 100 Kilo Lauge von 30 bis bis 35 ° Bé angegeben worden; das ist für die Herstellung von Knöselmehl natürlich viel zu teuer; dagegen arbeiten gute Flammenöfen viel billiger; hier betragen die Selbstkosten etwa nur den siebenten Teil und aufserdem arbeiten sie frei von Gerüchen, geben also keinen Anlafs zu Beschwerden.

Im Übrigen sei hier noch auf die betreffenden Mitteilungen in der Chem. Ztg. Nr. 21 von 1902 und Nr. 4 von 1904, No. 47 der Zeitschrift für angewandte Chemie von 1904, Nr. 4, 13 und 46 der Deutschen Landwirtschaftspresse von 1905 und Nr. 33 und 45 des „Papierfabrikant" von 1905 verwiesen.

Vor Kurzem tauchte auch ein Projekt auf, nach welchem aus 100 Kilo zur Syrupdicke eingedampfter Ablauge bequem 60 Kilo reiner Stärkezucker gewonnen werden sollen; nun sind aber im Ganzen darin etwa 45 Kilo organische Substanzen überhaupt und darunter 11 Kilo Zucker enthalten; die anderen organischen Substanzen ebenfalls sämtlich in Zucker überzuführen, ist unmöglich; dessen Gewinnung aus den schwarzen, teerartigen Laugen ist auch nicht leicht und billig, und so wird es immer das Einfachste sein und bleiben, die Ablaugen im Ganzen in Knöselmehl zu verwandeln und als Dünge-, Futter- und vielleicht auch als Heilmittel zu verwenden.

Die Nachbarschaft von Cellulosefabriken beklagt sich aber mit mehr oder weniger Recht auch noch über Luftverunreinigung und dadurch herbeigeführte Schäden. Bei den Sulfit-Cellulosefabriken ist das Übel, besonders wenn keine Wohnhäuser in nächster Nähe stehen, nicht allzuschlimm, da der störende Geruch nur auftritt, wenn irgendwo nicht aufgepafst worden ist. Aufserdem ist der Geruch eigentlich nicht gerade übel, zwar etwas scharf, aber z. B. lange nicht so ekelhaft, als der den Lumpenkochern der Papierfabriken entströmende, nicht so erstickend, wie der Chlorgasgeruch, und, wie gesagt, ist in der Nachbarschaft einer solchen Sulfit-Cellulosefabrik niemals eine so gleichmäfsig verpestete Atmosphäre zu finden, wie sie manche chemische Fabriken fortwährend umgibt. Allerdings hat die gasförmig austretende schweflige Säure, wie schon öfter erwähnt, die Eigenschaft, die Vegetation zu schädigen, und deshalb können von Zeit zu Zeit Entschädigungen für Flurbeschädigungen zu zahlen sein, wenn die Fabrik von Feldern umgeben ist; aber bei einiger Aufmerksamkeit läfst sich das nahezu vermeiden, wenn die Türme hoch genug sind, und das Grundstück, besonders in der Nähe der Kiesöfen, von einer hohen Mauer oder einem dichten Bretterzaun umgeben ist. Oft wurden auf den Grundstücken der Cellulosefabriken verschiedene Obstsorten gefunden, die ganz reichlich tragen; die Belästigung der Nachbarschaft ist also niemals so grofs, als dieselbe sie darzustellen beliebt.

Mit gröfseren Schwierigkeiten haben in dieser Beziehung die Sulfat-Zellstoffabriken zu kämpfen. Zum Teil bei der Entleerung der Kocher, zum Teil bei dem Prozefs der Sodawiedergewinnung entweichen Dünste, welche mit „faulem Kohlgeruch“ zu vergleichen sind, und welche manchmal so stark auftreten, dafs die ganze Gegend auf weite Strecken, je nach der Stärke und Richtung des Windes, in Mitleidenschaft gezogen wird. Trotzdem die sich beim Verdampfen der Kochlaugen vielfach entwickelnden stinkenden Gase über Feuerungen geleitet und dort verbrannt werden, ist der so aufserordentlich belästigende Geruch nur sehr schwer zu vermeiden, besonders da manche Fabrikanten nicht einmal genau anzugeben vermögen, woher eigentlich der hauptsächlichste Gestank kommt, wie man aus Polemiken schliefsen kann, die in der Papierzeitung geführt wurden.

Durch die nicht wegzuleugnenden Belästigungen der Nachbarschaft wurden nun in vielen Gegenden die Behörden veranlafst, gegen die Cellulosefabriken auch bezüglich der Luftverunreinigung vorzugehen, und zwar geschah dies an manchen Orten in einer Weise, dafs die Existenz der Fabriken nahezu in Frage gestellt wurde. Am auffälligsten trat dies in der Kösliner Cellulosefabrik hervor, die 1500 Meter von der Stadt entfernt liegt, und wo die Behörde der betreffenden Fabrik wegen der belästigenden Ausdünstungen für jeden einzelnen Kontraventionsfall 60 Mk. Strafe (eventuell dem Vertreter derselben 6 Tage Haft) auferlegte. Zu verschiedenen Malen ist diese Strafe auch eingezogen worden, trotzdem ein Gegenprozefs angestrengt wurde, der jahrelang währte, und trotzdem man alles tat, den Übelstand auf das möglichst geringste Mafs herabzumindern. Der Fall ist in der Papier-Zeitg. 1887 Nr. 4 mit allen Gutachten u. s. w. ausführlich beschrieben, weil er eine ernste Gefahr für die ganze Papierfabrikation bedeutet. Alle Zellstofffabrikanten sollten durch gegenseitige Belehrung möglichste Beseitigung der belästigenden Gase und Abwässer anstreben, aber sich auch bei derartigen Kämpfen unterstützen. Nicht nur die Zellstofffabrikation, sondern die ganze chemische und viele andere Industrien wären in ihrer Existenz bedroht, wenn solche Auffassung der Gesetze allgemeine Geltung erlangte. So sehr auch Reinheit von Wasser und Luft erwünscht ist, so wenig zweckmäfsig erscheint es, dieselben durch Mafsnahmen erzwingen zu wollen, welche einen Teil der Bevölkerung ihres Bewerbes berauben. Es ist zu hoffen, dafs es allmählich gelingen wird, die unleugbaren Schattenseiten industrieller Tätigkeit zu beseitigen oder doch auf ein Minimum zu beschränken, wenn nur der Industrie Zeit gegeben wird, die Mittel dazu zu finden!

Die verschiedenen Klagen über Belästigungen haben nun den Behörden Veranlassung gegeben, unter Zugrundelegung der bisher gemachten Erfahrungen und verschiedenseitig eingeführten Verbesserungen, gegen früher verschärfte Genehmigungsbedingungen für die Anlage von Cellulose-Fabriken aufzustellen. Es wird von Interesse sein, am Schlufs dieses Kapitels als Beispiel eine solche Genehmigungs-Bedingung kennen zu lernen, wie sie einer badischen Fabrik für die Anlage einer Sulfat-Cellulosefabrik vorgeschrieben wurde.

1. Der Fabrikant hat das von ihm beschriebene Betriebsverfahren in allen Teilen einzuhalten, insbesondere müssen die Operationen des Kochens, Auswaschens und Eindampfens in vollständig geschlossenen Systemen vor sich gehen.

2. Alle Apparatteile (neue und alte Kocher, Ausblasezylinder, Recipienten, Rohrleitungen u. s. w.), in welchen laugenhaltige Flüssigkeiten erhitzt oder unter Druck behandelt werden, müssen vollständig dicht hergestellt sein. Bei der geringsten Undichtigkeit, welche bemerkt wird, ist sofort der betreffende Apparatteil aufser Betrieb zu setzen, zu reparieren und erst nach Bestehung der vorgeschriebenen gesetzlichen Probe (Attest der Dampfkesselinspektion) wieder in Betrieb zu nehmen.

3. Innerhalb 24 Stunden dürfen nicht mehr als höchstens 8 Kocherfüllungen entleert werden. Behufs Kontrollierung dieser Produktionsgrenze mufs das betreffende Betriebsbuch den Beauftragten der Behörde jederzeit zugänglich sein.

4. Die Leitung der Laugen sowohl von den Kochern, als auch von den Ausblasezylindern nach dem Endlaugenbehälter und von diesem nach den geschlossenen Kondensatoren mufs durchweg in geschlossenen Röhren geschehen.

5. Der Endlaugenbehälter selbst mufs ebenfalls hermetisch gegen die äufsere Luft abgeschlossen sein; an demselben ist für das Eindringen der Luft beim Abblasen der Lauge ein sich nach innen öffnendes, automatisch wirkendes Ventil anzubringen.

6. Die im Kocher entstehenden Dämpfe müssen kontinuierlich abgeblasen und durch einen Oberflächenkondensator mit Wasserkühlung und genügend grofser Kühlfläche nach 2 abwechselnd funktionierenden Aufnahmebehältern geführt werden, in welchen die Scheidung von kondensierten Ölen und Wasser vor sich geht.

Die Dimensionen dieser Behälter müssen derart sein, dafs vor der jeweiligen Entleerung eine vollständige Abscheidung des Öles eingetreten ist. Dieses Öl ist in gut verschlossenen Gefäfsen abzuführen und mufs Einrichtung getroffen werden, dafs dasselbe beim Abwässern nicht mit der äufseren Luft in Berührung kommt.

Die im Kondensator nicht verdichteten Gase müssen in geschlossenen Röhren unter eine Feuerung geleitet und dort vollständig verbrannt werden. Aus den Aufnahmebehältern wird das nach Entfernung der kondensierten Öle zurückbleibende Wasser in einen Ausdämpfer gepumpt, wo durch ein Schlangenheizrohr die letzten Reste der flüchtigen Öle und Riechstoffe ausgetrieben und ebenfalls in einer Rostfeuerung verbrannt werden.

7. Die aus dem zweiten Kondensator austretenden Dämpfe dürfen für den Fall nicht mehr zum Erwärmen der Mischerlauge benutzt werden, dafs aus ihnen noch unkondensierte Gase austreten sollten: sie sind dann für sich zu kondensieren und die unkondensierbaren Anteile, wie unter Ziffer 6, in einer Rostfeuerung zu verbrennen.

8. Sämtliche im Bisherigen besprochenen Gasleitungen, welche unter die Rostfeuerungen führen, müssen in der Mitte unter den betreffenden Feuerungen in Form einer Brause endigen.

9. Die Feuerwand, welche den Vorraum begrenzt, ist so zu konstruieren, dafs ein Undichtwerden derselben ausgeschlossen ist. Sollten sich trotzdem Undichtigkeiten zeigen, so darf keine Lauge in diesem Vorraum abgedampft werden.

10. Vor Eintritt der Ofengase in den Schornstein haben dieselben eine Endfeueruug zu passieren, damit die noch übrig gebliebenen Riechstoffe vollständig verbrannt werden. Sollte es sich dabei herausstellen, dafs die gewöhnliche Rostfeuerung ihrem Zweck nicht mit genügender Vollständigkeit entspricht, so ist dieselbe durch eine Regenerativfeuerung mit hoch erhitzter Luft zu ersetzen.

11. Die zum Kochen zugerichteten Ätzlaugen dürfen nicht mehr als 10 % Schwefelnatrium von dem Gehalt der Lauge an Soda (Ätznatron und kohlensaures Natron auf letzteres berechnet) enthalten.

12. Die Einhaltung sämtlicher Genehmigungsbedingungen, der in Ziffer 11 vorgeschriebene Maximalgehalt der Laugen an Schwefelnatrium, sowie die Vollständigkeit der Zurückhaltung und Verbrennung der riechenden Gase wird seitens des Bezirksamtes einer ständigen technischen und chemischen Überwachung unterstellt.

13. Die Waschwasser, welche sich beim Auswaschen der dem gekochten Holzstoff anhaftenden Laugen in den Ausblasezylinder ergeben, müssen, einem Genehmigungsbescheid vom

25. Nov. 1885 für die Chlorbleicherei entsprechend, vor ihrer Einleitung in die Murg mit den Abwässern der Chlorbleiche vermengt werden. Die Einleitung dieser Wasser in die Murg ist — wie jene der Chlorwasser — im öffentlichen Interesse jederzeit ohne Entschädigung widerruflich.

14. Sollten sich nach Herstellung der neuen Einrichtungen ungeachtet der Einhaltung vorstehender Bedingungen neuerdings erhebliche Belästigungen für das Publikum aus dem Fabrikbetrieb ergeben, so bleibt es dem Bezirksamt vorbehalten, die zur Beseitigung derselben erforderlichen Anordnungen zu treffen.

Die in dem fraglichen Betriebe getroffenen Änderungen bestehen, soweit sie auf den Umfang der Belästigungen von Einfluſs sind, in Folgendem: Das Holz wird nicht mit derselben Lauge fertig gekocht, sondern die Lauge zirkuliert nach und nach in 4 in verschiedenen Stadien befindlichen Kochern, so daſs der Stoff zuletzt mit reiner Lauge in Berührung kommt. Die Kocher werden nicht mehr offen, sondern in geschlossenen Gefäſsen ausgeblasen und hier gründlich ausgewaschen.

Man erhält hierdurch weniger und konzentriertere Laugen für den Calcinierungsprozeſs, und ferner wird das Öffnen der mit heiſser Masse gefüllten Kocher, welches einen Teil der Belästigung der Umgegend hervorgebracht hatte, gänzlich vermieden. Endlich wird auf möglichst vollkommene Verbrennung der bei der Calcinierung entstehenden Gase dadurch hingewirkt, daſs der Calcinierofen drei gleichmäſsig verteilte Feuerungen enthält, sodaſs am Ende des Ofens alle Gase nochmals eine kräftige, mit starkem Luftzutritt betriebene Feuerung passieren müssen. Über die Abgangsgase dieses Prozesses wurden in verschiedenen Teilen des Ofens und des Kamins aus den verschiedenen Stadien der Fabrikation und zu den verschiedenen Zeiten über 50 Analysen vorgenommen, weil man befürchtete, es könne aus dem, sich aus dem schwefelsaurem Natron bildenden Schwefelnatrium bei Eintritt trockener Destillation, Schwefelwasserstoff entwickelt werden. Diese Vermutung hat sich jedoch nicht bestätigt; Schwefelwasserstoff wurde vielmehr durch die Analyse überhaupt nicht, oder doch nur in so geringen Spuren gefunden, wie er sich in den Abgangsgasen jeder gröſseren Steinkohlenfeuerung findet. Es konnte also nicht festgestellt werden, daſs die Verwendung schwefelsauren Natrons bei den getroffenen Einrichtungen irgend welche Vermehrung der Belästigungen zur Folge haben werde.

Die zur Unschädlichmachung des vom Ablassen der Kocher herrührende Kondensationswassers vorgeschriebenen Einrichtungen nach der Zeichnung, sind aus der Zeichnung Figur 135 zu ersehen, zu deren Erläuterung folgendes zu bemerken ist:

Nachdem die beim Abblasen des Überdrucks der Kocher entstandenen Dämpfe durch einen Kondensator geleitet worden sind, werden die Kondensationswasser und die nicht kondensierten Dämpfe durch die Leitungen *a a* mittelst der Hähne *b b* abwechselnd nach den geschlossenen, eisernen Sammelgefäſsen *A A* geführt. In denselben sammelt sich das Wasser, während die nicht kondensierten Dämpfe durch die Rohre *i i* unter eine Feuerung geführt werden, wo sie mit bläulicher Flamme verbrennen.

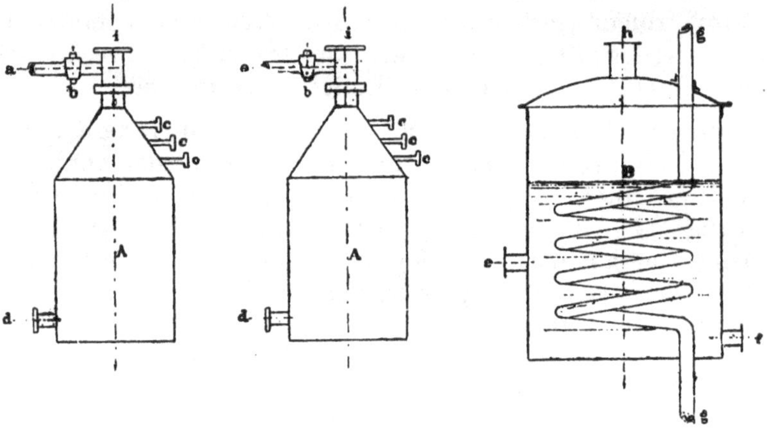

Fig. 135.

Während sich das eine Sammelgefäſs *A* füllt, steht das andere 5—6 Stunden lang still, während welcher Zeit sich die öligen Körper oben abscheiden. Letztere werden sodann durch mit Hähne versehene Stutzen *c c c* abgelassen und auf einer Feuerung verbrannt. Die in den Sammelgefäſsen abgeklärten Flüssigkeiten, welche immer noch Riechstoffe enthalten, werden durch die Rohrverbindungen *d d* und *e* nach dem geschlossenen eisernen Behälter *B* gepumpt und durch die Dampfschlange *g g* erhitzt. Die letzten Reste der Geruchkörper verflüchtigen sich hier und gelangen durch *h* unter eine Feuerung, wo sie ebenfalls verbrannt werden. Das ausgedämpfte und von seinen

Riechstoffen befreite Wasser des Behälters *B* wird, nachdem es noch einen Niederschlags- und Klärungsprozeſs mit Ätzkalk durchgemacht hat, durch *f* abgelassen und wieder in der Fabrikation verwendet.

Man ersieht aus diesen Genehmigungsbedingungen, denen die Vorschriften zur Abhilfe der früheren Belästigungen gleich beigefügt sind, daſs es, wenn auch mit Aufwand von nicht unbedeutenden Kosten und Mühen, doch immerhin möglich ist, die bei der Sulfat-Zellstofffabrikation auftretenden Geruchsbelästigungen zu vermeiden, oder doch auf ein Minimum zu beschränken.

Es kann hier auf Dasjenige verwiesen werden, was auf Seite 48 und 49, sowie 64 und 65 und 127 schon gesagt worden ist; danach kann man — kurz zusammengefaſst — auch beim Sulfatverfahren ohne nennenswerte Schwierigkeiten arbeiten, wenn man besonders auf folgende Punkte achtet:

1. Führe man eine gute Wiedergewinnung der Soda ein und durch, sodaſs man mit einem geringen Zusatz von Sulfat auskommt.

2. Halte man auf eine möglichst gute Umsetzung des Sulfats in Schwefelnatrium und vermeide die Bildung anderer Schwefelverbindungen, was man am sichersten auf dem Herd eines gut konstruierten Flammenofens in der Hand hat.

3. Gebrauchte Kocherlaugen dampfe man nicht in Kesseln oder Verdampfapparaten ein, sondern von Anfang bis Ende nur in einem gut konstruierten Flammenofen, welchen die Ablaugen in keiner Zwischenstufe etwa, sondern nicht eher verlassen, bis sie auf dem Herde vollständig ausgebrannt sind und die Reduktion des Sulfats richtig durchgeführt ist; dann kommt man auch sehr gut mit nur einer Feuerung aus, welche sich direkt vor dem Calcinierherde befindet. In den Kesseln und Verdampfapparaten bilden sich die schlecht riechenden Gase ja hauptsächlich, besonders wenn in den Laugen noch andere Schwefelverbindungen auſser Sulfat und Schwefelnatrium enthalten sind.

4. Wenn möglich gewinne man während des Kochprozesses das Terpentinöl, da sich mit diesem zusammen übelriechende Verbindungen abscheiden und hierin dann allmählich durch Oxydation zum Verschwinden gebracht werden.

Auch für die Sulfit-Cellulosefabriken sind nach Anhörung verschiedener Sachverständigen von manchen Behörden neuerdings strengere Vorschriften erlassen worden, wofür als Beispiel folgende Punkte dienen mögen, welche der Aschaffenburger

Papierfabrik vor der Anlage einer Sulfit-Cellulosefabrik zur Bedingung gemacht wurden:

1. Die Erweiterungsbauten der Fabrikanlage müssen genau nach den vorliegenden Plänen und unter Einhaltung der Vorschriften der allgemeinen Bauordnung vom 19. Sept. 1881 ausgeführt werden.

2. Für den weiter aufzustellenden Dampfkessel ist vorerst noch Zeugnis des Bayrischen Dampfkesselrevisions-Vereins hinsichtlich seiner Sicherheit, sowie der Vollständigkeit und Dichtigkeit seiner Ausrüstungsteile vorzulegen, bevor der Betrieb genehmigt werden kann.

3. Alle Einrichtungen, soweit die chemische Abteilung in Betracht kommt, müssen so beschaffen sein, dafs schwefligsaure Dämpfe nicht entweichen können. Es sind deshalb alle Apparate, Absorptions- und Kochapparate und alle Leitungen stets in gut und dicht schliefsendem Zustande zu erhalten und der Luftzug in den Schwefelpfannen derart zu regeln, dafs schweflige Säure nicht austreten kann.

4. Die Kocherdämpfe dürfen beim Abblasen der Kocher nicht ins Freie entweichen, sondern sind teils durch absperrbare Rohrverbindungen, teils durch einzuschaltende Injekteure in frisch gefüllte Kocher zu leiten.

5. Die Reinigung und Abführung der Abwasser mufs getrennt von jenen der Natronzellstoff-Fabrik geschehen. Die verdünnten Kocherlaugen müssen vor ihrem Eintritt in die Aschaff dem Dr. Frank'schen Reinigungsverfahren unterworfen werden; dagegen sind die aus der übrigen Anlage, insbesondere aus den Waschholländern kommenden Wasser mittelst eigener Rohrleitung in die in der Natronzellstofffabrik angelegten Klärbecken behufs Ablagerung mitgeführter Holzfasern zu leiten.

6. Die Zahl der zur Reinigung und Klärung der gewaschenen Kocherlaugen anzulegenden Bassins wird vorerst auf 3 mit einem kubischen Inhalt von je 60 Kbm. und einer Bodenfläche von etwa 309 □Mtr. festgesetzt. Dieselben sind in der Weise anzulegen, dafs Seitenwände und Boden im Verhältnis zum Druck der Flüssigkeit genügend stark und vollkommen wasserdicht hergestellt, mit Zementmörtel gemauert und überdies zur Erreichung vollständiger Undurchlässigkeit mit einer 2 cm starken Zementschicht im Innern verputzt werden.

7. Die bei der Reinigung der Abwasser nach dem Dr. Frank'schen Verfahren durch Einblasen der Schornsteingase erhaltenen Niederschläge sind, wenn sie nicht als Dungmittel

verwertet werden, nach vorherigem Abtrocknen an der Luft; wieder zu verbrennen. Der zur Lagerung dienende Schuppen mufs Schutz dagegen bieten, dafs durch Auswaschen (Regen u. s. w.) der Schmutz wieder in das Aschaffwasser gelangen kann.

8. Die Ableitung der Abwasser aus dem Klärbecken mufs derart geregelt werden, dafs in der Sekunde höchstens 1,5 Liter der Aschaff zugeführt werden.

9. Die beim Betrieb verwendeten Kreissägen, sowie sämtliche Transmissionsteile, als Zahnräder, Riemenläufe u. s. w., soweit solche im Bereich des Arbeiters liegen, sind mit genügenden Schutzvorrichtungen zu versehen.

10. In jedem Arbeitsraum, in welchem Maschinen oder Transmissionsteile in Bewegung sind, ist ein Plakat anzubringen, welches in grofser Schrift die Arbeiter anweist, Hantierungen an Treibriemen und das Schmieren der Lager und Transmissionsteile nur bei abgestellter Betriebsmaschine vorzunehmen.

11. Der Magistrat behält sich vor, jederzeit unter Zuziehung eines Sachverständigen auf Kosten der Gesuchstellerin eine Kontrolle und Untersuchung des Fabrikbetriebes vorzunehmen.

Dieselbe hat sich zu verpflichten, allen Anordnungen des Magistrats, welche zur Abstellung allenfalls später auftretender Belästigungen, Nachteile und Gefahren der Nachbarschaft oder zur Abstellung der Verunreinigung des Aschaffwassers nötig werden sollten, unweigerlich Folge zu leisten.

VIII. Anlage von Cellulosefabriken.

Nach den in den vorhergegangenen Kapiteln behandelten einzelnen Stadien der Cellulosefabrikation und besonders nach den zuletzt angeführten Schwierigkeiten und Erschwerungen durch Adjazenten und Behörden wird es erklärlich sein, dafs bei der Neuanlegung einer Cellulosefabrik die allergröfste Wichtigkeit auf die richtige Wahl des Ortes zu legen ist. Da in der Cellulosefabrikation kein gröfserer Kraftverbrauch stattfindet, die Dampfmaschinen auch heutzutage so gebaut werden, dafs der Kohlenverbrauch auf ein Minimum reduziert ist, so ist es nicht notwendig, auf billige Wasserkraft zu sehen, sondern vielmehr darauf, dafs ein gröfserer Flufs in unmittelbarer Nähe ist, der vielleicht die direkte Zufuhr des Holzes oder eines Teiles desselben durch Flöfsen ermöglicht, eventuell auch die teilweise Verfrachtung des fertigen Fabrikates gestattet und hauptsächlich die Beseitigung der unbequemen, wenn auch vorher gereinigten Abwässer, erleichtert. Dabei mufs, wenn es irgend angeht, darauf gesehen werden, dafs das Gründstück nicht oberhalb einer Stadt, überhaupt nicht allzunahe einer gröfseren Gemeinde oder besonders wertvoller Anpflanzungen und Anlagen liegt. Ist die Herbeischaffung von Holz durch den Flufs nicht direkt möglich, so ist es fast unbedingt nötig, nahe an der Bahn, respektive dem Bahnhof zu liegen und womöglich ein Geleise bis in den Fabrikhof zu besitzen, da die Frachten gerade bei jeder Cellulosefabrik eine ganz bedeutende Rolle spielen. In den seltensten Fällen wird die Fabrik so liegen können, dafs sie ihren ganzen Bedarf an Holz in der Nähe decken kann, also durch Fuhren direkt aus dem Walde holt. Fast stets sind die Fabriken auf den Bezug aus gröfserer Entfernung angewiesen, und dann ist es sehr gut, wenn aufser der hohen Bahnfracht nicht noch etwa weite Fuhren von und nach dem Bahnhof hinzunommen. Man berücksichtige, dafs jede Cellulosefabrik z. B. auf nur einen

Mitscherlich'schen Kocher berechnet, bei einer jährlichen Produktion von 900000 Kilo trockener Cellulose, ca. 7000 Rmt. Holz notwengig hat, welches bei mittlerem Trockengehalt allein ein Gewicht von 3680000 Kilo repräsentiert. Wenn man auch die anderen Materialien berücksichtigt, die zu der obigen Menge Holz jährlich gebraucht werden, so erhält man folgende Zusammenstellung:

Holz:	7000 Rmt.	3 680 000 Kilo
Cellulose: trocken	900 000 Kilo, nafs:	1 800 000 „
Schwefelkies		530 000 „
Kalk		180 000 „
Kohlen		1 200 000 „
Diverse		110 000 „
		7 500 000 Kilo

Aus dieser Jahreszusammenstellung ergibt sich, dafs auf 100 kg lufttrockene Cellulose ca. 58 % Schwefelkies verbraucht wurden. Es ist jedoch zu bemerken, dafs bei gröfseren Betrieben andere nur 50, ja nur 45 % Kies verbrauchen, je nach der Qualität und den vorhandenen Einrichtungen.

Bei Anwendung von reinem Schwefel, was für viele Fälle besser ist, ist selbstverständlich der Verbrauch viel geringer. Hermann Brüngger giebt nach seinen Erfahrungen auf 100 kg lufttrockenen Zellstoff den Verbrauch an 99 % Schwefel auf 9,77 kg. an.

Also für jeden einzelnen Kocher sind nach und von der Fabrik mindestens 7½ Millionen Kilo Güter jährlich zu bewegen, woraus auch bei günstiger Lage der Fabrik eine entsprechend hohe Fracht sich ergibt, besonders da sich schon seit Jahren der Fabrikant dem Verlangen der Kunden nicht entziehen kann, ihnen die Cellulose stets franko ins Haus, respektive bis zur nächsten Bahnstation zu liefern. Die günstigen Verkehrswege sind nach dem Gesagten bei der Wahl des Grundstücks demnach mit in erster Reihe zu berücksichtigen. Es wäre also unklug und eine falsche Sparsamkeit, ein vielleicht sonst passendes und billiges Grundstück zu erwerben, welches aber abseits von den Verkehrswegen läge. Ein derartiger Fehler, und überhaupt ein Fehler nach den anderen erwähnten Richtungen hin ist nicht wieder gut zu machen und kann die ganze Existenz der neugegründeten Fabrik in Frage stellen, mindestens eine Quelle grofser Sorgen werden. Verfasser sieht gerade hierin, in der Empfehlung zur genauen Beobachtung der angeratenen Vorsicht, den Hauptwert des vorliegenden Werkchens. Wenn

Jemand diese Ratschläge als selbstverständlich ansehen sollte, so mufs darauf erwidert werden, dafs es manche Fabrik gibt, bei welcher der eine oder andere dieser wichtigsten Punkte bei der Wahl des Ortes aufser Acht gelassen wurde.

Eine andere wichtige Bedingung ist natürlich auch die, dafs reines und reichliches Fabrikationswasser zur Verfügung steht. Ist die Reinheit nicht genügend, oder tritt zeitweise durch Regen u. s. w. Trübung ein, so mufs man gleich von Anfang an für Anlage grofser Klärteiche oder anderer Vorrichtungen sorgen, die hier nicht näher erörtert zu werden brauchen. Dabei ist nur, wie früher schon einmal erwähnt wurde, darauf zu sehen, dafs die Klärvorrichtungen oder auch etwaige Brunnen möglichst oberhalb der eigentlichen Fabrikationsräume, d. h. nach der Richtung des Flufslaufes gerechnet liegen, damit eine Verunreinigung durch die zum Teil in den Erdboden versickernden Abwässer ausgeschlossen ist.

Ist das Terrain nicht eben, sondern etwas hügelig, wenn auch nur auf einer Seite ansteigend, so kann man dies vorteilhaft benutzen, indem man die Kiesöfen und die Türme so hoch stellt, dafs die Lauge aus den Laugenbottichen durch Rohrleitung direkt in den Kocher geführt werden kann, wodurch eine Laugenpumpe überflüssig wird. Durch die höhere Lage der Türme wird dann noch erreicht, dafs etwa oben entweichende schweflige Säure in höhere Luftschichten eintritt und dadurch, ehe sie niederfällt, mehr verdünnt und unschädlich gemacht wird.

Es würde keinen grofsen Wert haben, hier über die allgemeinen Regeln zur Anlage von Cellulosefabriken hinauszugehen und etwa eine oder mehrere bestehende Anlagen beispielsweise in Zeichnung vorzuführen, da sich jede Neuanlage zunächst den lokalen Verhältnissen anpassen mufs und selbstverständlich auch Vorschriften der Orts- und Landesbehörden zu berücksichtigen sind. Aufserdem kommt bei jedem Entwurf die projektierte Gröfse des anzulegenden Etablissements, sowie der Geschmack und der Geldbeutel des Besitzers in Frage und vor allem natürlich das System, nach welchem die Cellulose hergestellt werden soll. Zur Ausarbeitung des Entwurfs einer Neuanlage mufs demnach für jeden einzelnen Fall ein technischer Sachverständiger hinzugezogen werden.

Bei den Sulfatzellstofffabriken spielen nun die Kohlen eine viel gröfsere Rolle, da für die Wiedergewinnung der Soda ganz erhebliche Mengen davon gebraucht werden; hier sind nun, ebenso für den Sulfitzellstoff, *genaue* und *richtig* aufgestellte Kalkulationen nicht blos *sehr lehrreich*, sondern *unbedingt notwendig*. Wird nicht die ganze Produktion in derselben Weise gewonnen, entweder nur als un-, oder nur als gebleichte Ware, so ist es am richtigsten, dann Alles auf *eine* Sorte zu berechnen, nämlich auf ungebleichte zurückzuführen; man mufs also den beim Bleichen stattfindenden Verlust *zuschlagen*, sodafs man eine Zahl erhält, welche sagt, wieviel Zellstoff man erhalten haben würde, wenn man nichts davon gebleicht hätte. Bei Sulfatzellstoff und Kiefernholz ist nun Schreiber dieses in vielen Jahren mit einem Bleichverlust von $6\frac{2}{3}$ % für Ganz-, 5 % für Dreiviertel- und $3\frac{1}{3}$ % für Halbbleichen ausgekommen; um nun den ungebleichten Stoff aus den Produktionszahlen zu erhalten, mufs man dem ganzgebleichten $\frac{1}{14}$, dem dreiviertelgebleichten $\frac{1}{19}$ und dem halbgebleichten $\frac{1}{20}$ zuzählen; man habe z. B. in einem Monat produziert:

45 250 Kilo ganz-gebleichten lufttrockenen Stoff,
27 500 „ halb- „ „ „
59 800 „ Ia. un- „ „ „

in Sa. 132 550 Kilo, so mufs man noch für *Bleichverlust*
3 232 „ $= \frac{1}{14} \times 45250$
948 „ $= \frac{1}{20} \times 27500$ zuzählen, und hätte dann

Insges. 136 730 Kilo *ungebleichten Stoff* gehabt, auf welche Summe man dann die ganzen Verbrauchszahlen verteilt. Andererseits rechnet man selbstredend bei Aufstellung der Bleichkosten den Bleichverlust, Verbrauch an Chlorkalk etc. für jeden Bleichungsgrad gesondert. Es kommen so in einem Jahre ganz bedeutende Summen an Bleichverlust zusammen.

Wenn möglich soll man die einzelnen *Holzposten* nicht blos getrennt verarbeiten, sondern auch besonders kalkulieren; denn hier kommen oft grofse Differenzen vor; man sieht dann am besten, welches Holz sich am günstigsten stellt und höher bezahlt werden kann, als anderes. Verarbeitet man z. B. Kiefernholz, so hat man bei diesem grofse Unterschiede, je nachdem man dick- oder dünnborkiges Holz, Kloben, oder Rund- oder Spaltknüppel verarbeitet, ob man kaltes, nasses oder sehr heifses, trocknes Wetter hat; man kauft ja das Holz fast stets *ungeschält* nach Raummeter und setzt auch den Verbrauch hierin an; man kann so einmal in denselben Kocher ganz verschiedene Holzmengen hineinbringen und erst recht dann verschiedene Ausbeute an Stoff per Kocher und Verbrauch an Holz per 100 Kilo ungebleichtem, lufttrocknen Stoff haben.

Weiter rechnet man den Verbrauch von Kohlen getrennt für die Dampfkessel, also den eigentlichen Betrieb, die Kochkessel, wenn diese direkt geheizt werden oder besondere Dampfkessel dazu haben, und die Wiedergewinnung der Soda.

Ein Punkt, der bei vielen Kalkulationen garnicht oder nicht genügend berücksichtigt wird, sind die Generalunkosten; das sind alle die, welche gleichmäfsig weiterlaufen, mag die die Fabrik im vollen Betriebe sein, oder wegen Reparaturen oder anderer Ursachen stille stehen; das sind Abschreibungen, Zinsen, Gehälter, Steuern, alle Versicherungsbeiträge und sonstige Handlungsunkosten etc. Alle diese verteilt man auf soviel Tage im Jahre, auf welche man bestimmt als volle Arbeitstage rechnen kann; also z. B. auf 300, wenn man auch die Sonn- und Feiertage arbeiten darf; die hohen Festtage kommen doch fast in allen Betrieben in Wegfall, und dann hat man doch auch Stillstände wegen Kesselreinigungen, gröfseren Reparaturen etc., hat man dann volle 30 Tage im Monat ungestört arbeiten können, so hat man für 36 Kalendertage die Generalunkosten mit kalkuliert und verdient. Die gesamten Reparaturunkosten, welche man im ganzen Jahre zusammen etwa hat, verteilt man ebenso auf die vollen Arbeitstage, sodafs sie im richtigen Verhältnis zur Produktion stehen.

Berücksichtigt man alle diese Momente bei den Monatsrechnungen, so wird man stets ein richtiges Bild des Betriebes haben, den Reingewinn genau wissen, den man erzielt hat und aufserdem viel noch daraus lernen können, namentlich wie und wo man noch weitere Ersparnisse und Verbesserungen machen kann.

Wie falsch da mitunter gerechnet wird, mögen die beiden nachstehenden, der Wirklichkeit entnommenen Beispiele zeigen: In einer Fabrik hatten alle Monatskalkulationen einen schönen Gewinn ergeben, und trotzdem zeigte sich am Schlusse des Jahres eine Unterbilanz von $16^2/_3$ %! Ungebleichter Stoff war damals zu Mk. 46 die 100 Kilo etwa verkauft und mit Mk. 43 kalkuliert worden, während er in Wirklichkeit mit den richtigen Generalunkosten Mk. 67,— gekostet hatte! In einer anderen Fabrik mufste man 3 Wochen vollständig still stehen wegen ganz grofsen Reparaturen und Erneuerungen, und die 4. Woche konnte nur mit halbem Betriebe erst gearbeitet werden. Die Kalkulation dieser 4 Wochen gab nun einen enormen Verlust, weil man verlangte, dafs die eine Woche halber Betrieb die ganzen aufgewandten Reparatur- und Erneuerungskosten, sowie volle Generalunkosten für 4 Wochen hatte einbringen sollen. In beiden Fabriken wurde dann unter Berücksichtigung obiger Punkte das richtige Kalkulieren eingeführt, und dann wufste man den Reingewinn jederzeit genau, und die Summe der 12 Monatskalkulationen stimmte mit dem Jahresergebnis überein; ja letzteres war dann immer noch etwas besser, weil man jedes Jahr in Wirklichkeit mehr als die angenommenen 300 Arbeitstage erreichte, und für die überschiefsenden die Generalunkosten also doppelt eingesetzt, mithin noch einmal verdiente hatte.

Wenn man Fichten- und Tannenholz verarbeitet, hat man es ja mit viel dünnerer Borke und meist nur Rundholz von gewisser Stärke zu tun, sodafs hier die Unterschiede nicht so bedeutend sind, wie z. B. zwischen Kiefernkloben und dünnem Rundholz. Bezieht man das Holz von weit her, so kann man die einzelnen Lieferungen nach dem Standort nicht so gut auseinander halten und wird sich zumeist darauf beschränken müssen, das Holz, je nachdem es langsam oder schnell gewachsen, nach der Dichte seiner Jahresringe zu sortieren und getrennt zu verarbeiten.

Kleine Anlagen sind im Allgemeinen weniger zu empfehlen, weil sie weniger rentabel sind; man kann in gröfseren die Einrichtungen besser ausnutzen und hat im Verhältnis geringere, oft sogar viel niedrigere Generalunkosten. Doch kann man nicht alle Anlagen nach derselben Schablone beurteilen, sondern wird jeden einzelnen Fall besonders und genau prüfen.

IX. Vergleichung der hauptsächlichsten Cellulosesorten unter einander und mit Lumpenfasern, unter Berücksichtigung von Dehnung und Aschengehalt.

Vom Standpunkt des Papierfabrikanten aus sind zunächst die beiden grofsen Gruppen der Natron- und Sulfit-Cellulose auseinander zu halten, die er im allgemeinen, da sie doch die Lumpen ganz oder teilweise in der Papiererzeugung ersetzen sollen, gern mit den Baumwollen- und Leinenfasern vergleicht, weil sie in der Tat, wenigstens in ihren Eigenschaften, Ähnlichkeit mit diesen haben. Beide, Leinen- und Baumwollenfasern, erfüllen in der Papierfabrikation ihren ganz bestimmten Zweck; meist kommen beide gleichmäfsig zur Anwendung; oft aber kann eins das andere durchaus nicht ersetzen, wo es sich um ganz besondere Eigenschaften eines Papieres handelt, entweder um grofse Festigkeit, oder andererseits um Weichheit und Saugfähigkeit. Durchgängig mufs man aber der Leinenfaser den höheren Wert zuerkennen. Ebenso ist es mit den beiden erwähnten Cellulosen: Die Natroncellulose ist im allgemeinen weicher, der Baumwolle ähnlicher, findet für manche Zwecke vorteilhafte Verwendung; aber die Sulfitcellulose hat sie stark verdrängt, da diese unbedingt fester ist, sich, manche Sorte wenigstens, noch besser bleichen läfst und sie aufserdem sogar durchschnittlich etwas billiger verkauft wird.

Die Ursache der Verschiedenheit nicht nur der beiden Hauptgruppen, sondern auch der Cellulosen der einzelnen Sulfitverfahren untereinander, kann man aus nebenstehender Zusammenstellung erkennen, welche zwar nicht ganz vollständig, aber trotzdem zeigt, dafs der Druck und die Temperatur, unter welchem und bei welcher gekocht wird, von grofsem Einflufs ist. Die in der Tabelle fehlenden Temperaturgrade können in diesen Fällen nicht aus dem Dampfdruck ergänzt werden, da wohl die Tem-

	Verfahren	Höchster Dampfdruck in Atmosphären	Höchste Temperatur in Graden Celsius	Kochzeit in Stunden	Lauge
Natron und Sulfat	Amerika	6—8	160°—172°	6	12° B.
	Dahl	5—10	152°—180°	8—12	6°—14° B.
	Ungerer	6—8	162°—172°	6—12	5°—6° B.
Sulfit	Pictet & Brélas	5—7	90°—105°	.	7% SO_2
	Ekman	6	.	10	.
	Flodquist	4,7	.	8—9	5° B.
	Archbold	4—5	.	1 1/2	.
	Partington	4	.	12—14	.
	Francke	3,5	.	12—17	.
	Ritter-Kellner	4—5	.	16—36	.
	Mitscherlich	3	117°—120°	35—38	5°—7° B.

peratur des Dampfes mit dem zunehmenden Druck in bestimmtem Verhältnis wächst, es sich hier bei den Cellulosekochungen aber um die Temperatur, der ganzen Masse, Holz und Lauge, handelt, die unabhängig vom Druck geregelt wird, und hier beim Sulfitprozefs das Schwefligsäuregas ja beim Druck mitspricht.

Man ersieht hieraus, dafs vor allem die Natroncellulosen mit sehr hohem Druck, hoher Temperatur, aber verhältnismäfsig kurzer Kochzeit hergestellt werden, dafs bei den Sulfitcellulosen durchschnittlich mit niedrigerem Druck, geringerer Temperatur und längerer Kochzeit gearbeitet wird, und dafs speziell bei der Fabrikation der Mitscherlich-Cellulose der niedrigste Druck, niedrige Temperatur, aber längste Kochdauer in Anwendung kommt. Nach dem zuletzt genannten Verfahren wird also gewissermafsen am vorsichtigsten gekocht, d. h. es liegt auf der Hand, dafs bei langsamer Beseitigung der inkrustierenden Bestandteile, nur unter Anwendung der notwendigsten Hitzegrade, die eigentliche Faser am meisten geschont werden mufs, also die gewonnene Cellulose die gröfste Festigkeit haben wird. Und dies ist denn auch in der Tat der Fall. Verfasser hat als Papierfabrikant die verschiedensten Sorten von Cellulosen seit langer Zeit verarbeitet, und seinen Bedarf an Mitscherlich-Cellulose auch von verschiedenen Fabriken bezogen; aber in Bezug auf Festigkeit ist diese Ware noch von keinem anderen System übertroffen worden, was entschieden auf die erwähnten Ursachen zurückzuführen ist. Die Mitscherlich-Cellulose mahlt sich im Holländer so schwer, wie starke, leinene Lumpen, und es läfst sich daraus ohne jede Zutat ein Papier herstellen, welches 6000 Meter Reifslänge und darüber besitzt. Für gewisse Zwecke ist überhaupt nur Cellulose dieses Systems verwendbar.

Wenn man die Natroncellulose mit der Baumwollenfaser vergleicht, wäre die Mitscherlich-Cellulose an Stelle der festesten Leinen- und Hanffaser zu setzen, und hiernach würden die anderen hauptsächlichsten Sulfitverfahren, Ritter-Kellner, Graham und Flodquist, die feineren Leinenfasern repräsentieren. Dieser Vergleich stimmt auch in Wirklichkeit; denn es ist nicht zu leugnen, dafs die Mitscherlich-Cellulose bei allen Vorzügen doch den Nachteil hat, etwas unreiner zu sein, weshalb sie auch, wenn sie gebleicht ist, nicht gut zu den feineren Papieren verwendet werden kann, während gerade die Cellulose nach Ritter-Kellner und einigen verwandten Verfahren sich bei guter Festigkeit durch grofse Reinheit und in den ersten Qualitäten durch blendende Weifse auszeichnet, sodafs sie zu den besten Papieren mit Vorteil verwendet werden kann, d. h. natürlich nur zu solchen, wo ein Zusatz von Surrogaten gestattet ist. Neuerdings wird allerdings auch Mitscherlich-Cellulose sehr weifs gebleicht und tadellos rein hergestellt.

Aus dieser Bemerkung über „beschränkte" Anwendung, die in Bezug auf die Vorschriften, die sogenannten „Normalpapiere" betreffend, gemacht wurde, ersieht man, dafs Cellulose nicht zu allen Normalpapieren genommen werden darf, dafs die Behörde sie also gewissermafsen nicht für voll ansieht und ihre Verwendung beschränkt wissen will. Die Regierung hat von ihrem Standpunkte aus auch vollständig recht, wenn sie zu den allerbesten Papieren, deren Haltbarkeit auf viele Jahrzehnte hinaus garantiert sein mufs, aus Vorsicht nur Lumpen verwendet wissen will, da die Erfahrung hinreichend festgestellt hat, dafs Lumpenpapiere eben die beanspruchte Dauerhaftigkeit besitzen. Von den reinen Cellulosepapieren kann eine solche Erfahrung noch nicht vorliegen, und aufserdem ist zu beachten, dafs die Vorschriften zu einer Zeit gemacht wurden, wo noch nicht lange vorher die verschiedensten Systeme der Cellulosefabrikation gewissermafsen noch an den Kinderkrankheiten litten, wo also wohl gute, aber auch oft wirklich schlechte Cellulose in den Handel kam und die Papierfabrikanten selbst erst nach den verschiedensten Seiten hin ihre Erfahrungen bezüglich der Verwendbarkeit der einzelnen Sorten, sowohl nach Qualität und Quantität der prozentualen Zuteilung machen mufsten.

Verfasser selbst hat damals einer mafsgebenden Persönlichkeit reines Cellulosepapier behufs Untersuchung zur Verfügung gestellt, welches aus reiner Cellulose hergestellt war, die penetrant nach schwefliger Säure roch, also ganz schlecht ausgewaschen war. Dafs sich solches Papier nach verhältnismäfsig kurzer Zeit nach mancher Richtung hin verändern mufs, ist leicht erklärlich, doch hatte man zu jener Zeit noch keine Auswahl wie jetzt, und aufserdem fehlten die Erfahrungen; heutzutage wird keine solche Cellulose mehr verkauft und von dem Papierfabrikanten auch nicht angenommen; es würden demnach die Grundlagen zur Aufstellung der Vorschriften über die Normalpapiere wohl heute schon andere sein, wenn jetzt erst die Sache von der preufsischen Regierung in die Hand genommen werden sollte. Das Fabrikat ist durchgängig seit einigen Jahren bedeutend besser geworden und wird sich nach und nach immer mehr vervollkommnen, je mehr die Wissenschaft der Cellulosefabrikation ihre Unterstützung zu Teil werden läfst, so dafs jedenfalls im Laufe der Zeit die Bestimmungen über die „Normalien“ eine entsprechende Veränderung erfahren müssen. Vom theoretischen Standpunkte aus sind alle Cellulosefasern, ob aus Holz, Stroh, Hanf u. s. w. gewonnen, nahezu gleich. Es müfste dann gerade die Holzcellulose vor der der Lumpenfaser einen Vorzug haben, da sie noch vollständig unbenutzt und ungeschwächt zur Verarbeitung kommt, während die Lumpenfaser durch event. Färben, Bleichen und Kochen angegriffen und durch die Benutzung als Gewebe stark strapaziert wurde. Und doch haftet der Cellulose ein Fehler an, weshalb sie für die besten Papiere, d. h. vom Standpunkt der „Normalien“ aus besten, nicht benutzt werden kann und darf. Es ist der Mangel an Dehnungsfähigkeit und der Umstand, dafs die Dehnung, wenn sie auch da ist, nach und nach bedeutend zurückgeht. Es wird von vielen Seiten hierüber geklagt, und ganz wegzuleugnen ist der Fehler auch nicht; aber er ist nicht so grofs, als gewöhnlich angenommen wird, denn ein ganz kurz gemahlenes Cellulosepapier (aus reiner Cellulose) hatte bei 5450 Meter Reifslänge doch 2,5 % Dehnung. Diese Dehnung kann je nach der Art der Verarbeitung und Behandlung noch bedeutend erhöht werden, und Verfasser ist davon überzeugt, dafs später, vielleicht schon bald, die Cellulosefaser mancher Systeme so hergestelt wird, dafs sie keinen Vergleich mit der Lumpenfaser zu scheuen hat. Die mächtige Konkurrenz auf allen Gebieten und das dadurch hervorgerufene Streben, nur das Beste herzustellen, überhaupt vorwärtszuschreiten, hat schon Wunder getan und wird sicher im Stande sein, die der Cellulosefabrikation jetzt noch anhaftenden Mängel bald ganz zu beseitigen. Was das Zurückgehen der Dehnungsfähigkeit anbelangt, so sind die früher veröffentlichten Zahlen hierüber gröfstenteils zurückzuführen auf die oben erwähnten, aus mangelhafter Cellulose gearbeiteten Papiere. (Siehe auch Seite 100.)

Schliefslich wird der Cellulose noch der Vorwurf gemacht, dafs sie zuviel Aschengehalt besitze, also schon aus diesem Grunde für die besten Normalpapiere, bei denen nur ein Aschengehalt von 2 % gestattet ist, nicht verwendbar sei. Es sei da zunächst eine vergleichende Untersuchung eingeschaltet, welche Dr. Frank in Nr. 45 der Papier-Zeitung 1888 veröffentlichte. Es heifst da unter anderem: Wenn auch Cellulose im chemischen Sinne vollkommen aschenfrei ist, so gilt dies doch schon bei der reinsten Form, in welcher sie von der Natur geboten wird, von der Baumwolle, nicht mehr, da diese einen Aschengehalt von 0,11—0,12 % hat. Bei der nächst verbreiteten und für Ia. Papiere noch wichtigeren Gespinstfaser, dem Flachs, zeigt der Aschengehalt aber schon eine ganz bedeutende Steigerung. Nach den Untersuchungen von Dr. Hugo Müller zeigten von 2 Proben feinst gehechelter Ia. belgischer Flachse, Lin bleu de Lockeren 0,77 %, Lin Wallon 1,46 %, sowie italienischer Hanf erster Marke 0,9 % Gehalt an Asche in der wasserfreien Substanz. Wie weit diese Rohstoffe, die jeder Papierfabrikant gewifs als edelste und reinste anerkennt, durch Bleichen, Waschen u. s. w. in ihrem Aschengehalt zurückgehen, ist leider nicht ermittelt, und ebenso fehlen bisher Untersuchungen über den Aschengehalt reiner Lumpen verschiedener Sorten. Bei einem anderen, für beste Papiere mit Vorliebe verwendeten Rohstoff, dem Esparto, fand Müller den Aschengehalt in der trockenen, rohen Pflanze zu 3,6—4,1 %, Stevenson Macadam in seinen Proben sogar zu 5,6 %.

Handelt es sich bei den genannten Fasern gewissermafsen um Rohstoffe, so erscheint die Frage nach dem Aschengehalt der chemisch bereiteten reinen Cellulose, wie sie jetzt die Sulfitfabrikation liefert, noch besonders interessant, da hier die Freilegung der Pflanzenfaser durch eine saure Lösung bei hohem Druck und hoher Temperatur erfolgt, ein Verfahren, welches die Mineralbestandteile des Holzes mit Ausnahme eines verschwindend kleinen Restes von Kieselsäure und Silikaten sicher entfernen müfste.

1. Um bei den bezüglichen Untersuchungen nicht durch etwaige, aus den Kalciumsulfitlaugen abgesetzte Mineralstoffe irre geführt zu werden, wurde für die Aschenbestimmung zunächst eine nach Pictets Verfahren nur mit schwefliger Säure hergestellte Cellulose benutzt und trotzdem aber noch ein Aschengehalt von 0,459 % gefunden. Da nun der mittlere Aschengehalt des Fichtenholzes 1,02 % ist, so wären davon noch nahezu die Hälfte ungelöst im Stoff geblieben.

2. Die nächste untersuchte Probe war eine nach dem Graham-Verfahren in der Fabrik von Dr. Salomon in Cunnersdorf hergestellte sehr schöne Cellulose. Da schwefligsaure Magnesia im Wasser leicht löslich ist (1 : 20), so kann bei ihrer Anwendung eine Abscheidung, wie beim Kalciumsulfit nicht stattfinden, und die Cunnersdorfer Cellulose zeigte auch in der

Tat mit nur 0,32 % einen noch geringeren Aschengehalt als die Pictet-Cellulose.

3. u. 4. Die beiden folgenden Proben waren mit sauren Kalciumsulfitlaugen bereitet, welche einen hohen Gehalt an freier schwefliger Säure hatten; infolgedessen war auch hierbei die Ablagerung von Kalciummonosulfit auf der Cellulose gering, und der Aschengehalt betrug nur 0,61 und 0,654 %.

5. u. 6. Zwei aus England erhaltene und als Partington-Cellulose bezeichnete Proben hatten bereits 0,91 und 1,015 % Asche.

7., 8. u. 9. Drei Proben nach Mitscherlich-Verfahren hergestellt enthielten 1,39, 1,68 und 1,79 % Asche.

Endlich ergab ein aus reiner Mitscherlich-Cellulose und dem Anschein nach ohne alle Leimung und Thonerdesalzen dargestelltes, sogenanntes Pergamynpapier ein Aschengehalt von 2,6 %.

Aus diesen hier mitgeteilten Bestimmungen folgert nun Dr. Frank, dafs der Aschengehalt bei Sulfitcellulosen in dem Mafse zunimmt, als ein höherer Kalkgehalt der Sulfitlaugen die Abscheidung von schwer löslichem Kalciummonosulfit im Kochprozefs begünstigt, sodann aber auch, dafs selbst bei Anwendung absolut reiner Rohstoffe nach Zurechnung des für die Leimung nötigen Thonerdeniederschlags ein Aschengehalt resultieren kann, welcher den für Ia. Normalpapiere bisher aufgestellten Maximalsatz von 2 % nicht unbedeutend überschreitet.

Da Verfasser dem ersten Teil der Folgerung nicht bedingungslos beipflichten kann, sei hier eine weitere Untersuchung von Sulfitstoffen nach Mitscherlich angeführt, welche Herr A. Müller in Nr. 56 der „Pap.-Ztg.“ 1888 veröffentlicht.

Probe 1, von Nettl & Comp. in Holoubkau (Böhmen) erzeugt, ergab 0,78 %.

Probe 2, aus einer süddeutschen Fabrik, 1,22 %.

Probe 3, Sekundaware aus derselben Fabrik, 4,20 %.

Diese Papierrohstoffe wurden mit reinem Wasser so lange ausgelaugt, als noch etwas in Lösung ging und zeigten alsdann einen Aschengehalt von 0,58 %, 0,36 % und von 0,54 %.

Nach dem Behandeln mit verdünnten Säuren wiesen die angeführten Prima-Zellstoffe noch einen Aschengehalt von 0,08 % beziehentlich von 0,02 % auf. Die qualitative Analyse desjenigen Teiles der Mineralsubstanzen, welcher durch Wasser aus dem Zellstoff ausgelaugt werden konnte, liefs denselben in der Hauptsache als schwefelsauren Kalk erkennen, dem noch Spuren von schwefelsaurer Magnesia anhafteten. Der Verbrennungsrückstand des mit Wasser ausgelaugten Zellstoffs bestand aufser aus geringen Mengen von Kieselsäure aus phosphorsaurem Eisen und aus phosphorsaurem Kalk, also aus Stoffen, welche von Holz herrühren. Es geht hieraus hervor, dafs jedenfalls die dem Dr. Frank zur Verfügung gestandene Mitscherlich-Cellulose nicht gut ausgewaschene Ware gewesen ist. Vielleicht stammte sie gar aus Hann.-Münden, wo man ja noch 1882 und später Cellulose lieferte, bei der man durch Auswaschen der anhängenden Kocherlauge 20 % Verlust hatte, und die aufserdem noch voller Splitter und anderer Unreinigkeiten war; siehe Seite 67—69.

Fassen wir nun den letzten Teil dieses Kapitels zusammen, so ergiebt sich, dafs jetzt schon Cellulose hergestellt wird, die nur 0,32 % Aschengehalt hat, (die gröfste kontinentale Cellulosefabrik Waldhof bei Mannheim arbeitet sogar mehrere Sorten, welche nur 0,30 % Asche ergeben) dafs ein Mehrgehalt an Asche nur die Folge einer weniger sorgfältigen Kochung, respektive Auswaschung ist, dafs also die Cellulose im allgemeinen auch in diesem Punkte der Lumpenfaser bereits gleicht, oder doch wenigstens sehr nahe kommt. Wenn also zur Zeit der unbeschränkten Verwendung der Cellulose noch einige Hindernisse entgegenstehen, die zum Teil in behördlichen Vorschriften oder in Vorurteilen zu suchen sind, so kann es doch keinem Zweifel unterliegen, dafs die so mächtig emporgewachsene Cellulosefabrikation trotz aller Proteste einzelner vielleicht durch sie Geschädigter, und trotz aller behördlichen Einschränkungen auch fernerhin sich kräftig weiter entwickeln wird, zum Segen der Papierfabriken und der ganzen Industrie, ja dafs sie voraussichtlich im Hinblick auf den grofsen dadurch bedingten Holzverbrauch indirekt die Veranlassung giebt, die lohnende Beforstung von Gegenden vorzunehmen, welche bis jetzt brach liegen, so dafs der so anerkannt schädlichen Abholzung Einhalt getan, die Fehler der Voreltern verbessert, die hiervon zum Teil abhängige Witterung gleichmäfsiger gemacht und so ein Segen fürs ganze Vaterland geschaffen würde.

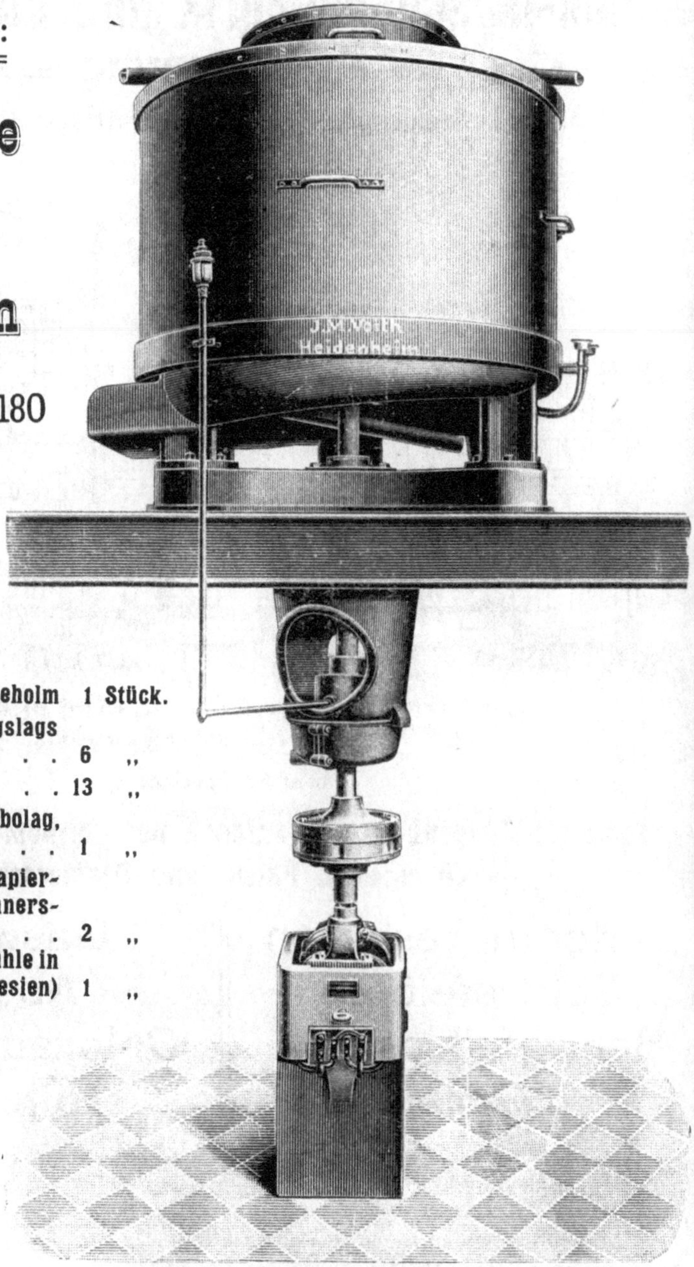

J.M.Voith
Heidenheim

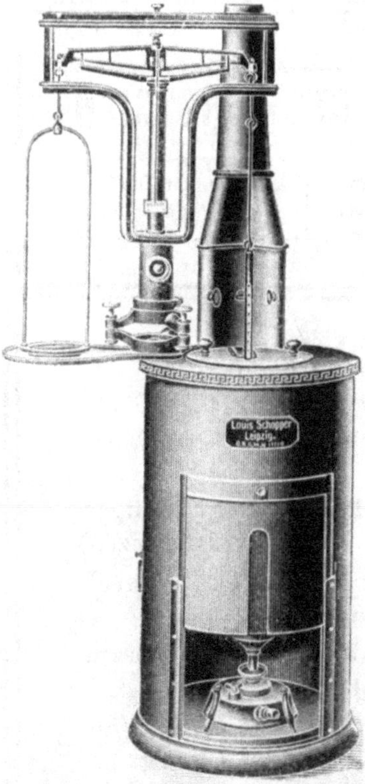

5/11.06 1 Cliché zurückgesandt

Druck von Leonhard Simion Nf. in Berlin SW.